本书为教育部人文社科青年项目《确然性的寻求及其效应——十八世纪西欧知识界思想气候与康德哲学及美学之研究》（13YJC751022）最终成果

　　本书出版得到

　　安徽高等学校优秀青年人才基金项目《康德美学的都市化境遇》（2011SQRW018）

　　安徽高校省级学科重大建设项目

　　安徽师范大学文学院 A 类重点学科

　　资助

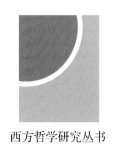

西方哲学研究丛书

确然性的寻求及其效应

——近代西欧知识界思想气候与康德哲学及美学之研究

李 伟 著

The Quest for Certainty and Its Theoretical Effects

On taking the climate of opinion of intelligentsia in Western
Europe in the around of 18th century and Kantian philosophy and aesthetics

中国社会科学出版社

图书在版编目（CIP）数据

确然性的寻求及其效应：近代西欧知识界思想气候与康德哲学及
美学之研究／李伟著 . —北京：中国社会科学出版社，2017.3
ISBN 978 - 7 - 5203 - 0139 - 8

Ⅰ.①确… Ⅱ.①李… Ⅲ.①自然科学史—思想史—研究—
西欧—近代②康德（Kant，Immanuel 1724 - 1804）—哲学
思想—研究③康德（Kant，Immanuel 1724 - 1804）—美学
思想—研究 Ⅳ.①N091.56②B516.31

中国版本图书馆 CIP 数据核字（2017）第 060625 号

出 版 人　赵剑英
责任编辑　冯春凤
责任校对　张爱华
责任印制　张雪娇

出　　　版　中国社会科学出版社
社　　　址　北京鼓楼西大街甲 158 号
邮　　　编　100720
网　　　址　http：//www.csspw.cn
发 行 部　010 - 84083685
门 市 部　010 - 84029450
经　　　销　新华书店及其他书店

印　　　刷　北京君升印刷有限公司
装　　　订　廊坊市广阳区广增装订厂
版　　　次　2017 年 3 月第 1 版
印　　　次　2017 年 3 月第 1 次印刷

开　　　本　710×1000　1/16
印　　　张　23.25
插　　　页　2
字　　　数　379 千字
定　　　价　98.00 元

哲学思维的先决条件——探讨认识的努力必须从这些先决条件出发——即对"真理和确然性的爱"。

——莱因霍尔德①

我们必须寻求确定的东西；确定的东西就是确认，就是一贯的、纯粹的认识本身，这就是思维；然后那笨拙的理智就按照思维的要求向前推进。从笛卡尔起，哲学一下转入了一个完全不同的范围，一个完全不同的观点，也就是转入主体性（Subjektivität）的领域，转入确定的东西。

——弗里德里希·黑格尔②

It is a case of our having lost sight of the main purpose of Kant's thought because we have taken too myopic a view of his philosophy. （吾人之常常迷失于康德思想之主旨，乃吾人于考察康德哲学之际，撷取过于短视之眼光所致。）

——John E. Smith③

---

① ［德］黑格尔：《费希特与谢林哲学体系的差别》，宋祖良、程志民译，商务印书馆1994年版，第90页。

② ［德］黑格尔：《哲学史讲演录》第4卷，贺麟、王太庆译，商务印书馆1978年版，第69页。

③ J. E. Smith（trans.），Foreword，Kant's Weltanschauung，Richard Kroner（auth.），Chicago：Chicago University Press，1956，p. vi. 参阅［德］克朗纳《论康德与黑格尔》，关子尹编译，同济大学出版社2004年版，第43—44页。

目　录

序

　　我与李伟博士虽未曾谋面，却不乏一些通信交往。早在他攻读硕士学位期间，他就曾将自己的学位论文发给我征求意见。后来，他还曾有做我的博士生的想法，只是可惜未能如愿。我对他的一个很深的印象，是来自当时在厦大的同事、中文系的周宁教授。有一回授课的时候，周宁正好从教室路过。他特意告诉我，他到外地开会时遇到一位安徽师大的研究生，也就是李伟，想报考我的博士生。接着周宁教授对李伟的才气颇为称赞，称他发起言来滔滔不绝，文思敏捷。有"才子"之誉的周宁那"哎呀"的赞叹声，令我至今仍记忆犹新。

　　白驹过隙，一晃11年过去了。这期间李伟已在上海师大完成了他的博士学位论文，并发来邮件请我作个序。我当时好是踌躇了一会儿。因为作序看似简单，似乎写上千把字也就可以了。但难的是，如果认真地进行，对该书的精华与不足做些评论，则对于作序者不啻是一个很高的要求，因为这首先需要花不少时间来研读它。不过，最终我想还是不要使作者失望，以免拂了他的好意。

　　拜读了李伟的这篇学位论文，我想首先值得称道的是，它所把握的是一个哲学上重要的问题，也就是知识观的问题。"确然性"的确是德国古典哲学所追求的目标，不仅康德哲学如此，黑格尔哲学也是如此（它动辄以"客观知识""客观理念"自诩）。知识的属性在康德的理解中，乃是普遍性、必然性、客观性，总之是一种"确然性"。比之近代哲学，现代哲学所出现的一个重要变化就是知识观上的变化，其典型的标志是哲学解释学的"理解"理念，其标志性的命题是伽达默尔的"最好的理解是做出与作者不同的理解"。文本被看作是一种可以被不断重新理解和诠释的东西，其意义是可以不断生成的。这就至少在某些方面（例如人文科学领域）改变了我们对知识与真理的看法。后来更有"后现代哲学"的出现，其矛头直指的，也是确然性的一种，即"普遍性"。利奥塔，这一后现代哲学的代表人物，他的名言是"后现代就是反对'元叙事'"。这里的"元叙事"，所指的就是一种用以判定其他话语的合法性之普遍的、标准的话语。

此外，该篇论文在一些关键问题的理解上，也不乏有一些精到之处。如对康德在普遍确然性与客观有效性的关系上所遇到的难题的认识。由于康德哲学的"先验"性质，也就是它断言一些逻辑上先在的范畴和规则等，具有能够赋予知识判断、道德法则以及审美判断以客观有效性的功能，这就产生了一个尖锐的问题：主观性的概念、规则，如何能够赋予对象以客观有效性？作者理解了康德哲学的这一难题，也花力气对此进行了一些解读，指出康德"用主体间的普遍性'推证'主客间的符合性"的做法，是先验哲学"最令人难以理解也最易招人非议之处"（p. 222），这体现了他在哲学研究上的悟性。

不过，对于一些问题的认识，我也有与作者不同的地方。例如，我并不认为"批判哲学的基本主题是'确然性的寻求'，旨在探出认识判断、道德判断和鉴赏判断之具客观有效性的先天原则和根基"（p. 240）的提法，而是认为，批判哲学的基本主题是对认识活动、道德行为与审美判断的"根据"的追求，"确然性"只是用以论证这种根据的可靠性的一种方式。换言之，"根据"是目的，"确然性"只是手段。这种"根据"的作用表现在康德哲学那里，就是"按规则思维"或"按规则行动"。

哲学界的同行都知道，研究康德哲学并不是一件容易的事情。才高如王国维者，初涉康德哲学时，也不免有读《纯粹理性批判》"至先天分析论，几全不可解"的困惑。李伟在康德美学以及德意志美学的研究方面有了一个很好的起步，因此我祝愿他能够继续在这一艰苦的学术之路上前行，能够时常传来新的声音。

陈嘉明

2016 年 9 月 1 日

本书征引康德文献注释方式

本书常引康德著作缩写体例

CB = *The Cambridge Edition of the Works of Immanuel Kant*（"剑桥版康德著作集"）

《著作》=《康德著作全集》第1—9卷，李秋零主编，中国人民大学出版社2003—2010年版

《文集》=《康德美学文集》，曹俊峰编译，北京师范大学出版社2003年版

《书信》=《康德书信百封》，李秋零编译，上海人民出版社2006年版

《实批》=《实践理性批判》（*Kririk der praktischen Vernunft*；德文简称 *KpV*）

《判批》=《判断力批判》（*Kririk der Urteilskraft*；德文简称 *KU*）

《奠基》=《道德形而上学的奠基》（*Grundlegung zur Metaphysik der Sitten*；德文简称 *GMS*）

《导论》=《任何一种能够作为科学出现的未来形而上学导论》

《天体》=《一般自然史与天体理论》

本书注释简写例释

1. CB/*Theoretical Philosophy*，1755—1770（1992）：270 = AK2：297

"CB"如上，左斜线后"*Theoretical Philosophy*，1755—1770"为该卷卷名，小括号里的"1992"是出版年，冒号后的"270"是所在页码，"="后的"AK2：297"是指剑桥版英译对应的科学院版"康德全集"（*Kants Werke*，*Akademie Textausgabe*，简称为 AK）原版卷数和页码。

2. 凡引《著作》，皆用夹注方式，标明所在卷数及页码，式如（《著作》2：429），"2"为卷数，"429"即引述所在该卷对应页码，可依《著作》之边码查覆科学院版"康德全集"对应位置。

3. 三大批判引文一律采取夹注方式（诸译本间可通过"边码"即AK版页码对查）。

第一批判："A491 = B519"。其中 A、B 分别指《纯粹理性批判》第一版和第二版，其后数字为德文原版 AK 所在页码。译文以邓晓芒译本为基础（《纯粹理性批判》，人民出版社 2004 年版；《康德〈纯粹理性批判〉句读》，人民出版社 2010 年版），参以李秋零译注本（中国人民大学出版社 2011 年版）。

第二批判："《实批》39"。其中"39"为邓晓芒译、杨祖陶校《实践理性批判》（人民出版社 2003 年版）所在页码，译文据《康德三大批判合集》（人民出版社 2009 年版）校改。

第三批判："《判批》39"。其中"39"为邓晓芒译、杨祖陶校《判断力批判》（人民出版社 2002 年版）所在页码，译文据《康德〈判断力批判〉释义》（三联书店 2008 年版）和《康德三大批判合集》（人民出版社 2009 年版）校改。

4. 凡引《书信》，均于其后出以前揭李秋零译本之页码，式如（《书信》21）。

5. 凡引《文集》，均于其后出以前揭曹俊峰译本之页码，式如（《文集》21）。

6. 所有征引文献的具体版本信息，均可于文末的"参考文献"中查找。

导　言

一　解题

本书以康德哲学及美学为研究重心，向前推至 17—18 世纪西欧各国思想文化，向后延及德国古典哲学及美学。因此，研究的大体范围仍然集中在德国古典学术之内，意在通过振叶寻根、观澜索源以达至对讨论主题之同情式和过程化的理解。

1. 何谓"德国古典美学"

自康德"就职论文"即《论可感世界与理知世界的形式及其原则》出版的 1770 年，至黑格尔最后的伟大著作《法哲学原理》发表的 1821 年，这约略半个世纪即通常所谓的"德国古典哲学"（der Klassischen deutschen Philosophie，严格的译法应当是"德意志经典①哲学"），主要代表人物有：康德、费希特、谢林和黑格尔②。这一概念为恩格斯所首倡

---

① "classic"并无"古"的意思，经得起考验的第一流著作家或作品均可以称为"classic"（经典、典范），法国 19 世纪大批评家圣伯夫（S. Beuve）曾作《何谓古典》一文（1850），是后世一切讨论此语的基础。参阅朱光潜《什么是 classics?》，载《朱光潜全集》（新编增订本）第 9 卷，商务印书馆 2012 年版，第 64—65 页。恩格斯以"德国古典哲学"表达的是自康德讫黑格尔这段哲学历程的经典或典范意义，西方学者一般称这段哲学史——除康德至黑格尔外还包括莱布尼茨、莱辛、席勒、赫尔德甚至一些浪漫派诗人——为"德国观念论"。本书视二者为等同的概念。

② 费尔巴哈不应列入其中，这首先是恩格斯所赞同的，他在未完的《自然辩证法》中云："辩证法的第二个形态恰好离德国的自然研究家最近，这就是从康德到黑格尔的德国古典哲学。"在 1890 年 10 月 27 日写给施米特的信中亦有："在从康德到黑格尔的德国哲学中始终显现着德国庸人的面孔"。（《马克思恩格斯选集》第 4 卷，人民出版社 1995 年版，第 285、287—288 页）而早在 1843 年秋完成的《大陆上社会改革运动的进展》就已谈道："法国发生了政治革命，随同发生的是德国的哲学革命。这个革命是由康德开始的……黑格尔完成了新体系。"（《马克思恩格斯全集》第 3 卷，人民出版社 2002 年版，第 588 页）若从学理和哲学理念角度看，这样概括就更是合理了。故而，前有朱光潜后有俞吾金，均对《路德维希·费尔巴哈和德国古典哲学的终结》中的"终结"（Ausgang）一词的翻译提出过异议，俞先生主张应当像史都克（Dirk J. Struik, 1894—2000）那样译作"出路"或"结果"（参阅俞吾金《关于德国古典哲学研究的新思考》，《江淮论坛》2009 年第 6 期，第 5—6 页），朱先生 1979 年就提出以"终结"译"Ausgang"不妥，并引西方学者的各种译法为证。参阅朱光潜《建议成立全国性机构，解决学术名词译名统一问题》，载《朱光潜全集》（新编增订本）第 7 卷，商务印书馆 2012 年版，第 251—252 页。

（《自然辩证法》，1878；《路德维希·费尔巴哈和德国古典哲学的终结》，1888），后借列宁而在社会主义国家的知识界广为流布。"德国古典美学"（der Klassischen Deutschen Ästhetik）则是这一概念的逻辑顺延，如西德美学家赫尔穆特·库恩的《黑格尔对德国古典美学的终结》（*Die Vollendung der klassischen deutschen Ästhetik durch Hegel*，Berlin：Junker und Dünnhaupt，1931）和东德理论家贝格瑙（S. H. Begenau）的《德国古典美学中的美论》（*Zur Theorie des Schönen in der Klassischen deutschen Ästhetik*，Dresden：Verlag der Kunst，1956）①。西方哲学界对此更通常的叫法是"德意志观念论"（des deutschen Idealismus/German Idealism②），如狄尔泰的《黑格尔青年时代及其他有关德国观念论史论文》（*Die Jugendgeschichte Hegels und andere Abhandlungen zur Geschichte des deutschen Idealismus*，1906）、康德主义运动"西南学派"的佼佼者克朗纳（R. J. Kroner，1884—1974）最为学界推重的两册巨著《从康德到黑格尔》 （*Von Kant bis Hegel*，

---

① ［东德］贝格瑙：《论德国古典美学》，张玉能译，上海译文出版社1988年版。

② "Idealismus/Idealism"一词，原有"理念论""理想主义"或"观念论"之意，有研究者（参阅徐向东为罗克莫尔《康德与观念论》所写的"译者序言"，上海译文出版社2011年版，第1—8页）曾建议不要再译为臭名昭著的"唯心主义"，尤其与"实在论"相对时，因为这很容易把它引为"唯物主义"（Materialism）的对立者，从而把一个完全学理上的概念（事实判断）武断地（政治）化为价值判断甚至是唯一标准，它实在不与任何政治立场直接相关。鉴于近代哲学（知识论）多取"表象主义"的路向，现依相关学者改译为"观念论"，其基本内涵是，认定观念在认识论上或形而上学上都是（逻辑）在先的，外在世界只有通过观念的工作才能得到把握，心灵活动是我们关于外界所能说的一切的中介。因对观念的性质有多种理解，相应地有多种观念论：客观观念论（柏拉图）、主观观念论（贝克莱）、先验（形式）观念论（康德）、绝对观念论（黑格尔）。参阅［英］布宁、余纪元编著《西方哲学英汉对照辞典》，"唯心主义"条，人民出版社2001年版，第461—464页。另外，选择"观念论"译名还有另一层考虑：idea来自eidos，而后者原有"看"的意思，当然只是灵魂之"看"，故而，"观念"的"观"可对应于此（黄裕生）。依牟宗三先生，"实则在西方的传统里，并无真正的唯心论。因为'Idea'无论是柏拉图的'理型'义，或康德的'理念'义（理性底概念），或柏克莱的'觉象'义，虽皆与心有关，而皆不是心。像陆王那样的'心学'之心，或佛教'如来藏自性清净心'那样的真常心之心，在西方是没有的。"参阅牟宗三《现象与物自身》，吉林出版集团有限责任公司2010年版，第308—309页。在古希腊尤其是柏拉图语境中，Idealism应当译作"理念论"，因为在柏拉图那里，"观念"是与"意见""表象"或"现象"对应的，而在近代哲学里，和知识论相关的首先是"观念"或"表象"；在形而上学或本体论语境中，Idealism可以译作"唯心论"或"唯心主义"。

1921—1924）① 和哈特曼（N. Hartmann，1882—1950）《德国观念论哲学》
（*Die Philosophie des deutschen ldealismus*，1923）。"德国古典美学"之更通
行叫法是"德意志观念论美学"，如克罗齐的《美学》（1902）和吉尔伯
特、库恩合写的《美学史》（1939）②。真正较早集中讨论德意志这段美学
思想的，应当是俄国思想家车尔尼雪夫斯基（1828—1889）于 1854 年秋
完成的《现代美学概念批判》。在这篇论文中，车氏主要讨论了"德国美
学家所发挥的美学概念，因为只有德国的美学才和美学之名相称"，实际
上主要讨论的是黑格尔及其门徒费歇尔（F. T. Vischer，1807—1887）的
观念论美学思想。③ 德国古典哲学和美学之所以能被作为一个系统的整体
加以称呼和研究，理据就在于康德之后的德国哲学体系对"观念论"即
"在意识过程中去剖析经验世界"的一脉相承——"康德哲学最大的影响
在于：所有这些体系的共同特性是观念论"，"他的直接继承者……按照
其最重要的特征在观念论的名义下得到最好的总结"。④ 总之，"思想的观
念论"（Idealismus der Gesinnung）是历史形成的德意志思想家的"共宗"
（Einmütigkeit）⑤。

2. 作为观测点的"思想气候"

"18 世纪前后西欧知识界的'思想气候'"这一议题有一理论前提，
也是一般思想史研究者通常所坚信的：每一个时代都有自己的精神氛围或
主导精神，它影响着该时代思想和行动的几乎所有领域。时代精神作为时
代的"思想前提""知识型"或"话语系统"，决定着它的时代能够思考
哪些问题、如何思考这些问题以及由之采取怎样的行动。这种宏大叙事，

① 此著"导言"有两个汉译本：陈镇南选译本，载洪谦主编《西方现代资产阶级哲学论著
选辑》，商务印书馆 1964 年版，第 126—133 页；关子尹译本，载其编译的《论康德与黑格尔》，
同济大学出版社 2004 年版，第 3—39 页。
② ［意］克罗齐：《作为表现的科学和一般语言学的美学的历史》，王天清译，中国社会科
学出版社 1984 年版；［美］吉尔伯特、［西德］库恩：《美学史》下卷，夏乾丰译，上海译文出
版社 1989 年版。
③ ［俄］车尔尼雪夫斯基：《现代美学概念批判》，辛未艾译，载《车尔尼雪夫斯基论文
学》中卷，上海译文出版社 1979 年版，第 1—3 页。
④ 参阅［德］文德尔班《哲学史教程》下卷，罗达仁译，商务印书馆 1993 年版，第 778、
728 页。
⑤ ［德］克朗纳：《〈从康德到黑格尔〉导言》，载关子尹编译《论康德与黑格尔》，第 9
页。

只是一种学术观察应具的视野，并非认定时代精神先已存在，其余的一切都先在地被决定了——这是误解，误解的根源在于：机械地、静止地和单方面地理解了所谓的"时代精神"。恰恰相反，"时代精神"在本性上是动态的和有机的，它在时代的进程中被塑造，同时又塑造着它置身于其中的那个时代，两者互动互塑。但是，此一时代之为此一时代，在思想的整体风貌上自有其异于他时的独特之处，就是说"时代精神"中有相对稳定的因素。揭示思想流动中的这一相对稳定的因素，正是思想史研究的重心，也是我们首先须在观念上确立的工作前提，更是本书得以展开的理论基础。我把"时代精神"中这种相对稳定的因素按怀特海（A. N. Whitehead，1861—1947）教授的意见称之为"思想气候"。

"思想气候"（climate of opinion）一语在思想界的流行，源于怀特海那部有"二十世纪方法导论"美誉的《科学与近代世界》（1925）一书对它的重新启用。[①] 作为学术概念，首先由 17 世纪哲学家约瑟夫·格兰维尔（Joseph Glanvill，1636—1680）于其处女作《教化的虚荣》中所使用[②]，后在丹纳《艺术哲学》（1865—1869）中以"时代精神"之名被继承。20 世纪美国著名历史学家卡尔·贝克尔（Carl Becker，1873—1945）在《18 世纪哲学家的天城》（*The Heavenly City of the Eighteenth - Century Philosophers*，1932）中用它做了首章的标题，称其"很有必要"，因为"论据左右着人们同意与否之取决于表达它们的逻辑如何，远不如取决于在维持着它们的那种思想气候如何。"[③] 著名新康德主义者、马堡学派的精神领袖之一恩斯特·卡西尔在事后自述其《启蒙哲学》（1932）以及被

---

① 它的同义词还有 "the intellectual climate" "climates of opinion" "a state of mind" "a climate of thought" "a climate of opinion"。怀特海说："A climate of opinion—to use the happy phrase of a seventeenth century writer—quires for its understanding the consideration of its antecedents and its issues." 参阅 Whitehead, *Science and the Modern World*, New York：The New American Library of World Literature, Inc, 1997, pp. 3—4（以下凡引此著汉译皆以此版本对校）。英国著名诗人奥登（W. H. Auden）在 "In Memory of Sigmund Freud"（1939）一诗中，也曾用了 "a whole climate of opinion"。在 "*Bloomsbury Guide to Human Thought*" 的 "Romanticism"（1993）词条中，亦有 "a climate of opinion—based on the ideas of individual freedom and self - expression"。

② Joseph Glanvill, *The Vanity of Dogmatizing：the three versions*, Brighton：The Harvester Press Ltd., 1970, p. 227.

③ 参阅 ［美］卡尔·贝克尔《启蒙时代哲学家的天城》，何兆武译，江苏教育出版社 2005 年版，第 5 页。

当作这本"大部头著作导言来读"的《卢梭·康德·歌德》(1944)之主旨时，也从怀特海那里接引了这一术语："它们都力求从不同的角度去阐述18世纪的文化，并且说明产生该文化的'思想气候'。"① 20世纪最著名的自由主义知识人、英国著名思想家以赛亚·伯林（Isaiah Berlin，1909—1997）在1988年6月的一次访谈中，曾就如何进入思想史研究着意拈出此一概念："思想不是单子，它们不是在真空中产生的，而跟人们的信念、生活方式、人生观和世界观紧密相连。思想之间相互碰撞和影响，并不断地呈现，成为所谓'智性气候'（climate of opinion）的组成部分，它跟物质因素一样，形成人们的行为和感情，并且历史地变迁着。"② 在题为《浪漫主义的根源》(1965)的讲演中，伯林又称这一概念为文化的"主导模式"（dominant pattern［models])③。有鉴于此，本书亦援入这一概念，以说明18世纪前后西欧知识界正为怎样一种"思想气候"所左右，及由此所取得的那些不朽业绩和必然带来的诸多思想难题。

所谓"思想气候"，实与库恩的"范式"或弗洛姆的"社会性格"相通。然本书所谓"思想气候"要比它们都更宽泛些：与"范式"相比，"思想气候"是运动的和历史的，几乎是一种心理能量或思想祈向；与"社会性格"相比，它又是结构性的和策略性的，执有明确而自觉的主导意义。因此，"思想气候"既是一种"社会性格"又具有像"范式"那样普遍的范导意义。须事先说明的是：言说某一时期的"思想气候"，不是说社会共同体中的每一个成员都一致赞同，无有例外——这种状况是不可能的，它不是全称判断，只在概率论意义上有效。总之，"思想气候"是一社会学范畴或文化哲学话题，它表达的是一种致思倾向或社会的普遍心理诉求，它有统计学意义的准确性，在一定范围内能相当准确地反映思想世界的实际。

3. 18世纪前后"思想气候"的精神实质

18世纪欧洲启蒙运动的精神领袖丹尼·狄德罗在为《百科全书》撰写的"百科全书"词条中说过这样的话：

---

① ［德］卡西尔：《卢梭·康德·歌德》，刘东译，三联书店2002年版，第4页。
② ［伊朗］贾汉贝格鲁：《伯林谈话录》，杨祯钦译，译林出版社2011年版，第22页。
③ ［英］伯林：《浪漫主义的根源》，吕梁等译，译林出版社2011年版，第10页。

我们深知，编写这样一部百科全书，这样的事业只能产生于一个富于哲学精神的时代。这个时代如今已经破晓……

我这么说，是因为它需要一种巨大的思想勇气，而这种勇气在世风猥琐的时代是很少见的。它要求一切事物都必须经过检验、探讨和调查，既没有例外，也不考虑任何人的感情……我们必须克服那种陈旧的幼稚的观念，冲决障碍，进入那些从未亮起过理性之光的地方，把自由还给珍视它的科学和艺术。长期以来……我们就已在期待着一个理性时代的到来了。①

其中，"它要求一切事物都必须经过检验、探讨和调查，既没有例外，也不考虑任何人的感情"这句颇能代表18世纪时代精神内质的话，30年后重现于康德最有名的著作《纯粹理性批判》第一版"序言"的注释里：

我们的时代是真正批判的时代，一切都必须经受批判。通常宗教凭借其神圣性，而立法凭借其权威，想要逃脱批判。但这样一来，它们就激起了对自身的正当的怀疑，并无法要求别人不加伪饰地敬重，理性只会把这种敬重给予那些经受得住它的自由而公开的检验的事物。（AXI）

这些引语和名称，就像标签，业已为人们所烂熟，而对于18世纪，这只是理解它的一个还算不错的开端。的确，18世纪是个放射着"理性之光"的"哲学的时代"和"批判的世纪"，"理性的法庭"已经开张，并贴出布告，传示谁也别想侥幸逃过必须的自我辩护。看来一切都归结到"批判"上来了，"批判"才是"理性"应有的功能。但"批判"的"准绳""标准"和"原则"呢？"理性法庭"所颁布并锐意执行的"法条"呢？对18世纪的时代精神和思想气候的理解，至少要到这个层面才算稍稍揭开了它的面纱。不久您就会看到，这个世纪的"理性"概念有着多

---

① ［法］狄德罗主编：《丹尼·狄德罗的〈百科全书〉》，梁从诚译，辽宁人民出版社1992年版，第160—161页。

么不同于此前和此后的独特内涵。

在近代欧洲群星璀璨的思想界，最能体现理性精神者当首推德国古典哲学的开山——康德。康德的著作，从标题到内容、从用语到精神、从程序到方法，都把这个时代的精神内质深湛而典范地传达了出来。照康德，启蒙运动的精神实质就是"理性的自我批判"，从而为包括自然科学、道德和审美在内的一切科学（Wissenschaft）奠基。那谁够得上理性批判的标准呢？康德答道："因为每一种认为先天地确定的知识本身都预示着它要被看作绝对必然的，而一切纯粹先天知识的规定则更进一步，它应当是一切无可置疑的（哲学上的）确然性准绳，因而甚至是范例"（AXV）。因此，"纯粹性""先天性""无可置疑的确然性"或"哲学上的确定性"，它们就是批判理性的"标准""准绳"以及"理性法庭"遵照执行的根本"法条"。我们把这样一种知识学和思想意义上的哲学诉求概述为"确然性的寻求"。

"确然性的寻求"可以说是一种根自人性深处的本能诉求，体现在人类活动的方方面面，所不同者只是各个时期借以寻求它的目的、标准、方式、方法、途径和结果各异罢了。广义上的"家"即一切能给人带来稳定感、安全感和归属感的"共同体"，就是这一冲动的文化意象、符号或象征（symbol）。在思想史领域，历代哲人对神秘主义大师艾克哈特（Meister Johannes Eckhart，1260？—1327）所提出的"你们为何外出"这一问题的回答都是：为了寻找家园！① 在艺术领域，我们总能听到吟哦"故国之思"或"家园之感"的低沉回响。古希腊悲剧所表现出来的强烈的"命运"② 观念，恰是人类童年对"不确定性"的群体自觉，可怜的俄狄浦斯不正是人类试图摆脱和抗拒"不确定性"而追求"确然性"的缩影吗？正如西德著名哲学史家施太格缪勒所说："自古以来，哲学的主要倾向之一就是为一切科学陈述找到一个绝对的不容怀疑的基础。这种努力在今天还广泛地进行着，只不过现在是有多少种哲学的基本观点，就有

---

① 参阅［德］伽达默尔《哲学生涯——我的回顾》，陈春文译，商务印书馆2003年版，第57—58页。

② 通常看来，"命运"所表示的恰恰是"必然性"，那只是从颁布它的神灵来说的，对于承受它的芸芸众生，那恰恰表现了一种无法把握和预测的"不确定性"。

多少个寻求知识最根本基础的方向。"① 已然获得奠基的知识就有了我们所谓的"确然性",它标示着一种内在的"统一性"。"统一性",在古希腊是"本体的统一性""元素的统一性"和"原则的统一性",在基督教哲学里是"世界的统一性""创生的统一性",在笛卡尔那里是"方法的统一性",到了德国古典哲学就成了"主体的统一性",比如神秘的共通感。德意志民族特有的"综合性"② 在近代自然科学的刺激下,终于发展成为对"统一性""体系性"和"确然性"强烈而执着的追求。的确,"18 世纪浸染着一种关于理性的统一性和不变性的信仰"③。自古希腊以来就已为思想确立的根本要务——"统一性",在近代哲学中,尤因自然科学的引领而深化为"知识的确然性"问题。具体而言,在康德那里,被扩延为"逻辑的确然性""道德的确然性"和"情感的确然性",康德批判哲学的"主体性转向"即后世所称道的"哥白尼式的革命",使得"确然性"的内涵由传统的"主客符合"义转变为诸主体间的"普遍有效性";康德之后,"确然性"的内涵又从主体间的"普遍有效性"转回到"对象化"(相关于或从属于客体、对象)意义上的"客观性"。但无论

① 康德的先验哲学如此,现象学如此,海德格尔的"基础存在论"如此,莱尼厄尔(Robert Reininger, 1869—1955,一译莱林格)的"原始体验"(Urerlebnis)如此,早期实证哲学的"补给予者"(Gegebene)如此,甚至分析哲学也"力图用一种精确的、能够满足各种精密研究的科学语言来代替日常语言,这只不过是旧的绝对性理想借以表现的典型现代形态:应该用绝对精确性来代替绝对知识。"参阅〔西德〕施太格缪勒《当代哲学主流》上卷,王炳文等译,商务印书馆 1986 年版,第 24—25 页。

② "力图进行创造性综合,是 15 世纪直至歌德、康德时期德意志所有思想家的共同特点","德意志不像法国、英国和意大利,它根本没能建立起鲜明的德意志哲学研究方法的民族精神。这里又像许多其他领域一样,德意志的作用是吸收和综合。"近代伊始,德意志的哲学就充当了席勒在题为《德意志的伟大》的诗歌片断中把它归结为德意志精神的那种角色:"世界精神选择了它的德意志儿子作为时间宝藏的守护者。德意志吸收和保存了外来的东西。它保存了其他的时代和其他的民族创造的一切有价值的事物,一切在时间的长河中生长又凋谢的东西。这种若干世纪以来的宝贵遗产在它那里仍然保持着生机。每个民族都在历史上有它的光荣时期,而集所有时代之大成则是德意志人的光荣……"参阅〔德〕埃里希·卡勒尔《德意志人》,黄正柏等译,商务印书馆 1999 年版,第 253 页。木尔兹(J. T. Merz)在《十九世纪欧洲思想史》中称誉近代德国"科学家"(实即德语之"哲学家")实兼具近代学术大昌之三种必备精神:追求确然的思想或态度即"创立及行用新鲜谨严方法之才"、详尽完备之嗜好即"好细密工夫,务求完全知识"、批判的思想习惯即"对于现行方法或原理,发生极活泼之思想,以窥见原理之自有界限,不容逾越"。参阅伍光建译本,第一编上册,台湾商务印书馆 1956 年版,第 220—221 页。

③ 〔德〕卡西尔:《启蒙哲学》,顾伟铭等译,山东人民出版社 2007 年版,第 3、4 页。

"确然性"的内涵如何转变，德国古典哲学的基本精神依然是"观念论"（Idealism），这是理解它的底线。①

二　现状述评及理论意图

对于西欧近代思想领域的这一思想气候，国内外学术界已有充分认知。比如赵敦华认为："近代哲学与自然科学一样具有探索精神和追求功用和确定性的特征，这与中世纪哲学的辩护精神、证明科学和注释形式迥然不同，与古代哲学满足个人好奇心的思辨精神亦有差别。"② 俞吾金2012年的一次学术讲演中提到："当代中国出版的哲学论著之所以常常在合法性上受到质疑……其历史原因是：一方面，中国的数学和逻辑学自近代以来都没有获得长足的发展，而对英美的分析哲学，中国人又缺乏普遍的兴趣；另一方面，近代以来自然科学发展上的滞后，也使中国缺失欧洲自笛卡尔以来追求确定性（certainty）的传统，而辩证法思想的早熟又助长了对确定性的漠视。"③ 韩水法亦认为："从根本上来看，康德与笛卡尔以来的西方哲学有一个共同的基本特征，就是从主体，也就是从人的精神之中的意识领域寻找确定性。从康德到胡塞尔都有一个坚定的信念：确定性的结构和条件必定存在于意识之中，而理论哲学所面临的一切问题皆可归结到一点，即这个结构及其条件尚未被人发现，或者尚未受到正确的理解。"④ 汪堂家的博士学位论文《自我的觉悟》所奠基其上的理论精髓就是近代哲学对确然性的寻求⑤。

最有声望的实用主义哲学家杜威在其名著《确定性的寻求：关于知

---

① 正如张世英先生所言："德国古典唯心主义哲学家从康德到黑格尔均以统一性（Einheit）为他们哲学的根本原则，而统一性在他们看来又是和人的主体性（Subjektivität）联系在一起的：没有统一性就谈不上主体性，没有主体性也不能理解统一性。"参阅张世英《康德的〈纯粹理性批判〉·序》，北京大学出版社1987年版，第1页；张世英《黑格尔哲学概论》，吉林哲学学会编1983年版，第138—172页。1986年10月曾在瑞士的卢恩采（Luzern）举办过一个国际哲学研讨会，主题就是"古典哲学与近代哲学中的统一性思想"，意在以哲学史为基础、从方法论角、以使当时因20世纪哲学之"多样性"原则而被压制而又复归的"统一性"诉求达到一个新的理论高度。参阅张世英主编《德国哲学》第3辑，北京大学出版社1987年版，第224页。

② 赵敦华：《基督教哲学1500年》，人民出版社2007年版，第626—627页。

③ 俞吾金：《哲学何谓？——俞吾金教授在北京师范大学的讲演》，《文汇报》2012年3月19日。

④ 韩水法：《批判的形而上学·序》，北京大学出版社2009年版，第3页。

⑤ 汪堂家：《自我的觉悟——论笛卡尔和胡塞尔的自我学说》，复旦大学出版社1995年版。

行关系的研究》（1929）中认为，此前西方普遍存在并为哲学家们所培养且加以合理化和公式化的如下态度是"跟他们寻求绝对不变的确定性根本联系着的"："截然划分理论和实践"并"把知识提升到作为和行动之上"，轻视技艺、实践、物质和身体，夸耀非物质的理智和理智活动。杜威指出，与理智活动可望求得"无可置疑的确然性"正相反对的是，"实践活动有一个内在而不能排除的显著特征，那就是与它俱在的不确定性"。① 英国哲学家斯克拉顿在他那本短小精悍的《康德》中，把康德及其之前的笛卡尔、休谟和莱布尼茨关于知识"客观性"和"确然性"的理论解读为哲学的中心议题。② 逻辑实证主义运动的主要创始人之一赖欣巴哈（Hans Reichenbach，1891—1953）在其名著《科学哲学的兴起》（1951）中，曾把"确然性的寻求"视为他所批判的"广义的唯理论哲学"（包括柏拉图的理念论和笛卡尔以降的唯理论）之所以误入歧途的心理根源。他的所谓批判正好反过来表明，从笛卡尔至康德的近代哲学都是在"确然性的寻求"这一思想动机的支配下演进的。他认为，在"确然性的寻求"上，柏拉图的方式是"诉诸于对理念世界的领悟的神秘形式"；笛卡尔采取了"逻辑魔术，从空洞的假定前提中推出确定性来"；而康德则"动用了他当时的科学的力量来证明确定性是可以获致的"并认为"哲学家的确然性的梦想已为科学成果所证实"。③ 海德格尔在《尼采的话"上帝死了"》（1943）中也认为，近代形而上学的"本质在于：它探求绝对不可怀疑的东西、确定的东西、确定性"，笛卡尔的"我"（ego）就因"自我意识的确定性"而具有了"主体性"。④

本书意在把先哲时贤就近代哲学的这一理论洞见推及德国古典美学、尤其是康德哲学及美学，以求在"过程化"的研究策略下，揭示德国古

① ［美］杜威：《确定性的寻求——关于知行关系的研究》，傅统先译，上海人民出版社2005年版，第一章，尤其是第1—4页。杜威所揭示的这种"散布于一切论文和科目"中的截然划分理论与实践并置前者于后者之上的观念，既是西方二元论思想的根源也是其主要表现，这在康德对"技术性实践"和"道德实践"的划分（《实批》§3注释Ⅱ及"第三批判"的"第一导论"）中表露无遗，也在马克思那句"哲学家们只是用不同的方式解释世界，而问题在于改变世界"（《关于费尔巴哈的提纲〔十一〕》）的名言中被极端化了。

② ［英］斯克拉顿：《康德》，刘华文译，译林出版社2011年版，第16—31页。

③ ［德］赖欣巴哈：《科学哲学的兴起》，伯尼译，商务印书馆2011年版，第39页。

④ ［德］海德格尔：《林中路》，孙周兴译，上海译文出版社2004年版，第251页。

典美学的内在理路和演进脉络。这就要求我们还要对国内外德国古典美学、尤其是康德美学的研究现状有个大致的交代。

1770—1821 年，这约莫半个世纪可谓"体系的时代"，"体系欲望从未有一个时代如此强烈地统治着哲学思想"①。"体系"于此含义有二：各人的哲学体系和时代的哲学系统，二者成一"诠释循环"。就前者，研究文献数以万计，但对后者，从文献数量和观点彻底性看，尚有深化之必要，其中德国古典美学研究尤为明显。中西有关德国古典美学的研究大致可分为两种类型：外部研究和内部研究。外部研究有两种情况：一是对德国古典美学置身其中的社会性格、思想气候、学术背景等因素的分析，二是对德国古典美学的个案分析和整体研究。内部研究旨在对德国古典美学作历史与逻辑并进的系统探究，其中，对"各人"理论体系研究占据了主要的篇幅，而且，在学院的德国古典哲学研究中，美学总是处于边缘状态。本书将在前贤的基础上，更加着意于德国古典美学的"内部研究"，并力图把此前的"外部研究"融入其中。与此紧密相关且可资本书借鉴的国内外研究成果大致有三类。

（1）有关德国古典哲学和美学置身其中的文化生态和思想气候、尤其是自然科学的成果和精神带给哲学的冲击及效果的研究，一般哲学史和美学史均有不同程度的涉及。国内学者们的研究思路多是：先交代德国古典哲学的思想、社会和文化背景，比如政治、自然科学、经济、社会科学，或者宗教改革、哲学遗产、启蒙运动，然后进入康德、费希特、谢林、黑格尔等人哲学思想的剖析之中；只是这些一般背景与各家思想之间的内在关联，尚不够明晰。因此，就国内德国古典哲学和美学的研究大势看，尚有如下两方面的工作可做：一是把对德国古典哲学的背景和外缘的展示同对哲学家的理论剖析真正对接起来，深入分析前者是如何进入后者并使之呈现出如是情况的；二是把哲学家的思想世界看作是有机的，像对待一个生命那样，展示她如何萌芽、成长、成熟以至长成参天大树并开花结果的——这就是本书倡导的"过程化"研究策略。

---

① ［德］文德尔班：《哲学史教程》下卷，罗达仁译，商务印书馆 1993 年版，第 777 页。参阅罗克莫尔《黑格尔：之前和之后》（柯小刚译，北京大学出版社 2005 年版，第 17—28 页）对德国古典哲学的"体系"诉求和特征的深入评述。

（2）"观念论""主客矛盾运动论""多元论"和"建构主义"是学界揭橥的德意志观念论历史进程之逻辑线索中最有影响的几种。西方学界多从"Idealism"（观念论）角度入手，描述其为"观念的实在之旅"，以克朗纳、阿利森、贝塞尔（F. C. Beiser）和罗克莫尔（Tom Rockmore）为代表①。国内以杨祖陶所著《德国古典哲学逻辑进程》为代表，"主体能动性和客体制约性的矛盾运动"是杨著所揭德国古典哲学逻辑进程之主线②；因主旨所限，杨著并未把这一思路彻底贯通于德国古典美学。"多元论"在中西哲学界均有表现，如亨利希《康德与黑格尔之间》（1973）提出的"四线并进"（雅可比代表的"直接性哲学"、席勒代表的"整全的人的学说"、迈蒙代表的"后康德的怀疑主义"和莱因霍尔德代表的"后康德的单面向体系"）③、古雷加《德国古典哲学新论》（1986）提出的"观念的戏剧"或"观念的扇形展开"④、俞吾金《德国古典哲学》（2009）主张的"地志学"方法即"思想板块的运动"⑤、罗克莫尔《康德与观念论》则以"建构主义"为其主线⑥。"观念论"和"主客矛盾运动论"为我们把研究从德国古典哲学推进到德国古典美学提供了两个有效的学理支撑点。需要进一步思考的是，"观念的实在之旅"的"旅"到底是如何行进的？动力何在？美学领域的情况又如何？"主客矛盾运动说"显然根自恩格斯的如下论断："全部哲学，特别是近代哲学的重大的基本问题，是思维与存在的关系问题。"⑦进一步说，近代哲学的基本问

① Henry E. Allison, *Kant's Transcendental Idealism: An Interpretation and Defense*, 2nd, New Haven and London: Yale University Press, 2004 (1983); F. C. Beiser, *German Idealism: The Struggle against Subjectivism*1781—1801, Cambridge, MA: Harvard University Press, 2002; ［美］罗克莫尔：《康德与观念论》，徐向东译，上海译文出版社 2011 年版。

② 杨祖陶：《德国古典哲学逻辑进程》（修订版），"导论"和"结束语"，武汉大学出版社 2003 年版。

③ ［德］亨利希：《康德与黑格尔之间：德国观念论讲演》，彭文本译，台北：商周出版 2006 年版，第 100—105 页。

④ ［俄］古雷加：《德国古典哲学新论》，沈真、侯鸿勋译，中国社会科学出版社 1993 年版，第 16 页。

⑤ 俞吾金：《西方哲学通史·德国古典哲学·分卷序》，人民出版社 2009 年版，第 5—6 页。

⑥ ［美］罗克莫尔：《康德与观念论》，徐向东译，上海译文出版社 2011 年版，第 11—12 页。

⑦ ［德］恩格斯：《路德维希·费尔巴哈和德国古典哲学的终结》，载《马克思恩格斯选集》第 4 卷，人民出版社 1995 年版，第 223 页。

题是"知识论"即"知识何以可能","思存关系"业已转入"观念"领域，"主客关系"绕之辗转的核心议题依然没有得到彰明。揭示德国古典哲学和美学绕之运转的核心议题和内在动力正是本书最大的理论意图。本书认为，这个"核心议题和内在动力"就是刚刚提示的18世纪西欧知识界的思想气候——"确然性的寻求"，这是对"观念论"和"主客矛盾运动说"的明确和深化。同时，"多元论"则为我们的研究提供了必要的理论眼界。本书不仅试图明确德国古典美学进程中"发生了什么"，更欲揭示其"为何"以及"如何"。鉴于国内治德国古典美学者多从"文艺学"出发，本书尚有还"德国古典美学"以"纯粹哲学"之用心，置问题于"知识观"背景下剖解其何以如其所是。

（3）德国古典美学研究的成果。在国内，个案研究成果可喜，但真正把德国古典美学视为"整体"并做"系统"研究且有著述揭载者，唯朱光潜、蒋孔阳、李泽厚、朱立元、黄克剑、李鹏程诸家。具体到康德美学研究，国内外文献也是不胜枚举，大到康德美学基本格局，小到一个范畴和命题，无所不及。不仅有"康德的美学思想""康德美学体系""康德美学思想的形成"之类的总体性研究，而且举凡"无利害关系""无目的的合目的性""想象力""自由游戏""鉴赏判断""共通感""崇高""鉴赏演绎""鉴赏的客观性""天才""审美理想""自然美""审美自由""纯粹美与依存美""想象力"等重要概念都分别有专门的研究著述。（《文集》译者前言：1）① 近年来的国内康德美学研究，也呈现出"由点及面"的特点，专题研究增多，试图以专题统摄康德美学整体的研究意图非常明显。

总体看来，国内的康德美学研究还可以从以下三个方面进一步展开：第一，应对批判哲学有总体性和融贯性的把握，不忘从批判哲学的整体入手，细绎康德美学的诸多命题和观念，减少就事论事式的孤立研究，关注

---

① 关于国外康德美学研究的文献资料，可参看［德］文哲（C. H. Wenzel）《康德美学》（李淳玲译，台北：联经2011年版）一书所列的较为详实的"参考书目"。作者是国际知名的康德研究专家，2005年之前有价值的康德美学研究著述可谓囊括无遗，并有简要介绍，可快速明其主旨。这是笔者目前见到的最适合于康德美学入门的书，既有普及和导论的价值，亦有扩展研究的参考意义，基本上就是康德美学研究的"主题资料索引"。丁东红《百年康德哲学研究在中国》（《世界哲学》2009年第4期，第32—42页）做了一定的文献统计工作，可参看。

康德美学的"体系性"和逻辑明晰性；在具体研究中，力求对康德美学基本概念作较为透彻的解析，不使论述陷入"自我理解"以致偏离先验美学的基本理路，以求外围研究与内在理路的剖析更好地接洽起来。第二，加强对康德早期哲学思想的切实研究，力求对康德哲学的内在发展进程有深切之了解，形成对康德批判哲学及美学的整体而动态的研究。第三，明确德国古典美学的历史进程和逻辑线索，并把康德美学放在整个德国古典哲学及美学的大背景下去审视和厘定。总之是要深入揭示德国古典美学逻辑进程的内在理路和系统性，形成哲学与美学、整体与个案、外史与内史之间应有的"诠释循环"。

据此，本书将主要通过对17—19世纪初西欧社会"思想气候"——即随自然科学之巨大成功而来的普遍方法自然科学的社会心理趋向和文化氛围，实质是对"确然性"的寻求——的宏观把握和学理分析，展示德国古典哲学和美学在承接和试解时代难题、在借鉴先进和固守本位间，微妙而复杂的理论处境和学理抉择，细绎德国古典美学的心路历程及历史演进，凸显康德哲学美学的奠基之功，揭橥席勒《论美书简》于西方近代美学史上的中介意义，提供理解谢林—黑格尔美学及20世纪西方艺术哲学何以如其所是的一条内在线索和理路，以期为中国当代美学理论建设和人文原创提供必要的学理参照和方法论启示。

采取的研究策略是，内在理路与外缘影响相结合，或者更准确地说，是从外缘影响步步深入，最终融入内在理路。外缘的影响与内在理路的展开二者之间，尚有思想家个人的因素起着关键的中介作用，它可以解释何以同样思想处境下会成长出截然各异的人来。这也是本书撰写过程中，笔者在方法论上获致的最大收获："外缘影响"通过思想家所各自形成的"理论动机"最终推动着思想世界的发展而形成独特的"内在理路"，即外缘影响→理论动机→内在理路。关于"内在理路"（inner logic）的研究方法①，可在著名史学家余英时那里得到一个研究的范例。余先生在研究明末至清朝的学统变迁是如何从明代的理学转变为清代的朴学（由

---

① 关于"内在理路"的相关论述，我是近些年才得见于余英时先生的相关著述中。我写作自己的第一篇学术论文《试论康德美学的"判断在先"原则》（《安徽师范大学学报》2003年第4期，第407—413页）时，基本观念也是如此，该文就是要在揭示康德美学内在理路的进程中判明"判断在先"原则在康德美学中的关键位置。

"尊德性"至"道问学"、由"道德思辨"转向"知识实证")时发现，这中间就有一条思想史内部的理路即"取证于经书"①。许多观念的产生并不是非得有外来的东西影响到你，而是思想内部有一套逻辑、一条线索、一种思路，它逼着思想家提出某些新问题、创造某些新范式、走进某些新轨道上来。著名思想史家伯林在总结"康德与浪漫民族主义兴起间的关系"时亦说："思想的确自己发展出活力和力量，而且就像弗兰肯斯坦的怪物，以其制造者完全料想不到的方式行动，并且有可能违逆他们的意愿，有时甚至会反对乃至毁灭他们。"②

因此，必需言明的是，本书从18世纪前后西欧知识界的"思想气候"切入康德哲学与美学，进而提出德国古典哲学与美学发展的一条线索，也只是理解的一个观测点，以此为人们理解欧洲近代哲学和美学提供一个可资借鉴的角度和路线，即是本书最大的目的。"精神世界"里的事件并不像自然界那样，可以严格的因果律相格，居间总有某种我们无法理解和解释的因素存在，理由很明显，精神世界的创造者是"人"，一种拥有"自由"的双重存在者③，谁也不能事先决定其是否以及如何行动——这正是下文着意揭橥的康德批判哲学"二向度思维"所深刻昭示的。

三　基本概念的预先说明

概念的清晰和明确是学术探讨得以精进的先决条件之一。就眼下的讨论而言，有几个概念必须预先予以澄清和说明。

1. "科学"（Wissenschaft）与"哲学"（Philosophie）

首当其冲的就是近代思想界所谓的"科学"这一概念，它的德文是

---

① 余英时：《论戴震与章学诚：清代中期学术思想史研究》，三联书店2012年版，尤其是第332—335页。参阅侯宏堂《"新宋学"之建构：从陈寅恪、钱穆到余英时》，安徽教育出版社2009年版，第385—391页。

② ［英］伯林：《现实感：观念及其历史研究》，潘荣荣、林茂译，译林出版社2011年版，第271页。

③ 康德的大意是说，人既是经验性的因之必然遵循自然因果律的存在者，但又有着其他存在者如动植物所根本不具有的"自由意志"，因之又能自行、自决和自主。康德称前者为人的"经验性品格"（empirical character）；后者为人的"智性品格"（intelligible character）。通俗言之，人既有"物性"又有"灵性"，前者可认识，后者不可认识，但可思考。参阅A549—551/B577—579，参阅［美］阿利森《康德的自由理论》，陈虎平译，辽宁教育出版社2001年版，第30—69页。

"Wissenschaft"，其独特性来自它在德语世界里的独特内涵，即它恰恰就是"哲学"（φιλοσοφια）在苏格拉底、特别是柏拉图和亚里士多德学派中所明确了的意义。"按照这个涵义，一般哲学指的是我们认识'现存'事物的井井有条的思想工作，而个别'哲学'指的是特殊科学，在这些特殊科学里，我们要研究和认识的是现存事物的个别领域。"① 或者这么说："'科学'这个词在其原始的意义上（不仅在英语中，而且在欧洲文明的国际语言中这个意义仍然是'科学'的恰当含义）意味着一整套对某一特定主题的系统的、缜密的思想。"② 因此，在近代知识界，"科学"与"哲学"是可以互用的一对概念③，前者则是德语所特有的，但不论哪个，又都分为"一般的"和"特殊的"。"一般哲学"或"一般科学"就是我们现在所谓的"哲学"、尤其指"第一哲学"或"形而上学"；"特殊哲学"或"特殊科学"就是现在所谓的各种"自然科学"，当时又称"自然哲学"，如牛顿的杰作《自然哲学的数学原理》（1687）。同样，也不管"一般的"或"特殊的"，"科学"必备的基本特征都是"无可置疑的确然性"，一如康德所言，"只有那些其确定性是无可置辩的科学才能成为本义上的科学"④。

近代欧洲对"科学"的理解大体来自亚里士多德的理论："科学就是对普遍和出于必然事物的判断"，而"在各种科学中，只有那最精确的科学才可以称为智慧"，"智慧既是理智也是科学"，是居于首位的关于最高等题材的科学。⑤ 这里的科学（epistemee）一词来自动词 epistemai，本意是"站稳"，在亚里士多德的思想中，知识、科学、智慧，都在根底上相

---

① ［德］文德尔班：《哲学史教程》上卷，罗达仁译，商务印书馆1987年版，第8页。

② ［英］柯林武德：《形而上学论》，宫睿译，北京大学出版社2007年版，第4页。对此，亦可参阅英国思想史家木尔兹在《十九世纪欧洲思想史》第一编上册的详细论述，见伍光建译，台北：商务印书馆1956年版，第87—89、166—170页。

③ 如哲学史家所言："沃尔夫根据灵魂的两种机能，即认识和嗜欲，把科学（sciences）分成理论的和实践的两种。前者包括本体论、宇宙论和神学，这都属于形而上学；后者包括伦理学、政治学和经济学……逻辑学是一切科学的导论。"显然，这里的"科学"就是"哲学"。参阅［美］梯利《西方哲学史》（增补修订版），葛力译，商务印书馆1995年版，第418页。

④ ［德］康德：《自然科学的形而上学基础》，邓晓芒译，上海人民出版社2003年版，第3页。

⑤ 参阅［古希腊］亚里士多德《尼各马科伦理学》（修订本），1140b30、1141a15—19，苗力田译，中国社会科学出版社1999年版，第128、129页。

通，其根本特征是：可证性、确然性、普遍性、必然性、永恒性。而今英文中已被"狭化"为专指"自然科学"或"数理科学"的"science"，源于拉丁文，词根"scire"是认识或知识的意思，也正是德文"Wissenschaft"一词的词根"Wissen"的意思即学问、知识。因此，德文"Wissenschaft"恰好完整保留了"science"的拉丁词根"scire"的这个而今已然消失的古义。

因此，本书主要是从德语（Wissenschaft）而非现代英语（science）的角度来理解和使用"科学"一词的。由"Wissen"进展到"Wissenschaft"，所需要的条件即是上面说到的"系统性"和"无可置疑的确然性"。这是近代科学独立发展和近代哲学反思这一独立发展的结果："近代科学史就是追求确实性的历史……近代哲学之所以要转向以探究主体性为中心的认识论，正是因为它力图由此揭示科学的确实性的最终根源。"① 就德语词源看，学问、科学、知识与确然性是同根词：gewiss（确定的、无疑的）正是 Wissen（学问、认知）的完成式。康德认为，"仅仅只是具有经验性上的确定性的知识只能在非本义上称之为学问（Wissen）。那种成系统的知识总体因为成系统，就已经可以叫作科学（Wissenschaft）了，但如果把知识联结在这一系统中的是某种因果关系，那么它甚至可以称为理智的科学。"其中所谓的"其确定性是无可置辩的"意即知识体系中的"纯粹部分"或"先天原则的部分"，这是"一切本义上的自然科学都需要的"，"在它上面可以建立起理性在其中所寻求的无可置辩的确定性"。② 康德的这个交代，大致对应于上述哲学或科学内涵中的"一般"。

就康德而言，他也认为，"科学"（Wissenschaft）与"哲学"，包括"世界智慧"（Weltweisheit）③，内涵都是相通的，都是"作为体系的知识

---

① 汪堂家：《自我的觉悟：论笛卡尔与胡塞尔的自我学说》，复旦大学出版社1995年版，第2页。

② ［德］康德：《自然科学的形而上学基础》，邓晓芒译，上海人民出版社2003年版，第4、9—11、14页。

③ 古时德国人对哲学常以"Weltweisheit"（世界智慧）相称，在《实践理性批判》中，康德揭示了这一点：把"至善"的理念"在实践上、也就是为了我们的合乎理性的行为准则来加以充分的规定，这就是智慧学，而当智慧学又作为科学时就是古人所理解的这个词的含义上的哲学"（《实批》148）。在李秋零主编的《康德著作全集》中，该词都是直译为"世界智慧"，我们在引述时酌情改为"哲学"。

整体"，简单地说就是"知识体系"，其基本特征就是"无可置疑的确然性"①。只有当某一门（类）知识构成为一种系统或有自己的体系时，它才可以被称为"科学"。因此，科学既包含我们现在所谓的自然科学、社会科学，也包括人文科学（学科）。在科学的系统中，即在系统知识的系统中，存在等级层次，而最能代表科学本义和理想的，当然非数理科学莫属，其中数学（尤其是几何学）、物理学（尤其是牛顿的力学）又是其中的翘楚，并因而在英语世界"霸占"了"科学"这一名词，后者被狭化为"自然科学"的简称——"哲学"一词也因此而有相应的狭化过程，终于成为一种正面的价值理想和判断标准。这使得在近代直到眼下，"科学"成了"先进"和"敬意"的代名词，科学大家庭中的其他成员，比如形而上学、道德学说、心理学等，都应当向它们学习——这就是实际呈现出来的近代学科生态。笛卡尔、莱布尼茨、斯宾诺莎、康德，他们在形而上学、道德哲学和历史学等这些狄尔泰意义上的"Geisteswissenschaften"（精神科学）必得向自然科学学习以及一切科学皆应有的基本特性即科学性、客观性即"确然性"这些方面，没有根本性分歧；他们发生争论的只是，学习自然科学的什么。笛卡尔、斯宾诺莎、莱布尼茨认为，应当向几何学学习，而康德认为，应当向物理学尤其是牛顿力学学习。就一般倾向而言，近代哲学的这一思想意图之极端化就是 20 世纪盛行的"逻辑实证主义"，他们坚信：科学是一切知识的范例，因此，作为科学的哲学也应当具有精确性和客观性，而能满足此条件者，就只能是"关于科学的逻辑"，因此，哲学就是科学哲学。②

就此，本书作如下约定："哲学"就指近代哲学家的思想体系，即康

---

① 康德在他的诸多著述中都解释过"科学"的内涵，如《逻辑学讲义》："科学是一个作为体系，而不仅仅是作为集合的知识整体"（《著作》9：138）；"科学来自真知，科学可以被理解为一种知识体系的总和。它与普通的知识，亦即一种知识作为纯然的集合的总和相对立"（《著作》9：70）；如《自然科学的形而上学基础》："只有那些其确定性是无可置辩的科学才能成为本义上的科学"（[德]康德：《自然科学的形而上学基础》，邓晓芒译，第 3 页）。

② 参阅[英]布宁、余纪元编著《西方哲学英汉对照辞典》，"哲学（逻辑实证主义）"条，人民出版社 2001 年版，第 751 页。

德之后"成了一门学术专业"①的狭化后的哲学，尤其指形而上学；"科学"用于狭化后的自然科学之简称。但在读到近代相关文献的引文时，务请注意我们刚刚揭示的概念分殊，但也不要因之造成一种理解上的误区：一看到近代文献中的"科学"（Wissenschaft），就以为它与由现代英文 science 译来的"科学"水火不容。非也，后者是包含在前者之中的，而且是前者的一个虽非唯一的重要成员，然抑或是表现堪称完美的代表。②

2. "确然性"（certainty/certitude/validity/Gewißheit）③

"确然性"是西方"现代性"最基本的价值理念，其他如理性、进步、基础等，均以它为根基。在18世纪前后的西欧，"科学"几乎同"哲学"是可以互通的概念，它们都是对"知识"的探讨，都在近代知识观语境下获致自身内涵。近代学者在运用它们时，也常常互有置换，但有时也有所偏重，比如在自然科学家的著述中，科学更多地指物理学、天文学、数学等自然科学，如刚刚提到的《自然哲学的数学原理》，这个"哲学"就是我们现在所谓的"科学"；黑格尔的名著《自然哲学》（1816—1817），那是真正意义上的"哲学"，其方法是思辨的，绝不让经验"弄湿"自己的双手，断不是前者那种数学的、实证的和经验分析的。近代西欧之所以比较偏爱"哲学"一语，大抵因为它的古代涵义是"爱智慧"。近代科学思想的导夫先路者培根，又把亚里士多德所看重的"实践智慧"提升为知识的终极目标，确立了近代知识观的实用主义理念。知识应当是实践智慧，而知识的最完美代表即近代自然科学以自然哲学自称，那也算理有应然。因此可以说，近代语境中的"科学"与"哲学"

---

① 康德之前，并没有一门叫作"哲学"的独立自主的科目。在古代，它是"由受人尊重的个人——智者所持的意见的总和"，在中世纪，它是"将古代智者（尤其是柏拉图和亚里士多德）的思想用于拓广和发展基督教的思想构架"。只有到了近代，自然科学替代宗教成为人们思想生活的中心、思想俗世化后，"哲学"作为俗世学科的观念才渐居显赫之位，它以自然科学为楷模，又能为道德和政治思考奠定条件，其基本范式由康德奠定，并以之被定义。参阅［美］罗蒂《哲学和自然之镜·中译本作者序》，李幼蒸译，三联书店1987年版，第11—12页。

② 关于"科学"在近代西方至今的"狭化"过程，请参阅拙文《"科学"的两次"狭化"及人文学的边缘化》，载《雕塑》2015年第5期，第36—37页。

③ 对这一概念的汉译主要有：确定性、确然性、确实性等，本书据语义选定"确然性"，但具体引文中则尽量尊重作（译）者的原文，个别不显豁处做了替换。

正好在作为实践智慧的"知识"这里是一脉相通的。故而，近代的知识理想也自然成了近代科学和哲学的理想，而近代哲学所能归属的方向也主要在知识的理论部分即亚里士多德所谓的"理论智慧"，这些就是我们把"确然性寻求"理解为近代学术思考之基本价值取向的历史根据。近代科学与近代哲学分别从"实践智慧"和"理论智慧"两方面发展和践行了培根所确立的近代知识观，而它们后来的渐行渐远，从某种程度上说是分裂了培根的学术理想，同样也违背了亚里士多德的哲学诉求。二者在近代的关系如此紧张，知识的实践部分希望理论部分能以它为准的，为我所用，知识的理论部分则希望为实践部分奠基并使之听从自己的指导以免它走入歧途甚至自己的反面——这就是近代科学与哲学间的生态关系。

照莱布尼茨—沃尔夫和康德的逻辑学，科学就是知识的体系或系统，而知识总是以判断或命题的面目出现，因此，科学就是一整套内在关联的判断或命题系统。这样，知识的根本特征就体现为判断的基本特征。不是说凡是判断都能进入科学的系统，判断必须具备知识应有的特征才能进入科学，这特征就是确然性、必然性和普遍性，大致相当于康德哲学中的"先天性"。这几个概念严格说来是有区别的，康德对之做过非常详细的界定和说明。1800 年，康德指定自己的学生耶舍（Jäsche）编订出版了颇能代表他晚年思想的《逻辑学讲义》，在堪称"康德哲学原理概论"的"导言"中，他用了其中近一半的篇幅来阐述"知识的特殊的逻辑完备性"，足见问题的重要性。在康德看来，"一种知识如果具有客观的普遍性（概念或规律的普遍性），则是量上的逻辑完备；如果具有客观的明晰性（概念上的明晰性），则是质上的逻辑完备；如果具有客观的真理性，则是关系上的逻辑完备；最后，如果具有客观的确实性，则是样式上的逻辑完备。"①

我们把知识判断或科学判断所具有的如上特性即普遍性、明晰性、真理性和确实性，统称为"确然性"，当所论议题偏重于某一方面时，则代以相应的特性，比如在康德，确然性就是"必然的普遍有效性"，在席勒

---

① ［德］康德：《逻辑学讲义》，许景行译、杨一之校，商务印书馆 2010 年版，第 37 页。参阅《著作》9：37。若从现代逻辑学的判断或命题理论看，科学判断应当有四个方面的特征：就判断的质说，应当是断定的，或肯定或否定；从判断的量说，应当是普遍的，或包含所有对象或包含一类对象；从判断的关系看，应当是定然的，即确定如此，不能闪烁其词；就判断的模态看，应当是必然的，而或然的和实然的判断都必须经过验证方能进入科学系统。参阅牟宗三《理则学》（修订版），江苏教育出版社 2006 年版，第 16—17 页。

和黑格尔则归属于"对象性"。概括地说，以笛卡尔哲学为轴心的 17 世纪哲学界，从根基和方法两个方面来保证确然性知识的获得，哲学的真正使命是构造"体系"，体系犹如大厦，"根基"必须坚实牢固，且建造"方法"保险可靠。18 世纪对知识确然性的理解与先前大不相同，确然性的标准主要在于知识表现方式的确定性和系统性，以及它对现实的解释力度，即普适性越大越具真确性，这是功能方面的标准。也就是说，知识确然性的保证由 17 世纪的"根基"和"方法"转变为 18 世纪的"形式"和"功能"。

3．康德的"哲学"和"形而上学"概念

在晚年为助手雅赫曼（R. B. Jachmann，1767—1843）所著《康德宗教哲学检验》撰写的"前言"（1800）中，康德写道："哲学作为一种科学的学说，可以像任何其他学说那样作为工具用于各种各样任意的目的……但是，哲学在该词的字面意义上，作为智慧学说，却具有一种无条件的价值；因为它是关于人的理性的终极目的的学说，这个终极目的只能是一个惟一的终极目的……而且完满的实践哲学家（一个理想）是在自己身上践履这个要求的人。"（《著作》8：454）显然，康德是把"哲学"作为哲学家应当践履的关于"人的理性的终极目的"的知行系统，它不仅是理论的，更根本上应当是实践的。此前，在《纯粹理性批判》和《逻辑学讲义》中，康德曾把哲学的概念分成两种：学院的和世间的。哲学的"学院概念"指"惟一在最本真的意义上拥有这样一种系统并赋予其他所有科学以系统统一性的科学"——这大致相当于康德所谓的"理论哲学"；哲学的"世间概念"是指"一门关于应用我们的理性的最高准则的科学"——这大致相当于康德所谓的"实践哲学"。学院概念的哲学是"从属于"世间概念的哲学的，后者是"关于人类理性的终极目的的一切知识和理性使用的科学，对于作为最高目的的最终目的来说，一切其他目的都是从属的，并且必须在它之中统一起来"（《著作》9：22—24，译文据原文有校改）；"终极目的无非是人类的全部使命，而有着这种使命的哲学就是道德学"（A840/B868）。从根性上看，康德哲学就是对苏格拉底哲学命意的继承，只有实践哲学家借助于自己的学说和榜样成为启示智慧的教师，才是真正的哲学家，因为哲学家是一种完美智慧的理念，它给我们指出人类理性的最后目的——德性和至善。这是我们理解康德批判哲学必备的识见和应有的眼光，也是康德之在自然科学如日中天的时代还能于纯粹哲学领域成就其伟大的重要根源所在。①

康德所理解的"形而上学"，实在说来就是"基础认识论"（fundamental epistemology），其视域基本上就是鲍姆嘉通的②，这可以从康德提出的哲学四大领域看出。在《逻辑学讲义》中，康德从"世界公民的意义"上分哲学领域为四大议题："1）我能够知道什么？2）我应当做什么？3）我可以期望什么？4）人是什么？"康德接着说，"形而上学回答第一个问题"（《著作》9：24）。康德是把"基础知识论"作为亚里士多德意义上的"第一哲学"的，这个"第一"就是根基、基础的意思。康德由此恢复了亚里士多德"meta‑physics"的本义，"meta‑"并不仅仅表示时空上的"后"（after the physics），更有"幕后""根基"和"基础"之义。康德的知识论就旨在为狭义的"科学"特别是数学和物理学奠定哲学根基，使之无后顾之忧。为自然科学奠基的哲学意图和努力，曾使研究者做出"批判的知识理论沦为自然科学的婢女，而失却了其自身应可具备的意义"的结论，实为不解康德对"哲学"层次之分殊及"我不得不悬置知识，以便给信仰腾出位置"（BXXX）的良苦用心所致。

4．"数理科学"

本书将以"数理科学"一语涵盖数学（几何学和算学）、物理学、天文学、力学等量的科学，有时照当下语境简称为"科学"，所谓的近代自然科学，也主要是在这种意义上来用的。不论从西方科学史的实际发展看，还是从科学内在的学理系统看，数理科学，尤其是数学和物理学，都是最紧要的。它们是近代科学即开普勒、伽利略和牛顿的工作所由以开端的地方，且此后三百多年科学史的发展更显示出，现代科学其他部类也莫不以数学和物理学为终极基础。③ 要是没有数学语言，宇宙几乎是不可描

---

① 关于批判哲学"道德动机"的分析，可参阅如下著述：［德］海德格尔《康德与形而上学疑难》，第四章，王庆节译，上海译文出版社 2011 年版；［德］克朗纳《康德的世界观》，载《论康德与黑格尔》，关子尹编译，同济大学出版社 2004 年版，第 47—49 页；张汝伦《批判哲学的形而上学动机》，《文史哲》2010 年第 6 期，第 32—40 页。

② 鲍氏在《形而上学》中对"形而上学"的定义是"包含人类知识的第一原理的科学（scientia）"。参阅［德］海德格尔《康德与形而上学疑难》，王庆节译，第 1 页。

③ 参阅陈方正《继承与叛逆：现代科学为何出现于西方》，三联书店 2009 年版，第 29 页。

述的，后来科学的飞速发展，证明了伽利略"世界这本大书，是用数学的语言写成的"这一断言。正所谓"牛顿用数学语言展示了他的三大定律；爱因斯坦用黎曼几何的语言阐述了他的广义相对论；数学家用群论的语言解决了晶体的分类；经济学家用数学语言表述了经济运行的规律；物理中的布朗运动成为概率论中的语言；生物中的遗传基因 DNA 原来是数学中的双螺旋线；医学上已经出现'数字化人体'的概念"；美国自然科学基金会亦指出：当代自然科学的研究正在日益呈现出数学化的趋势。[①]著名数学史家莫里斯·克莱因总结说："科学各领域所取得成就的大小取决于它们与数学结合的程度。"[②]

　　近代自然科学的惊人进展，是与数学的精进和介入分不开的，自然科学的数学化是近代科学得以飞速发展的基本条件，而这又是以自然本身的"可数学化"为理论前提的。15 世纪后，柏拉图著作的广泛流传，使得毕达哥拉斯和柏拉图所强调的"数量关系是现实之精华"的思想得到了普遍响应和推行，并成为占绝对统治地位的思想方式。欧洲人自此相信，自然界是合理的、简单的和有秩序的，是以数学化的方式设计并按万古不移的法则运转的，这法则是人类能够认识到的。"哥白尼、开普勒、伽利略、笛卡尔、惠更斯和牛顿实质上在这方面都是毕达哥拉斯主义者，并且在他们的著作中确立了这样的原则：科学工作的最终目标是确立定量的数学上的规律。"[③]自然本身的可数学化，在近代哲人看来，恰恰是以上帝的创造为前提的，上帝在近代成为一位最伟大的数学家，并按数学的方式创造了这个世界。"这个理论鼓舞了 16、17 世纪甚至是 18 世纪一些数学家的工作。寻找大自然的数学规律是一项虔诚的工作，它是为了研究上帝的本性和做法以及上帝安排宇宙的方案。"[④]这就使得，近代科学的展开与宗教教义并行不悖，成为近代学术研究的一大特色。伽利略认定"上帝在自然界的规律中令人赞美地体现出来的并不亚于祂在圣经字句中所表现的"，莱布尼茨补充说"世界是按照上帝的计算创造的"，因此，"数学

①　参阅顾沛《数学文化》，高等教育出版社 2008 年版，第 38 页。
②　［美］克莱因：《西方文化中的数学》，商务印书馆 2013 年版，第 12 页。
③　［美］克莱因：《古今数学思想》第 1 册，上海科学技术出版社 2002 年版，第 251 页。
④　［美］克莱因：《古今数学思想》第 1 册，第 252 页。

家和科学家们的信仰与态度是文艺复兴时代席卷整个欧洲的更大量文化的范例"。①

因此可以说，自然科学的"数学化"（mathematicization）是西方近代科学的基本特征。数学化程度的大小也成为一门知识体系所含科学性多少的判断标准。这种看法，在近代以来到处都能听到，比如康德就曾在1786 年说过："在任何特殊的自然学说中，所能发现的本真的科学和在其中能发现的数学一样多。"（《著作》4：479）哥白尼的《天体运行论》和伽利略的科学思想，核心都是数学，都试图"在经验世界与知识的数学形式之间建立一种和谐。这种和谐可以通过实验和批评性观察来获得"，他们都"清晰而引人瞩目地表述了用数学来阐述自然现象的必要性，以及以实验和观察为基础确立自然界的数学规律的必要性。"② 17 世纪"是一个伟大物理学家和伟大哲学家的时代，而哲学家和物理学家又都是数学家"，约翰·洛克可能是唯一的例外，"在伽利略、笛卡尔、斯宾诺莎、牛顿和莱布尼茨的时代里，数学对哲学观念的形成发生了极大的影响"③。此趋势之极端，最典型地体现在凯特莱所说、后被马克思重申的如下表述里："科学越是进步，就越会进入数学领域，这是它们的集结中心。从一门学科可以用计算进行研究的程度，我们即可判断它是否完美。"④

当然，正如已经强调的，眼下这个历史时段也不是清一色的"数学

---

① 参阅 ［美］克莱因《古今数学思想》第 1 册，第 252 页。对于基督教与近代科学繁荣之间的内在关系，学术界尚有不同看法：一派认为科学很难在一神教的宗教环境下繁荣起来，原因是"神是没有不可能的感觉的"，而"相信不可能性是逻辑、推理数学和自然科学的出发点"；另一派认为，"一神崇拜提供了使科学繁荣的外界条件，因为这使人们接受了自然规律统一性的观点。对二者的简明讨论可参看 ［英］约翰·巴罗《不论：科学的极限与极限的科学》，李新洲等译，上海科学技术出版社 2005 年版，第 13—14 页及征引文献。然而，实在说来，两论之间实可相通：前者强调了"例外"的"不可能性"，后者强调了"规律统一性"的"可能性"；前者用"不可能性"从外延角度保证了没有"例外"，后者借"上帝"从本源上确保了"规律统一性"。

② ［美］科恩：《科学中的革命》，鲁旭东等译，商务印书馆 1998 年版，第 176—177 页。

③ ［英］怀特海：《科学与近代世界》，何钦译，商务印书馆 1959 年版，第 30 页。

④ 转引自 H. M. Walker, *Studies in the History of Statistical Method*, Baltimore：The Williams & Wilkins Company, 1929, p. 40. 参阅本书第 95 页注②。

主义"或"理性主义"①，比如罗伯特·波义耳（Robert Boyle，1627—1691）早就提出过如下有益警告："世间一切并不是皆可用简单的数学方法来解释。"② 著名思想家帕斯卡尔（Blaise Pascal，1623—1662）也终生不渝地坚守着一种"直觉精神"（l'esprit de finesse）和以"心"来思维的路线。意大利著名历史哲学家维柯（G. Vico，1668—1744）也一直以笛卡尔哲学的对立者出现在研究者的著述中。③ "虔敬派"（Pietismus）——17世纪兴起于德国新教内部、注重个人信仰的"心灵的宗教"——神学家厄廷格尔（F. C. Oetinger，1702—1782）援引"共通感"来反对以莱布尼茨为代表的"学院派"的理性主义④，并终于成为浪漫主义运动的根源之一。更不要说哈曼（J. G. Hamann，1730—1788）、赫尔德（J. G. Herder，1744—1803）这些大反启蒙理念、力倡"个人自我"的非理性主义思想家和"狂飙突进"时期那些早已被人们遗忘了的悲剧作品——其中的唯一杰作《少年维特之烦恼》是个例外。⑤ 18世纪之能接续帕斯卡尔的"玄妙精神"，要归功于莱布尼茨。莱布尼茨曾深入研究了帕斯卡尔的手稿并深为所触，帕斯卡尔的"玄妙精神"通过莱布尼茨的"单子"相继传给了德国古典哲学家们，首先是康德。

---

①　关于18世纪"非理性"思想的暗流涌动，可参阅伯林所著《浪漫主义的根源》一书第3章（吕梁等译，译林出版社2011年版，尤其第51—55页）的相关内容。

②　[英] 丹皮尔：《科学史》，李珩译、张今校，广西师范大学出版社2001年版，第120页。

③　学界过多地强调了维柯之于笛卡尔哲学对抗的一面。其实，维柯很大程度上也是笛卡尔哲学的继承者，比如在《论从拉丁语源发掘的意大利人的古代智慧》中就有"最确定的知识分支是几何学和算术"的表述；《新科学》实质上也是把几何学方法运用于精神科学的一次尝试。参阅 [意] 维柯《维柯著作选》，陆晓禾译，商务印书馆1997年版，第110页；韩震《西方维柯研究简介》，《哲学动态》1991年第1期，第42页。当然，"维柯对于18世纪的影响几乎很难觉察到"。参阅 [德] 伽达默尔《诠释学Ⅰ·真理与方法》，洪汉鼎译，商务印书馆2010年版，第41页。

④　参阅 [德] 伽达默尔《诠释学Ⅰ·真理与方法》，第45—50页。

⑤　参阅 [英] 伯林《浪漫主义的根源》，吕梁等译，第45—50、53—54、60—71页。

第一章 启蒙时代形而上学的普遍危机

——聚焦柏林科学院 1763 年的有奖征文

第一节 柏林科学院 1763 年有奖征文的思想史意义

1761 年 6 月 4 日，普鲁士皇家学院（柏林科学院）向欧洲学术界发布了 1761—1763 年度有奖征文事宜。征文题目由科学院哲学部主任、瑞士数学家苏尔策（Johann Georg Sulzer, 1720—1779）提议并获科学院通过，奖品是一枚价值 50 个杜卡特（古威尼斯金币）的金质纪念奖章。按规定誊清的论文手稿必须在 1763 年 1 月 1 日前寄往科学院常务秘书弗尔门（Johann Heinrich Samuel Formey, 1711—1797）教授处，不得署名，但要在手稿上写下一句古代箴言作为标记，并把自己的大名与这句箴言另书密封后一起寄给评审委员会。征文的主题如下：

> 形而上学的真理，特别是自然神学与道德的第一原理，是否能像几何学的真理那般清晰明证，若不能，那它确然性（Gewissheit/certainty）的本性是什么，确然性的程度怎样，在该程度上其可靠性是否完全可信。①

参加此次征文者，有三位大人物：宗教界的门德尔松（Moses Mendelssohn, 1729—1786），他提交论文的题目是《论形而上学各学科的自明性》（*Abhandlung uber die Evidenz in Metaphysicschen Wissenschaften*, 1763;

---

① CB/*Theoretical Philosophy*, 1755—1770 (1992): lxii.

以下简称《论自明》），拔得头筹；数学界英年早逝的德国数学家、23 岁
即为数学正教授的托马斯·阿布特（Thomas Abbt，1738—1766）；形而上
学领域则有我们的主角康德（Immanuel Kant，1724—1804）。另外，曾主
动提出与康德进行学术通信并成为康德哲学灵感重要来源之一的著名自然
科学家兰贝特（J. H. Lambert，1723—1777），也为此撰写了应征作品①，
可惜未赶上最后限期。康德的应征作品题为《关于自然神学与道德之原
则的明晰性的研究》（*Untersuchung über die Deutlichkeit der Grundsätze der
natürlichen Theologie und der Moral*，1762.12。以下简称"应征作品"或
《明晰性的研究》），在评委们几经摇摆后被判第二名，不过其价值与门德
尔松的获奖作品同等重要，因此他们决定将同时予以出版。

　　那么，从普鲁士科学院的这次征文中，我们能看出什么？首先，那时
形而上学的处境实在不妙至极，业已引起当时最高学术机构和整个学术界
的普遍担忧；其次，这种担忧迫使哲学界要为形而上学寻得几何学那样
"无可置疑的确然性"。在这两者背后还有两个未经言明的背景：其一，
"形而上学，作为理性的自然禀赋"，是不可或缺的，"世界上任何时候都
将有形而上学"，"每个人都将以自己的方式来裁剪形而上学"②；其二，
刺激学术界和科学院出此题目的主要动因，则是自然科学理论的日益精进
和巨大成功，尤其牛顿力学，以致促成了 18 世纪以降西欧普遍盛行的
"理性自信"甚至是"理性自负"以及"方法至上"的观念。

　　整个启蒙时代普遍相信，真理乃是唯一、和谐的知识整体或系统，一
切不合理都将为科学的进步所"清洗"，"都能与终极的真正的哲学和谐
一致，这种终极的真正的哲学能为所有人在任何地方任何时候解决所有理
论的和实践的问题。这种崇高的信念激发了坚信理性的莱辛和坚信科学的
杜尔哥，也激发了信仰上帝的摩西·门德尔松和不信仰上帝的孔多塞。尽
管他们的气质、观点及信仰有很大的差别，这却是他们的共同基础。有神

---

　　①　兰贝特的手稿后被博普（K. Bopp）以题为《关于形而上学、神学和道德更恰当的论证
法》（*Über die Methode der Metaphysik，Theologie und Moral richtiger zu beweisen*）发表于《康德研究》
增刊第 42 期（*Kant – Studien*［Ergänzungsheft XLII]）。参阅 CB/*Theoretical Philosophy*，1755—1770
(1992)：lxiv。

　　②　［德］康德：《未来形而上学导论》（注释本），李秋零译注，中国人民大学出版社 2013
年版，第 102、105 页。

论者和无神论者、自发进步的信仰者和怀疑论悲观主义者、寡情的法国唯物主义者与多愁善感的德国诗人和思想家们，在一个信念上似乎统一起来了，这个信念即是认为所有的问题都可以通过发现客观的答案而得到解决，一旦发现了这些客观答案——它们为什么不该得到发现呢？——它们对所有人都将是清楚明白的，而且是永远可靠的。"① 17 世纪，人称"天才的世纪"，18 世纪是这个天才世纪当之无愧的继承者，因此被人们称誉为"理性时代""启蒙时代""哲学世纪"或"批判时代"。科学史家亚·沃尔夫认为，能表征 18 世纪时代精神之特质的就是它的"现世主义、理性主义和自然主义，这一切促成了一种宽容人文主义的诞生"②。知识的俗世化进程也因之得到了空前的推进。然而，在自然科学大唱凯歌之时，传统哲学尤其是形而上学却显得破落不堪而底气全无。

第二节　近代哲学与自然科学处境对比

为了更好地体会 18 世纪形而上学家们面对当时的学科生态油然而生的那种复杂而焦躁的心态，这里简单回顾一下 18 世纪所继承下来的16、17 世纪的科学遗产以及自己世纪在此基础上的新开拓，或许是适当的。

英国著名科学史家亚·沃尔夫在他的两大部《科学史》③ 中，对此做过精彩卓绝的研究，尤其是第二部《十八世纪科学、技术和哲学史》，我们的简述主要依据的就是它。④ 为求直观，现把 17 和 18 世纪科学（广义）成就列表对举如下：

---

① ［英］伯林：《启蒙的时代：十八世纪哲学家》，孙尚扬译，译林出版社 2005 年版，第 17—18 页。

② 亚·沃尔夫说："现世主义在这里是指热衷于现世和尘世的生活，它区别于那种超脱的、一心想望来世生活的态度。理性主义是指相信人类理智的能力、相信个人判断的态度，区别于对他人教条式权威的仰赖。最后，自然主义是在这样意义上使用的：相信事物和事件的'自然秩序'，或者说，相信自然过程有其固有的秩序，而不存在神奇的或超自然的干预。"参阅氏著《十八世纪科学、技术和哲学史》上册，周昌忠等译，商务印书馆 1991 年版，第 10 页。

③ 亚·沃尔夫的两部"科学史"都已有了汉译本，《十六、十七世纪科学、技术和哲学史》（上下册），周昌忠等译，商务印书馆 1984 年版。

④ 以下内容参考［英］亚·沃尔夫《十八世纪科学、技术和哲学史》上册，第 3—10 页。

17 与 18 世纪科学（广义）成就对照表

	17 世纪	18 世纪
数学	新的学科分支已经建立；许多至今依然沿用的运算符号也已基本确立；三角学理论已经系统化；三次、四次求知量方程式已经获解；概率论初露端倪；算术计算得到简化；解析几何业已奠基；最后高潮就是牛顿发明的流数方法和莱布尼茨发明的微积分……	代数学扩展并得到系统化；三角学推广成为数学分析；微积分有了发展并用来解决几何学、力学和物理学中的问题；函数的一般理论建立；方程和无穷级数的理论提出；变分法奠定了基础，概率学说得到发展；解析几何的原理获得了比较一般的表达……
力学	伽利略和牛顿建立了运动和物体相互作用的基本定律；虚速度原理和斜面定律得到应用；流体静力学取得进步，出现流体动力学；气体力学中的玻义耳定律已确立，大气压也为人们所认识……	发现动量守恒原理、达朗贝原理和最小作用原理；数学分析越来越多地应用于力学问题并系统化；展开了流体动力学实验；提出气体分子运动论，气压的成因……
天文学	哥白尼引入日心说；第谷·布拉赫精进了天文学观测，开普勒发现了行星运动规律；伽利略把望远镜运用于天文观测并以之护卫了日心说；牛顿提出万有引力定律，开普勒定律得以证明……	基于牛顿建构了一个庞大的动力学体系；通过流体力学原理研究了地球形状，确定了地球的质量、大小、形状和地面重力变化；康德、布丰等人提出了各种宇宙起源理论，威廉·赫舍尔研究了恒星系……
物理学	开普勒用实验确定了近似的折射定律；斯涅耳得出光折射的正弦定律；有人发现并研究了光的衍射现象，牛顿确定了光色与其可折射性的关联；勒麦近似地测定了光速；牛顿关于光的"微粒说"与惠更斯早先的"波动说"发生争论……	光度学取得重大进展，声音各要素测定术逐渐成熟；在热容量、潜热、热膨胀测量和热的动力说等方面作出了许多新的发现；电和磁的研究进步迅速，发明了验电器和静电计，库仑的电荷反比定律，伏打电堆和电流的发现……

续表

	17 世纪	18 世纪
其他	物理学原理应用到大气现象，奠定了气象学的科学基础；化学也逐渐摆脱了炼金术的思想方式，注重实验和相应分析、化学术语的内涵得以确立；哈维发现血液循环，显微镜已经发明并运用于微生物研究，体温表进入医学诊断……	发明了新式的湿度计和风速计；拉瓦锡使化学系统化；化学反应中的物质守恒；植物和动物的形态学、解剖学和生理学的研究以及胚胎学研究也有进展；人体生理学和病理解剖学有所进展，出现电疗；詹纳研究天花以及引入种痘术……
哲学	五大体系：霍布斯的唯物主义、笛卡尔的二元论、斯宾诺莎的泛神论、洛克的经验论、莱布尼茨的观念论。	18 世纪前期哲学家：沃尔夫、贝克莱、伏尔泰、里德、休谟、卢梭、狄德罗、鲍姆嘉通、达朗贝尔……

在这个简单的对照表中，马上就可以获得如下鲜明认知：两个世纪在自然科学领域的研究前后相继，高潮迭起，研究领域不断扩展，研究成果日益丰富和完善，自然科学的春天促生出满园花果。诚如怀特海所言，"直到 1500 年欧洲方面所知道的东西还没有纪元前 212 年去世的阿基米德那么多，但到 1700 年的时候，牛顿完成了巨著《自然科学的数学原理》，整个世界也就因之进入了崭新的现代。"[1] 康德在 1762 年就感慨："在我们的时代，值得知道的事物堆积如山。很快，哪怕是仅仅从中把握最有用的部分，我们的能力也将过于软弱，我们的寿命也将过于短暂。"（《著作》2：63）

牛顿的伟大成就之于近代思想的意义是多重的：通过把地面上的重力等同于天体的向心运动并以人类科学的名义，牛顿征服了宇宙天体，这是令人惊叹不已的；牛顿通过他那惊人的成就以及由此体现出来的人类理性的无穷能量，鼓舞了一般有识之士的思想；更重要的是理性据以大展其手的方法——18 世纪正是在这一意义上理解和判定牛顿的伟大意义并为所有的知识体系指明了前进道路的，尤其是为哲学。[2] 18 世纪的自然科学极

---

[1] ［英］怀特海：《科学与近代世界》，何钦译，商务印书馆 1959 年版，第 6 页。
[2] ［美］阿瑟·伯特：《近代物理科学的形而上学基础》，徐向东译，北京大学出版社 2003 年版，第 16 页。

大推进了他们伟大前辈牛顿的巨大成就，其中以"数学物理学"（mathe-matical physics）成就最高。这是一种以数学理论和方法研究物理问题的学科，主要探求物理现象的数学模型并借此为已确立的物理问题寻求数学解法，再根据解答来诠释和预见物理现象，或者根据物理事实来修正原有模型。这个学科在 18 世纪取得了令人难以置信的科学成就，莫佩尔蒂（Pierre Louis Maupertuis，1698—1759）、克莱罗（Alexis Claude de Clairaut，1713—1765）、达朗贝尔（D'Alembert，1717—1783）、拉格朗日（Joseph – Louis Lagrange，1736—1813）、拉普拉斯（Laplace，1749—1827）、傅立叶（Joseph Fourier，1768—1830），每一个名字都是科学界第一流成就的代表，这确实是一个"数学分析取得辉煌胜利的世纪"[①]。怀特海曾就此感慨："我们愈是对它进行研究，便愈是被它所显示的令人难以置信的智慧上的成就所震惊。"[②]

如果科学领域可谓是"节节高"，那哲学领域倒真是"节节退"。就当时的德国而言，强邻环伺的处境和极度衰败的国势同蒸蒸日上的欧洲各国之间，恰成哲学当时处境的绝妙表征。自然科学的空前进展，使哲学相形见绌；17 世纪哲学天才的匠心独运，更显衬得当下破乱不堪，这种心理上的刺激和压力同样是空前的，而且还是第一次，因此来得必然异常强烈，渴望迎头赶上的理论动机也将会同样地迫切难抑。

17 世纪不愧为"天才的世纪"，哲学五大体系的创立，居功至伟，影响深远，确如亚·沃尔夫所论："它们今天仍然是哲学的几种主要类型；哲学讨论大都围绕它们之中的一种进行。"[③] 沃氏此论，即便在今日也属公允。可是，莱布尼茨（1646—1716）之后、《纯粹理性批判》（1781）之前，这约略大半个世纪，欧洲哲学即便不能说青黄不接，也没有出现可与此前的笛卡尔、斯宾诺莎、莱布尼茨和此后的康德、黑格尔、叔本华他们相提并论的响当当的大哲学家。"百科全书"派的启蒙者们，与其说是思想深邃、体大思精的哲学家，倒不如说是普及知识的伟大的人类教师和一些社会学者，在思想的原创性和精深性上，他们之不能入伟大哲学家之列，当属无

---

① ［美］米德：《十九世纪的思想运动》，陈虎平、刘芳念译，中国城市出版社 2003 年版，第 8 页。

② ［英］怀特海：《科学与近代世界》，何钦译，第 59 页。

③ ［英］亚·沃尔夫：《十八世纪科学、技术和哲学史》上册，第 6 页。

疑。至于其中像沃尔夫、鲍姆嘉通、狄德罗等，充其量不过是些二三流的启蒙思想家或哲学普及者，倒是休谟还算得上大家，但他的工作主要在"解构"而不在"建构"上。① 这就是黑格尔在《哲学史讲演录》中描述的"在康德哲学以前，有一种思想衰落的情况"②，德国思想界尤其如斯③。

在 1784 年发表的那篇关于"启蒙"的名文中，康德区分了"启蒙的时代"和"启蒙了的时代"之间的差异，并论定自己的时代是前者而不属于后者。④ 康德的疑虑并非个案，"即便是到 18 世纪末，尽管启蒙哲人已经声名显赫、影响巨大，但他们还是明显感到前景不明，甚至有些阴郁"，伏尔泰、利希滕贝格、狄德罗、休谟等启蒙大纛，都是明证。⑤ 即是说，这个虽被一般著述宣称为"哲学的世纪"，其实只不过是一个哲学爱好者的世纪，几乎每一个受过教育和稍有知识的人，都渴望成为"哲人"，"科学和哲学上的最好工作都是业余爱好者做出来的"，大学里的哲学教授还为数甚少；而且，启蒙时代的人们把古老的"哲学"传统做成了对"世俗智慧"的探讨，从中探得俗世道理中本质上属于常识的成分，当然，这一切都靠自己，并不仰赖权威。与此相应，这个时代的人们对抽象的玄学思辨并无兴趣，哲学只是他们进行宗教活动和政治改革的工具，且普遍对形而上学有一种排斥的心理。⑥ "一个纯哲学家的为人，是不常受世人欢迎的，因为人们都以为他不能对社会的利益或快乐有什么贡献"——休谟 1748 年出版的《人类理智研究》，对这种时代氛围做过很好的观察。他发现人们更喜爱那种"把人看作是为行动而生"的"简明易懂的哲学"，而对"把人看成是一个有理性的东西"从而"致力于形塑人的理智"的"精密深奥的哲学"则弃而远之，因为前者既"较为可意"

---

① 在《十八世纪科学、技术和哲学史》下册（第 897 页）里，亚·沃尔夫把"十八世纪的哲学家大致分成两类"，"一类是些大哲学家"，"包括贝克莱、休谟、瑞德和康德"；"第二类主要是一小部分分散的哲学家"，主要兴趣在于"通俗阐述对世界的合理解释"以"启蒙他们的同胞"，结果，"哲学变成了文学性的，而文学变成了哲学性的"。沃尔夫的这一判断与我们上述分析可谓不谋而合，但沃氏之"大"哲学家的标准确实"大"了点。

② ［德］黑格尔：《哲学史讲演录》第 4 卷，贺麟、王太庆译，商务印书馆 1978 年版，第 196 页。

③ 参阅［英］伯林《浪漫主义的根源》，吕梁等译，译林出版社 2011 年版，第 40 页。

④ ［德］康德：《答"何谓启蒙"之问题》，载李明辉译注《康德历史哲学论文集》，台北：联经 2002 年版，第 33 页。

⑤ 参阅［美］盖伊《启蒙时代》，刘北成译，上海人民出版社 2015 年版，第 16—17 页。

⑥ 以上引文参阅［英］亚·沃尔夫《十八世纪科学、技术和哲学史》下册，第 926 页。

亦"更为有用"。[①]

　　哲学领域难见翘楚的现状，如若不是再加上各派间的纷争不已且各自为尊，可能还算不上糟糕。学术争论本就是要得之举，应该提倡；然而，一旦唯我为尊，学术批判常常沦为不负责任、贪图快意的武断口角，那就没有什么意义可言了。比如魏曼（D. Weymann，1732—1795）与康德关于"乐观主义"的争论；再比如《布雷斯劳报》（*Breslauische Zeitung*）和《哥廷根报》（*Göttingischen Zeitung*）关于赫茨（Marcus Herz，1747—1803，他是康德最重要的学生和最重要的学术通信对象之一）《思辨哲学的沉思》（*Betrachtungen aus der spekulativen Weltweisheit*，1771）一文的评论，康德看后极其失望地说："如果读书界这样评价一篇文章的精神和主要意图的话，那么，一切努力都是白费。如果那位评论家肯花费一点气力，认识到这些努力中的本质性的东西，那么，对于作者来说，指责本身比草率的评价所包含的褒词要更令人愉快一些。"[②] 这种状态即便到了康德出版他最重要的著作《纯粹理性批判》的1781年也未有改观，否则，他也不会两年后就因被误解得太深以致不得不撰写《未来形而上学导论》这样论辩味足矣的著作。[③] 康德不是那种心胸促狭之人，他本人也一向看

---

　　① ［英］休谟：《人类理解研究》，关文运译，商务印书馆1957年版，第9—12页；参阅是书另一汉译本：《人类理智研究》，吕大吉译，商务印书馆2011年版，第1—5页。

　　② 这两则材料都来自康德的私人书信，参阅《书信》8、36。据考证，这位"哥廷根评论家"正是后来在《哥廷根学报》1782年1月19日那一期撰写《纯粹理性批判》书评的作者，叫伽尔韦（C. Garve，1742—1798）。在评论中，伽尔韦声称康德的著作过于冗长枯燥，用语晦涩难懂，不过是贝克莱主观观念论的翻版，没有什么新玩意。康德看了这个书评，大为光火。后来伽尔韦给康德去了封长信，交代了事情的原委，原来这一切只是误会，他的评论文字被时任编辑的另一位哲学教授费德（J. G. H. Feder，1740—1821）肆意窜改重组了。前嫌尽释后，二人成了很好的朋友，并有多次通信。不论真实情况如何，伽尔韦都是在无法真正理解康德原著意图的情况下促然动笔，决非严肃的学术态度。由康德的激烈反应亦可推测出，当时的学术界对别人新著的基本态度。参阅［德］康德《未来形而上学导论》的"附录"，庞景仁译，第170—172页。伽尔韦给康德的信，见 CB/*Correspondence*（1999）：191—193 = AK10：328—331，参阅李明辉译《一切能作为学问而出现的未来形而上学之序论》，台北：联经2008年版，第223—229页。

　　③ 当然"哥廷根评论"并非《导论》全部的动因，据康德这一时段的通信可知，他早有把晦涩难懂的"第一批判"整理改写成"一般人也可以理解"的具有"大众风格的精简版"的念头。至于最终成形的《导论》是按照原来的思路撰就的，还是因"哥廷根评论"而另起炉灶，或者兼而有之，学界对此尚有不同意见。参阅李明辉《中译本导读：〈未来形上学之序论〉之成书始末及其与〈纯粹理性批判〉的思想关联》，《未来形上学之序论》，李明辉译，第 ix—xxix 页。

重并渴望真正的学术批判，比如他同兰贝特和门德尔松之间的学术通信，比如牧师舒尔茨（J. Schultz, 1739—1805）对他"就职论文"的批评，都是康德批判哲学形成过程中非常重要的激促因素。康德一向痛恨那种走马观花、不负责任的印象式批评，以致在上面提到的《导论》中说出了如下让哲学后继者读之而却步的话："如果有谁对于我作为导论而放在一切未来形而上学之前的这个纲要仍然觉得晦涩的话，那就请他考虑并不是每人都非研究形而上学不可"（《著作》4：265）。让我们带着如上的历史语境看看启蒙时代的形而上学遇上了怎样的普遍危机吧。

第三节　近代形而上学的落寞与纷争

在康德的时代，形而上学（Metaphysics）一般包含四个部分：首先是作为基础和原则的本体论，又称一般形而上学；其次是根据本体论分别对人类的心灵（the soul）、宇宙世界（the world）和上帝（God）进行研究的理性心理学、宇宙学和神学。①

近代之前，作为爱智之学的哲学和形而上学一直是知识和思想领域中的摩西，一切都得仰仗它的庇护和帮助。然而，18 世纪以降，曾经"被称为一切科学之王"的形而上学堕入了前所未有的衰颓境地，已经"陷入不幸的争吵"：康德形容它是"无休止的争吵的战场"，休谟时代的人

---

① 在《1765—1766 年冬季学期课程安排的通告》（1765）中，康德把形而上学分成与此相仿的四个部分：（1）经验心理学（empirical psychology）：关于人的形而上学的经验科学，延及对一切生命的考察；（2）探讨有形自然本身：从宇宙论探讨物质的核心部分借来的，包括一切无生命的东西；（3）本体论（ontology）或理性心理学（rational psychology）：关于一切事物普遍属性的科学，包括精神存在物与物质存在物的区别以及二者的结合和分离；（4）关于上帝与世界的科学：对一切事物的原因的考察。（《著作》2：311—312）康德对形而上学理论体系的认识，基本来自于沃尔夫学派，康德授课所用教材是鲍姆嘉通的《形而上学》，这本被康德称为"专业手册"的书，把"形而上学体系"分成四个部分：本体论（Die Ontologie）、宇宙论（Die Cosmologie）、心理学（Die Psychologie）和自然神学（Die natuerliche Gottesgelahrheit）。参阅 A. G. Baumgarten, *Metaphysik* (Klassiker der Metaphysik band1), Jena: Scheglmann, 2004, S. V—VII。在"第一批判"中，康德分其为："1. 本体论。2. 合理的自然之学。3. 合理的宇宙论。4. 合理的神学。"（A847 = B875）

们曾斥其为哲学的"一种耻辱"，并宣称"形而上学并不是一门真正的科学"①，更有后来的研究者称"整个论题在 18 世纪几乎成了一桩丑闻"②。"本体论"因哲学领域内部关于"实体"的纷争而各执一词；"理性心理学"因灵魂问题和精神与物质之关系而弄得神乎其神，后来出现了在康德看来极为荒唐不经的"通灵"现象；神学在宗教改革后也几乎沦为世俗王权争夺利欲的工具；陈旧的"宇宙论"更因牛顿物理学的勃兴而显得悖谬不堪。在 1766 年写给门德尔松的信中，康德曾就当时流行甚广的"通灵"现象愤怒地说："我们梦寐以求的科学却结出了这些令人诅咒的成果，即便完全清除掉这些自负的知识，也不会比这种科学本身更加有害。"（《书信》21）康德所说的"我们梦寐以求的科学"指的就是形而上学，尤其是其中的理性心理学和本体论。在成稿于 1765 年的《以形而上学的梦来阐释一位视灵者的梦》（以下简称为《视灵者的梦》）一文中，康德把施魏登贝格（Emanuel Swedenborg，1688—1772）之流的通灵者称为"感觉的梦幻者"，而斥既有的形而上学为"理性的梦幻者"，虽然此时的康德"已经迷恋上了它"。（《著作》2：346、370）最终的结果是，"人类的理性也就跌入黑暗和矛盾冲突之中"，"它的追随者们已经东零西散，自信有足够的能力在其他科学上发挥才能的人们，谁也不愿意拿自己名誉在这上面冒风险"；"全部思辨哲学目前的情况是：它已经达到了即将完全消灭的地步，虽然人类理性还以永远消灭不了的感情来牵住它不放，而这种感情仅仅由于遭受了不断的失望之后，现在才徒劳无益地试图改变为漠不关心。"③

自然科学蒸蒸日上之时，形而上学却江河日下，这似乎已成知识界的共识。康德在"应征作品"中说："哲学认识大部分都命中注定是意见，

① 在《人类理智研究》中，休谟总结说："由于哲学至今尚未毫无争议地确定道德、推理和批判的基础，而且尽管它纵谈真和假、善和恶、美与丑的区别，却不能决定这些区别的源泉，对此，他们认为这是全部学问的一种耻辱。"参阅［英］休谟《人类理智研究》，吕大吉译，商务印书馆 1999 年版，第 2、9 页。

② 这是英国最著名的自由主义知识人伯林对这段历史的评价，伯林主要谈论的是"自由"问题，正如后来我们看到的，这是一个关涉一切人文领域的核心议题，也是整个 18 世纪构建社会秩序的关键所在。参阅［英］伯林《自由及其背叛：人类自由的六个敌人》，"导论"，赵国新译，译林出版社 2011 年版，第 9 页。

③ ［德］康德：《未来形而上学导论》，庞景仁译，第 4、182 页。

就像其光芒瞬间即逝的流星一样。它们消失不见了，但数学却长存不衰。形而上学无疑是人类所有知识中最困难的一种，然而还从未有一种写出来的形而上学。"（《著作》2：284）《纯粹理性批判》曾把形而上学当时这种悲惨处境形象地比喻成一个已成"弃妇"的"女王"（AVIII—IX）。兰贝特在 1766 年 2 月 3 日写给康德的信中也说："毫无疑义，如果说还有一门科学需要有条不紊地重建和清理，那就是形而上学。"① 即便是到了这个世纪的 80 年代末，康德最重要的著作《纯粹理性批判》已经出版七年了，并于 1787 年出了第二版，《未来形而上学导论》（1783）《从世界公民观点撰写世界通史的想法》（1784）《回答这个问题：什么是启蒙》（1784）《道德形而上学的奠基》（1785）《对人类历史起源的推测》（1786）《自然科学的形而上学基础》（1786）等重要著述也已问世，康德的哲学在普鲁士大地上也显得气象非凡——然而，形而上学的问题已然困扰着柏林科学院的哲学部。1788 年公布原想 1791 年揭晓的有奖征文，题目居然是："自莱布尼茨与沃尔夫以降，德国形而上学真正的进步是什么？"题目显然是针对康德哲学的，关心所至依然是形而上学的前景问题。②

　　这其中，既有哲学内部的混乱因素，尤其是不同派别间的相互攻诘，更有科学界的冷眼漠视。就前者而言，既有从形而上学内部展开的攻击，如柏林科学院领衔院士、学院主席、数学家毛佩图伊斯（P. L. Maupertuis，1698—1759）从数学能"量"化的优势批判以"质"（Qualitäten）为对象的哲学；又有哲学外部落井下石式的嘲笑，如伏尔泰（Voltaire，1694—1778）在《愚昧的哲学家》（*The Ignorant Philosophy*，1767）中所说："如果全部自然界，一切行星，都要服从永恒的定律，而有一个小动物，五尺来高，却可以不把这些定律放在眼里，完全任意地为所欲为，那就太奇怪了。"③ 但更多的、也是最直接的，还是那个时代对形而上学"难见进展"的"历史体验"："想提供明确的答案却又屡试不

---

① *CB/Correspondence*（1999）：84 = AK10：62。

② 参阅［美］曼·库恩《康德传》，黄添盛译，上海人民出版社 2008 年版，第 425 页及 584 页注［186］。

③ ［法］伏尔泰：《愚昧的哲学家》，转引自［英］丹皮尔《科学史》，李珩译、张今校，广西师范大学出版社 2001 年版，第 172 页。

得，由此而产生一种印象：哲学中没有进步，而只有意见的主观分歧，没有发现真理的客观标准"①；"哲学总是受到指责，说它未能展现任何进步，这种指责尤其不断地来自自然科学"②。门德尔松在他的获奖作品《论自明》中说："每个世纪都涌现出新的理论体系，它们光彩夺目，随后却又消失无痕"，"尤其是在我们这个世纪"，人们尝试"通过确信可靠的证明，把形而上学的基本知识奠立在亘古不变的坚实基础之上"；然而，尝试一一失败，"就算那些认为形而上学概念是令人信服、无可辩驳的人，他们最终也必须承认，这些概念还不具备数学证明那样的自明。否则，这些人不可能找到如此形形色色的矛盾。"③ 门德尔松的应征作品有着强烈的论辩味道，目的就是要借此机会同那些仇视形而上学的思想展开全面而彻底的论战。康德更是对这种历史体验感之甚深的人，除了上文提及的，他还在"就职论文"④ 和《未来形而上学导论》中，一再痛陈形而上学的悲惨现状。在 1765 年 12 月 31 日写给兰贝特的信中，康德发狠说：宁愿让哲学领域"那些调皮鬼们的不断嬉闹和拙劣的著述家们令人疲倦的饶舌"成为"错误哲学的无痛致死术"，"在真正的哲学（世界智慧）复兴之前，旧的哲学自行毁灭是非常必要的"，并宣称："长期以来为人们所希冀的科学大革命已经为期不远了。"（《书信》19）

康德与门德尔松有着相同的关于形而上学处境的历史体验，二人的观点也有几分相像。门德尔松的哲学思想大体上采纳了沃尔夫哲学体系，但在获奖作品《论自明》中也表达了他对形而上学的独特理解，并追问了形而上学于今见弃的缘由。门德尔松认为，形而上学诸门类之有今日下场，既有它自身的原因，即"形而上学的真理虽然具备与几何真理同样的确实性（Gewißheit），却不具有后者那样的可理解性（Faßlichkeit）"，"可理解性"较低，根源于它"至今仍缺乏本质符号这一辅助工具"以及

---

① ［英］伯林：《启蒙的时代：十八世纪哲学家》，孙尚扬、杨深译，第 2 页。另参阅伯林《现实感：观念及其历史研究》，潘荣荣等译，译林出版社 2011 年版，第 61—85 页。

② ［英］艾耶尔：《二十世纪哲学》，李步楼等译，上海译文出版社 2005 年版，第 2 页。

③ 参阅［美］列奥·施特劳斯《门德尔松与莱辛》，卢白羽译，华夏出版社 2012 年版，第 79—80 页。

④ 在"就职论文"（《著作》2：425）中，康德把形而上学领域关于灵魂的争论比喻成"看起来争论的一方要给公羊挤乳；另一方则拿着筛子去盛"。康德认为，当时关于形而上学的争论，都是在"欺诈公理"的误导下，"让自己的智力遭受一些不合理问题的折磨"罢了。

与人类生活相切太密；也有主体的根由：形而上学之于人的重要意义及其概念被人熟悉的程度。① 就后者，康德亦曾有言："凡是在别的科学上不敢说话的人，在形而上学问题上却派头十足地夸夸其谈，大言不惭地妄加评论，这是因为在这里他们的无知应该说同其他人的有知没有显著的区别"②。34 年后（1817），黑格尔重申了康德的话。③ 这是可以理解的，相比而言，数学不需要考虑实际情形而只管自我建构，结果，现实反要以它为范型；形而上学恰恰相反，它要预期对现实生活普遍有效，而这正是形而上学中最繁难的工作。形而上学家的形上思辨和理性建构，何以能对现实经验有效，这是近代哲学最核心的哲学议题，不论是笛卡尔的"我思故我在"，还是历来关于上帝存在的本体论证明，尤其康德对范畴和知性原理的先验演绎，所要回答的皆是此一难题。不论是从理性世界走向对象世界，还是从物质世界走向精神世界，都有着某种深奥莫测的不可解之处，至今也没有令人信服的说法能够提供给我们。

然而，真正让形而上学名誉扫地的，主要还是来源于自然科学的冷眼漠视。康德在 1756 年申请教授席位的"答辩论文"——《物理单子论》中，透露了当时形而上学与自然科学的冲突以及后者对前者的漠然。当时科学界的主角即自然哲学家，在致力于自然事物的研究时认为，必须反对或提防如下倾向：鲁莽的猜测、脱离经验的支持、不以几何学为中介。他们的原则是：相信经验、提出证据、几何学范本。比如他们对事关物理学根本的"空间理论"就有着截然不同的看法："形而上学固执地否认空间是可以无限分割的，而几何学则以其惯有的确实性予以肯定。几何学断定对于自由运动来说空无一物的空间是必要的，而形而上学则予以拒绝。几何学明确指出，引力或者普遍的重力用力学的原因几乎无法解释，它只能起源于在静止中和在远处能起作用的物体内在固有的力，而形而上学则把这归于想象力毫无意义的游戏。"（《著作》1：456—457）科学史家早已注意到这种对立："近代科学的创造性时期主要是在 17 世纪……至于前

① CB/*Theoretical Philosophy*, 1755—1770 (1992)：276—286。英译者把门德尔松获奖作品的缩写（Abridgement）作为附录附在了康德参赛作品的后面。另参阅［美］列奥·斯特劳斯《门德尔松与莱辛》，华夏出版社 2012 年版，第 77—85 页。

② ［德］康德：《未来形而上学导论》，庞景仁译，第 15 页。

③ ［德］黑格尔：《小逻辑》，贺麟译，商务印书馆 1980 年版，第 2 页。

牛顿科学，那在英国和大陆都与前牛顿哲学属于同一个运动，科学就是自然哲学，那个时期有影响的人物既是最伟大的哲学家又是最伟大的科学家。但是主要是由于牛顿本人，二者之间才逐渐产生一个真正的区分；哲学逐渐把科学看作是理所当然的。"① 康德观察到的这一对立，最终导致自然科学对形而上学的蔑视和冷漠，结果是，形而上学在自然科学的研究中根本不占任何可靠的位置，"大多数人认为它在物理学领域可有可无"（《著作》1：456）。受此蔑视的一个非常极端的例子，就是休谟。

　　众所周知，对"因果律"的解构，是休谟哲学最重要、最具特色的部分，也是他之于西方哲学最突出的贡献。在因果论上，休谟真正究诘的问题是，我们关于外部世界的存在和因果律的知识是怎样获得的。② 休谟并不曾否定现实世界的存在，也不曾证伪因果律的普遍有效性，只是，按他的哲学理念——经验主义，我们根本证明不了这一切：对于"每一个开始存在的对象是否都由一个原因得到它的存在"，"这一点既没有直观的确实性，也没有理证的确实性"。③ 正如康德所言："形而上学一向遭遇到的厄运决定了休谟得不到任何人的理解。他的论敌……完全弄错了问题之所在，偏偏把他所怀疑的东西认为是他所赞成的，而反过来，把他心里从来没有想到要怀疑的东西却大张旗鼓地、甚至时常是厚颜无耻地加以论证……问题不在于因果概念是否正确、有用，以及对整个自然知识说来是否必不可少（因为在这方面休谟从来没有怀疑过），而是在于这个概念是否能先天地被理性所思维，是否具有一种独立于一切经验的内在真理……这才是休谟真正所期待要解决的问题。"康德坦率地承认，就是休谟的这个提示首先打破了他"教条主义的迷梦"，并对休谟论敌的有意误解表示"痛心疾首"。④ 休谟对于因果关系有否必然性和确然性的难题，到底是什么态度，至今仍是休谟研究界极有争议的问题，本书不打算卷入其中，只是想确认一点：休谟对因果律抱有十足的怀疑态度，就他的结论看，"习惯性转移"的看法实质上已经封死了人类能够获得"最大的确实性和最

---

　　① ［美］阿瑟·伯特：《近代物理科学的形而上学基础》，徐向东译，北京大学出版社2003年版，第15页。

　　② 周晓亮：《休谟哲学研究》，人民出版社1999年版，第123页。

　　③ ［英］休谟：《人性论》上册，关文运译、郑之骧校，商务印书馆1980年版，第99页。

　　④ ［德］康德：《未来形而上学导论》，庞景仁译，第7—9页。参阅《著作》4：259—261。

强的必然性"的一切通道，客观规律只不过是理性主义者对其主观观念的偷换转移而已。这无疑是说，凭借人类理性所获致的一切知识，都没有自己宣称的那种必然性，包括自然科学。休谟对"因果律"之于人类知识的重要性不是没有清醒认识，他曾说："各种物象之间如果有任何关系是我们应该完全知道的，那一定是因与果的关系。在实际的事实和存在方面，我们的一切推论都是建立在这种关系上的……一切科学的唯一直接的效用，正在于教导我们如何借原因来控制来规范将来的事情。因此，我们的思想研究和考究一时一刻都费在这个关系上。"① 休谟对因果律的解构性分析在哲学界产生了巨大的反响，康德曾为之大震，进而建构起艰深无比但影响深远的先验哲学。② 令人奇怪的是，休谟的批判居然在科学界甚至开始在哲学界也都湮没无闻，这让一向泰然自若、处事不惊的作者大为受伤："任何文学的企图都不及我的《人性论》那样不幸。它从机器中一生出来就死了，它无声无臭的，甚至在热狂者中也不曾刺激起一次怨言来。"③

这里显露出一个非常重要的问题，休谟对作为自然科学大厦之根基的

① ［英］休谟：《人类理解研究》，关文运译，商务印书馆1957年版，第69—70页。
② 休谟对因果律应具之必然性和确然性的解构分析，其实针对的是科学归纳问题，波普尔把它概括成"休谟问题"（Karl Popper, *The Logic of Scientific Discovery*, p. 11, London and New York: Taylor & Francis e‑Library, 2005）。康德在《导论》中也称其为"休谟的问题"，只是康德所谓的"休谟问题"主要指因果律的根源问题即综合判断的先天根源问题，还不是有没有先天性（在康德，先天性即是普遍必然性）的问题（《著作》4：262）。这二者之间的根本区别似乎还未被研究者所注意，常常把康德以先验范畴理论为因果律奠基来回答休谟视作是对"休谟问题"的先验解决。参阅周晓亮《休谟哲学研究》，人民出版社1999年版，第186—208页。在《猜想与反驳》中，波普尔对休谟的"反归纳理论"即"归纳在逻辑上不成立"以及"规律的根据在于类似重复所形成的习惯"做过深刻的哲学批判，并因而把"休谟的这种学说翻了个身"，即"不把我们指望规则性的倾向解释为重复的结果"，而是相反，"把我们认为的重复解释为我们指望和寻找规则性倾向的结果"；与康德一样，波普尔通过休谟所发现的，正是事实问题（guid facti）——在这里指我们怎样进行归纳论证的事实——与法权问题（guid juris）——在这里指证明我们的归纳论证为合理的问题——在本质上的差异，哲学或认识论所在意的是后者，康德所谓的"演绎"（Deduktion）指的就是它（A84—85 = B116—117），而前者只是经验心理学的研究对象。参阅［英］波普尔《猜想与反驳：科学知识的增长》的"第一章（科学：猜想和反驳）"（傅季重等译，中国美术学院出版社2003年版，第54—60、82页）以及《客观知识：一个进化论的研究》的"第一章（猜想的知识：我对归纳法问题的解决）"（舒炜光等译，上海译文出版社1987年版，第1—33页）。顺便说一句，波普尔科学哲学思想的形成，除了他自己招认的在思想观念上受爱因斯坦的深刻影响外，康德在思维方式和策略上对他的影响也是根本性的，这分明体现在他对"休谟问题"的分析和解决上。
③ ［英］休谟：《休谟自传》，《人类理解研究》，关文运译，第2页。

因果律的破坏性分析，并未给实际的科学研究带来任何动静，自然科学家们照样按照他们的信念且颇有成效地从事着自己手头的研究。自然科学界对自己的"工作前提"和"基本公设"即"世界在本质上是有秩序的且这规律是人类可认识的"，并没有因此进行过任何反思，只是把目光集中到了"一般原则与无情而不以人意为转移的事实之间的关系"这个核心议题上。如此一来，对"无情而不以人意为转移"的"详细事实"的热烈兴趣、对"一般原则"和"抽象结论"同样的倾心不懈与对"工作假设"的持而不疑，就构成了近代数理世界的新景观，且成了有教养思想家的一种时兴的思维习惯。怀特海接着说，令人奇怪的是——自然的秩序不能单凭对自然的观察来确定，归纳法在自然界本身无法获得根据——这些问题和困难非要等到 18 世纪才由休谟揭发出来，"而且当休谟真正露头角时，受到人家重视的也仅仅是他哲学中谈论宗教的部分，这可以说明当时科学界一般人士的反理性主义思潮。这是因为神职人员在原则上是理性主义者，而科学界人物大都意满于一个关于自然秩序的单纯信念。"① 其实，科学界人士对待休谟的深刻揭示也不完全是冷漠，或许可以这样来解释：他们要以科学理论的实际成果及其巨大的解释效力来嘲笑休谟那自以为是且沾沾自喜的哲学分析。

休谟的遭际正是形而上学时下见弃的缩影，它昭示出自然科学与形而上学二者渐行渐远的时代大势，尤其是 18 世纪中叶以后，可说是大势已定。实践的热情远远超过了思辨的精审，实利的考虑大大窒息了哲学的敏感，结果就出现了黑格尔 1818 年《在柏林大学的开讲辞》中所说的情形："在不久以前，一方面，时代的困苦曾经赋予那种对日常生活的琐屑兴趣以一种很大的重要性；另一方面，改变现实的高尚兴趣，即首先恢复和拯救民族生存和国家危亡的整个政局的兴趣与斗争，对精神的一切能力、一切阶层的力量和外在的手段曾经提出了很多的要求，以致精神的内在生活无法得到宁静。在那时，世界精神在很大程度上忙碌于现实，被拉

---

① ［英］怀特海：《科学与近代世界》，何钦译，第 3、50 页，译文据原文有校改。关于近代科学的基本信念即"存在信念"和"秩序信念"在科学中根本作用，即便在 20 世纪量子力学时代，也为爱因斯坦这样伟大的科学所坚守，他的格言"我深信上帝不是在掷骰子"以及他对"因果律"近乎宗教式的守护尤能说明这一点。

向外部，而没有面向内部，返回其自身，在其固有的家园里怡然自得。"①
因此，可以说，休谟之所以在 18 世纪的科学界受到冷遇甚至遗忘、科学
之所以远离思辨哲学的根本原因就在于，当时"科学界一般人士的反理
性主义思潮"。表面看来，科学问题和理性拴在一起，好像两者根底上相
通，其实未必，科学理性——即使可以这样说，并不同于哲学理性，前者
更多祈向实证的精神、实验的方法和逻辑的自洽，这是一种"向前看"
的统摄能力；而后者，其本义却在勇于彻底批判自己的理论前提和终极根
据，它是一种"向后看"的反思能力。如果说科学主要向前、向上、向
远处看，那么后者就总是向后、向下、向深处看。二者均须有必要的
"工作前提"和"假说"，但前者是由此出发，以求尽可能广泛地解释世
界；而后者则就此寻求"前提"的理据，寻求第一原理。因此，如果我
们把包括宗教改革和科学运动在内的"这次历史性革命看成一次提倡理
性的革命那就完全错了。事实正好相反，这是一次十足的反理性运动。这
是回到玄思神秘事物上去的运动。这个运动是从中世纪思想的僵硬理性上
倒缩回来的结果"② ——怀特海教授的这一断语是深入肌理的。法兰克福
学派的领军人物也断定"启蒙根本就不顾及自身，它抹除了其自我意识
的一切痕迹""启蒙带有极权主义性质"③。

第四节　危机下的转机及理论后效

就受到科学界冷落这一点来说，休谟并不孤单，他最接近的前辈贝克
莱（George Berkeley，1685—1753）主教也曾被如此对待过。主教对他那
个时代的思想影响不可谓不深，休谟是他的继承者，他又是康德挥之不去
的"他者"；但无论如何，贝克莱"对于科学思想的主流还是没起多大作
用。科学思想就像他没有写下任何著作似的，照常发展下去。科学界由于
获得了极大成就，因而从那时起就一直拒绝批评，并一直沉醉于自身的特

---

① ［德］黑格尔：《哲学全书·第一部分·逻辑学》，梁志学译，人民出版社 2002 年版，第
25 页。参阅贺麟译《小逻辑》，商务印书馆 1980 年版，第 31 页。

② ［英］怀特海：《科学与近代世界》，何钦译，第 9 页。

③ ［德］霍克海默、阿道尔诺：《启蒙的概念》，载渠敬东、曹卫东译《启蒙辩证法：哲学
断片》，上海人民出版社 2003 年版，第 2、4 页。

殊抽象概念。事实上这些抽象概念也行得通，于是就使它更心满意足了。"① 实际上，"当自然科学家对'形而上学'表示憎恶时，他们也就通常表达出了他们不喜欢他们的绝对预设被触及。"② 可以说，科学一路的高歌猛进，使得它从来不去反思或质问自身信念和前提的合法性，这是一种偏执。这种偏执随着科学的日益辉煌便毫无顾忌地显现了出来：科学开始否定哲学了，也"从来不为自己的信念找根据，或解释自身的意义，对于休谟所提出的驳斥也完全置之不理"。③ 此时的自然科学和数学自然不会认识到被后世科学哲学家揭示的所谓"科学革命"或"范式转移"——比如从古代"音乐化的和谐宇宙"到近代"空间化的力学世界"（哥白尼、牛顿）再到20世纪"相对论"和"量子力学"以及新世纪流行的"大爆炸理论"——的根本机栝所在：世界观的改变，而这种改变完全是哲学反思和前提批判的结果。

　　近代科学对哲学的这种排斥是一开始就注定了的。众所周知，近代思想的起点就在笛卡尔通过普遍怀疑所开出的"我思"那里，这是哲学的一个绝对和纯洁的开端。他在《谈谈方法》和《形而上学沉思录》中以最清晰明白的方式奠定了近代哲学得以展开的基本架构和一般概念，这使得"我思"先于一切古代哲学家曾经讨论过的那些主题而成为首要的，更使"在其内与单纯的意见相对立的确然性得以成立"。随后，康德把这种"确然性"推及至不同于"我思"的"先验知识"上④，也就是说，近代哲学注定要在主体世界里开垦并收获。这一点是和此前的古代哲学和中世哲学截然不同的，后者都是些客观世界的耕耘者。"我们必须寻求确定的东西；确定的东西就是确认，就是一贯的、纯粹的认识本身。这就是思维……从笛卡尔起，哲学一下转入了一个完全不同的范围，一个完全不同的观点，也就是转入主体性（Subjektivität）的领域，转入确定的东西。"⑤ 这一从客体世界转向主体世界的大势，同样也表现在宗教世界里：15世纪之前的天主教世界，神学的根本兴趣集中在上帝存在、三位一体、

---

① ［英］怀特海：《科学与近代世界》，何钦译，第64页。
② ［英］柯林武德：《形而上学论》，宫睿译，北京大学出版社2007年版，第35页。
③ ［英］怀特海：《科学与近代世界》，何钦译，第16—17页。
④ ［美］罗蒂：《哲学和自然之镜》，李幼蒸译，三联书店1987年版，第118—119页。
⑤ ［德］黑格尔：《哲学史讲演录》第4卷，贺麟、王太庆译，第69页。

道成肉身、启示录等问题的意义上，而马丁·路德的问题是"我如何释罪"，结果就是"因信称义"。① 它们的落脚点都在"主体性"（subjectivity）一端，而这在一开始就同近代自然科学的"客观主义"（objectivism）信念在根底上截然对立。近代自然科学的基本信念即"对自然秩序的信念"，来源于"中世纪对神的理性的坚定信念……每一种细微的事物都受着神视的监督并被置于一种秩序之中。研究自然的结果只能证实对理性的信念"；经过中世纪神学理性对人类深入灵魂的教导，才使这种对秩序和规律的信念成了一种"本能的思想风尚"，终而促生了近世欧洲自然科学的绚丽登场。② 可以说，17 世纪以后，自然科学守住了唯物的世界，哲学护卫着思维着的心灵。

近代科学与哲学这种在基本观念上的根性差异以及前者对后者的排斥和非难，不仅是 20 世纪分析哲学尤为热衷的以"意义"为标准在哲学和自然科学间进行的所谓"划界"③ 工作的先兆，还最终导致了 20 世纪中后期那场因斯诺而起的"两种文化"（科学与人文）④ 的著名争论。现在看来，科学与人文的差异和对立以及人文的科学化及由此走向边缘化，似乎已为人们见怪不怪并坦然接受了。同 18 世纪相仿，"20 世纪的人文、社会科学在建立它们个别领域中的'知识'时，都曾奉自然科学为典范"——据余英时先生的切身观察，"西方人文研究一直到目前为止，仍然未能完全摆脱掉奉科学知识为典范的基本心态。"⑤ 总之，两种文化的对立和矛盾至今仍没有得到解决，这是不争的事实。就中国学界而言，自

---

① 参阅赵敦华《基督教哲学 1500 年》，第 2 至 8 章，人民出版社 2007 年版。

② 参阅［英］怀特海《科学与近代世界》，何钦译，第 13 页。

③ 在自然科学与哲学间进行"划界"的工作被波普尔称为"康德问题"，但与卡尔纳普等逻辑实证主义者不同，波普尔认识到以"意义"（meaning）或"意思"（sense）和"归纳的可确证性"为标准根本是行不通的，可以把两者有程度地区隔开来的不是意义标准而是"划界标准"即"可证伪性"或"可反驳性"。参阅［英］波普尔《科学与形而上学的分界》，载傅季重等译《猜想与反驳》，中国美术学院出版社 2003 年版，第 323—329 页。

④ 关于斯诺"两种文化"的论述及后继的相关争论，可参看斯诺的《两种文化》一书以及斯蒂芬·科里尼为 1998 年再版的《两种文化》撰写的"导言"。参阅［英］斯诺《两种文化》，陈克艰、秦小虎译，上海科学技术出版社 2003 年版；［英］斯诺《两种文化》，纪树立译，三联书店 1994 年版。

⑤ 余英时：《试论中国人文研究的再出发》，载《史学研究经验谈》，上海文艺出版社 2010 年版，第 116、123 页。

清末民初以至当今，我们似乎仍没有脱离"尊西人若帝天，视西籍如神圣"的知识心态；如今，量化的思维在知识界、尤其是高校已然体制化，并有可能成为价值判断的自觉选择甚或唯一标准，一切不能量化的东西都将因无法被当下评价而或见弃或强行量化，这对一个仍处于上升阶段的民族来说，将是灾难性的。

第二章　近代西欧学术研究的价值祈向

——寻求无可置疑的确然性

第一节　近代学术演进的大致脉络及知识实用观的确立

欧洲近代思想演进的大致脉络是清晰可见的。近代科学发展的最大障碍是基督教会，它一直试图利用科学与哲学来对付异端，比如世俗王权和异教，但又决不会给它们留下任何反水的机会，以致精神独立如罗吉尔·培根（Roger Bacon，1214—1292）和达·芬奇（1452—1519）者，也为教会的淫威所慑而噤若寒蝉，"甚至文艺复兴和宗教改革也都没有直接促进科学的发展"①。作为与教会对立的世俗王权，自然想通过善待敌手的对头来达到制衡的意图，加之近代伊始海外扩张和军备所需，政府亦对各种知识和技术大施援手，尤其是英国和荷兰给予学术的宽容诚意和出版机会，使得各种科学院和研究机构相继建成②。如此一来，知识的探求开始专门化，也开始世俗化。在一定程度上受到政府奖掖的研究机构，政府期之于它们的显然是望其奉献更多有用的实际发明来。知识的世俗支持带来了世俗化的知识，也带来了实用主义的知识观，这与文艺复兴的基本精神

---

① ［英］亚·沃尔夫：《十六、十七世纪科学、技术和哲学史》，周昌忠等译，商务印书馆1984年版，第13—14页。

② 著名的有：那不勒斯的自然秘密学会（1560）、意大利的猞猁学会（Academia dei Lincei，1603）、佛罗伦萨的西芒托学院（1657）、伦敦的皇家学会（1662）、巴黎皇家科学院（1666）和格林尼治天文台（1675）。只是近代的大学尚在教会的控制之下，哲学是神学奴婢时，大学则是教会的灰姑娘，此后很长时间都是宗教教义扎根最深的地方。参阅［英］亚·沃尔夫《十六、十七世纪科学、技术和哲学史》"第四章：十七世纪的科学社团"及［德］布朗《科学的智慧：它与文化和宗教的关联》"第一章·第四节：科学形成共同体"，辽宁教育出版社1998年版。

相合，或者本就是后者的一部分。文艺复兴虽然也有着在后人看来更为永恒和高远的追求，但文艺复兴的基本精神还是为更加世俗得多的兴趣所鼓舞，它"为种种发现的魔力所激励，为种种发明的灿烂光辉弄得眼花缭乱；它给自己规定的任务是凭借自己新的知识改造与自然生活条件有关的人类社会的整个外部条件；在它面前它看见人类生活的舒适的理想……就这样，社会问题转变为改善社会的物质条件了。"① 这也是那个时代特别盛行柏拉图"理想国"式的"乌托邦观念建构工程"的原因：从托马斯·莫尔（Thomas More，1478—1535）的《乌托邦》（1516）到康帕内拉（Tommaso Campanella，1568—1639）的《太阳城》（1623）和培根（Francis Bacon，1561—1626）的《新大西岛》（1623），莫不如是。

由于文艺复兴时期对物质自然和人类感性需求的双重发现，内在的人类心灵和外在的自然界这些在中世纪一直被压制的因素，于近代伊始就都呈现出迥异的面貌。对外，大自然确凿的事实引起了人们的普遍注意，观察和实验方法也得以介入，自然主义观念在人们心中开始生根发芽，对世俗、事实和规则的强调和重视替代了对自然"神学目的论"式的独断观照。"知识"成为这个时代最响亮的口号，培根对之热情洋溢的歌颂，其实不过是这个时期普遍吁求的突出表现而已，可以说是这个时代造就了培根而非相反。就成为社会心理和时代精神之典型代表而言，培根是杰出的，他对实验方法的强调以及通过观察和反思而对人类心灵和精神所做的出色描述②，都使他无愧于"时代号角"的美名。知识已成近代欧洲追求的中心，近代科学与近代哲学皆由它得以展开，且在近代西欧看来，知识的本质和目的即技术"不再是概念和图景，也不是偶然的认识，而是方法"③。故而，近代哲学由以展开的核心动力和中轴就是此后大昌其道的"方法论"。

近代之初，科学尚未从哲学中分离出来，更没有分化为后来泾渭分明的诸种门类，知识仍然被视为一个整体，对这个整体中的任何部分的探

---

① ［德］文德尔班：《哲学史教程》下卷，罗达仁译，商务印书馆1993年版，第589页。

② 在《培根论说文集》（水天同译，商务印书馆1983年版）中，我们可以看到，凡是与人有关的一切领域几乎都得到了描述和思考。

③ ［德］霍克海默、阿道尔诺：《启蒙的概念》，载《启蒙辩证法：哲学断片》，渠敬东、曹卫东译，上海人民出版社2003年版，第2页。

索，不论是后来严格意义上所谓的科学探索还是哲学探索，都可以称为哲学活动，其成果都可称为哲学，这是"哲学"一词在中世纪之后仍如此广袤的根由所在。狭义上的哲学，当时称为形而上学、思辨哲学、第一哲学或本体论——这些名称大都来自亚里士多德。在培根那里，知识与真理是同义的①，知识的对象是内在于事物中的"法式"（form，即哲学史上所谓"培根式的法式"）即"绝对现实的法则和规定性"，它是"事物的真正区别性"，也是"活动或运动的法则"，更是诸不同事物"性质的统一性"。寻求知识的目的不仅是要"在思辨方面获得真理"，更是要"在行动方面获得自由"。培根由此彰显了亚里士多德所属意的知识或哲学的"实践性"并因此表达了"实践智慧"与"理论智慧"应当一统的时代理想。判别知识真假的标准也因之得以明确："凡在行动方面是最有用的，在知识方面就是最真的"。因此，"真知识"就应当具备如下特征："确实的（certun），自由的，倾向或引向行动的"。②

培根由此规定了近代知识观的基本理念：首先是实用主义的，知识的行动部分与思辨部分是蓝本与摹本的关系，"凡在思辨中为原因者在动作中则为法则"，科学之不断上升为至高的公理，最终还是为了更好地落实到实践上，因此人们应当"从那些与实践有关系的基础来建立和提高科学"③；基于此，知识就应当具有确然性和可行性。知识的实用性、确然

---

① 在近代，知识、科学、真理、哲学等概念是可以通用的，真理就是科学，科学就是系统知识，正如笛卡尔说的："科学，从整体上讲是真的和确切的知识。"参阅冯俊《开启理性之门：笛卡尔哲学研究》，广西师范大学出版社 2005 年版，第 32 页。

② 以上引文参阅［英］培根《新工具》，许宝骙译，商务印书馆 1984 年版，第 27、146、53、108、109 页。下面这段话是理解培根知识观的精要所在："对于行动的一种真正而完善的指导规则就应当具有三点：它应当是确实的，自由的，倾向或引向行动的。而这和发现真正法式却正是一回事。首先，所谓一个性质的法式乃是这样：法式一经给出，性质就无讹地随之而至。这就是说，性质在，法式就必在；法式本义就普遍地包含性质在内；法式经常地附着于性质本身。其次，所谓法式又是这样：法式一经取消，性质就无讹地随之而灭。这就是说，性质不在，法式就必不在；法式本义就包含性质的不在在内；性质不在，法式就别无所附。最后，真正的法式又是这样：它以那附着于较多性质之内的，在事物自然秩序中比法式本身较为易明的某种存在为本源，而从其中绎出所与性质。……上述两条指示——一是属于行动方面的，一是属于思辨方面的——乃是同一回事：凡在行动方面是最有用的，在知识方面就是最真的。"见上书第 109 页。

③ ［英］培根：《新工具》，许宝骙译，第 8、108 页。《新大西岛》可以说是培根在艺术世界中践行了他的知识实用观，他预见到科学可以给人们提供"无尽的商品"，"赋予人类生活以发明和财富，并提供便利与舒适"。因此，培根所理解的科学、知识，实质上就是技术。

性和可行性，同时也就是近代科学的基本精神，而实用性和可行性都属于知识的"实践的部分"，故而，与知识的"思辨部分"或"理性部分"相关的，也就是它的"确然性"。培根坚持"确知论"即确信确然性的知识是可以获致的，而坚决反对柏拉图所倡导的"不可解论"①和在当时社会事务方面表现出来的权威主义和本本主义②。对如何获致确然性，培根认为有两种途径，即经验性的和理论性的：前者主要指可信的历史或可靠的观察和报告，后者主要指数学的或逻辑的，但理想的状态应当二者并用。在谈到应当建立一种"纯而不杂的自然哲学"时，培根指出，一方面要依靠物理事实；另一方面要把物理学定理转化成数学的定理——因为数学能够给予自然科学以确然性，这样就能带来最好的结果。③

实际上，培根仅仅发展了知识的"实践部分"，而对知识的"思辨部分"并未做出可与前者相侔的成就④，但他还是在近代之初就在自然科学与第一哲学间划出了一条可能的界限，后经罗伯特·波义耳（Robert Boyle，1627—1691）的努力、尤其是牛顿的示范，终于做出了一种根本的区别：来自经验事实或实验观察的理论和远离这些材料的抽象理论，即自然科学（自然哲学）和思辨哲学（第一哲学、形而上学、神学）。17世纪当然不是一个纯粹思辨的理性时代，而恰恰算得上是一个实用的时代，这个世纪伟大的哲学家之所以多是杰出的科学家，根源就在于，他们之所以进行哲学思辨，其最终目的是为实用科学奠基，以使其脱离神学的宰制。笛卡尔之所以要花几十年把"树根"（形而上学）培养得坚实牢固并望其稳如磐石，真正的目的是要采摘枝干上结出的"果实"（医学、机械学和伦理学）。牛顿之所以特别表明"我不做假设"并把"假设"限定

① "不可解论"拉丁原文是"acatalepsia"，是个医学术语，原义是"不明诊断"，培根自译其为"incomprehensibleness"，意为"无边无际"（参阅《新工具》，许宝骙译，第43页注②）。这与康德指向"本体"的"不可知论"根本不同，后者尤其与柏拉图正相反对。

② 参阅 ［英］培根《新工具》，许宝骙译，第100、17、43—44、77—78页。

③ 参阅 ［英］培根《新工具》，许宝骙译，第77—78、179—180、76、116页。

④ 对此，培根非常清楚并有意在实践知识，在《新工具》的"序言"中，他把哲学的方法称作"人心的冒测"，而把自己执守的科学方法称为"对自然的解释"，前者是"培养知识的方法"，后者是"发明知识的方法"，并希望"知识界"有"双流两派"、"哲学界"有"两族两支"，"二者不是敌对或相反的，而是借互相服务而结合在一起"。参阅 ［英］培根《新工具》，许宝骙译，第4—5页。

在思辨的领域，根源即在"假设"从词源上让他想起古代形而上学中的"基质"或"本质"①。自然科学既要脱离神学的魔爪又须远离思辨哲学的清谈高论，这是近代直到黑格尔时代，科学之于神学与哲学的基本心态。

培根在科学思想上所做的工作，后被笛卡尔（1596—1650）在哲学上予以继承并付诸自己哲学体系的创造之中。笛卡尔生活在一个混乱的年代，一个哲学危机四伏的年代：中世纪庞大的神学思辨体系再也无法对人类的思想执行如先前那样的监控之能，哲学派别之间的争论和攻讦随处可见，怀疑之风尽吹此时的欧洲大陆。思想的混乱必须澄清，关键是找到光明前景的入口处。笛卡尔或许是空前绝后的伟大怀疑者，但恰恰不是一般的"怀疑主义者"，他怀疑的目的不在摧毁而意在重建。他的"怀疑法"如同现象学的"悬置"，排除或否定的眼睛死死盯住的恰恰是坚实的地基——怀疑是为了无可怀疑者。笛卡尔在努力寻找一个新的认识范式，即一种能够"科学地"产生确然性知识即"真理"的方法。《谈谈方法》只不过是对这里提及的"认识范式"的一个具体展示。"无可置疑的确然性"是笛卡尔哲学方法论的唯一原则，"怀疑"正是在这一原则指导下进行的思维活动。笛卡尔不仅揭示了这个时代难题，而且还指明了解决这个难题的范围、方向和途径，即主体的自我意识（"我思"）。自我意识的先在性和自律性恰恰是笛卡尔哲学的必然结果，也是其起点，更是近代哲学的开端。

为了实现自己的哲学宏愿，找到知识确然性的原则和途径，笛卡尔起意并决心对所有的现存者包括先前公认的真理系统，作最铁面无情的质疑，直至发现一个经得起彻底怀疑且无可再疑者为止。② 这使得笛卡尔分明意识到，自我所拥有的一切就是自己的意识及其不断的怀疑活动即思

① ［英］亚·沃尔夫：《十六、十七世纪科学、技术和哲学史》下册，周昌忠等译，商务印书馆1984年版，第760页。

② 笛卡尔的普遍怀疑来源于奥古斯丁，"作为哲学家，奥古斯丁将他所有的观念集中在意识的绝对的、直接的确实性原则（Selbstgewissheit）上"，即"内在经验的直接确实性（Selbstgewissheit Innerlichkeit）"。奥古斯丁哲学的所有观念终极根源和内在联系就在这个原则上。他第一个以彻底的明确性表达了这个概念，并用以当作哲学的出发点。奥古斯丁是从"怀疑"达到确然性的。他说，当我怀疑时，我知道，我，这个怀疑者，存在……即使我在其他一切事情上有错，但是在这一点上我不可能有错，因为，为了犯错，我必须存在。对他来说，灵魂是个人存在的活的整体，个人存在的生命是一个统一体，通过自我意识，人就断定自己的现实性是最可靠的真理。参阅［德］文德尔班《哲学史教程》上卷，罗达仁译，商务印书馆1987年版，第370—373页。

维。这样，笛卡尔通过怀疑就得到了"现代的自我"，从此，"人类的一切认识活动，从神学探索到美学研究，再到自我心理的思考，都会在把自己呈现到人的创造性自我面前时发现各自的真理，以及各自的存在。"①这样一来——

> "我"，人的主体性，就被宣告为思维的中心。而哲学本身就达到了这样的洞见，那就是，哲学从一开始就必然处于怀疑之中。对于知识本身及其可能性进行思考，在超越世界的理论之前，必须要确立知识的理论。从此以后，知识论就成了哲学的基本领域，这迫使它成为了与中世纪不同的近代哲学。②

1617 年（一说 1618 年）5 月③，当笛卡尔决定离开师长和书本投入"世界这本大书"或"自己心里"寻求学识时，他去了荷兰南部的布雷达（Breda），在拿骚的摩里斯（Maurice de Nassau，1567—1625）军队总部做了侍从军官。第二年也就是三十年战争开始时，笛卡尔在德国服役期间于乌尔姆（Ulm）的暖房里做了三个梦。据梦主自己分析，这些梦是神来启示他，要他建立一门令人艳羡的科学，这门科学要消除中世纪以来那些不确定的伪科学，使人类的一切知识门类都能像数学那样具有无可置疑的确然性。笛卡尔就此决定，要把数学的确然性推广到一切科学中去，使得不仅几何学和代数学是能统一的，而且一切学识都能统一。当然，这需要设计一种能统一各门知识体系的机制来，还要为之寻得一个确然性的根基，笛卡尔选择了"方法"来达成此一宏愿。④ 因此，"我们如何才能达

---

① 参阅［美］维塞尔《启蒙运动的内在问题：莱辛思想再释》，贺志刚译，华夏出版社 2007 年版，第 51、117 页。

② ［德］马丁·海德格尔：《物的追问——康德关于先验原理的学说》，赵卫国译，上海译文出版社 2010 年版，第 89—90 页。

③ 陈兆福、刘玉珍编译：《笛卡尔生平和著作年表》，载［法］笛卡尔《探求真理的指导原则》，管震湖译，商务印书馆 1991 年版，第 155 页。

④ 据载，笛卡尔记载这三个梦的手稿曾被人带给弗洛伊德审查并请其解释，后者在《马克西姆勒瓦》中做了回答，并赞同了笛卡尔自我分析的主要意见。参阅冯俊《开启理性之门：笛卡尔哲学研究》，广西师范大学出版社 2005 年版，第 5—8 页。

到确然性呢？这一问题就成笛卡尔著作的核心。"① 据美国著名思想史家维塞尔的研究，确然性的寻求是笛卡尔哲学的根本命意，并典型地体现了"近代哲学"的典型特征："一、关注确然性问题，把它看作是形而上学思考的前奏；二、不承认任何东西（至少是一些具有根本意义的东西）在具备绝对的确然性之前为真，以及三、确然性等于不可怀疑性。"② 英国知名哲学家海姆伦（D. W. Hamlyn）在为美国《哲学百科全书》撰写的"认识论史"（History of Epistemology）条目中也认为："笛卡尔认识论完全标志着'确然性寻求'的开始。"③ 笛卡尔为自己也为整个近代哲学确立了一个异常艰巨的哲学任务：找到一套方法，以确保人们获致无可置疑的真理。

近代哲学因培根和笛卡尔的出场而采取了"知识论"的立场，整个哲学探讨的核心议题就不再是从亚里士多德以来的"第一哲学"问题，即不再是存在形而上学，而是"知识何以可能"的知识论问题，哲学其他部门的探讨也必须以知识论为基础。正如哈贝马斯所说："如果人们想以法院审理案件的方式追述近代关于哲学问题的讨论，那么这场讨论就成了对下述这个唯一问题的裁决：怎么才能获得可靠的知识。"④ 知识论的核心问题是知识的客观性、必然性问题，主要就是因果律问题。因此，当哲学家们看到休谟对"因果律"的毁灭性解构时，心情会是何等的惊慌。知识论背景下的哲学探讨，只能是以"知识性"（Knowledgeness）即知识应具之本质特性为鹄的，"确然性诉求"是本书选择的表述。这是笛卡尔一生都念兹在兹的问题，其实质就是如何获得确然性的知识，不论是"方法论"，还是"探求真理的指导原则"，莫不如此。近代哲学与古代哲学的根本区别就在于，作为哲学研究之根本基础和原则的，是形而上学还是知识论。古代哲学，正如亚里士多德在《形而上学》中所言："的确，过去、现在以及永远会提出的问题并且永远是困惑我们的主题，即存在是

---

① Stephen Toulmin, *Cosmopolis: The Hidden Agenda of Modernity*, Chicago: University of Chicago Press, 1992, p. 55.

② ［美］维塞尔：《启蒙运动的内在问题：莱辛思想再释》，贺志刚译，第48—49 页。

③ 参阅［英］海姆伦《西方认识论简史》，夏甄陶等译，中国人民大学出版社1987 年版，第26 页。

④ ［德］哈贝马斯：《认识与兴趣》，郭官义、李黎译，学林出版社1999 年版，第1 页。

什么，也正好是这个问题：什么是实体？"① 近代哲学的根本议题则是知识论，正如笛卡尔所说："研究的目的，应该是指导我们的心灵，使它得以对于世上呈现的一切事物，形成确凿的、真实的判断。"② 对知识确然性的关注使得近代哲学尤其重视哲学的方法论问题，在《哲学原理》的"序言"里，笛卡尔把哲学思考定位为"要研究获得知识的方法"，也就是"正确运用自己的理性在各门学问里寻求真理的方法"③。

照维塞尔的研究，"推崇理性的思想家们想要解决的根本问题就是确然性问题"，如果想获得关于事物的可靠知识即真理，认识主体就必然能够在头脑中确定他的判断是真的；反之，所有真理自身必然能够在人的头脑中留下不可怀疑的确然性。这种确然性不可能来自外界，而必得靠命题自身获得。因此，所有确定无疑的命题必定含有一个"内部的真理"，据此能无可否认地判定命题的谓词不可能与其主词相矛盾。主词与谓词的这种同一性关系，正是笛卡尔"我思故我在"中被思之物与思本身的同一性关系，这就是笛卡尔意义上的知识确然性的标准。莱布尼茨把真理的这一特征明确为"分析性"，即真理具有分析的特征，即谓词不可分离地蕴涵在主词里，康德的"分析"概念吸收了这一内涵。因此，确然性就首先是分析性、必然性、自明的，也就一定不依赖于时间，因此又是永恒的、普遍的和一般的。故而，"理性真理的形式特征就是确然性、不可怀疑性、必然性、普遍性、无条件性、永恒性、一般性、抽象性、推理性以及自明的整体性。可怀疑的事物以经验作为存在的基础，并且通过时间（局限于各个给定的'现在'）显示出来，而不可怀疑的事物则以纯理性认识作为存在的基础，因而没有短暂性的印记。短暂性蕴涵无常性、偶发

---

① ［古希腊］亚里士多德：《形而上学》，1028b4，李真译，上海人民出版社2005年版，第190页。

② ［法］笛卡尔：《探求真理的指导原则》，管震湖译，商务印书馆1991年版，第1页。

③ 这正是笛卡尔最有名的《谈谈方法》一书的全名。关于笛卡尔对哲学的定位，可参看他的《哲学原理》，关文运译，商务印书馆1958年版，第Ⅸ页。就整个近代哲学来说也是如此，正如著名哲学史家文德尔班所说："较大量的近代哲学体系，其特点是通过考虑科学方法和认识论去寻求通往实质性问题的道路；特别是十七世纪哲学可以被描绘成方法的竞赛。"［德］文德尔班：《哲学史教程》下册，罗达仁译，第514页。或如黑格尔所说："近代哲学是以思维为原则的。"参阅《哲学史讲演录》第4卷，贺麟、王太庆译，第63页。

性，而永恒性则蕴涵必然性、普遍性，因此也蕴涵理性。"① 即便在富于怀疑精神的休谟那里也是如此，在他最主要的著作《人性论》的"引言"中，休谟如是交代自己著述的基本意图："在我们的哲学研究中，我们可以希望借以获得成功的唯一途径……是直捣这些科学的首都或心脏，即人性本身……任何重要问题的解决关键，无不包括在关于人的科学中间；在我们没有熟悉这门科学之前，任何问题都不能得到解决。因此，在试图说明人性的原理时候，我们实际上就是在提出一个建立在几乎是全新的基础上的完整的科学体系，而这个基础也正是一切科学唯一稳固的基础。"②

　　总之，近代科学与近代哲学分别从培根和笛卡尔那里获取了自己的学科理想和研究方法，加之自家的理解和创造借以展开相应的深入研究；虽然其间有其他思想或实际因素居中调和、阻挠或推波助澜，但实质上都没有能稍稍撼动近代知识观的核心理念——确然性的寻求。这是近代文化之别于古代又开启着当代的根本原因所在。柏林科学院 1763 年的有奖征文题目只不过是它的一个应有的表现罢了。18 世纪西欧知识界之所以有如此思想气候，就当时的社会实况和普遍的社会心理看，也是理所当然的。

第二节　近代思想气候形成的社会心理根源

　　世间的一切都是有节奏的，人类社会的发展也不例外，只不过其间的时段或长或短罢了。在西方，千年的中古之后，欧洲进入近代，近代欧洲心灵世界和思想气候的凝成和定型，源于 17 世纪欧洲人的生活世界，包括西欧和北欧激烈动荡的社会现状和政治格局。拉锯式的三十年战争于 1648 年终止于一场心力交瘁下的临时妥协。战争几乎耗尽了此前欧洲积累的所有物质的和精神的财富，满目疮痍的欧洲亟待恢复并积蓄重建所必需的元气。强烈渴望稳定性、确然性、统一性的时代诉求和社会心理，弥漫遍浸于人们生活和心灵的各个角落。当时的一般大众对此定然一筹莫展，很显然，时代的难题只能摆给那些以思考立世和以导师自居的知识界的精英们。关键是他们要能对时代的这种"稳定性诉求"予以精确的理

① ［美］维塞尔：《启蒙运动的内在问题：莱辛思想再释》，贺志刚译，第 65—67 页。
② ［英］休谟：《人性论》上册，关文运译，商务印书馆 1980 年版，第 7—8 页。

论说明和可行性论证。思想问题可能始终是一切社会问题由以产生也得以解决的根源和法门所在。来自天国和上帝的话语不仅未能给人们带来安宁和忍让，反而导致了杀戮和流血。宗教战争带来的心理阴影让思想界不得不在教义之外另谋出路。看来彼岸世界的统一性不再可求，或者不再直接可求，出路就只有在现实世界。思想家们试图通过知识的统一性来达到思想认识的一致性，进而促成社会人心的安定性。教义之争之所以不得止息，最大的问题是无法予以验证和证实。尽管"神正论"① 在各个时代都有杰出的思想家予以解答，但并没有因此抹去因现实的残酷而加深了的早有的阴影和狐疑。经院哲学的方法和思路均因之而被苦寻出路的思想家们或腹诽或放弃，"演绎"和"天国"被"归纳"和"自然"所替代。在17 至 18 世纪，我们可以发觉一种对"宗教教义"和"意志自由"普遍怀疑甚至否定的倾向，这尤其体现在法国思想家比如斯宾诺莎、霍布斯、拉·梅特里、霍尔巴赫（Paul Holbach，1723—1789）等人的著作中，个中缘由，除自然科学思维之影响外，这种对近代社会之出路的深切考量也是其中的一个要因。

因时代急需而启动了的 17 世纪的哲学和科学，本质上即是用来应对这个时代难题的。英国的培根、法国的笛卡尔和德国的莱布尼茨，可能是那个时代最明确地意识到问题症结之所在并能提出解决之道的三个伟大的思想家。培根的"新工具"和"伟大复兴"、笛卡尔的"统一方法"和"普遍数学"（mathesis universalis）、莱布尼茨的"普遍文字"（character-istic universalis），就是他们试解时代难题所各自开出的灵丹妙方。17 世纪的哲学家尤其是笛卡尔，对于"确然性的寻求"带有"双重的目的：工具的目的是要寻求来解决经验科学中的问题，内在的目的是要在一个怀疑论畅通无阻的世界里寻求某些真正确定的东西，以便为解决社会—政治冲

---

① "神正论"（theodicy）源自希腊语 theos（神）和 dike（正义、公正、正确），字面意思就是"神是公正的"，主要解决神之全知、全能和全善与世间之恶的并在关系，即"如果神是公正的，为什么有恶"的问题。"通过对邪恶的存在提出充足的理由，解释上帝的行为或无行为，这种类型的应答传统上称之为神正论，即对上帝之善的一种辩护。"起源于《约伯记》中约伯对"恶人何以得福，好人何以受难"的追问，此后的基督教义和经院哲学家们都曾在他们的著述中从不同角度思考过这个问题，近世最著名的要数莱布尼茨的《神正论》（朱雁冰译，三联书店2007 年版）。参阅［英］布宁、余纪元编著《西方哲学英汉对照辞典》，"神正论"条，人民出版社2001 年版，第 989—990 页。

突提供依据。"① 这些杰出的思想大厦之能被建成并得以照亮当下并惠泽后世，很大程度上要归功于当时逐渐兴盛的数学研究和硕果累累的自然科学的启示和奠基。近代科学的辉煌，首先要归根于一种新的世界观的形成，尤其是就中所示人与世界的关系问题——当然，普遍而强烈的时代精神和社会心理即对"确然性的渴求"，也是自然科学得以大行其道的社会基础。敏锐的思想家们认为，自然科学或许能提供走出上述时代困境的希望和可能。因此，"确然性的渴求"与自然科学的巨大成功二者之间，更应当是互为因果、共生联动的关系，一同规定着近代的知识观和价值观并进而主导着近代西方的历史进程。

在诸侯林立的德意志古典时期，民众们的统一渴求和稳定愿望可能来得更为强烈而切肤②。1672—1678 年间，法王路易十四征伐荷兰，德意志少数诸侯勾结他于中谋私，终于酿成混战局面。三十年战争（1618—1648）后分崩离析、伤痍未复的德意志又成兵马杂沓之地，血腥的死亡阻断了德国文化的发展，摧垮了德国精神，也迫使此后深负民族自卑情结的德国思想家"沉入人类灵魂深处"③。古典的德意志一直保持着极端分裂的局面，七年战争（1756—1763）之后，几百个邦联，几千种货币，更令民众和商人苦不堪言。大诗人席勒 1795 年在一首讽刺诗中曾经满怀悲愤地诘问道："德意志，它在哪里？我找不到那块地方。学术上的德意志从何处开始，政治上的德意志就在何处结束。" 1830 年大文豪歌德（Goethe，1749—1832）痛苦地说："我们没有一个城市，甚至没有一块地方可以使我们坚定地指出：这就是德国！如果我们在维也纳这样问，答案是：这就是奥地利！如果我们在柏林这样问，答案是：这里是普鲁士！"

---

① 徐向东：《译后记：现代科学和现代性问题》，载［美］伯特《近代物理科学的形而上学基础》，北京大学出版社 2003 年版，第 315—316 页。

② 有研究者指出，恰因德国始终分裂的"国情"使得德意志的思想较少民族的狭隘性而更有欧洲乃至世界的眼光，我承认这有一定道理，但决不是问题的全部。"维护德国的荣誉"也是那个时代德意志思想家和学者们普遍的心理倾向（参阅《书信》73），费希特于 1807 年 12 月 13 日至 1808 年 3 月 20 日每周日晚在柏林学院大礼堂的著名讲演《对德意志国民的讲演》即是明证。伯林甚至认为，因战争的屠杀而阻断了的德国文化和德国精神使得背负民族自卑情结的德国思想家被迫内转于灵魂的深处，甚至造成了"十八世纪德国地方主义的不幸和德国人的世界意识的缺乏"（《浪漫主义的根源》，吕梁等译，第 42 页注①）。

③ 参阅［英］伯林《浪漫主义的根源》，吕梁等译，第 41 页。

同时代的奥地利首相梅特涅（K. W. Metternich，1773—1859）公然宣称有一个德意志民族的说法"纯系一个神话"，"德意志"不过是一个地理概念。① 人文学者在追问相同的问题，政治家更在掂量它们的分量并时刻准备为之付诸行动。德意志的统一之途，最初是学术统一（德国古典哲学），然后是经济统一（李斯特 [Freidrich Liszt，1789—1846]），最后是政治统一（"铁血宰相"俾斯麦 [Otto von Bismarck，1815—1898]）。我们正在走进德意志"学术统一"这个时期，诸学术门类间的"统一性"诉求所必须奠立其上的正是各个学科自身的"确然性"。

　　就德国的哲学界而言，情形也是如此。随着18世纪的推进，许多德国人接受了洛克的观点，认为经验是理性真理的根基。接受过莱布尼茨思想传统浸润的人，却极少接受英法经验主义的那一套世界观和真理论，双方就此发生了激烈而长久的争吵。以沃尔夫哲学为代表的德国理性主义，作为当时的主流思想，也万万没有想到争论带来了更加混乱的局面：自己新近获得的支撑真理的牢固基础即"理性主义"，会崩解于休谟之流的现象主义和经验主义，这一点我们在上面已经领教过了。一般哲学史更关注大陆理性主义与英国经验主义在论争过程中体现出来的，在认识的起源、途径和方法诸方面的分歧，较少关注双方的共同点。众所周知，经验论与唯理论之争，从培根、霍布斯和伽森狄之于笛卡尔和斯宾诺莎始，中经洛克之于笛卡尔和莱布尼茨，终于在休谟那里走进了"死胡同"。然而，即使是休谟也没有脱离那个时代的思想气候。如果说双方争论第一个阶段的核心议题是"方法论"问题，第二个阶段是知识的"无可置疑的确然性"之根源问题，那么，到休谟这里，问题就深入到知识应具的这种"无可置疑的确然性"对人类来说是不是可能的问题。纵观双方三个阶段的争论，不难看出，即使是休谟也没有否认过知识"应具"的"无可置疑的确然性"，即通常所谓的普遍必然性。正如康德慧眼所识，"问题不是原因概念是否正确，是否可用，就整个自然知识而言是否不可缺少，因为休谟从没有怀疑过这一点；而是这个概念是否能被理性先天地思维，以及是否以这样的方式具有一种独立于一切经验的内在真理性，从而也具有更为广泛的、不仅仅局限于经验对象的可用性；这才是休谟期待澄清的问

　　① 参阅丁建弘《德国通史》，上海社会科学院出版社2012年版，第1—2页。

题。"（《导论》,《著作》4：260）有分歧的只是，通过什么途径和方法、最终在哪里以及到底有没有能力获得这种"无可置疑的确然性"①。

因此，知识的"无可置疑的确然性"正是他们争论的共同出发点和基础。也正是在这个意义上，我们把 18 世纪的思想气候概括为"确然性的寻求"，这种"寻求"的历程可谓曲折而又艰辛。贯穿其中的就是"确然性"这条红线。正是这种思想气候决定了近世西欧学术研究、甚至包括人文研究的基本致思策略，可把这一状况的现实呈现称之为无处不在的"牛顿波"②。

第三节　无处不在的"牛顿波"

牛顿物理学的精髓在于它的数学方法和数学精神③，他那部最伟大的著作就是以数学命名的《自然哲学的数学原理》。照康德的看法，宇宙学的物理学部分将来定会臻于完善，因为牛顿已经提出了它的"数学部分"（《著作》1：226）。诚如上述，近代以来，科学的发展使其与哲学渐行渐远，但这只是事实的一个方面。对近代哲学来说，科学跑得越快、越远、越成功，它就越是要奋起直追；反过来，科学越是成功，也就越渴望把自己的成果推广至极。"追"——这个字可生动呈现近代哲学、甚至整个近代人文学术的基本生存状态；"推"——则同样鲜活地概括了近代数理科学不断繁盛大昌且无远弗届的基本特征。无论是"后进"之"追"还是"先进"之"推"，都是渴望获得无可置疑的确然性，以使自己配得上

---

① 有关经验论与唯理论之争的文献材料很多，可参阅陈修斋主编《欧洲哲学史上的经验主义和理性主义》，尤其是其中的第二章"欧洲近代经验主义和理性主义的主要代表及其发展概况"，人民出版社 1986 年版。对 18 世纪思想气候，伯林有一个较好的概括，参阅［英］伯林《自由及其背叛·导论》，赵国新译，译林出版社 2011 年版，第 9 页。

② 这个标题取喻于牛顿坚持的光的"波动说"，意在表明，牛顿的影响如同光波一样，波及近代意义上包括一切系统知识在内的广义的"哲学"研究之中。关于光的性质，牛顿的时代有两种说法，即牛顿坚持的"波动说"和惠更斯主张的"微粒说"。对解释光的现象，两者各有所长，当代科学认为，光有"波粒二象性"，它之呈现为"波"还是"粒"，取决于观察者的工具、位置和方式。

③ 参阅杨振宁《近代科学进入中国的回顾与前瞻》，载翁帆编译《曙光集》，三联书店 2008 年版，第 205 页。

"科学"的美名。近代数理科学与近代人文研究的这一"推"一"追"，恰好汇成了近代学术的大势。一切都自然而然，就"追"的一方说，对于一切学术，人们的天然倾向是将所虑难题与其他问题一视同仁，并认为可以通过借鉴和引进类似的、尤其是在回答"其他难题"甚为成功的方法来回答自家难题；就"推"的这方说，它正迎合于人类本性固有的"普遍化冲动"或曰"泛化冲动"——这是一种深刻的本能冲动。因此，一种根自人之本性、既富有成效又后患无穷的趋势便气势磅礴地无限蔓延开来：或把解决"他域"问题的成功经验和方法请进自家领域，或雄心勃勃地推广"己域"之成功经验和方法于"他域"之中。后面"这种企图是人类思想史中一个持久的因素"，我们面对的这段历史所发生的正是这一互动的情形：

　　科学运动走到哪里，就会在哪里提出这样的要求：对每一种信仰、每一种价值规定、每一种目的都做出理论论证。启蒙运动的本质就在于，将科学方法的这种结果运用于生活的每一个部分。[①]

　　将数学的方法和语言运用于感觉所揭示的可测性质一时成为发现和解释的惟一可靠的方法。笛卡尔和斯宾诺莎，莱布尼茨和霍布斯，全都期求赋予他们的论证以数学式的结构。一切能说的必定可以用带有数学性质的语言陈述出来，因为缺乏精确性的语言可能会隐含谬误和含糊性、大量混乱的迷信和偏见，这些正是令人生疑的神学和其他形式的关于宇宙的独断学说的特点，而新科学已逐渐清除并取代它们。牛顿的影响是最强有力的惟一因素，这一状态一直持续到18世纪。牛顿完成了解释物质世界这一没有先例的任务，这一任务也就是通过相当少的几条关于宏观领域和力的基本规律，使得至少在原则上去确定宇宙中每一物质实体的每一质点及其运动状态成为可能，并且还要一定程度的精确性和简明性，这是此前人们不曾梦想过的。[②]

　　既然这些答案已经在物理和化学领域结出硕果，我们没有理由不

----

　　① ［德］狄尔泰：《精神科学中历史世界的建构》，安延明译，中国人民大学出版社2010年版，第304页。

　　② ［英］伯林：《启蒙的时代：十八世纪哲学家》，孙尚扬、杨深译，译林出版社2005年版，第4—5页。

把它们应用于政治、伦理、美学这些更加复杂的领域。①

　　在这棵祖传之树上，较老的和更为成熟的成员为更年轻成员设定了模式，就这样，数学为物理学，物理学为其他自然科学，自然科学又为社会科学设定了模式。②

　　被誉为"19 世纪最伟大的思想家"的威廉·狄尔泰（Wilhelm Dilthey，1833—1911），在生前出版的最重要著作《精神科学引论（第一卷）》③ 的"引言"中，把包括历史学、社会学和哲学等在内的精神科学同自然科学的关系概括为："在中世纪结束的时候，人们对各种特定的科学的解放就开始了"，但是，18 世纪之前，它们"都一直与形而上学保持着它们以前具有的、陈旧的俯首帖耳关系"，之后，随着自然科学"日益增加的力量，则以新的方式、以同样的压力迫使它们俯首帖耳"。历史事实让我们没有任何理由怀疑狄尔泰、伯林和赖特的切实论断。在此，我们先追述一下近代数理科学对近代人文研究、尤其是通常认为最不能被"数理"化处理的如心理学、宗教和美学等领域的影响，以见出近代科学对近代学术的普遍影响以及"确然性寻求"作为近代学术研究之基本价值取向这一历史判断的正当性和如实性。

一　心理学领域的"数理"化

　　心理学在近代的兴起，要归功于宗教改革对个人灵魂的关注，尤其是18 世纪启蒙思想家宽容的人文精神。蒲伯的这句名诗绝妙地表达了启蒙时代的精神风貌和哲学气质："人的研究被认为是人类的正经学问。"④ 心

---

① ［英］伯林：《浪漫主义的根源》，吕梁等译，第 30 页。

② ［芬］赖特：《知识之树》，陈波等译，三联书店 2003 年版，第 97 页。

③ 狄尔泰这部重要著作的基本意图，依然承续了本书揭橥的 18 世纪西欧知识界"确然性寻求"的理论意图，"把历史的探讨与系统的探讨结合起来，以便尽可能达到与精神科学的哲学基础有关的确然性"。参阅［德］威廉·狄尔泰《精神科学引论（第一卷）》，童奇志、王海鸥译，中国城市出版社 2002 年版，第 1—2 页。

④ 这句名言出自英国著名哲理诗人蒲伯（Alexander Pope，1688—1744）的著名诗篇《论人》（*Essay on Man*，1733），原文是 "The proper study of mankind is man"。参阅 A. Pope，*The Complete Poetical Works of Alexander Pope*，Ed. by Henry W. Boynton，Cambridge：The Cambridge Press，1903，p. 142。顺便说一句，他也是康德特别喜爱和欣赏的诗人。

理学因此成了当时最为流行的学问。正如"百科全书派之父"狄德罗在《百科全书》的"百科全书"（Encyclopedia）辞条中明确宣告的那样："人是我们应当由之出发并应当把一切都追溯到他的独一无二的端点……如果你取消了我自己的存在和我们同胞们的幸福，那么，我以外的自然界的其余一切同我还有什么关系呢？"① 18 世纪的心理学研究呈现出"科学化"和"学科化"的明显趋势，以致完全可以把它独立于严格意义上的哲学来对待——而这一点当然得归功于自然科学的影响，正如它的普遍兴起应归之于"人性"的凸显一样。这时心理学理论的基调从根本上看是经验主义的，很少再夹杂此前思辨和神学的玄奥讨论，甚至那些把自家哲学建基于心理学之上的著述家，也秉承严格的（经验）科学精神来从事心理学工作，尤其是贝克莱和休谟，甚至还包括此前的洛克。贝克莱《视觉新论》（1709）中的视觉与触觉"复合论"被两个天生盲人在成功摘除白内障后的视觉经验所证实。休谟写作《人性论》的主旨无非是拿他先前对"物性"所行再施于"人性"而已，"为此，休谟想比贝克莱本人更严格地遵循他的观察方法，并且更加尊重牛顿的 hypotheses non fingo（我不作假设）。人类经验的各主要类型和人类经验相关联的各条规律均应按照观察加以列举和描述，凡是不能观察到的东西均应排除在外……他的心理学本质上是一种没有灵魂（就这个术语的通常意义而言）的心理学"；而且，"就没有用灵魂来解释任何心理过程的意义而言，整个 18 世纪的经验心理学可以说是没有灵魂的心理学"，虽然他们——除了休谟这个彻底的经验主义大师外——大都不否认灵魂的存在。② 把"灵魂"这个传统形而上学特有的对象踢出心理学之门，可谓是自然科学（包括它的经验原则和观察方法）对近代心理学影响的最大铁证。

对于休谟心理学之于自然科学的关系，可能会有如下反驳意见，即正如上文所言，休谟不是"解构"了作为近代科学大厦基柱的"因果律"嘛，那他如何又受到后者的正面影响呢？这正是休谟的心理学著作何以又被视作哲学著述并实际上对哲学尤其是康德哲学产生那么巨大影响的根源

① 转引自［英］亚·沃尔夫《十八世纪科学、技术和哲学史》上册，商务印书馆 1991 年版，第 9、17 页。

② 以上引文参阅［英］亚·沃尔夫《十八世纪科学、技术和哲学史》下册，第 805、809—810、812、832 页。

所在。也正如上文论及近代科学与哲学的对立和分离时提到的，近代科学对作为它精神内核的"秩序信念"从未有过丝毫的反思和批判，这也正是怀特海教授何以判定近代科学不是理性的而恰恰是"非理性"的根据。对作为近代自然科学之"基本公设"的"秩序信念"行反思和批判之宜这件事，却由休谟代劳了，这就是他对"因果律"的解构性分析。他的工作注定不能得到近代科学界的认同，更说不上对它感恩戴德了。就近代科学来说，休谟可谓太爱管闲事了，他这是在科学的后院放火；而如果休谟再晚生一些，或者他对科学前提的反思和批判再迟一些，我觉得休谟完全可以成为一名本色的科学哲学家。休谟之所以在科学界看来"多管闲事"，缘于他们对哲学的漠视和不睦，前提性批判和反思正是哲学的本职工作，这是自有哲学以来就有的学术传统。近代科学工作者可能更爱看培根和牛顿的著述，而不愿多瞟柏拉图和亚里士多德一眼，莱布尼茨也定然不是他们的菜。休谟本性上是一个严格意义上的哲学家和道德学家，正如在"休谟自传"（1776）中夫子自道的那样："在很早的时候，我就被爱好文学的热情所支配，这种热情是我一生的主要情感，而且是我快乐的无尽宝藏。我因为好学、沉静而勤勉，所以众人都想，法律才是我的适当职业。不过除了哲学和一般学问的钻研而外，我对任何东西都感到一种不可抵制的嫌恶。"① 这里的"哲学和一般学问"断不会单单指数理科学，反倒更应当理解成真正彻底的哲学反思。

不过，即便如此，我们也还是可以断言休谟必定受到了自然科学的巨大影响，只不过影响的面向不同罢了。一般社会学领域和其他心理学家，受教于自然科学者，既有其基本信念和原则，亦有其基本方法和精神。就心理学家来说，他们相信规律和秩序存在于他们正要试图对付的领域里，他们坚守着经验原则和观察、实验及归纳方法，旨在获取具有普遍性和确然性的科学知识并以之指导人类的生活。而休谟不同，他之受自然科学的影响，恰恰不在科学信念上，不仅不在反而要解构之；被休谟坚守并推广了的，只是自然科学观察综合的经验方法。休谟这种有选择地接受自然科学影响的实情，鲜明地体现在他1737年完稿的《人性论》中。在把观念之间的联结归结为"联想"并把它们与牛顿力学所揭示的、遍存于自然

---

① ［英］休谟：《休谟自传》，载《人类理解研究》，关文运译，第1页。

现象中的"引力"相比后，休谟接着说：

> 这是一种引力作用（attraction），它在精神界起着像在自然界同样奇特的作用，并表现于同样多样和多变的形式之中。这种引力作用的效果是引人注目的；但其成因多半是未知的，且必须归结于我自命无能解释的人性的原初性质。对真正哲学家来说，没有什么比抑制过度追根究底的热望而把任何学说都建立在足够数量的经验（experiments）上更为必要了，当认识到更进一步的追问只会把他引入模糊不定的思辨之中时，他就应当满足于此了。如此看来，探讨原则之效果而非其根据就会使他的研究更佳。①

引文中所谓"真正的哲学家"一语，并非严格意义上的思辨哲学，而是指一般的哲学研究，包括自然科学、道德和心理学。在《人性论》原书的标题下，休谟还加有一个副标题："作为援经验推理之法入心理学的一种尝试"（Being An Attempt to introduce the experimental Method of Reasoning Into Moral Subjects）——这无可置疑地表明了物理学的经验推理之法对休谟的根本影响，而且这种"经验推理之法"也断然不是取自古希腊亚里士多德那种经验之法。"对真正哲学家来说，没有什么比过度追根究底的热望而把任何学说都建立在足够数量的经验上更为必要了"和"探讨原则之效果而非其根据就会使他的研究更佳"——没有什么比这两句更能表达他对牛顿这位伟大同胞和前辈的崇敬之情以及他对自然科学精髓的深刻把握了；同样，也没有什么比这些话更能加深我们对休谟关于"因果律"解构分析何以未得科学界些许响应的疑惑了。当休谟把贝克莱主教用来摧毁因"原初物质实体"（即认为物质和运动才是宇宙最后的终极实在，这是16、17世纪自然科学、尤其是牛顿力学的巨大成功引致的）的泛滥所可能造成的无神论、宿命论和偶像崇拜之根基的怀疑方法，推广到主教前辈坚守的"精神实体"时，就得出了主教先前曾预料

---

① ［英］休谟：《人性论》上册，关文运译、邓之骧校，商务印书馆1980年版，第24—25页。译文据英文原文有校改，参阅 David Hume, *A Treaties of Human Nature*（volumes I），ed. by L. A. Selby - Bigge, Oxford: Clarendon Press, 1888, pp. 12—13.

但决不愿看到的结果，即精神实体并不见得比物质实体更有根据和意义，"两者同样地被戳穿"①。此前洛克用本质上不同于"第二性质"（色、香、味）的"第一性质"（广延、不可入性、运动）所证成的"物质实体"，被贝克莱用怀疑法铲除掉了，但后者依然坚守着"精神实体"；现在，同样地，休谟以子之矛攻子之盾，又消解了贝克莱固守的"精神实体"，只给印象、观念以及它们间的联结以实在性。休谟深刻而彻底之处更在于，他揭出了先前各家理证某一实体实存所由以出发的前提是经验，以及所借以展开的根据是因果性。然而，休谟并不关心作为一般原则的因果性，而是通过虚化因果性的特定表现以使它不攻自破：因果性并没有通常赋予的那种"最大的确实性和最强的必然性"，它只不过是我们的心灵因知觉的"恒常结合"和"连贯性"而产生的"联想"并进而为心灵本身所"认定"罢了；所谓的"必然性"实质靠的就是把一个对象"认定"为另一个对象之必然结果的这种"习惯"。②

然而，尽管我们都心知肚明休谟并没有彻底否定因果观念，他也并未妄称已"否证"了它，而只是试图表明我们无法"理证"它，而且按休谟事先的交代③，他这种研究在关于"人性科学"的两类主要研究方法中属于他所谓的"精确而深奥的哲学"，其方法是"哲学怀疑"，其功能主要在于"补益"和"精进"另一种充分尊重"自然本能"的"轻松而明显的哲学"。因此，在实际生活甚至是具体科学研究中，真正指导我们的

---

① 在对话中，反贝克莱的"西拉"（Hylas）反驳代表他的菲伦诺（Philonous）说："您虽然说了一大套，不过在我看来，按照您的思想方式，根据您的原理讲，您自身一定是一套流动的观念，并没有实体来支撑它们。我们用文字，不可没有意义；所谓'精神的实体'既然同'物质的实体'一样没有意义，那么应该一齐取消好了。"参阅［英］柏克莱（贝克莱）《柏克莱哲学对话三篇》，关文运译，商务印书馆1935年版，第77页。

② 参阅［英］休谟《人性论》上卷之"第三章：论知识和概然判断"，关文运译，尤其第104—106页。

③ 参阅［英］休谟《人类理解研究》之"第一章：各派哲学"，关文运译，第9—18页。就此而言，苏格兰常识派哲学恰恰在混淆休谟明确区分的这一点（即"哲学怀疑"与"自然本能"）后，反过来批判休谟哲学和一般思辨哲学的。这也可以理解休谟何以对他们那么恼火、康德何以如此奚落他们那诉诸"良知"的伎俩。休谟曾对该派詹姆斯·毕提（James Beattie，1735—1803）那本曾得英王乔治三世奖赏的《论真理》愤怒地评道："真理！其中没有真理，八开本里有的只是可怕的大谎言。"参阅赵敦华《西方哲学简史》，北京大学出版社2001年版，第271页。康德的批评见《导论》，庞景仁译，第7—9页。

就不是前者而是后者，一如休谟的《英国史》也总是诉诸因果性来解释历史事件和历史进程。然而，休谟还是矛盾和两可的，他在使尽浑身解数后不得不供认他的无奈、矛盾和绝望："当我进而说明在思想中或意识中结合前后接续的各个知觉的那些原则时，我的全部希望便都消逝了。我发现不出在这个题目上能使我满意的任何理论。简单地说，有两个原则，我不能使它们成为互相一致，同时我也不能抛弃两者中的任何一个。这两个原则就是：我们所有的个别观念都是清楚明白的实在，但我们的理智从未在这些个别观念间识出任何实在的关联来……这个困难太大了，不是我的理智所能解决的。"① 这种心情，后来康德也同样遇到。看来真实的情形或许是这样的：他要科学界全体同仁都按一个在他看来根本无法确信的原则去疯狂地工作，而他自己却在背后泼凉水吹冷风。②

在上文一再提及的《人类理智研究》中，休谟受自然科学之影响的痕迹同样非常明显。由于形而上学在当时受到一干民众的普遍鄙视和奚落，休谟也曾为之曲尽说辞：形而上学之于世俗智慧的作用好比解剖学之于画家的那种价值，形而上学所本有的"务求精确的精神"使人类社会的各个方面，比如政治、法律和军事等，"更近于完美的程度"；形而上学家是在模仿伟大的天文学家，要给我们贡献出一幅关于人类"心灵宇宙"的"真正的行星系统"，为各个部分规定了其位置、功能、范围和原则。③

在心理要素中，贝克莱和休谟都未加措意的伴随心理过程的生理因素，被医学实践家戴维·哈特莱（David Hartley，1705—1757）抓住了。戴维喜欢数学，进而对牛顿的著作有了兴致，对洛克的《人类理智论》也深有研究，25岁起立志融合洛克的观念联想理论与牛顿在《原理》和《光学》中阐释的振动理论，至死不渝。英国自然科学和心理学研究，也

---

① David Hume, *Appendix*, *A Treaties of Human Nature*, ed. by L. A. Selby - Bigge, Oxford: Clarendon Press, 1888, p. 636. 参阅［英］休谟《人性论》下卷，关文运译，第673—674页。

② 休谟之于自然科学的例子，细究起来，会有一思想史研究的方法论意义，这就是时代、思想转变之际，但凡做出杰出成就的学者一定能在思想气候的外缘影响下坚守所事学术应有之传统，概括地说，就是能保持外缘影响与个人心态同内在理路与学术传统之间的张力和平衡。参阅本书最后一章。

③ ［英］休谟：《人类理解研究》，关文运译，商务印书馆1957年版，第13、16—17页。

因 17 世纪流亡者和伏尔泰的影响而在欧洲大陆延续。狄德罗对聋盲人的研究，遵循的是培根的经验方法论，和戴维一样也强调心理过程的物理基础和心理条件。好像是例外①，心理学在德国的展开带上了莱布尼茨理性主义哲学的色彩，坚持认为心理过程若不诉诸灵魂及其自由能力，就不可能得到解释，其中以沃尔夫和康德为代表。亚·沃尔夫认为，心灵及其观念都是能动的实体，自有其能力，如认识、情感和欲求。门德尔松对情感的突出和强调，使他成为因确立人性心理知、情、意三分而配享盛誉的著作家。② 批判时期的康德是否认灵魂可知的，因此，心理学就可以像休谟告诫的那样，不去寻找心灵或灵魂背后的根源，而专心致志于心理经验的搜罗比对及心理规律的挖掘上，这倒符合牛顿物理学的训诫和要求，这自然源于他自出道就浸染于牛顿力学的缘故——康德于 1762 年以前所写著述大都与后者直接相关。另一方面，康德对人性心理的深刻洞察使他始终认为，心理现象不能量化只能描述，故而，心理学无法成为一门科学，将来也不可能。比如审美，它是一种情感判断，也是一种心理过程和心理现象，就根本不能进行量化处理，也因此无法找到任何能以之作为判断根据的客观规律和普遍法则。故而他说"没有美者的科学（Wissenschaft des Schönen）而只有美者的批判"（《判批》148）。也就是说，我们没有办法建立一门关于美的对象的科学，内含几条客观规律和判断法则，如同科学领域中判别给定命题真假对错那样来判定给定对象美或者不美。康德可能在这两点上是都错了，心理现象亦可进行实证研究，科学也不是非量化而不得立。果真如此，他就既泄了心理学家不该泄的气，又给科学主义者鼓了不该鼓的劲。③

二 宗教领域的"数理"化

从某种普遍的意义说，近代哲学得以展开的大背景，除自然科学这一

---

① 这种例外恰恰是古典时期德国学术界之能有大功于欧洲乃至世界的重要根源之一，如果古典时期的德国学术界完全拜倒在牛顿力学的裙下，亦步亦趋之，那么，说思想史将不再有"德国古典哲学"这辉煌的一页，也不是什么耸人听闻之言。

② 以上材料来源于［英］亚·沃尔夫《十八世纪科学、技术和哲学史》下册，商务印书馆 1991 年版，第 817、822、825、832—835 页。

③ 参阅［英］亚·沃尔夫《十八世纪科学、技术和哲学史》下册，第 884 页。

面外，宗教则是不能不提的另一面。宗教在这时，于当前的论题有双重意义：面对数理科学，我们可以看到它如何地节节败退，如何地步步死守；对哲学而言，它可算是近代哲学的致命伴侣。因此，近代宗教之于近代科学，并不像其他人文学科那样去"追"，科学对它也不是"推"的态势，而倒是不断掷出"逐客令"的主儿，如同柏拉图在《理想国》中对待荷马之俦那样。

在近代思想世界里，宗教与科学可谓是一对恩仇父子。据怀特海教授《科学与近代世界》的研究，近代科学的形成取决于如下因素：一是对事物、尤其是自然中存在"秩序"的本能信念（秩序信念）；二是对"一般原则"和"抽象结论"的倾心不懈（抽象精神或理性精神）及由之带来的数学的勃兴（量化原则）；三是对"无情不以人意为转移"的"详细事实"的强烈兴趣（经验兴趣）。此三者合成为近代世界观的主要内涵，同中世纪那种从古希腊哲学承继而来的、"本质上是戏剧性的"或"目的论"的世界观截然不同。这个过程被科学思想史家概括为"从封闭世界到无限宇宙"，表现为"和谐宇宙的解体和空间的几何化"①。近代科学的世界观或自然观则是来自古希腊悲剧的"命运观"：古希腊悲剧所展示的"命运"，既冷酷无情又无可避免，恰似"近代思想中的自然秩序"，这正表明悲剧的本质不在悲惨而在"事物无情活动的必然性"这一本义。在希腊悲剧与科学活动之间确乎有着惊人的同构性：悲剧创作就是一场科学活动，剧作家就是科学家或实验者；悲剧作品就是实验，在其中，被检验的是"命运"，也就是"秩序""规律"或"必然性"；剧情和具体实验的功能是一样的，都是工具，证明或验证的工具。② 可以说，"每一出希腊悲剧都研究了出自自然规律（the order of nature）的自然事件与出自人性规律（the moral order）的心理状态两者之间纵横交错的关系。"③ 希腊世界陷落后，希腊悲剧所传达的命运和秩序的观念受到斯多葛哲学的崇奉；由罗马法而来的深刻影响了中世纪欧洲的秩序观念以及罗马法的基本原则，又都直接来自斯多葛派哲学。就科学思想的传承看，正如早期希腊

---

① 这是科学思想史开创者柯瓦雷一本书的名字 "*From the Closed World to the Infinite Universe*, 1957"，参阅张卜天译本《从封闭宇宙到无限世界》，北京大学出版社 2008 年版。

② ［英］怀特海：《科学与近代世界》，何钦译，第 2—3、8、10—11 页。

③ ［英］怀特海：《观念的冒险》，周邦宪译，人民出版社 2011 年版，第 108 页。

社会用"命运的观念"成就了伟大的三大悲剧家，并在希腊陷落后把这种观念传给了斯多葛派哲学而终于形成了功在千秋的罗马法一样，罗马帝国虽已崩溃，但"法律秩序的观念却仍然存在于帝国人民的民族传统之中"，即使是教会也经常生动地体现着帝国的法治传统。① 总之，正如著名思想史家米德所说的那样："世界作为一个理性秩序的概念是通过教会的神学而来的。"②

中世纪文化中内在固守的这种"坚定不移的秩序信念"，不是几条聪明的格言，而是一个有明确规定性的系统观念，它不仅规定了社会的基本结构，而且为人们的行为立下了规条，并试图把一切事物措置于适当位置。这种信念"认为每一细微的事物都可以用完全肯定的方式和它的前提联系起来，并且联系的方式也体现了一般原则"，"中古世纪在规律的见解方面为西欧的知识界提供了一个很长的训练时期……这个时期十分明显地是一个有秩序的思想的时期，完完全全的理性主义时期。"极度混乱的现实更刺激了中世纪人们对"秩序"的渴求，同时，经院哲学又把那得益于亚里士多德大加寻求并坚守不渝的严格确然性的思想习惯深深植根于欧洲人的心灵中。这就为 17 世纪自然科学的昌行提供了基础性的自然观或世界观，并因此造就了科学家们的卓绝工作。据怀特海教授考察，这种对秩序和必然的信念来源于"中世纪对神的理性的坚定信念。这种理性被看成是兼具耶和华本身的神力和希腊哲学家的理性。每一种细微的事物都受着神视的监督并被置于一种秩序之中。研究自然的结果只能证实对理性的信念"；而且，这种信念也是世界其他民族的宗教精神所无法培养的。正是经过中世纪神学理性对人类切入灵魂的教导，才使这种对秩序和规律的信念终于成了一种"本能的思想风尚"，最终促生了欧洲科学的绚丽登场。总之，"在近代科学理论还没有发展以前，人们就相信科学可能成立的信念是不知不觉地从中世纪神学中导引出来的"。③ 从这个意义来说，中世纪宗教可算是近代科学之父，然而，近代科学回报给"乃父"的，却是俄狄浦斯王式的"弑父"行径。

---

① 参阅［英］怀特海《科学与近代世界》，何钦译，第 11—12 页。
② ［美］米德：《十九世纪的思想运动》，陈虎平、刘芳念译，中国城市出版社 2003 年版，第 1 页。
③ 以上引文参阅［英］怀特海《科学与近代世界》，何钦译，第 12—13 页。

　　近代科学从宗教的神性观念中汲取了"秩序信念"，但对于后者封闭而合乎目的论的世界观，却极力拒斥并誓加消解。近代科学要把上帝和神力从自然中赶出去，架空其在自然界原有的运作权力，用必然的规律替代以往的奇迹。哥白尼、伽利略和牛顿的宇宙图景，也就是近代世界的宇宙观，都是力学的和数学化的。牛顿和他的追随者只把"第一推动"或"原初物质"的主权留予上帝，正如蒲柏在《墓志铭》(*Epitaphs*) 中所歌赞的：

Nature and nature's laws lay hid in Night.	自然和自然之律隐没于黑暗。
God said, "Let Newton be!" and all was light!	上帝说，"要有牛顿！"于是，万物俱朗！①

　　在宇宙的王国里，牛顿替代了上帝来宣示自然界的伟大法则，这是中世纪的人们断难想象的。17 世纪是伟大物理学家和伟大哲学家的时代，而哲学家和物理学家又都是数学家。与笛卡尔"解析几何"和牛顿"微积分"同时兴起的是"代数分析"，作为其核心构件的"函变数"观念，表现在自然科学领域就是，用数学的方式来表达自然规律，"数学为科学家对自然的观察提供了想象力的背景。伽利略、笛卡尔、惠更斯和牛顿等人都创造了许多公式"。② 只要随便翻阅一下牛顿的《自然哲学的数学原理》，再翻翻康德 1762 年之前的著述，比如他 1747 年的处女作《活力的真正测算》、1755 年的《一般自然史与天体理论》（以下简称为《天体》）和《论火》、1756 年的《物理单子论》，就可直观地体会到牛顿的巨大影响，甚至连后继者的行文方式都难出二致。哥白尼的"日心说"使人从宇宙的中心退为微小星球上不起眼的生物，看来《圣经》中原来为我们深信不疑的描述大成问题；上帝所居之所也不过如此，先前的神秘现在看来不过是物质和力的有规律运作罢了；加之宗教世界罪恶行径的肆意横行

---

　　①　A. Pope, *The Complete Poetical Works of Alexander Pope*, Ed. by H. W. Boynton, Cambridge: The Cambridge Press, 1903, p. 135.

　　②　参阅［英］怀特海《科学与近代世界》，何钦译，第 31 页。

连同自然灾难的频频突临，宗教和上帝不得不节节退守。先前"无微不至"的上帝，被近代科学从"天上"赶走，上帝之于宇宙的"管理权"被断然剥夺了，最终只能寄居于人类那捉摸不定的"心灵"中，像这样不光荣的撤退在此后的日子里还将一再地重现。总之，"在现代的宇宙模型中，既没有在独立的天国中为人格化的上帝留下位置，也没有在独立的地狱中为人格化的魔鬼留下位置"①。后果是，"16、17 世纪的宗教争论，使神学家形成一种很糟糕的思想状态。他们在不断地攻击和防卫。他们把自己描绘成被敌军包围的堡垒的卫士……把自己当成卫士的描述特别养成了一种好勇斗狠的党派性。最后，这种精神便表现了缺乏信仰。他们不敢加以修正，因为他们企图逃避责任，不愿把自己的性灵使命和某种个别的幻想斩断联系。"② 这正是上两个世纪宗教在人类文化中的真实处境，也是近代科学回报"乃父"的必然结果。真正说来，这个责任应当由宗教来负，而不是科学。宗教长期的唯我独尊导致了它的自我封闭和心胸狭隘，这使它自迷本性，以致无法认识到宗教教义的真义与其历代随世呈现并不能等量齐观，而重要的是前者而非后者。

自然科学所塑造的近代世界观假哲学思辨之手引起了旷日持久的神学争论，并对哲学和神学均产生了深远影响。宗教和神学带给近代思想者的，不能说没有任何可圈可点之处，尤其是近代科学的先驱者们，比如开普勒、笛卡尔或者牛顿，他们"实际上都笃信宗教，事实上都是基督教的忠实儿子"，好在他们能在既有的宗教信仰与心爱的科学探讨之间保持极好的平衡。然而，前者之掣肘后者所可能带来的外在干扰常常也是致命的。近代学人的哲学思考同这种思考挥之不去的宗教背景之间的冲突时有发生，这让二者充满了狡黠的张力，笛卡尔、牛顿、斯宾诺莎、伏尔泰和狄德罗，再到康德，莫不如是。这有两类情况，一类是带着哲学思考进入宗教领域的思想家，一类刚好相反，怀揣宗教虔诚从事护教的哲学论辩工作。但就双方在维护自认为真正的、纯正的宗教而言，并没有什么分歧，都想在自然科学蒸蒸日上的年代里，让人类精神必不可少的宗教生活保持

---

① ［德］布朗：《科学的智慧：它与文化和宗教的关联》，李醒民译，辽宁教育出版社 1998 年版，第 183 页。

② ［英］怀特海：《科学与近代世界》，何钦译，第 181 页。

应有的位置，他们的真诚同样值得敬重——这是浪漫主义运动簇生出来的美德。[①] 第一类哲人想把传统宗教奠定在新的哲学根基上，比如康德，他要把宗教之根深扎于人类天然有之的自由本性及奠基于自由之上的道德中；第二类人，则通过揭露科学知识和自然理性的不足和缺点来把宗教交付于人类神秘的直觉——这一点对他们来说甚至比科学知识更加确定无疑，比如下面将要提到的皮埃尔·培尔。然而，占据启蒙时代思想中心的是前者而非后者："相信科学能回答一切问题……是那样地通行……对科学的信仰颇大程度地代替了对于上帝的信仰……（但是）康德完成他的终身事业的那个启蒙运动时代并未放弃宗教；但它把宗教转化为理性的教义，它把上帝变成为由于对理性的法则具有完全领悟所以知道一切的一个数理科学家。"[②]

就哲学思辨与宗教教义之间微妙至极的关系以及哲学家因此须打起十二分精神以免与之发生冲突而招致最高当局的唾弃，我想说说发生在晚年康德身上那件令他极为不爽的掌故，它鲜明地体现了第一类人物的处境和做法。年届古稀的康德因发表《纯然理性界限内的宗教》（1793）而招致国王威廉二世（Wilhelm Ⅱ）的训斥，说康德尤其在这部著作中"滥用"自己的哲学以"歪曲和贬低《圣经》和基督教的一些主要的和基本的学说"，并居高临下地威胁说："我们要求您尽早做出最认真的辩解，并且期望您，为了避免失去最高的恩宠，今后不要再犯这样的错误……否则，如果继续执拗，您肯定将准备着接受令人不快的处置。"（《著作》7：6）国王签署的信件决不是闹着玩的，康德立即按国王"尽早作出最认真的辩解"的要求做了认真的辩解："我认为，作为陛下您的忠实臣民，为了回避嫌疑，我将绝对保证完全放弃一切有关宗教题目的公开学术活动，无论是有关自然宗教，还是启示宗教，无论是在讲演中，还是在作品中都是一样。这是我的誓约。"（《书信》213—214）然而，我们在康德的一张小纸条上看到了下面这段话："放弃自己内心的信仰是卑鄙的，而在目前这种情况下保持沉默却是臣民的义务；既然你说的一切都应当是真实的，那就不一定非把全部真理都公开说出来。"[③] 1797 年，威廉二世去世，康德

---

①　参阅 [英] 伯林《浪漫主义的根源》，吕梁等译，译林出版社 2011 年版，第 138—140 页。

②　[德] 赖欣巴哈：《科学哲学的兴起》，伯尼译，商务印书馆 2011 年版，第 9 页。

③　参阅 [苏] 古留加《康德传》，贾泽林等译，商务印书馆 1981 年版，第 240—241 页。

认为自己已经是另一位陛下的臣民了，便于 1798 年出版了他的《学科之争》，书中不仅公布了他与国王的通信，并再次开启谈论按其思想不能不谈的宗教和神学议题，展现了一个终身以自由为使命、宣扬"自由意志"的哲学家应有的智慧和信执。我们也在康德的表现中看到了"自由的艰难"以及"绝对律令"的一次历史显身。在《学科之争》中，康德为他奉命辩解的回信中最后那个看似恭维的话——"作为陛下您的忠实臣民"增加了一个注释："即便这一表述，我也是精心挑选的，为的是我并非永远，而是仅仅在这位陛下有生之年，放弃我在这种宗教事务上作出判断的自由。"（《著作》7：5—10）

对于那些带着宗教的虔诚并试图通过哲学思辨来护卫宗教教义的思想家来说，科学对于宗教的紧张关系更令他们坐立不安，尤其因近代数理科学、特别是牛顿力学的巨大成功而深入世心的以"物质实体"——它被认为是宇宙最后的终极实在——为核心的近代世界观的确立。在宗教的卫士们看来，那些汲汲于自然科学的家伙都是些宗教的怀疑主义者，所以一定要以子之矛攻子之盾。我们且来看看那些宗教和神学的卫士们，如何在自然科学的逼宫下通过"怀疑"而奋起驳辩的。"怀疑"从古代作为一种观念继承下来，现在成为一种主要的思想方法，即通过怀疑一方比如理性来确证另一方比如天启。笛卡尔通过怀疑得到无可再疑的"我思"（cogito），这是"十分清晰、极其分明"的，但更"清晰而分明"的是，"认识与怀疑相比是一种更大的完满"，因此，"一个比我更完满的是者"即神，也是无可置疑的。[1] 笛卡尔用怀疑主义的材料筑成了信仰的神殿，他这种通过"怀疑"来确证"上帝存在"的方式，在 18 世纪的英法甚是盛行。除了上文提及的贝克莱主教试图通过怀疑之法来摧毁因"（原初）物质实体"的泛滥所可能造成的无神论、宿命论和偶像崇拜之基础而证明了"我们在其中'生活、活动、存在的'那个至高的、智慧的精神"[2]外，还有就是法国的一批反理性主义的学者，他们试图通过怀疑人类理性的自然力量以确证需要天启并为信仰留下不可擅入的空间。代表人物有：

---

① 参阅［法］笛卡尔《谈谈方法》，"第四部分"，王太庆译，商务印书馆 2000 年版，第26—33 页。

② 参阅［英］贝克莱《人类知识原理》，关文运译，商务印书馆 2010 年版，第 56、69—71 页。

主教丹尼尔·休忒（Pierre Daniel Huet，1630—1721）——他通过抹黑理性知识而褒扬天启知识；皮埃尔·波莱特（Pierre Poiret，1646—1719）——他借传统关于主动理性与潜在或被动理性的区分，通过贬低前者所把握的只是大自然的僵尸而非活生生的实在，认定最高级和最确实的知识即天启，只能通过潜在的或被动的理性才能获得，算是亨利·柏格森的先声，因编撰《历史与批判辞典》而闻名于世的皮埃尔·培尔（Pierre Bayle，1647—1706）——他不打折地坚持着德尔图良（Tertullianus，160—220）主教"正因荒谬而信仰"的教谕，认为宗教教义不仅超越于、高于理性，甚至是反理性的，他拒绝认同自以为是的人类理性，甚至怀疑笛卡尔"我思"的可靠性和数学公理的确然性，他把人类理性看作如同现在的抗癌药，能杀死病毒也能致死健康细胞，人类理性只有消极的揭错功能而没有些许积极的建构作用。为了不使上帝因狂热教徒的野蛮行径而受到任何的质疑，他坚持道德之于宗教的独立性，否定了康德后来亦加以痛斥的"宗教道德"——这一点得到了18世纪开明思想家的热烈响应。[①]康德继承了这一观念并又向前推进了一步：道德不仅独立于宗教，还为后者奠定了根基，是为"理性范围内的宗教"即"道德宗教"而非"宗教道德"，这又是培尔之辈所不能想象的。康德为宗教神学之确然性寻找到的根据，既不是先前本体论的或目的论的，也不是培尔他们那种"独断的"天启说，而是道德理性或实践理性（自由意志），可谓是合其两长而弃其两短了。[②]

三　美学领域的"数理"化

哲学数学化的魅力之大和威力所及，连我们认为最不可能数学化的艺术和美学领域也受到影响和感染。据说18世纪居然有人扬言依照数学方程式来解决诗学中的理论问题，现在听来已属滑稽之举，但决不应怀疑当时

---

① 通过对理性主义的打压来彰显宗教启示的真理性，在西方思想界是自古即有的，在一般的宗教思想史中皆可看到。上述材料参阅［英］亚·沃尔夫《十八世纪科学、技术和哲学史》下册，第927—931页。

② 至于最能体现自然科学在人文领域的渗透甚至决定作用的证据，即为中国学界所熟知的法国唯物主义者们的理论，比如拉·梅特里、霍尔巴赫，这很大程度上是伏尔泰向欧洲大陆强力宣传牛顿学说、洛克经验主义和英国自然神论的结果，此处就不再赘述了。参阅北京大学哲学系外国哲学史教研室编译《西方古典哲学原著选辑·十八世纪法国哲学》，商务印书馆1963年版。

人们这样做时的诚意和雄心。就笛卡尔开创的新知识理想对 17 世纪美学思想的深刻而广泛的影响，卡西尔在他的《启蒙哲学》中做出了卓绝的研究。

在笛卡尔庞大的"知识之树"上，美学的系统理论自然也是"果实"之一，只是他还未曾顾及与实用科学相距稍远的这一领域罢了。但是，按照笛卡尔的知识理想，在他的体系中，不仅严格意义的各门科学，如逻辑学、数学、物理学、心理学将获得新的定义、方向和精神，艺术领域也须服从这一系统要求，也必须有确实可靠的理论基础和行之有效的批评方法。美学理论和艺术批评，作为知识的一种，也应归从于他的"统一方法"和"普遍数理"（mathesis universalis），以之获得它们的统一性、确然性和系统性。"这样一来，笛卡尔就一劳永逸地为 17 世纪、18 世纪的美学指明了道路"，后者所依据的就是这样一个指导思想："正像一切自然现象都受一定的原则支配，正像清楚精确地阐述这些原则是自然知识的最重要任务一样，艺术，这个自然的对手，也应当如此。"① 比如道德哲学家哈奇森（F. Hutcheson，1694—1746）的美学著述《对美、秩序等的研究》（1725）——这是一篇充满数学精神的美学论文，就是用数学中的"复比例"来解释和规定作为其美学理论核心命题的"寓多样性于一致"的，并特别论述了数理科学中的"公理之美"②。最能体现这一理论诉求并实践它的，就是那个因提出"自由艺术"或"美的艺术"（fine art）这一现代观念而著名的法国哲学家查尔斯·巴托（Charles Batteux，1713—1780），他于 1746 年发表了他的名作《被还原为一项单一原则的美的艺术》（*Les beaux arts réduits à un même principe/the decisive step towards a system of the fine arts*）。巴托试图借助"一个单一原则"在现有的关于美和鉴赏的理论中发现它们的统一性。这个观念当时被广泛接受，不仅在法国，而是整个欧洲。巴托的题目本身似乎就在宣告，这个时代的美学批评

---

① ［德］卡西尔：《启蒙哲学》，顾伟铭等译，山东人民出版社 2007 年版，第 260 页。

② 哈奇森认为，美——严格说他探讨的是美感，"类似于其他可感觉的观念的名称，恰当地表示了某种心灵的知觉"，其根源不在对象而在"美的感官"，对象中的某些属性仅仅是它的诱因，"寓多样性于一致的形体"就是这样的属性，"我们在对象中称为美的一切，用数学方式来说，似乎处于一致性与多样性的复比例中。因此，当物体的一致性相等时，美就随多样性而变化；当物体的多样性相等时，美就随一致性而变化。"——这简直就是在进行美与不美的数学计算。参阅［英］哈奇森《对美、秩序等的研究》，载《论美与德性观念的根源》，黄文红译，浙江大学出版社 2009 年版，第 12、14—15 页。

的整个方法论倾向业已完成。直到康德发表《判断力批判》（1790）的时期，人们依然认为，艺术是自然的模仿，康德所重视于"天才"者依然是其能"为艺术立法"，如同"人为自然立法"，"法则"和"理性"的观念是康德哲学的基本底色和基调。天才、情感与想象，要到狂飙突进运动和浪漫主义时期才得到相应的强调并被人们普遍接受。因此，作为模仿自然的艺术，也定然如其摹本一样受制于法则和规律的支配。

牛顿在物理学领域发现了支配一切的伟大秩序，而我们也应该在理智领域、道德领域和艺术领域发现同样意义的伟大秩序，笛卡尔是理智领域的牛顿，康德把卢梭视为道德领域的牛顿——那么，18 世纪的美学领域也理当呼唤一个牛顿出来。深受法国国王路易十四器重的布瓦洛（Nicolas Boileau - Despréaux，1636—1711）因其伟大的《诗的艺术》 （1669—1674）提出"为诗立法"而可能坐上了"美学中的牛顿"这个宝座，而人们试图撼动它要等到莱辛的《汉堡剧评》（1768）和施莱格尔兄弟的批评。布瓦洛的努力"似乎已最终把美学抬高为一门精密科学，因为他以具体的运用和专门的研究取代了纯抽象的假设。艺术与科学平行论——它是法国古典主义的论点之一——似乎已得到了事实的检验和证实。"[①] 尤其是高乃依和布瓦洛通过创作和著述所极力强调的现已声名狼藉的"三一律"，更是被视为艺术创作的根本大法。对于《诗的艺术》，正如尼萨尔评论的那样：它"不只是一个卓越的人的作品，还是一个伟大世纪的文学信条的宣言。只把它局限在诗作上去应用就未免误解了布瓦洛的精神和《诗的艺术》的价值了"，"它把一切都压缩成一般的原则，每个读者按照他精神的广阔与细致的程度，都可以从这些原则中抽绎出若干推论，构成现代所谓之美学。"[②] "理性"是贯穿《诗的艺术》始终的一条红线，但这理性决不是苏格兰常识派的"良知"，它"同常识哲学毫不相关；它所关注的不是悟性之日常琐碎的运用，而是科学理论的最高力量"；像数学和物理学一样，它亦渴求美学批评的严格精确性和普遍有效性，启蒙时代的艺术理想与科学理想是完美和谐的，因为古典主义美学理论"就是

---

① ［德］卡西尔：《启蒙哲学》，顾伟铭等译，第 261 页。
② ［法］尼萨尔：《法国文学·Ⅱ（6）》，转引自任典《诗的艺术·引言》，人民文学出版社 2009 年版，第 9 页。

一点一滴地依据这种自然理论和数学理论建立起来的"，它"只是想遵循数学和物理学已经走过的同一条路，并且一直走到底"。① 如果布瓦洛之流完全忽视了"想象"在艺术创作中的重要作用，那他们的理论决不会赢得那么多杰出人物的赞美。只是在理性与想象力之间，对于艺术来说尚有孰一孰二的问题。对于诗和诗人，到底是技巧重要还是天才重要，这是一个争论不休的问题，答案完全要以你站在什么位置而定。康德在第三批判中同样遇到这个难题："天才对鉴赏的关系"，即如何解释下面这个困难："在这里我们常常会在一个应当是美的艺术的作品上发觉没有鉴赏的天才，在另一个作品上则发觉没有天才的鉴赏力。"（《判批》157）②

当人们再把特殊与一般、个性与共性、内容与形式的关系扯进来，讨论就会陷入无休止的自说自话之中。布瓦洛不是不重视多样性、个性和内容，他更强调的是统摄它们的统一性、共性和形式，如同数学所把握的普遍规律不是从千差万别的实际图形中总结出来的，而是从一个普遍的结构规律、照康德在"第一批判"中术语来说就是"借助自己的概念先天构造"出来的一样，古典主义美学"多样统一"原则也不是从具体的艺术作品中总结出来的，而是理性先天地提供的关于艺术的"可能的形式"。正如牛顿只是自然法则的宣示者而非创造者一样，艺术家也不是艺术法则的创造者，布瓦洛要做的也不是发明艺术的可能形式，而只是像牛顿一样宣示这一切。至于它的功过是非不该是我们这里讨论的题目，对任何理论的"客观而同情式的理解"都可能与它的历史命运截然不同，这已是历史的常例。

四　近代西欧的学术生态与心态

正可谓十年河东十年河西，哲学一下子失却了往日高高在上的无限荣

---

① ［德］卡西尔：《启蒙哲学》，顾伟铭等译，第 264、262、263 页。在《浪漫主义的根源》（吕梁等译，第 32—36 页）中，伯林对启蒙时期的艺术及艺术批评也持有与卡西尔同样的见解，强调数理科学的精神、理想和方法对于它们的深刻影响。

② 笔者曾撰文试解此一难题，初步探得的结论是："鉴赏"或艺术技巧是艺术之为艺术的必要条件，有之不必然，无之必不然；"天才"或艺术作品中的伟大观念是伟大艺术的必要条件。它们分别对应于"是不是艺术"和"是不是伟大艺术"这样两个不可同语的逻辑层次，谈论后者必在前者的基础上。参阅拙作《"诗言志"诠辨》，《原创》第 2 辑，黑龙江人民出版社 2008 年版，第 176 页；《康德论鉴赏与天才》，《湛江师范学院学报》2007 年第 5 期，第 49—53 页；参阅本书 316 页注②。

光，只有跟在科学的屁股后面望尘莫及而心生艳羡的份。哲学效仿科学，从成果到方法，从思想到精神，从程序到原则，一时成了思想界的潮流。对自然科学成就的自豪感，以及对其方法万能的信念，在 18 世纪之后有着无与伦比的正当性，伏尔泰堪称牛顿的"铁杆粉丝"，扬言要成立"全球牛顿委员会"，圣西门紧跟其后，甚至到了荒唐可笑的地步。① 这种热情也结出了伟大的硕果：克莱劳、达朗贝尔、欧拉，以及随后的拉格朗日、拉普拉斯、拉瓦锡、布丰等，法国开始在自然科学的所有重要领域独领风骚。达朗贝尔为《百科全书》撰拟的"序言"完全是那个时代的宣言：相信有一个经过合理安排的宇宙（秩序信念），相信知识的统一性（理性信念）。② 这位伟大的数学家和物理学家，为开辟力学革命的道路做了大量的工作，但是他并没有把道德学说也包括在内，甚至和他的前辈洛克一样，认为道德学说和数学一样，是先验科学，其中包含着同样的确然性。到 18 世纪末时，他的学生拉格朗日沿着这条道路，终于把力学从所有形而上学观念中解放出来，对整个学科重新做了阐述，完全不提终极原因或隐蔽的力量，仅仅描述使各种作用联系在一起的定律；而老师对此有充分的意识，并预见到了后来的实证主义，认为它将会明确谴责一切不是以提出实证真理为目的的行为，甚至会建议"应该把一切纯粹思辨的主题作为毫无益处的工作，排除在健康状态之外"③。深受康德推重的利希滕贝格（G. Chr. Lichtenberg，1742—1799）是一个非常坚执的哲学家，但在自然科学的巨大成就面前也不得不说："迫使我放弃我原来的原则的，不是我的个人成就，而是科学本身的成就。"④

---

① ［英］哈耶克：《科学的反革命》，冯克利译，译林出版社 2003 年版，第 113 页。英国天文学教授巴罗对此总结道："牛顿的《原理》（1687）一书的令人惊叹的完备性及其数学推理的威力导致了一大批遵循牛顿模式的思想家……没有任何东西是超越牛顿的。连牛顿自身也无法摆脱这股热潮。在晚年，他对炼金术和圣经的批评工作正是反映了他根深蒂固的信念，即他有能力揭示人类的所有秘密。"参阅［英］约翰·巴罗《不论：科学的极限与极限的科学》，李新洲等译，上海科学技术出版社 2005 年版，第 58—59 页。

② D'Alembert, *Preliminary Discourse to the Encyclopedia of Diderot*, Trans. R. N. Schwab, Chicago: The University of Chicago Press, 1995. 参阅梁从诫所译《丹尼·狄德罗的〈百科全书〉（选译）》，辽宁人民出版社 1992 年版，第 45—99 页。

③ ［英］哈耶克：《科学的反革命》，冯克利译，译林出版社 2003 年版，第 114 页注①。

④ ［德］利希滕贝格：《格言集》，范一译，辽宁教育出版社 1998 年版，第 81 页。

18 世纪法国最后一位哲学家、启蒙运动最杰出的代表人物、有法国大革命"擎炬人"之誉的孔多塞（Jean Antoine Condorcet，1743—1794）也在《人类精神进步史表纲要》（1795）等著作中表达了启蒙时期普遍的历史观、理性观和科学观：历史随理性而不断进步，因此人们有理由对未来寄予无穷的信心和希望；自然科学的方法，尤其他钟爱的数学和概率计算，似乎是研究社会现象唯一合理的方法；虽然完全以局外人像观察海狸或蜜蜂那样观察社会现象只是个难以企及的理想——因为观察者本身也在被观察之列，这显然是个悖论，其悖不在"不能"而在"不实"——但他还是不断劝说学者们把自然科学的方法引入道德等学科中；最后，他日益强调对可以观察和计算的社会现象进行数理化研究，旨在建立一门"社会数学"。这从他众多的书名即可看出，如《以把计算运用于政治和道德科学为目的的科学大纲》《概率演算教程及其对赌博和审判的应用》等。他由此对 18 世纪特有的理论自信即"无节制的乐观"作了最新颖、最出色的表述。他坚信"自然界对于我们的希望并没有布下任何限度"，他不无激动地反问道："在自然科学中，信仰的唯一基础乃是这一观念：即驾驭着宇宙现象的普遍规律（已知的或未知的）乃是必然的和不变的；然则有什么理由说，这一原则对于人类思想的和道德的能力的发展，就要比对于自然界的其他活动更不真确呢？"[1] 1794 年在巴黎成立的、作为"大革命"具体成果的"综合工科学院"（l' Ecole Polytechnique）就是践行这种可称之为"唯科学主义"时代精神的重镇，它培养了一大批"敢于像在综合工科学院受过教育的人建构桥梁或道路那样，建构一种宗教"、尤其热衷于"综合""组织""实用"的"工程师"。[2]

直到 1938 年左右，柯林武德还在抱怨当时的哲学家"承袭了一个可

---

① ［法］孔多塞：《人类精神进步史表纲要》，何兆武、何冰译，三联书店 1998 年版，第 178、176 页。

② 的确，在 18 世纪的法国，在唯科学主义的时代气候下成长起来的"有学问的技术专家"，"他们对于社会，对于它的生命、它的成长、它的问题和价值，所知甚少或一无所知，因为只有历史、文学和语言研究，才能提供这样的知识"。但是，19 世纪的法国思想界并没有因此而"一贫如洗"，那要归功于同"综合工科学院"相对立的一批以卡巴尼斯、特拉西为代表的"意识形态学者"（ideolodues），是他们捍卫了个人自由的尊严和前此法国哲学的最好传统。参阅［英］哈耶克《科学的反革命》第十一章"唯科学主义傲慢的根源：巴黎综合工科学院"，第 121、125、126—128 页。

以追溯到 17 世纪的传统，自然科学的种种方法就是根据这一传统而接受了最严格的审查。他们都认为，若不能略知'科学的'方法，了解观察和推理在科学中的作用以及归纳法之类的问题，就意味着无知……当他们讨论知识论问题时，很显然，他们所说的'知识'一词毫无例外地等于'关于自然界或物理世界的知识'这一短语。"更令柯林武德、也让我们感到奇怪的是，当时这批牛津的哲学家"几乎没有谁接受过自然科学的专门训练"，反之全都获得过"文学学士"的学位。① "自然科学被看作是知识唯一真确的形式、而知识的其他形式为了要证明自身存在的理由就必须使自己同化于那个模式。"② 即便在看来离自然科学最远的文学研究领域，也是如此，正如韦勒克、沃伦所说："19 世纪，文学竭尽全力赶超自然科学方法，于是从因果关系来解释文学成了当时一个伟大的口号。"③甚至有人试图用数学方程式来解决诗学理论问题。其中，丹纳（H. A. Taine，1828—1893）的《艺术哲学》（1865—1869）是最为杰出的典范，此着意在"事实"和"规律"，认定"美学本身便是一种实用植物学"，丹纳自信"精神科学采用了自然科学的原则、方向与谨严的态度，就能有同样稳固的基础，同样的进步"④。这种趋势在史学界也有鲜明的体现，由内涵丰富的兰克史学到只强调史料考证的客观主义史学，这一过程反映了 19 世纪的科学主义思潮所带来的乐观主义情绪已经成为欧洲人的一种普遍心理。⑤

如果套用"国粹派"重镇邓实（1877—1951）在《国粹学报》时期（1905—1911）就其切身经历并躬体力行的中国近代以来的实情所做的概括，18 世纪西欧的知识界真可谓是"尊牛顿若帝天，视数理如神圣"的时代。当然，反对之声并非没有，但要到这个世纪的中期以后，首先在德国，接着在英国——反对者坚持认为，不论是人还是他们的社会都与无生

---

① ［英］柯林武德：《柯林武德自传》，陈静译，北京大学出版社 2005 年版，第 81 页。

② ［英］柯林武德：《历史的观念》（增补版本），何兆武等译，北京大学出版社 2010 年版，第 214 页。

③ ［美］韦勒克、沃伦：《文学理论》（修订版），刘象愚等译，江苏教育出版社 2005 年版，第 155 页。

④ ［法］丹纳：《艺术哲学》，傅雷译，人民文学出版社 1963 年版，第 11 页。

⑤ 张广智主编：《西方史学史》，复旦大学出版社 2010 年版，第 218 页。

命的物质大为不同，甚至也不似于动物的世界，约翰逊、伯克、哈曼和赫尔德，尤其是此后的康德。在 1781 年出版的"第一批判"的"先验方法论"中，康德对自笛卡尔以来的哲学数学化潮流可谓作了总清算，并把传统形而上学日薄西山的惨境归责于之。① 在康德看来，哲学数学化既是对哲学本性的误解，也是对数学本性的懵懂：就哲学一方而言，这种做法误解了哲学概念的本性、来源及其工作方式、方法和程序；就数学这边来说，它误以为数学知识完全是先天分析的，殊不知，数学知识是先天综合判断，更没有思考过数学知识何以具有通常赋予它的那种无可置疑的确然性。康德由前者开出他所谓的先验范畴理论，就后者则探得他那著名的先天直观学说。因此，反叛注定要日益做大，尤其在德国②。但此时，他们还停留在孤立的怀疑之中。因此，我们必须细心体会 18 世纪真正的哲学家、形而上学家，当他们面对自然科学的如日中天与自家门庭的凋零混乱，内心该是怎样的滋味，又该作何感想——看来只有奋起直追不甘雌伏才好。

第四节　热衷划分知识等级的近代哲人

对 18 世纪西欧知识界"确然性寻求"这一思想气候，还可以从另一个角度即它的一个理论后效来观察，并能以之佐证本书对这个世纪思想气候的判定实在不诬。这个角度就是，对知识确然性的寻求，使得近代哲学家大都喜欢给知识划分等级和次序，并以之显示其确然性程度的高低和真理性的大小。试举几家代表以见其普遍性，并从中看看他们对知识确然性的理解。

首先是培根（1561—1626）。他虽未直接给知识划分等级并指明它们

---

① 康德对哲学数学化的具体批判，主要见于他的"应征作品"和"第一批判"中，后文将集中讨论。

② 在 19 世纪下半叶的德国，人文学科的地位远远在新兴的自然科学之上，比如因于 1900 年创立量子学说而闻名天下的普朗克（Max Planck, 1858—1947），开始时，家人和亲戚并不鼓励他去学物理，甚至还加以嘲笑。他们都认为，人文是比科学更为优越的知识方式。然而，到了 20 世纪中期，人文与科学之间的比重发生了巨大的转移，标志性事件就是斯诺（P. Snow）所谓的"两种文化"的提出及由之引起的广泛争论。普朗克的例子来自余英时《试论中国人文研究的再出发》，载邵东方编《史学研究经验谈》，上海文艺出版社 2010 年版，第 113—114 页。

的价值高低，但他关于科学的分类实际上已经做了这样的事。起先，培根把知识分成神学的和哲学（科学）的或神圣的和非神圣的两种，前者是天启的、神秘的，而唯有后者才是他关注的主要对象；接着，他又把（科学）知识分成两部分即行动的和思辨的，行动的知识就是关于事物原因的知识，它能带给人以力量或权力。在《论学问的进步》（The Advancement of Learning，1605）的第二卷以及更为详细的拉丁文增订本《论科学的尊严及其发展》（De Digitate et Augmentis Scientiarnm，1623）的第二至九章中，培根把科学（学问、知识）分成三大类：依靠记忆力的历史、依靠想象力的诗歌和依靠推理能力的哲学。总体来说，诗歌不提供知识，而历史提供的是个别事实的知识，哲学（科学）提供的是一般法则的知识，"哲学"自"历史"归纳而来并反过来批评和检视后者以辨别其真伪对错。培根的知识分类虽然是横向的、范围上的，比较客观中立，但也能从中体会他的价值判断，最起码他追求的是非神圣知识、行动的知识和一般法则的知识，总之是科学知识。[①] 因此，培根所谓知识的确然性不过是它的有用性和规律性（必然性）。

笛卡尔（1596—1650）对"知识体系"和"知识类别"做过非常细致而深刻的论析，均出现于作者为法文版《哲学原理》拟写的"序言"中。所谓"知识体系"就是著名的"知识之树"：

> 全部哲学就如一棵树似的，其中形而上学就是根，物理学就是干，别的一切科学就是干上生出来的枝。这些枝条可以分为主要的三种，就是医学、机械学和伦理学。我所谓的道德科学乃是一种最高尚、最完全的科学，它以我们关于别的科学的完备知识为其先决条件，因此，它就是最高度的智慧。

接着，笛卡尔补充了一句非常紧要的话：

---

① 除了参阅培根的《新工具》、《论学术进步》和《论科学的尊严及其发展》外，比较客观的评述还可参阅 ［英］安东尼·昆顿《培根》，徐忠实、刘青译，中国社会科学出版社1992年版，第68—92页；尤其书后的"推荐书目"。

不过我们不是从树根树干，而是从其枝梢采集果实的……①

笛卡尔一生的宏愿就是要建立一套百科全书式的井然如一棵参天大树那样的知识体系，这个体系总体上可分为形而上学与物理学两大部分。从上面的引述中我们可以得出如下两点结论：

其一，作为"树根"的形而上学，笛卡尔强调其牢不可破，坚如磐石，实质上就是他对"确然性"的形象表述。在 1628 年 11 月罗马教皇特使巴黎住所的那次名流云集的盛会上，笛卡尔应邀表达了如下两个观念：用严格的论证驳斥了科学可以建立在或然性（Vraysemblance）之上的观点，主张科学只能建立在确然性（Certitude）之上；同时，当被人问及他是否知道某种无误的方法来避免各种诡辩时，笛卡尔应诺，他已经发现了一种确定无误的方法来建立确然性，这一方法将从数学的宝库中提取而来。②

其二，"不是从树根树干，而是从其枝梢采集果实"，这显然表达了与培根同样的实用主义的知识观。树根、树干最终是为了结出果实，否则一切都无意义。就此而论，笛卡尔哲学追求的真正目的，可以说不是形而上学，而是通过它和物理学最终获得保护人类健康的医学、减轻人类劳动之苦的机械学和使人心灵得以安宁的伦理学。笛卡尔"沉思录"的真正意图在他给好友的信中被暴露出来："在我们俩之间，我可以告诉你，那六个沉思包含了我物理学的所有基础。但请不要告诉人们，因为那将会使亚里士多德的信徒们更难以接受它们。我希望读者诸君在注意到它们摧毁了亚里士多德的那些原理之前，就已逐渐地习惯于我的那些原理并认识到它们的真理性。"③ 笛卡尔也因此广泛研究了新兴自然科学的几乎所有门类：光学、气象、几何、物理学、宇宙学、动物学、解剖学。人、人的幸福，才是哲学最终的目的：知识实用主义，是那个时代的普遍观念。这也就是笛卡尔何以主观上欲成为大科学家而实际上则成了大哲学家的缘故所在。

---

① ［法］笛卡尔：《哲学原理·序言》，关文运译，商务印书馆 1958 年版，第 xvii 页。

② 参阅冯俊《开启理性之门：笛卡尔哲学研究》，广西师范大学出版社 2005 年版，第 13 页。

③ *The Correspondence*, *The Philosophical Writings of Descartes*, vol. Ⅲ, trans. John Anthony, Cambridge: Cambridge University Press, 1991, p. 173.

　　关于"知识类别"，笛卡尔把当时所有的科学知识和人们的智慧具体分成五个等级。第一级是我们的意念，不借助思维即可得到；第二级是感官经验所指示的一切；第三级是别人谈话所教给我们的知识；第四级是读那些启人心志的著述所得到的。这四类是我们通常获得知识的主要途径，现在，笛卡尔要提供第五条，"比前四条确定万倍，高妙万倍"，即"寻找第一原因的真正原理，并且由此演绎出人所能知的一切事物的理由"。笛卡尔如此排列知识的等级次序，所依据的就是它们"确然性"程度的大小高低，因为"确然性不在于感官，只在于具有明白知觉的理解中"。按这个标准，亚里士多德当然不在笛卡尔的话下。①

　　确然性是科学的根本要求，笛卡尔的"知识之树"所列等级实质就是确然性的座次表。对于确然性的内涵，笛卡尔有过明确概述，归纳起来大致如下：就其类型看，有直观的和演绎的；就其分布看，有形而上学的、心理学的和道德学的；就获致它的途径看，有根基上的和方法上的；就其内涵看，确然性意味着明晰性和无可置疑性。②

　　斯宾诺莎（1632—1677）反对笛卡尔的心物二元论，主张身心平行论："观念的次序和联系与事物的次序和联系是相同的"③，心灵和物质只不过是同一实体（"神"或"自然"）的两种不同属性或样式而已。"心灵（本质上）是能思的东西"，最大特征就是认识活动。根据认识活动之结果的确然性高低，斯宾诺莎把知识（来自认识事物的方式）分成三个等级。第一种知识是通过感官得来的片断式的个别观念即"从泛泛经验得来的知识"，如"我知道我将来必死"以及从某些符号得来的观念或想象，如"我知道我的生日"；第二种知识即理性知识，由推理而来，或由果以求因，或"由为一种特质永远伴随着的某种普遍现象推论出来"；第三种知识是最高级的知识即直觉知识（scientia intuitiva）："纯粹从事物的本质来认识事物"或"从永恒的形式下观察事物"所得到的对事物本质的正确认识，如"实体存在""身体与心灵是统一的"等哲学基本命题或

---

①　以上引文参阅［法］笛卡尔：《哲学原理·序言》，关文运译，第 xi—xii 页。

②　国内学术界对笛卡尔"确然性"理论研究最深入的学者是复旦大学的汪堂家教授，参阅氏著《自我的觉悟：论笛卡尔和胡塞尔的自我学说》，第一章，复旦大学出版社 1995 年版，尤其是第 20—31 页。

③　［荷兰］斯宾诺莎：《伦理学》第二部分命题七，贺麟译，商务印书馆 1983 年版，第 48 页。

几何公理。在这三类知识等级中，第一类没有任何的确然性和必然性，"必须排斥出科学的领域之外"；第二类能为我们提供事物的观念，但"不是能够帮助我们达到所企求的完善性的手段"；只有第三类直观知识才是最确定的，有着无可置疑的确然性，"可直接认识一物的正确本质而不致陷入错误"。① 斯宾诺莎对"确然性"有着自己独特的理解：

> 确然性不是别的，只是客观本质本身，换言之，我们认识形式本质的方式即是确然性本身。因此更可以明白见到，要达到真理的确然性，除了我们具有真观念外，更无须别的标记。因为如我所指出的，为了知道，我无须知道我知道。由此更可以明白，除非对于一个东西具有正确的观念或客观本质外，没有人能够知道什么是最高的确然性；因此，确然性与客观本质是同一的东西。②

这段话比较抽象，需要略作解说。这里有两个经院哲学的概念："形式本质"是事物在现实世界的本质，"客观本质"是事物作为思想的对象所具有的本质。作为观念的客观本质当然也是一种实在的对象，当然也有它的形式本质，因此，客观本质的形式本质与客观本质自身之间不过是观念的自我反思而已，这个关系可以无限地类推下去。因此，观念无需外假于事物本身，而只要自我反思即可成为"真观念"，比如几何学的公理、"上帝存在""真观念必定符合它的对象"③ 等。真理、事物的客观本质、事物的真观念，都是同义词。"真观念"也就是人类理智的"天然的工具"，也就是知性具有的"天赋的力量"，借助它，知性"自己制造理智的工具，再凭借这种工具以获得新的力量来从事别的新的理智的作品，再由这种理智的作品又获得新的工具或新的力量向前探究，如此一步一步地

---

① 斯宾诺莎对知识的分类和等级划分，在《知性改进论》（1661—1662）和《伦理学》（1662—1675）中略有不同，这里的概述综括了两个地方的相关论述，参阅氏著《知性改进论》之"二、论知识的种类"，贺麟译，商务印书馆 1960 年版，第 25—29 页；《伦理学》第二部分命题四十至四十七，贺麟译，商务印书馆 1983 年版，第 76—86 页。

② ［荷兰］斯宾诺莎：《知性改进论》，贺麟译，第 32 页。

③ ［荷兰］斯宾诺莎：《伦理学》第一部分，公则六，贺麟译，第 3 页。

进展，直至达到智慧的顶峰为止。"① 总之，在斯宾诺莎看来，真理的依据、知识确然性的根源，都不是知识与外在对象的符合，而在于它与原初的"真观念"的符合。斯宾诺莎"确然性"的实质依然是笛卡尔式的基础主义。

洛克（John Locke，1632—1704）对近代知识论做过重大贡献。康德坦言，他的"第一批判"所致力的目标正是洛克先已开示的，只是后者的方法和方向在他看来从根本上就错了（A86 = B118—119）。② 洛克只承认来自感觉或反省的经验观念而否认笛卡尔式的天赋观念，认定知识"就是人心对两个观念契合或矛盾所生出的一种知觉"。根据因获此"知觉"的途径不同而具有的契合度即确定性的高低，洛克把知识分成确然性③由高至低的三个等级：无须中介单凭直觉即能断定的"直觉知识"，这是人类所能具有的最明白、最确实的知识，也是人类一切知识之确然性的依据，"离开了直觉，我们就不能达到知识和确定性"；在直觉的基础上还须借助中介才能获致的"理证知识"，它也是确实可靠的，但需付出一番努力才能得到；最后，凭知觉和意识而被断定的由外界特殊事物引致的"感觉知识"，它仅仅具有一定的确然性。④ 总之，没有观念就没有知识，人类观念的有限性、这些有限观念间关联的有限性以及观念关联在多大程度上符合实在之物，这些都使得洛克把传统形而上学的对象、包括哲学原有的传统科目，统统排除在知识之外了，甚至断定我们没有完善的自然科学，更不要说有关精神的东西了，因为我们无法就宇宙中的任何存在

----

① ［荷兰］斯宾诺莎：《知性改进论》，贺麟译，第 31 页。

② 参阅洛克《人类理解论》上册的"赠读者"，关文运译，商务印书馆 1959 年版，第 10 页。梯利在《西方哲学史》中评价说："他的《人类理智论》在近代哲学史上第一次力图创立一个博大的认识论，开创了那个产生贝克莱和休谟而在康德那里达到登峰造极地步的运动。"参阅［美］梯利《西方哲学史》（增补修订版），葛力译，商务印书馆 1995 年版，第 365 页。

③ 洛克对后来的深远影响和深刻处还在于，他对"语词"的深切关注。由于"语词"的加入，确然性就被洛克分成两种：真理的和知识的（命题的确然性）。但近代哲学对洛克的这种区分未加足够措意，这要等待二十世纪的语言分析哲学。因此，在这里，我们接受莱布尼茨的建议——"其实这后一种确定性不用语词也会够了，而且它不外乎就是对真理的一种完全的知识；而前一种确定性则似乎无非就是真理本身"，只涉及知识的确定性。参阅［英］洛克《人类理解论》下册，关文运译，商务印书馆 1959 年版，第 573 页；［德］莱布尼茨《人类理智新论》下册，陈修斋译，商务印书馆 1982 年版，第 475 页。

④ ［英］洛克：《人类理解论》下册，关文运译，第 520—529 页。

做出一个全称判断。① 洛克以此告诫人们对人类理性应保持因其本性而应有的自知之明，这是被康德哲学充分吸收了的重要思想。在理性万能的启蒙时代，这也算是一股逆流，更不啻是一服清凉剂。

莱布尼茨（1646—1716），在哲学观念上可以说处处与洛克相对峙，但在由对《人类理智论》逐章、逐节、逐段进行辩难和讨论而构成的《人类理智新论》中，二人最起码在知识的分类及价值等级这一点上，达成了极其难得的一致。当然，莱布尼茨还是对洛克的观点作了两点补充。首先，他把洛克排在确然性第一位的"直觉知识"称作与"派生真理"相对的"原始真理"，并从中划出两种类型：必然的"理性真理"和偶然的"事实真理"，二者都是"直接的"，因而"是不能用某种更确实可靠的东西来证明的"，不过"原始的理性真理"是"属于一种观念的直接性"，其原理是"同一的"（identiques）也即"分析的"；"原始的事实真理"乃"一些内心直接经验，这直接属于一种感受的直接性"，笛卡尔或奥古斯丁的"我思故我在"正属此类而非通常理解的（原始）理性真理。② 其次，莱布尼茨建议在洛克知识等级中再加上一类"似然的知识"，如同证明中的"概然性"——莱布尼茨指的是当时刚刚兴起的"概率论"。他认为这些似然的知识"或许也值得称为知识的；否则几乎一切历史知识以及别的许多知识都将垮台了"，"关于概率的研究是非常重要的，而我们缺少这种研究，这是我们逻辑学的一大缺点"。③ "理性真理"与"事实真理"的划分（根据不矛盾律）对于莱布尼茨哲学非常重要，这是康德后来在"第一批判"中区分"分析判断"与"综合判断"的理论来源，这一区别即便在现今也保有极大的重要性。

莱布尼茨的知识论以及关于知识确然性程度的思想，被沃尔夫、鲍姆嘉通等继承并在德国的大学里讲授。黑格尔在他的《哲学史讲演录》中怀着感恩的心把沃尔夫称为"德国人的教师"，说他"第一个使哲学成了

————————

① 洛克说："我们不能获得关于自然物体的完善的自然科学（更不要说关于精神的东西了），如果要追求，那是徒劳无益的。"参阅［英］洛克《人类理解论》下册，关文运译，第552页以及［美］梯利《西方哲学史》（增补修订版），葛力译，第351—354页。

② 参阅［德］莱布尼茨《人类理智新论》下册，陈修斋译，第423、429—430页。看来莱布尼茨也把笛卡尔的"我思故我在"理解为直觉知识而非推论式的派生真理。

③ 参阅［德］莱布尼茨《人类理智新论》下册，陈修斋译，第439、437页。

德国本地的东西","第一个使思想以思想的形式成为公共财产",并"在康德以前一直占据统治地位"。① 康德就生活在这样的知识氛围中,这也是此后德国古典哲学的起点和基调。

与莱布尼茨不同,休谟(1711—1776)是在洛克和培根经验哲学基础上建构自己的哲学系统并以此推进了笛卡尔和贝克莱的怀疑方法的。或许是由于太想攥紧确然性反而像流沙一样从手中溜走了,休谟对确然性的寻求——主要是因果关系的普遍性和必然性——所得到的结果是主观的联想,康德概述休谟的思路道:"理性在这一概念上完全弄错了,错把这一概念看成是自己的孩子,而实际上这个孩子不过是想象力的私生子,想象力由经验而受孕之后,把某些表象放在联想律下边,并且把由之而产生的主观的必然性,即习惯性,算做是来自观察的一种客观的必然性。"② 但不要忘了——正如上面所言,这一切针对的都是经验领域即"实际的事情"(Matters of Fact),而在"观念世界"(Relations of Ideas),比如有关量与数的科学就具有"充分的确定性",因为它们根本不涉及经验:"自然中纵然没有一个圆或三角形,而欧几里得所解证出的真理也会永久保持其确实性和明白性"③。就观念领域,休谟亦区分出与笛卡尔(直观与演绎)和洛克(直觉和理证)基本对应的两种确然性:直观的(intuition)和理证的(demonstration)。④

总之,在休谟看来,人类的知识只有两类:经验知识,没有绝对的确然性,只有主观的必然性和普遍性;观念知识或数理知识,有着无可置疑的确然性。对这两种知识的内在关系,休谟坦言:"困难太大了,不是我的理智所能解决的。"除此以外,全都是诡辩和幻想,对付它们,休谟甚至建议用"烈火"。⑤

这不禁让我们大胆地提出一个带普遍性的结论:凡是注重确然性寻求

---

① 参阅〔德〕黑格尔《哲学史讲演录》第4卷,贺麟、王太庆译,第187、185、192页。

② 〔德〕康德:《未来形而上学导论》,庞景仁译,第6页;参阅〔英〕休谟《人类理解研究》,关文运译,第67—72页。

③ 〔英〕休谟:《人类理解研究》,关文运译,第26页。

④ 〔英〕休谟:《人性论》上卷,关文运译,第95、99页。

⑤ 参阅〔英〕休谟《人性论》下卷,关文运译,第674页;〔英〕休谟《人类理解研究》,关文运译,第145页。

的哲人，大都喜欢给知识（认识）划分等级和次序。看来，知识等级论，可算是西方哲学史的普遍现象。知识与意见的区分是古希腊哲学家早就做出的，到了柏拉图则把认识依其距理念世界之远近而划分为四个等级：想象状态下的影像或摹本①，如那著名的"画家之床"和"囚徒"的知识；信念状态下的可感事物，如人们的感性认识、意见；理智状态的数理学科，如数学、几何学和天文学；理性状态下的理念世界，如纯哲学。② 亚里士多德则把知识分成三个等级：最低的是关于"感性世界"的知识，如物理学；最高的是"第一哲学"，即纯粹哲学或形而上学；介于两者之间的是数学知识。③ 康德对知识的分类有两种方式，根据源自亚里士多德后在经院哲学中得以发挥的"先天—后天"（a priori - a posteriori）学说，结合"分析—综合"（analytic - synthetic）理论，把知识（判断）划分为三类：先天分析判断④、先天综合判断和后天综合判断。就确然性的程度而言，分析判断和先天综合判断都具有严格的必然性和普遍的有效性，后天判断则未必，因为有一些知觉判断是即便加上一个理智概念也决不能成为经验判断（《导论》§19，《著作》4：301）。由于康德拒绝人类理性有认识"事物本身"（物自体）的任何可能性，所以，客观有效性的根据就只能在主体内部来找，或者在主体的理性中、或者在主体的感觉中找。如果在前者，那我们就能"确信"（Überzeugung），这个判断或知识就有了

---

① 令人想起培根在《新工具》中提出的"四假象"：种族假象、洞穴假象、市场假象和剧场假象（学说体系假象）。参阅《新工具》，许宝骙译，商务印书馆1984年版，第18—34页。

② 参阅［古希腊］柏拉图《理想国》，511D—E、516A—517C、534A，郭斌和、张竹明译，商务印书馆1986年版，第270—271、274、300页。另请参阅范明生《柏拉图哲学述评》，上海人民出版社1984年版，第26—106页。柏拉图的知识等级论建立在他的"线喻"基础上，可参看范著第103页所列"知识与存在的四个等级关系表"。

③ ［古希腊］亚里士多德：《形而上学》，第六卷第一章，1025b3—1026a30，李真译，上海人民出版社2005年版，第177—179页。

④ "先天分析判断"可简称为"分析判断"，就如"后天综合判断"可简称为"后天判断"。分析的肯定是先天的（《导论》§2），但先天的不一定是分析的，因为还有先天综合判断。"必然性和严格普遍性就是一种先天知识的可靠标志，而两者也是不可分割地相互从属的。"（B4）逻辑地看，还应有第四类"后天分析判断"，这是矛盾语，所有的分析判断都是先天的，后天的判断肯定是经验的判断即"知觉判断"，但不一定是"经验判断"，后者是有普遍必然性的，前者则不一定。经过知性范畴统摄的"经验的判断"就可以成为"经验判断"（《导论》§§18—20，《著作》4：267—269、300—304）。

普遍有效性，在康德，普遍有效就是可以普遍传达，就是客观的或确然的；如果仅仅有主观感觉的根据，那就是"臆信"（Überredung），只有私人有效性，当然不能普遍传达。这样康德就在主观有效与客观有效的关系中分出三个层次：主客双方均不充分的"意见"、仅主观充分的"信念"和主客双方都充分的"知识"——"主观上的充分性叫做确信（以我而言），客观上的充分叫做确然性（对任何人而言）"，康德把前者称为"道德上的确然性"，把后者称为"逻辑上的确然性"（A820—822 = B848—850，A825 = B857）。在《判断力批判》中，康德重述了自己的分类并以此检验了传统自然神学对上帝存在的诸种证明和自己坚执的道德证明（《判批》321—335）。

这样，我们就可以通过上面的论析和反观大致得出如下几点结论：

（1）近代哲人几乎都在思考知识的确然性问题，并试图通过自己的思考为人类提供获取科学知识或真理的基石、方法、程序和判准，这同古希腊以来的哲学家只关注知识分类以突出自己所认定的"真理"而不追问其根据的姿态完全不同。

（2）大都认为几何学、代数学具有无可置疑的确然性，因此，都意图在知识领域以之为模板，或以其原理为基点或以其方法为范本，改善和推进其他知识门类，如形而上学、心理学、道德和神学。

（3）近代哲学、尤其是唯理论一脉，大都以如下观念作为哲学思考的前提：外物是存在的以及我们的观念或认识亦能切中它，可把这两个观念分别称之为"存在信仰"和"符合信仰"。

（4）对确然性的内涵和类别进行了比较集中而深入的思考，认为确然性的知识主要有两类：直觉的和理证的；确然性主要来源于三个方面：基础或前提的无可置疑性（直观）、过程的逻辑严密性（演绎）和方法的绝对可靠性（分析）。

（5）除少数哲学家如休谟和洛克外，他们较少进行严格的"哲学前提批判"，缺乏对上述两个信念即"存在信念"和"符合信念"的前提批判，缺乏对"确然性何以可能"的哲学反思，更缺乏对人类理性自身的能力、范围、原则及有效性进行应有的哲学批判。

（6）最重要的一点是笛卡尔对近代哲学的奠基之功：除了他以"我思"

为近代哲学开启了"主体性"的致思路向并和培根一起打开了近代知识论的大门外，单就形而上学的前途而言，笛卡尔的"确然性"不仅是知识追求的目标和哲学论证的对象，还是近代哲学得以展开的"开端"。正如他所言："如果我想要在科学上建立起某种坚定可靠、经久不变的东西的话，我就非在我有生之日认真地把我历来信以为真的一切见解统统清除出去，再从根本上重新开始不可。"① 也就是说，哲学要想成为科学，具有几何学或自然科学那样无可置疑的确然性，就必须找到一个坚实可靠的开端。近代哲学尤其是德国古典哲学对哲学"开端"② 的重视不能不说是笛卡尔的启导之功。

（7）由近代哲学之"确然性寻求"所见出的"确然性"内涵及其所提供的方式，使得我们必须因此重估一个被公认的传统看法，即笛卡尔之后，近代哲学包括德国古典哲学就主要在主体领域开垦的观点。就笛卡尔直至莱布尼茨所提供的确然性寻求之途及结果来看，只有直觉和推证两种——其标志是"无可置疑的确然性"，前者是因其清晰明白，后者是因为逻辑演绎——而不管是直觉的还是理证的，都不能仅仅说是主体内的，而只能说是方法程序上的，真正把哲学拉入主体领域的是康德。康德对其哲学主要议题即"主观范畴何以能切中客观对象"的解决，其实可以浓缩为一个问题："主观表象何以成为客观对象"。这里有两步："主观的何以成为客观的"以及"表象的何以成为对象的"。康德是用第一步推证第二步的，也就是说，康德仅仅解决了第一步，解决的法宝是"普遍可传达性"——康德的机窍就在这里，康德哲学之所以难解也在这里。

---

① ［法］笛卡尔：《第一哲学沉思集》，庞景仁译，商务印书馆1986年版，第14页。

② 帕斯卡尔说："我们写一部著作时所发见的最后那件事，就是要懂得什么是必然置于首位的东西。"参阅氏著《思想录》，何兆武译，商务印书馆1985年版，第11页。把"确然性"定为"开端"的哲学以黑格尔和胡塞尔为最典型。黑格尔在他的"逻辑学"尤其重视"开端"问题，把它作为包孕甚丰的哲学胚胎，更是自称为"开端的哲学家"。把"确然性"理解为"根基"或"基础"的哲学，不妨称其为"基础哲学家"，康德是其中的翘楚。而不论是"开端"还是"基础"，都是那种哲学的重点和核心所在，也常常是最难为人所解的。因此，理解康德之难，不在其哲学起点即牛顿的经典力学、休谟的因果理论以及卢梭的人学思想，而在其哲学基础即哲学中"范畴""原理""统觉"等及美学中的"共通感"；理解胡塞尔之难不在其基础而在其"开端"或"起点"即"纯粹意识"，正所谓："现象学哲学思维的难度并不像其他哲学那样，在于具体的实践操作方面，而是更多地在于'入门'的困难。"参阅倪梁康选编《胡塞尔选集·编者按》，上海三联书店1997年版，第3页及本书96页注③、156页注①。

第五节　近代形而上学确然性寻求
之路:从几何学到物理学

处于危机之中的近代形而上学,在面对自然科学和数学的日益昌炽和它们的冷眼以待中,在时代"确然性寻求"这一思想气候的启引下,不得不效法先进,以图重振形而上学昔日的风采。然而,和一切复兴之路一样,形而上学的重振之途也非顺风顺水一蹴而就。从笛卡尔至康德,形而上学的自赎之路在根本策略上经历过一个巨大的转换,即从模仿数学、尤其是几何学转变为模仿自然科学、尤其是物理学,最终康德找到了根自形而上学本性、属于形而上学特有的根本方法:先验逻辑(即康德的认识论)。① 但是,形而上学致力的大方向和根本目标——确然性的寻求并无更变,只是如何获致它的策略经历了他们以为更加接近目标的转换罢了。本节将首先对确然性寻求在数理科学和哲学中的根本差异作一总结,再简述这个转换过程,而后以康德为范例分析这种转换的内涵、原因和理论后效。

一　"确然性寻求"主潮下模糊了的学科差异

科学(尤其是自然科学)与哲学(尤其是形而上学或第一哲学)

---

① 从哲学建构的方法论角度看,康德这种受启于近代物理学的"先验逻辑"在德国观念论领域是非常独特的,这使得康德比其他人都显得更为"独断",比如"本体不可知"以及"先验统觉""自我意识""共通感""自由意志"皆不可再问及它们的根源,似乎康德哲学的"工作前提"特别多,这对哲学的"确然性"是一种威胁。故而,康德之后的德国观念论哲学家,基本上都不再走这条路,强烈要求重塑"先验观念论",因而更强调从一个基本的前提或开端出发,合乎逻辑地推导出其他的一切,这算是又"回到"了笛卡尔那种几何学式的策略。始作俑者是康德哲学早期最为重要的普及者赖因霍尔德(Karl L. Reinhold,1757—1823),他认为康德哲学的方法是分析的,康德的哲学体系是一个"聚合体",并非完整的逻辑体系。他在《纠正迄今哲学家们的一切误解》(*Versuch einer neuen Theorie des menschlichen Vorstellungsvermögens*,1789)中提出所谓的"基础哲学"(Elementary Philosophy),建议哲学应当从一个"基本原理"出发合乎逻辑地推导出整个体系,并照之重新演绎和构造了康德哲学的体系。费希特对赖氏的这一"体系精神"大为激赏,并借康德之口这样评价他在哲学上的地位:"赖因霍尔德作出了一项不朽的贡献,那就是使从事哲学思维的理性……注意到,整个哲学都必须归结于一个唯一的原理,大家在发现人的精神的拱顶石以前,将无法发现人的精神的永恒行动方式的体系。"参阅[德]费希特《评〈埃奈西德穆〉》(1794),梁志学译,载《费希特著作选集》第1卷,商务印书馆1990年版,第438页。

在本性上是完全不同的两门学问，但即便现在看来这也不是众所认同的①，对于近代来说就更是如此了，但这只是就"哲学"来说的，在"数理科学"那里早就自觉于此了，近代科学甫一开始，它就明白了自己与传统哲学和形而上学的本性差异。近代自然科学的伟大思想先锋培根及其最高成就者牛顿，都对自然科学之不同于哲学和形而上学的工作性质，有着清醒的认识并始终抱有他们认为应有的警惕。前文对此已有所论析，在那里我们说：培根"在近代之初就在自然科学与第一哲学间划出了一条可能的界限，后经罗伯特·波义耳的努力、尤其是牛顿的榜样示范，终于做出了一种根本的区别：来自经验事实或实验观察的理论和远离这些材料的抽象理论，即自然科学（自然哲学）和思辨哲学（第一哲学、形而上学、神学）。"还有几个细节可证近代科学早已自觉于此。

　　一是培根在《新工具》的"序言"中提醒从事科学研究的后来者说："希望大家记住，无论对于现在盛行的那种哲学，或者对于从前已经提出或今后可能提出的比较更为正确的和更为完备的哲学，我都是绝不愿有所干涉的。"② ——这显然是一副对形而上学敬而远之的架势。二是伽利略在与他的对手论辩时始终坚持"如何"的问题，主张在"如何"的基础上再去回答他的对手们以另外一套完整的理论（神学）来说明的事物的"为何"：动力因和目的因、科学与神学的根本差异在这里表现得一清二楚。③ 三是牛顿在为《自然哲学的数学原理》第二版（1713）所写的"总释"（General Scholium）中，提出了他那著名的"我不做假设"（hypotheses non fingo/ I do not feign hypotheses）原则："但我迄今为止无能为力于从现象中找出引力的这些特性的原因，我也不构造假说；因为，凡不是来源于现象的，都应称其为假说；而假说，不论它是形而上学的或物理学的，不论它是关于隐秘的质的或是关于力学性质的，在实验哲学中都没

---

　　① 分析哲学家认为，哲学就是语言分析，科学哲学家说，哲学就是为科学奠基，文化哲学家说，哲学就是文化符号……皆要把哲学附着于某一学科后面，而不是把它作为一门独立的学科来对待。尤其是在哲学所能研究的对象和范围被科学不断侵占的情势下，就更是如此了。

　　② ［英］培根：《新工具》，许宝骙译，第4页。

　　③ 参阅［意］伽利略《关于托勒密和哥白尼两大世界体系的对话》"第一天"，周煦良等译，北京大学出版社2006年版，尤其是第10—11页。

有地位。在这种哲学中，特定命题是由现象推导出来的，然后才用归纳方法做出推广。正是由此才发现了物体的不可穿透性，可运动性和排斥力，以及运动定律和引力定律。对于我们来说，能知道引力确实存在着，并按我们所解释的规律起作用，并能有效地说明天体和海洋的一切运动，即已足够了。"① 这话还另有一层深意：他也是有假设的，比如"万有引力"就是后来科学家们自觉到的"工作假设"；只是，对作为科学进一步研究之基础的"工作假设"是无法证明的，科学不需要在这上面再去假设什么，那不是科学本身的事，应当是哲学或形而上学的事。所以，牛顿在自己的科学著作中从来不谈引力的"根据"，只是在它的基础上推演出宇宙万物的普遍规律。

可以说，康德之前的近代哲学，包括"应征作品"（1762）前的康德，对于哲学和形而上学的学科身份始终是模糊和游移的，并不明确它之有别于数理科学尤其是自然科学的独特性在哪。近代哲学老是跟在数理科学的后面有模有样地仿效学习，更使得近代哲学家们不大可能去反思哲学与科学的本质差异。从笛卡尔开始，形而上学家们大都坚持自然科学必须奠基在第一哲学基础之上，比如笛卡尔在 1638 年 10 月 11 日的一封信中这样评价伽利略的工作："他还没有打地基就开始盖楼了，他没有考虑自然的第一因，只试图解释一些个别现象。"② 问题是，自然科学家并不这么认为，牛顿的"我不构造假说"的申明毅然决然地摆明了这一点。只是我们必须站在后来者的角度，指出因二者差异所带来的在追求确然性上的根本不同。总体说来，一切科学，包括自然科学、数学、化学、心理学、生物学、经济学等，都是以获得"确然性的知识"为学科目标的，只要获得的知识是确然无疑的，对现实和现象有普遍的解释效力，能产生相应的现实成果，其他的可一概不论，这就是培根已然确立的实用主义知识观。我们在"无处不在的牛顿波"中主要谈论的就是这方面的"确然性寻求"。哲学，尤其是形而上学，包括本体论、道德哲学和宗教哲学，

---

① ［英］牛顿：《自然哲学之数学原理》"总释"，王克迪译，北京大学出版社 2006 年版，第 349 页。

② 转引自［英］索雷尔《笛卡尔》，李永毅译，译林出版社 2010 年版，第 2 页。

与前者相比，就有了双重的角色，也因此有了双重的"寻求"：作为一门学科，它们同自然科学等一切其他科学一样，也得寻求自己学科内确然的、无可置疑的知识，是为"寻求确然性的知识"；同时，作为本体论的形而上学或第一哲学，还肩负另一项重任，即为其他科学奠定地基，这是哲学本体论的根本要务，是为"寻求知识的确然性"。当然，这两种寻求亦有合一之时，尤其在本体论领域。"寻求知识的确然性"，也就是要为确然性的知识奠定本体基础，或说是确然性的根据，照康德的术语说即是"知识的确然性何以可能"的问题，实质就是康德哲学的根本问题："先天综合判断（命题）是如何可能的"——判断、命题就是知识的表现形式，"综合"是知识的必要特征，"先天"所要表达的无非就是"无可置疑的确然性"。现在转入近代哲学、形而上学自赎之路的第一站：形而上学的数学化阶段。

二 哲学"数学化"的开创与开拓

所谓"数学化"也是有多个层面的，首先是数学精神的普遍化，数学精神既是抽象概括的理想精神，又是追求统一最大化的彻底精神；其次是数学原则的普遍化，即把一切对象"量化"的原则；再次是数学方法和程度的普遍化，主要是模仿数学以自明的公理为开端，通过严格的推理和论证以求得新的知识；最后是数学知识的特征即无可置疑的确然性的普遍化。从某种意义上说，数学精神也就是西方的科学精神，不妨也看作是一切学术研究的精神，因为通过概括追求统一性是一切理论研究最基本的内在要求，不劳此时才由数学给予。因此，在这方面似乎不需要这里所说的普遍化问题。就知识的本性而言，即追求无可置疑的确然性，也是题中应有之义——要知道，"怎样应对不确定性可能是人类所面临的最古老的社会问题之一"[①]，人类之所以追求知识，其最根本的目的之一就是要对付生活中的不确定性。从这个角度看，近代哲学取之于数学者，无非因其完美地体现了知识的这一天然要求，进而成了真理的化身——这是自柏拉图就已确立的观念，据证，他的"理念论"就受启

---

① ［美］沃勒斯坦：《知识的不确定性》，王昺等译，山东大学出版社 2006 年版，第 20 页。

于几何学的逻辑起源问题，并因后者而有了反对经验和拒斥观察的特
点。① 因此，近代哲学的数学化，主要是指数学原则即量化原则及数学
方法和程序的普遍化。具体说就是，要用数学语言来描述一切研究对
象，把研究对象化为数或者量，借助自明的第一原理通过推演获得确定
无疑的知识。

　　因数学完美地体现了科学的一切要求而成为近代学术研究的范本，致
使近代学术包括哲学和形而上学终于走上"数学化"的道路。这是那个
时代的普遍心理和理论诉求，甚至也是此后乃至当今的普遍要求。② 近代
形而上学数学化历程之基本精神和典型特征，可拿博学的莱布尼茨在
《综合科学序言》（1677）中的那句名言作代表："先生，让我们演算一下
吧。"莱布尼茨的理想是建立一套"万能字符"（Universal character，符号
逻辑体系的先驱），以解决人类理性和思想范围内的一切推证和争论：
"如果我们能够找到一些适于表达我们所有思想的书写符号或记号，就像
算术表示数字和几何分析表示线一样确定和准确的话，那么，我们就能在
所有的学科中，就它们服从推理的范围内，完成如算术和几何学中所做的

---

① 赖欣巴哈说："确定性的寻求，使哲学家否认观察对于知识的贡献。由于他要得到绝对
确定性的知识，他就不能接受观察的结果；由于他认为由或然构成的论证是欺骗，他就把数学当
作是唯一可承认的真理的泉源来向之乞援。知识全部数学化的理想，与几何和算术同型的知识、
物理学的全部数学化的理想，是从想找到绝对确定的自然规律这一愿望产生的"。赖氏认为，
"确定性的寻求"这种"不能用逻辑来证明为合理"的"逻辑外的动机"，正是柏拉图观念论和
近代唯理论产生的心理根源。参阅［德］赖欣巴哈《科学哲学的兴起》，伯尼译，商务印书馆
2011 年版，第 19—21、28—30 页。

② 这种看法在后来也一直存在，比如康德在 1786 年还说："在任何特殊的自然学说中，所
能发现的本真的科学和在其中能发现的数学一样多。"（《著作》4：479）。数学方法的极端泛化
最典型地体现在凯特莱（L. A. J. Quetelet, 1796—1874）的、后被马克思重申的如下表述上："科
学越是进步，就越会进入数学领域，这是它们的集结中心。从一门学科可以用计算进行研究的程
度，我们即可判断它是否完美。"（H. M. Walker, *Studies in the History of Statistical Method*, Balti-
more: The Williams & Wilkins Company, 1929, p. 40）自然的数学化思想也是爱因斯坦坚守的："迄
今为止，我们的经验已经使我们有理由相信，自然界是可以想象到的最简单的数学观念的实际体
现。我坚信，我们能够用纯粹数学的构造来发现概念以及把这些概念联系起来的定律，这些概念
和定律是理解自然现象的钥匙。"（［美］爱因斯坦：《关于理论物理学的方法》，载《爱因斯坦
文集（增补本）》第 1 卷，商务印书馆 2009 年版，第 448 页）就连罗素和维特根斯坦所倡导的
"哲学逻辑化"及分析哲学提倡的"哲学语言化"，也可视为此一普遍化的现代延续。这些"化"
都做过切实的贡献，但终于还是不能带哲学进入应有的境界而随之衰落。

东西。"① 这种一切知识体系"数学化"的趋势在整个 17 世纪可谓是风行草偃，是为 18 世纪前后"乐观主义"思潮坚固的理论后台，照孔多塞的话说，乐观主义希望把"数学的火炬"燃遍并照亮人类思维最隐暗的一切角落。

当然，近代学术"数学化"的导夫先路者非笛卡尔莫属。② 他之走上哲学"几何学化"这条路，乃有感于当时知识界混乱不堪的现状才通过漫长而卓绝的思想探索赢得的结果。对于当时的知识现状，笛卡尔曾有如下陈述："关于哲学我只能说一句话：我看到它经过千百年来最杰出的能人钻研，却没有一点不在争论中，因而没有一点不是可疑的"，而其他学问呢？笛卡尔接着说："既然它们的本原③是从哲学里借来的，我可以肯定，在这样不牢固的基础上决不可能建筑起什么结实的东西来。"职是之故，笛卡尔"下定决心，除了那种可以在自己心里或者在世界这本大书里找到的学问以外，不再研究任何学问"。④ 几年的游历，除开了眼界外，"世界这本大书"并没有给他任何可靠的东西。既然一切学问的本原都应当从哲学里汲取，而形而上学又是"知识之树"的根，那么策略就是清楚的：

---

① 转引自［美］汉姆普西耳《理性的时代：十七世纪哲学家》，陈嘉明译，光明日报出版社 1989 年版，第 146 页。

② 必须指出，用几何学方法呈现哲学观念的想法决非自笛卡尔始，这种企图早就为经院学者提及。由麦尔赛纳神父搜集的多位神学家和哲学家口述的关于"沉思集"的"诘难"中有这么一段给予笛卡尔的建议："如果在你把问题解决完了的时候，在首先提出几个定义、要求和定理之后，你再按照几何学的方法（你在这方面是非常内行的）对这一切加以结论，以便你的读者们得以一下子、一眼就能够看出可以满足的东西……那就会是一件非常有益的事情。"参阅［法］笛卡尔《第一哲学深思集》，庞景仁译，商务印书馆 1986 年版，第 132 页。

③ 在西方，最早对"开端"进行哲学界定的反思的是亚里士多德，他把"开端"区分为六种内涵：开头、开始、主干或中枢、起因或源头、治理者或设计者、根据或原因。"所有'开端'的共同性质就是'第一的东西'，从它出发一个事物或者是存在的，或者变成存在，或者得以认识，但它们有的是内在于事物的，而其他的则是外在的。"参阅氏著《形而上学》，1012b34—1013a20，李真译，上海人民出版社 2005 年版，第 115—116 页。"本原"一词的原文是"le principe"，原意是"开始""开端""源泉""本原""原理""太初""始基"和"统治"等意，即希腊语"ἀρχή"，拉丁语形式是"arche"，国内一般译为"原理""原则"。笛卡尔用此语，有重视哲学研究的"开端"的意思，他的第一原理"我思"就是一个"ἀρχή"，既是"原则"又是"开端"，或者说，能作为哲学体系开端的就是那提供原则和原理者。参阅本书 90 页注①、156 页注①。

④ ［法］笛卡尔：《谈谈方法》，王太庆译，商务印书馆 2000 年版，第 8—9 页。

一定"要寻找第一原因和真正原理，并且由此演绎出人所能知的一切事物的理由"①。其中关节点有二："第一原理"和"演绎"，前者是哲学的开端，后者是哲学的方法。作为"第一原理"的"开端"一定要"无可置疑"，也就是笛卡尔所谓的"清晰明白"，并能从中演绎出一切人类知识原理。故而，哲学的"开端"，这个"第一原理"必须既具绝对的确然性，又有奠基性。原理的确然性加之推理方法的有效性，就能获得确然性的知识。众所周知，笛卡尔用"怀疑一切"这个原则性工具得到了它：怀疑恰恰直接确证了怀疑的存在，即"我思故我在"（Cogito, ergo sum/I think, therefore I am）——这"是一个有条有理进行推理的人所体会到的首先的、最确定的知识"，因此就被笛卡尔视为"哲学的第一原理"②。

其次是哲学的方法。"方法，对于探求事物真理是绝对必要的"，笛卡尔全部著作的主旨，按他自己的交代，就在于寻求一种完善的方法，以指导我们的心灵，"使它得以对于世上呈现的一切事物，形成确凿的、真实的判断"。笛卡尔对自己确立的方法非常自信，这种自信既来源于方法之于所有对象的普适性，也表现在方法能为所有愿意使用它的人所掌握③。当然，不论就笛卡尔的思想体系还是我们当前的研究任务，更形重要的都是前者：普遍方法的普适性问题，也就是方法的统一性问题。

那么，关键是什么方法能被用以获致无可置疑的确然性的知识并能够加以普遍化呢？笛卡尔在《谈谈方法④》（1644）中回顾自己年轻时学过的学科，翻检了一通，最终发现只有逻辑、数学和几何学分析稍稍有些用场。然而，细查之下，均不能独担获取真理的大任。于是乎，他决意创建

---

① ［法］笛卡尔：《哲学原理》"序言"，关文运译，商务印书馆1958年版，第xi页。

② 参阅［法］笛卡尔《哲学原理》，关文运译，第2—3页；《谈谈方法》第四部分，王复译，载北京大学哲学系外国哲学史教研室编译《十六——十八世纪西欧各国哲学》，商务印书馆1975年版，第148页。

③ ［法］笛卡尔：《探求真理的指导原则》，管震湖译，商务印书馆1991年版，第16、1、16—17页。

④ 17世纪的哲学家大都著有标为"方法论"的著作，其实，这种著作所谈的并不仅仅是方法，而常常是认识原则或原理。比如笛卡尔的《谈谈方法》，实质上是谈"原理"的，"我思故我在"就是在这部著作中提出的；而《探求真理的指导原则》恰恰主要是谈方法的。这显示出17世纪的哲学家思考问题的一个特点，那就是试图用方法论来统摄原理论，也就是把"理性"既理解成原理，又界定为方法。

一门"包含这三门学问的长处，而没有它们的短处"的科学，并积极地加以运用，结果收效甚好①。随后他发现，他确立的这些方法"不仅解决了某些数学上的难题，甚至解决了某些其他科学上的难题"，这令笛卡尔兴奋不已，并由此燃起了对方法和原理的普遍自信。经过精心研究，他认定，在代数、几何和算术以及其他可以纳入数学名义下的众多学科，都有对"秩序或度量"的研究，因此他决意建立的这门新科学就是专门研究"秩序或度量"的，它将成为"一切科学的源泉"。这门新的科学就是"普遍科学"也即"普遍数学"（mathesis universalis）——笛卡尔创立的解析几何只是它的一个具体运用而已——它的普遍运用"意谓着：整体的科学无非是人的理性本身的统一性"，因此亦可由此建立一套普遍的人工语言系统，即普遍语言。很显然，笛卡尔精深的数学和物理学研究对其哲学建构起到了决定性的奠基作用，一如数学和物理学之于毕达哥拉斯学派、牛顿力学之于康德的批判哲学。序与量，因此成为一切对象的存在本质，从而达到了对象的统一性，也因之成为一切科学的研究对象。"全部方法，只不过是：为了发现某一真理而把心灵的目光应该观察的那些事物安排为秩序"，为了获得"秩序"，"我们就不要考虑其他，而应该仅仅以一般量为考察对象"。因此，结论就是："探求真理正道的人，对于任何事物，如果不能获得相当于算术和几何那样的确信，就不要去考虑它。"②笛卡尔就此兑现了他的承诺，从基础的确然性、理性的统一性、方法的普遍性、语言的一致性和对象的统一性③中，终于获得了知识的确然性。以几何学为基础的这门普遍数学，之所以能担此统一大任，原因也是明显的：数学既有对象在本质上的确定性——无论是"数"（量）还是"形（空间）"都是纯粹的、理想的和极确定的；又有开端和第一原理方面无可置疑的确然性——它的前提都是直观性的公理、定理，可以当下即得；

---

① 笛卡尔运用自己提出的方法论原则，随后研究了相关课题，撰写了《几何学》《气象学》和《折光学》，作为实例附于《谈谈方法》之后，汉译未收。

② 以上引文参阅笛卡尔《探求真理的指导原则》，管震湖译，第 18、127、25、90、8 页。

③ 在笛卡尔，所谓"对象的统一性"实质就是，在其物理学中，他重点关注的只是对象的诸如形状、大小、速度等可以量化处理的"数学事实"，而非感觉经验；其"方法"的关键性秘密就在于：任何被充分理解的问题，都可以简化为一种"只需要处理和比较某些普遍量的形式"。笛卡尔严格区分以感觉经验为基础的日常认知框架与数学式的认知框架，并认为唯有后者才能驱逐"不确定性的幽灵"。参阅［英］索雷尔《笛卡尔》，李永毅译，第 4、18 页。

还有论证方面无可置疑的确然性——这个过程是严格而必然的逻辑推理过程。笛卡尔由此在数学领域发现了一把打开人类知识大门的金钥匙，他不无自豪地说：

> 虽然我的意图是详尽谈论图形和数字，因为从其他科学是不可能得到这样明显而确定的例证的，但是，凡是愿意细心考察我的看法的人，都不难觉知：我这里想到的并不是普通数学，我要阐述的是某种其他学科，与其说是以它们为组成部分，不如说是以它们为外衣的一种学科。因为，该学科理应包含人类理性的初步尝试，理应扩大到可以从任意主体中求得真理；坦率地说，我甚至深信：该学科优越于前人遗留给我们的任何其他知识，既然它是一切学科的源泉。①

法国著名哲学家、中世纪哲学权威吉尔松这样谈及笛卡尔的这一致思取向：

> 如果还有什么能真实地表达笛卡尔哲学最内在的精神，那就是我冒昧称谓的"数学主义"（Mathematicism），因为笛卡尔哲学简直是不顾一切地进行实验，以弄清人类知识在被同化于数学的证据格局时境遇如何。
> 他突然意识到，找到解决一切问题的一个普遍方法，将是他一生的工作。所有的科学是一个；所有的问题必须用一个数学的方法解决，假如它们只能是数学的，或能用一种数学方法被处理……②

数学因其自身无可置疑的确然性被立作一切科学工作的范例，从中抽绎出来的根本方法和原则，自然也就成了所有力求完善的学科遵照执行的

---

① ［法］笛卡尔：《探索真理的指导原则》，管震湖译，第18页。

② Etienne Gilson, *The Unity of Philosophy Experience*, New York: C. Scribner's Sons, 1937, p. 133, p. 137. 参阅［美］维塞尔《启蒙运动的内在问题：莱辛思想再释》，贺志刚译，第62页。

法典。在结构和程序皆仿效欧氏《几何原本》的《自然哲学的数学原理》（1687）① 中，牛顿以数学方法处理力学问题所取得的伟大成果无可置疑地证明了"笛卡尔方式"的普遍有效性和无限光明的前景。可以说，近代哲学、形而上学之所以有此"数学化"大势，既因笛卡尔哲学思考和科学研究的导向之功，更有赖于牛顿力学成效卓绝的理论建构。笛卡尔哲学——其基本特征是普遍的统一性、严格的确定性和严密的系统性——在17 世纪中叶的胜利，彻底改变了人们对世界的看法："我们可以适当地把17 世纪称之为哲学史上的'理性的时代'，因为几乎所有这一时期的伟大哲学家，都试图把数学证明的精确性引入知识的所有部分，包括哲学本身。笛卡尔、斯宾诺莎和莱布尼茨的哲学论证的形式，大部分是演绎和先天的。他们的意图是要像证明数学定理一样，去证明他们关于现实的最终构造和人类认识界限的结论。"② 是的，笛卡尔、斯宾诺莎和莱布尼茨，现在轮到斯宾诺莎了。

与他的前辈笛卡尔一样，斯宾诺莎（1632—1677）对哲学的方法有着非常的自觉。在他生前出版的唯一一部署真名的《笛卡尔哲学原理》（*Renati des Cartes Principlia Philosophiae*，1663）中，"几何学的方法"得到了精彩的运用，虽然这时他仅仅把这个模式当作"表述的方法"而不是"证明的方法"。"以几何学的方式证明"，那是完全属于《伦理学》的：每一部分都以若干界说和公理为开端，以一系列的命题形式来完成论证，每一命题的正确性则以它自身的证明获致。

在斯宾诺莎的同时代人中，没有人比霍布斯（Thomas Hobbes，1588—1679）更强烈地呼吁用数学的方式处理哲学问题的了。40 岁时，霍布斯开始迷上欧氏几何学，并产生一个想法：他觉得可以把几何学的确然性运用到人与社会的研究中。1636 年，在拜访了伽利略之后，他把力

---

① 牛顿的《自然哲学的数学原理》一书，在结构上模仿欧几里得的《几何原本》，它从第一原理和定义出发，通过严格的逻辑程序推导出全部的定理和结论，并以之解释现实中所遇到的一切现象，同时与实验或观测的数据相比较，将数学、观测和思想紧密而有系统地结合起来，从而提供了切实全面地理解大自然的一整套观念、方法和架构。参阅陈方正《继承与叛逆——现代科学为何出现于西方》，三联书店 2009 年版，第 589—590 页。

② ［美］汉姆普西耳：《理性的时代：十七世纪哲学家》，陈嘉明译，光明日报出版社 1989年版，第 8—9 页。

学和运动科学纳入到他的思想之中，用以解释人类的行为。① 霍布斯甚至宣称，"凡是使现代世界有别于古代野蛮状态的事物，几乎都是几何学的馈赠"；更有意味的是，他还以同样心境期许于"道德哲学家"能够给我们以幸福："对人类行动模式的认识，如果能像数学关系一样确切"，"人们就可以享受可靠的和平"，他许诺说。② 更有意味的是，这一强烈呼吁所自出的霍布斯的《论公民》一书，就躺在斯宾诺莎的书架上。③

　　被斯宾诺莎采用并加以推广的"以几何学的方式证明"，奠基于他的实体概念上："自然是永远和到处同一的；自然的力量和作用，亦即万物按照它们而取得存在，并从一些形态变化到另一些形态的自然的规律和法则，也是永远和到处同一的。因此也应该用同一的方法去理解一切事物的性质，这就是说，应该运用普遍的自然规律和法则去理解一切事物的性质……我将要考察人类的行为和欲望，如同我考察线、面和体积一样。"④ 斯宾诺莎把这种研究态度称为"客观的"⑤，因此，他并不是要把"人"等同于"点、线、面、体"，而是说人们应当如同讨论几何图形那样去不动感情地讨论人类其他一切事务，"在讨论时也要服从于客观性"⑥。方法或策略的借用，并不预设、也不意味我们必须把后者的研究对象在性质上等同于被模仿方法先前所运用其上的对象。总之，斯宾诺莎"所要达到的目的是科学精神一个成熟的要求"，"《伦理学》的'几何学的方式'起码是客观性的表示，斯宾诺莎认为这种客观性应该是一切范围，包括人类行为的范围在内的科学考察的特征"；然而，即便如此，斯宾诺莎也还是"对数学的客观性做了过高的估价"。研究者推断，这源于"斯宾诺莎为他出于极好的理由而采用的表现方法所迷惑。在他那里有两个因素在争雌雄：一个是具体化在他用以整理他的思想的几何学的形式中的东西，另一个是他的思想本身的有生气的内容。"实质上，一争雌雄的正是斯宾诺

　　① ［英］莱利斯·莱文：《我思故我在：你应该知道的哲学》，王海琴译，山东画报出版社2012年版，第96—97页。

　　② ［英］霍布斯：《论公民·献辞》，应星等译，贵州人民出版社2003年版，第3页。

　　③ ［英］罗斯：《斯宾诺莎》，谭鑫田、傅有德译，山东人民出版社1992年版，第33页。

　　④ ［荷］斯宾诺莎：《伦理学》，贺麟译，商务印书馆1983年版，第96页。

　　⑤ ［荷］斯宾诺莎：《政治论》，冯炳昆译，商务印书馆1999年版，第6页。

　　⑥ ［英］罗斯：《斯宾诺莎》，谭鑫田、傅有德译，第35、98—99页。

莎体系中的"科学倾向"即"数学化"诉求与"他的思想本身的有生气的内容"即"道德热情"这两个成就其哲学魅力的因素。① 哲学的数学化已然开始受到哲学内在精神的某种潜在的抵制，这将在莱布尼茨的哲学体系中表现得更加突出。

三　莱布尼茨—沃尔夫哲学"数学化"诉求及其潜在反叛

毫无疑问，莱布尼茨哲学是从笛卡尔哲学开始的。他的数学成就，连同他的逻辑学，都得益于笛卡尔。和笛卡尔一样，他也梦寐建立一门"一般科学"（scientia generalis），其方法仍然是笛卡尔哲学的分析还原法，旨在创立一种"观念的字母系统"（Alphabet der Gedanken），试图把一切思维还原为元素及元素的基本运算，像数学运算那样。据莱布尼茨自己宣称，他的全部哲学是数学化的，是从数学的最深内核里产生出来的。罗素的卓越研究也表明，莱布尼茨的哲学"比斯宾诺莎的哲学更加适宜于由定义和公理出发的几何学演绎"②。和笛卡尔及 17 世纪中叶一样，"在这里，统一性、一致性、简明以及逻辑上的等值，似乎又一次成了思维的终极的、最高的目标"，多样性被还原为统一性，变化被还原为稳然性，差别被还原为严格的一致性。莱布尼茨哲学的体系化和通俗化者沃尔夫在 1728 年写道："在哲学上，我们需要获得十分的确然性，不可留下怀疑的余地"；必须把"哲学研究的方法等同于数学运算的方法"，作为科学的哲学，就应当"具有证明命题为真的习惯，也就是说应当具有从确定无疑的、永恒不变的原则演绎出的结果中引出结论的习惯"。③ 如前所引，黑格尔曾就沃尔夫之于德国哲学的巨大贡献予以热情赞扬，确实，就德国哲学能走上自己的道路这一点而言，这种贡献再怎么被赞扬也不为过，这是被此后整个德国学术界普遍认可的。然而，沃尔夫只是个通俗哲学家、莱布尼茨哲学的二传手，

---

① ［英］罗斯：《斯宾诺莎》，谭鑫田、傅有德译，第 99、35、100、45—46 页。

② ［英］罗素：《对莱布尼茨哲学的批评性解释》，段德智等译，商务印书馆 2010 年版，第 1 页。

③ Christian Wolff, *Preliminary Discourse on Philosophy in General* (1728), Trans. Richard J. Blackwell, Indianapolis: Bobbs–Merrill, 1963, p. 62, p. 76, p. 17.

黑格尔也曾对其体系的特点做过同样公正的概括：

> 沃尔夫的哲学，从内容上说，大体上就是莱布尼茨的哲学，只是把它系统化了……德国的理智教养，现在完全独立地、与过去的深刻的形而上学直观毫无联系地兴起了。但是沃尔夫对这种理智教养所作出的那些伟大贡献，却与哲学所陷入的干枯空洞成正比：他把哲学划分成一些呆板形式的学科，以学究的方式应用几何学方法把哲学抽绎成一些理智规定，同时同英国哲学家一样，把理智形而上学的独断主义捧成了普遍的基调。

对于其哲学方法论，黑格尔接着评论道：

> 全部学说是以严格的几何学形式如公理、定理、附理、绎理等等陈述出来的……这种认识在方式上和斯宾诺莎是一样的，不过更加死板，更加笨重。沃尔夫的办法是这样的：下定义，定义是基础；这些定义大体上是建立在我们的表象上面的，这是一些有名无实的定义。①

　　直到1763年，情形依然如此。门德尔松在前文提及的获奖论文中这样写道："人们在本世纪曾试图借助于可靠的证据将形而上学的初始根据像数学的初始根据一样设立在一个同样不可改变的基础之上；而且人们知道，这种努力起初带来了多么大的希望。"② 门德尔松的应征作品也加入了这个"哲学数学化"的大潮：他通过沃尔夫对质与量的定义推出"哲学与数学的确切亲缘关系和交互联系"，并极力强调唯有通过微积分及其应用，二者的关系才能落到实处。③ 这种对数学知识确然性的深信不疑，几乎是那个时代最普遍的观念之一，就连向以彻底怀疑主义精神著称的休

---

① ［德］黑格尔：《哲学史讲演录》第4卷，贺麟、王太庆译，第188、189—190页。

② ［德］门德尔松：《论自明》，转引自［美］维塞尔《启蒙运动的内在问题：莱辛思想再释》，贺志刚译，第64—65页；参阅［美］列奥·斯特劳斯《门德尔松与莱辛》，卢白羽译，第80页。

③ ［美］列奥·斯特劳斯：《门德尔松与莱辛》，卢白羽译，第79页。

谟，也坦率地承认，唯有量与数的科学具有"充分的确定性"，因此，"只剩代数学和算术这两种仅有的科学"，退一步可再加上几何学，"我们能够把推理连贯地推进到任何复杂程度，而同时还保存着精确性和确实性（certainty）"①。原因是，"这类命题，我们只凭思想作用，就可以把它们发现出来，并不必依据于在宇宙中任何地方存在的任何东西。自然中纵然没有一个圆或三角形，而欧几里得所解证出的真理也会永久保持其确实性和明白性。"②

两年后，也就是1765年，莱布尼茨逝世50周年，莱氏认识论的主要著作《人类理智新论》才得以首次公开发表。18世纪的欧洲才真正领会到这位伟大哲学家的思想魅力，先前沃尔夫的体系化和通俗化处理不免显得窒碍了它的鲜活和独创。但此时的思想演进业已臻于死局，必须有人出来打破僵局，沃尔夫的得意门生鲍姆嘉通首先在美学领域接下这一思想要务，而突破口就是莱布尼茨的"实体观"。这也是卡西尔在他的名著《启蒙哲学》中，为何给予美学理论如此之多的篇幅以及为何给予鲍姆嘉通如此之高的地位的根本原因。

莱布尼茨是历史上为数不多的最博学的知识人之一，腓特烈大帝称赞他"本人就是一座科学院"。莱布尼茨的思想世界异常驳杂、多样而矛盾，其中，哲学数学化倾向与实体概念之根本无法相合，就是最引人入胜的一例。莱布尼茨的创造性和他对德国古典哲学和美学的启发性，就是从这里开始的。正如卡西尔的研究所表明的那样："我们越是深入考察莱布尼茨实体概念的独创性和意义，就越清楚地看到，这一概念在内容和形式上都代表着一种新的思维倾向。"③

就近代哲学的实体观来看，斯宾诺莎用"心物平行"的一元论置换了笛卡尔的"心物二元"论，而莱布尼茨又用"多元论"取代了二者并以"前定和谐论"来理证灵魂与形体的交互关系。正如罗素所言，

① ［英］休谟：《人性论》上卷，关文运译，第86—87页。在《人类理解研究》中休谟说："在我看来，抽象科学和解证的惟一对象，只在于量和数，而且我们如果想把这种较完全的知识扩充到这些界限以外，那只是诡辩和幻想……只有数量科学，我想，可以确乎断言是知识和解证的适当对象。"参阅关文运译本，第143—144页。

② ［英］休谟：《人类理解研究》，关文运译，第26页。

③ ［德］卡西尔：《启蒙哲学》，顾伟铭等译，第26页。

"实体概念支配着笛卡尔的哲学，而在莱布尼茨哲学中的重要性一点也不次于前者。但是，莱布尼茨赋予这个词的意义却有别于他的前辈，而这种意义转换正是他的哲学的创新性的主要源泉。"① 根据主谓词理论，莱布尼茨把断不能作谓词的主词也即"变化中的不变者"推定为实体，世界即由无数实体组成，这些组成世界的最小单元被他称之为"至小无内"的"单子"。诸单子既不是"数学的点"也不是"物理学的点"，而是"完全精神性"的"形而上学的点"，前二者要么精确而不实在，要么实在而不精确，作为"形而上学的点"的单子则是既精确又实在，同时还禀有生命和潜能："没有它们就没有任何实在的东西，因为没有真正的单元就不会有复多"。② 每个单子都是一个动能中心，始终处于过渡之中——莱布尼茨又称之为"无形体的自动机"，正是单子本身的这种无限的丰富性和多样性构成了世界的统一性和连续性。可以看出，莱布尼茨的实体概念已经趋向存在与功能的一体化，实体的存在义使得世界有了基础的统一性，而实体的功能义则使世界有了连续性和多样性。"没有真正的单元就不会有复多"所表达的正是莱布尼茨哲学的主要课题（"调和一与多的关系"）和主导思想。"单子不是各种因素的堆积，而是一个动力学整体，它只能在无限丰富的结果中表现自身。单子正是在自身力量的这种无限丰富的表现中作为力的一个同一的、能动的中心保持自己的同一性"③ ——这使得"个别"具有了一个全新的哲学意义。

在传统的形式逻辑和知识观中，直观中呈现出来的"个别"必须通过系词"是"被归属于一般概念，才是可思议的，才能认识它是"什么"。这种逻辑的最大问题在于，一般概念的内涵总无法穷尽对象本身，个别因之总是被消融于概念之中，共性总是诸个别的抽象，故而必须遗弃个别真正独特的方面。换言之，加于"个别"之上的任何一般概念，从积极面看，是对个别的认识和界定；从消极面看，则是对个别的切割

① ［英］罗素：《对莱布尼茨哲学的批评性解释》，段德智等译，第47页。

② ［德］莱布尼茨：《新系统及其说明》，陈修斋译，商务印书馆1999年版，第7—8页。

③ ［德］卡西尔：《启蒙哲学》，顾伟铭等译，第29页。

和扭曲①。界定了它的也限制了它，在这一点上，莱布尼茨超越了："在莱布尼茨的哲学中，个别第一次获得了不可转让的特权。个别不再只是特殊和例子，而是表现为某种在自身中便包含着存在、由于自身便有充分根据的东西"②，每一个单纯的实体即单子都是"宇宙的一面永恒的活的镜子"，"每个创造出来的单子都表象全宇宙"，"正如一座城市从不同的方面去看便显现出完全不同的样子，好像因观点的不同而成了许多城市，同样情形，由于单纯实体的数量无限多，也就好像无限多的不同的宇宙，然而这些不同的宇宙乃是唯一宇宙依据每一个单子的各种不同观点而产生的种种景观"。因此，每个单子因其自足性与完满性而皆表象着全宇宙，只是角度不同而已，如同我们必须从尽可能多的角度去理解一个对象，我们也必须从所有单子的观点去理解宇宙。因此，只有包容了整个宇宙的独特观点，才能构成存在的最终真理性。这种真理观建基于："一切事物对每一事物的联系或适应，以及每一事物对一切事物的联系或适应，使每一个单纯实体具有表现其他一切事物的关系，并且使它因而成为宇宙的一面永恒的活的镜子。"③　在莱布尼茨的思维体系中，单子不仅是"一"同时也是"多"，是二者的统一性。就单子的"单纯性"即不可再分性而言，它是"一"；就单子的"活动性"而言，它是"多"。就诸单子间的关系而言，依然是"一"又是"多"：就诸单子均表象着同一个宇宙而言，它们是"一"即目的论意义上的一致性；就它们以不同的观点表象同一个宇宙而言，它们是"多"即功能论意义上的多样性。这正是莱布尼茨哲学的精要所在：在个别与一般、多样性与统一性的相互关系中显着完美的"先定和谐"。总之，"只有通过个别力量的最高度的发挥，而不是抹杀它们的差别、消灭它们的个性，才能达到存在的

---

　　①　这种逻辑在自然科学中体现最为显明："对于自然科学家来说，他所观察的个别特定对象本身根本就没有什么科学价值；他之所以利用它，只是因为他认为自己可以把它看成一个类概念的典型和特例，并且可以从它推演出这个类概念；它在特定对象中只是对一些特征进行思考，以便洞察到一种合乎规律的普遍性。"参阅［德］文德斑（文德尔班）《历史与自然科学》，王太庆译，载洪谦主编《西方现代资产阶级哲学论著选辑》，商务印书馆1964年版，第59页。

　　②　［德］卡西尔：《启蒙哲学》，顾伟铭等译，第29页。

　　③　［德］莱布尼茨：《单子论》，王复译，载北京大学哲学系外国哲学史教研室编译《十六—十八世纪西欧各国哲学》，商务印书馆1975年版，第492—494页。

真理，达到最高和谐和无限丰富的实在。这一基本思想确定了一种新的理智倾向，这不仅是由于它改变了某些个别结论，而且由于它转移了全部哲学的重心。"①

　　在德国，鲍姆嘉通在他的形而上学、尤其是美学思想中②，找到了一条返回到莱布尼茨思想——尤其是建立在"单子论"和"前定和谐论"之上的"个别"问题——精要之处的入口。在法国，狄德罗和丰特奈尔一致认为，莱布尼茨为德国赢得的荣誉相当于柏拉图和亚里士多德师徒以及阿基米德三人加起来为古希腊赢得的荣誉。看来，如何调和先已流行的笛卡尔的古典分析形式即哲学数学化潮流同莱布尼茨所开创的哲学综合的新形式并把哲学研究向前推进，就成了德国古典时期哲学的根本要务。分析逻辑与个性逻辑、几何学与动力学、机械论与有机体、同一性与无限性——克服或调和这些基本对立就是"18世纪思想界必须完成的重大思想任务，它的认识论、自然哲学、心理学、国家和社会学说、宗教哲学和美学便从不同角度致力于完成这些任务"。③

四　哲学"数学化"带来的问题及"力学化"转向

　　莱布尼茨哲学对哲学数学化的潜在反叛，其实先已在此前的"哲学数学化"历程中渐显端倪。且不说从后来的视角所能看到的由"哲学数学化"之极端即"科学主义"所必然带来的单调划一、人与世界关系的僵化、甚至形成胡塞尔所谓的"人性危机"或"现代性危机"，就此一进程中被公认取得了非凡成就的笛卡尔和斯宾诺莎来看，也是如此。

　　首先是笛卡尔哲学在理论意图和历史效应上的错位。笛卡尔哲学的本意如上所述是实用主义的：要建构有益于人类幸福的自然科学（"果

---

　　①　［德］卡西尔：《启蒙哲学》，顾伟铭等译，第30页。

　　②　根据德国哲学家波姆勒（Alfed Baeumler）的研究，美学的诞生实际上就是"个体性"这一问题以及它之不能被还原为概念性的规定在哲学意识上的觉醒，因为趣味的经验是一种典型的个体性的感觉（Gefuehl）经验。参阅［法］舍费尔《现代艺术：18世纪至今艺术的美学和哲学》，生安峰等译，商务印书馆2012年版，第36—37页。

　　③　［德］卡西尔：《启蒙哲学》，顾伟铭等译，第32—33页。

实"），形而上学只是这些实用科学的基础（"根"）。笛卡尔哲学实际的历史效应却是：他对光学、气象、物理学、宇宙学、动物学、解剖学的研究，如今仅有科学史的意义，而他仅仅作为"基础"的形而上学反而成了哲学史上不朽的贡献，并为此后的哲学运思源源不断地提供启示和滋养①。斯宾诺莎的《伦理学》也只不过具有了几何化的形式而已，很多定义、原理、推演和附释，常常流于组合的生硬而徒增理解的繁难，著作的形式严重窒息了思想内容的普遍传达。更何况，斯宾诺莎始终能小心翼翼地将神学与哲学、神学与科学区分对待，比如他对《圣经》的研究，尽管他也曾反复声明他也应追求某种确然性，"但他并未用他终身偏爱的几何学的论证方法来撰写《神学政治论》，也没有用严格的自然科学（特别是数学）的确实性标准去要求神学。"②

从我们对"哲学数学化"进程的概述中亦不难看出，哲学数学化的践行者，主要是欧陆理性主义哲学家，他们大都是笛卡尔哲学的受惠者和继承人。同时期的英国经验派哲学家比较而言则更能固守休谟意义上的"人性科学"（the science of human nature）的独特性，他们虽然也深受牛顿自然科学（牛顿力学的科学基础仍然是数学）的影响和感召，但他们主要吸收的是牛顿物理学的经验观察和描述分析法。这也是为何近代心理学领域的主要贡献是由英国学人做出的根源所在。③ 在某种程度上，他们充当了欧陆理性主义的"牛虻"，专叮他们的痛处，对近代哲学来说，这肯定是件值得庆幸的事儿。

哲学数学化遭到应有的抵制，除了其严重的后果、内部的矛盾外，还

---

① 正如笛卡尔研究专家索雷尔所言，"科学问题，而不是哲学问题，才是他研究工作的中心"，仿自传体的《谈谈方法》在 1637 年发表时只是作为他三篇科学著述（《折光学》《大气现象学》《几何学》）的"前言"面世的。参阅［英］索雷尔《笛卡尔》，李永毅译，译林出版社2010 年版，第 2、5、7 页。

② 汪堂家：《斯宾诺莎与形而上学的改造》，载《十七世纪形而上学》，人民出版社2005 年版，第 337 页。

③ 在亚·沃尔夫所著的《十六、十七世纪科学、技术和哲学史》中，介绍"心理学"的部分一共有 22 个页面，其中英国心理学家就占了 16 个页面。《十八世纪科学、技术和哲学史》一书的"心理学"章节中，贝克莱、休谟和哈特莱占据了主要的篇幅。而且，欧陆心理学也主要是"英国经验心理学在大陆延续，在某些方面还得到发展"。参阅［英］亚·沃尔夫《十八世纪科学、技术和哲学史》，周昌忠等译，商务印书馆 1991 年版，第 822 页。

有一股针对哲学"数学化"或"科学化"思潮的"逆流"，亦不容忽视。这股"逆流"也是后来人们逐渐自觉哲学及精神科学之不同于自然科学的独特性而力图脱离于"数学化"或"科学化"企图的根本依据，更是以哲学和史学为中心的人文学在近代进行正位史和自救史的开端所自。近代自笛卡尔始就进入了追求体系的时代，人们有着"百科全书"的气派：笛卡尔的"知识之树"，"本身就是一座科学院"的莱布尼茨，体大思精的百科全书派，还有把莱布尼茨思想条分缕析加以排列组合的沃尔夫，均是代表。试以沃尔夫的知识体系为例图表如下①：

沃尔夫"知识体系"一览表

总导引	理论科学		实用科学		性质
逻辑学	I	第一哲学（形而上学）	III	伦理学	高级的 理性的 先验的
		理性心理学		经济学	
		理性宇宙学		政治学	
		理性神学			
	II	经验心理学	IV	技术	初级的 经验的 后验的
		自然科学		一般经验	
		神学		人文科学	

　　这种体系化的精神将支配整个 19 世纪这个被称为"思想体系的时代"，其集大成者则非黑格尔莫属。近代哲学体系化精神之弊端也已为哲学史家普遍识破：体系精神总是窒息了思想的历史性、创造性和应有的鲜活性。细按这个时段堪称卓越的思想家和哲学家的著述，几乎总能触摸到其中的"体系精神"甚至是"体系癖"与创造精神、数学化与反数学化之间的内在冲突和紧张关系。就是被认为最没有创造性的沃尔夫，也能体现此间奥妙：虽然沃尔夫支持把完全机械论解释作为物理科学的理想目标，但他同时还劝人相信，神学目的论作为对机械论或因果解释的补充亦

---

① 本表据［英］亚·沃尔夫《十八世纪科学、技术和哲学史》，周昌忠等译，第 932—935 页。

具重要性。①

一如怀特海所言："任何时代都不可能是清一色的。不论某一相当长的时期中的主要风尚是什么，都会发现该时期可能产生出与时代精神相反的人物。这种人甚至可能是伟大人物。"② 17 世纪的情形正是这样，这个时期并非没有试图思考哲学精神与数学精神之间本性有异这项烦难却基本的重要问题的。事实上，在所有的学科中，与哲学关系最近的可能还是数学。数学可谓是人类理性的理想和楷模，被喻为"人类理性的骄傲"、真理的"试金石"和科学的样板，有着"无可置疑的确然性"。数学与哲学，自有思想以来就不曾彻底分开过，从毕达哥拉斯学派到柏拉图学院，从笛卡尔到莱布尼茨，20 世纪之后的西方哲学就更不必说了：数学一直是哲学的必然伴随者甚至是其主心骨。因此，二者的关系是异常微妙的，既不能太远亦不能完全合一，哲学思维既想脱离数学，又想依附于数学，既想摆脱数学的权威又不想否认这种权威。但是，数学理性又不可能穷尽人类理性的全部内蕴——对此，帕斯卡尔已经做过严肃的探索，他曾倡导与"脑"相对应的"心"的哲学路向③，强调用人自己的生命体验和情感去思维，这条思路影响了伏尔泰，一直到克尔凯郭尔和施蒂纳（Max Stirner，1806—1856）还有尼采（1844—1900）。在《论几何精神》（De l'Esprit géométrique，1657）和《思想录》（1658）中，帕斯卡尔试图在数学与哲学间划下一道清晰的界限，并因此把"几何精神"与"玄妙精神"（l'esprit de finesse，一译"敏感精神"）对立起来，力图阐明二者在结构和功用上的差异。其实，早在写于 1647 年的《论权威——〈真空论〉序》中，帕斯卡尔就已经区分过两种不同的科学，一类学科如哲学、历

---

① ［英］亚·沃尔夫：《十八世纪科学、技术和哲学史》，周昌忠等译，第 934 页。

② ［英］怀特海：《科学与近代世界》，何钦译，第 64 页。

③ 有研究者认为，近代西方思想的主流可归结为两条路数：由笛卡尔开创的以"脑"思维的路数和由帕斯卡尔开创的以"心"思维的路数。近代科学的巨大成功是前一路数所致，成了思想的主流，但是，后一路数也不曾中断，一直延续到当代分析哲学与大陆理性哲学的分庭抗礼。"两条思路的对峙而又交互影响为近代思想最堪瞩目而又最扣人心弦的一幕"，"从帕斯卡尔到莱布尼茨到康德，这样一条思想方法论的线索提供了近代思想方式的一个极为重大的契机"。参阅何兆武《中译本修订再版序言》，载帕斯卡尔《思想录》，上海人民出版社 2007 年版。

史、古代语言、神学，另一类学科如数学、自然科学。① 不过，这条界限不久就又被人抹去了，比如法兰西科学院的秘书、那个时代最有教养的丰特奈尔（Bovier de Fontenelle，1657—1757）就宣称："几何精神不是只限于几何学领域，以致不能脱离几何学，不能运用于其他领域。伦理学、政治学、文艺批评甚至雄辩术等方面的作品，如果是以几何精神撰写的，就会完美得多。"②

18 世纪之能接续帕斯卡尔的"玄妙精神"，要归功于莱布尼茨③。他在 1672—1676 年侨居巴黎期间，结识了冉森派（加尔文教的一个变种，其教义为帕斯卡尔所继承）的主要代表人物阿尔诺（Antoine Arnauld，1612—1694），通过阿尔诺，莱布尼茨深入研究了帕斯卡尔的手稿并深为所动。帕斯卡尔的"玄妙精神"通过莱布尼茨的"单子"传给了德国古典哲学家，首先是康德。这一思想传统的刺激，连同刚刚讨论的几种因素，共同促成了近代哲学把仿效的目光由几何学转向了物理学。

知识和科学研究成果应有之根本特性——"确然性"之内涵及标准，也因理性（广义）展开工作的方法、策略和方式之不同而与此前的诸世纪各异。哲学、科学、知识、规律、法则（可统称为"知识"）等概念的所指，均本然性地要求具有普遍性、必然性、客观性和确定性，只是保证这种确然性的根基在不同时代、不同思想体系中各有所筑而已。知识的确

---

① 以上关于帕斯卡尔的部分，参阅［法］帕斯卡尔《思想录：论宗教和其他主题的思想》，何兆武译，商务印书馆 1985 年版，第 3—6 页；［法］莫里亚克《帕斯卡尔（文选）》，尘若、何怀宏译，三联书店 1991 年版，第 23—24 页。另外，在帕斯卡尔的两种精神中，我们似乎也可看到席勒曾大为标举的"两种冲动"："几何精神"与"理性冲动""玄妙精神"与"感性冲动"有着明显的思缘关系。正如歌德借浮士德之口对世人所说的："有两种精神居住在我们心胸，一个想要同别一个分离！一个沉溺在迷离的爱欲之中，执拗地固执着这个尘世；别一个猛烈地要离去凡尘，向那崇高的灵的境界飞驰。"（［德］歌德：《浮士德》，郭沫若译，人民出版社 1959 年版，第 54—55 页）人性的两面性，大概是近世西欧的基本观念，较早的有狄德罗（《1765 年的沙龙》），接着有夏夫兹博里，后者曾说人不是"一只被紧紧拴住的老虎"，也不是"一只鞭子训诫下的猴子"。参阅［英］伯林《浪漫主义的根源》，吕梁等译，第 56、73 页。

② ［法］丰特奈尔：《论数学和物理学的用途·序言》，转引自［德］卡西尔《启蒙哲学》，顾伟铭等译，第 13 页。

③ 我们在导论部分提到的"虔敬派"教徒厄廷格尔（Oetinger）也曾引用帕斯卡尔的"玄妙精神"来论证理性方法的片面性，并从夏夫兹博里那里继承了他对"共通感"的分析，但这位牧师的主要兴趣并非社会的或政治的，毋宁说主要是神学的考虑。参阅［德］伽达默尔《诠释学Ⅰ·真理与方法》，洪汉鼎译，商务印书馆 2010 年版，第 49 页。

然性问题在古希腊是和本体论结合在一起的，其确然性或真理的标准并未成为思想家聚焦的难题。中世纪神学的王国里，上帝或《圣经》提供了最后的依据，固然也不存在根本性的争议。只有到了近代，随着思想和经验领域的诸多积累和开拓，知识问题渐成思想界的头等议题，受到广泛关注，比如"我们如何才能获得确然性"正是笛卡尔著作的核心议题、"先天综合判断如何可能"则是康德哲学的关键提问。但是，17 世纪与 18 世纪在"如何才能获得确然性"这一知识论的关捩上，有着根本性的差异。

以笛卡尔哲学为轴心的 17 世纪哲学界，从根基和方法两个方面来保证确然性知识的获得；哲学的真正使命是构造"体系"，体系犹如大厦，"根基"必须坚实牢固，且建造"方法"保险可靠。根基者，前提也，即思维直接地把握到的最高的存在，其他命题均需由此推绎而来，笛卡尔认定它就是"我思"。方法者，过程也，即严密而系统的演绎推理，在前提正确的情况下能绝对保证结论的真确性。这样，从根基到方法，从前提到过程，知识的确然性就此得以被确保。笛卡尔认为，全部知识的确然性和真理性，是以其第一原理为根基的；相反，一切非关此第一原理的经验事实则始终是不确定的，经验事实若想获得某种程度的确然性，必须依赖于这个第一原理。①

17、18 世纪向来都被称或自称为"理性的世纪"或"哲学的世纪"②。但 17 世纪的"理性"显然更倾向于"几何式"的"分析理性"和"演绎理性"，而 18 世纪的"理性"，既不同于前者，又有别于后来黑格尔的"思辨理性"，更不同于 20 世纪的"工具理性"和分析哲学的"分析理性"。这个世纪并"没有跟着以往的哲学学说中的那种思维方式亦步亦趋；相反，它按照当时自然科学的榜样和模式树立了自己的理想"，即采纳了"牛顿物理学的方法论模式"并立即加以推广。这是一种从自然科学的典范工作中延伸出来的"分析还原而后理性重建"的"科学理性"，既是分析的也是综合的，"只有通过把一个貌似简单的事件分解为它的各种因素，并从这些因素中重建这一事件，我们才能理解它"③，

---

① 〔德〕卡西尔：《启蒙哲学》，顾伟铭等译，第 51 页。

② 达朗贝尔就自称他的世纪为"哲学的世纪"。参阅〔德〕卡西尔《启蒙哲学》，顾伟铭等译，第 1 页。

③ 〔德〕卡西尔：《启蒙哲学》，顾伟铭等译，第 5、9、8 页。

它的经典范例就是牛顿的科学工作。18 世纪的思想界，不仅摒弃了 17 世纪那种演绎和推理的方法，而且在程序上也一反先前，对原理的理解和评价更是近乎霄壤。方法和程序上，18 世纪求助于牛顿的《自然哲学之数学原理》（1687），而不是就教于笛卡尔的《方法论》（1637），结果，哲学走进了一个全新的境界。获得知识的方法不再是抽象的逻辑演绎，而是自然科学的经验分析和理性重建；获得知识的程序也颠倒了过来，不是先提出一些原理或一般概念，再通过演绎推理，以获取关于经验世界的客观知识，而是从经验材料出发，经过分析概括，得出一般原理，再以之扩及更大范围的其他经验，使一般原理更加具有概括性和普适性。即使就"在先"的逻辑意义或汉森（R. N. Hanson，1924—1967）所谓的"观察渗透理论"而言，自然科学的这种研究路径依然是根本的，起先观察所依据的理论必然会规约观察将要达成的结果，但后者之不同于前者也是明白易查的，否则就不会有新理论的诞生。更显重要的是，逻辑演绎往往是内向的、纯分析的，与知识本性所要求的外展性根本不合，况且理论天生要求最大化的概括性即普遍有效性。

　　问题是，当牛顿派的思想家们把 17 世纪笛卡尔派所开辟的从根基和方法两方面确保知识确然性的致思模式抛弃后，又将如何保证这种确然性呢？如果我们如此发问，牛顿派会说：更根本的问题首先应当是"确然性的内涵是什么"。这将不再是先前那种绝对的、直觉的、无可置疑的确然性，而是一种普适性、涵盖性和表现形式上的简明性和规则性。牛顿物理学的基本目标和前提，是找出支配物质世界存在和运行的普遍规律和秩序。材料的无限丰富多样性恰好证明了物理规律的统一性，是万变中的不变者，不变的规律被自然中的"材料"证明具有可靠的确然性。牛顿在为《自然哲学之数学原理》第二版所写的"总释"中，清晰地表达了自己不同于莱布尼茨哲学那种源自笛卡尔的理性观：

　　　　我也不构造假说；因为，凡不是来源于现象的，都应称其为假说；而假说，不论它是形而上学的或物理学的，不论它是关于隐秘的质的或是关于力学性质的，在实验哲学（科学）中都没有地位。在这种哲学中，特定命题是由现象推导出来的，然后才用归纳方法做出推广。正是由此才发现了物体的不可穿透性，可运动性和排斥力，以及运动定律和引力定律。对于我们来说，能知道引力确实存在着，并按我们所解释的规律起作用，并能有效地说明天体和海洋的一切运动，即已足够了。①

这段重要的话，我们前面曾征引过，但这里仍要再次拿出，因为，不久我们就会看到，笛卡尔哲学那种向内、向下、向后的"奠基精神"同牛顿科学的这种向外、向上、向前的"推延精神"，在康德哲学的实际进程中会如何地彼此转换，又如何地被黑格尔不公正地拿来大肆嘲笑的。"地基"的比喻看来并不适合用于哲学与科学的关系上，黑格尔所谓"先学会游泳再下水"和"下水才能学会游泳"②的比喻，看来不是更符合哲学精神而是更符合牛顿的科学精神。"游泳"的比喻和"地基"一样，对哲学和科学的关系都不太适合。

如此看来，18 世纪对知识确然性的理解与先前大不相同，确然性的标准主要在于知识表现方式的确定性和系统性，以及它对现实的解释力度即普适性越大越具真确性，这是功能方面的标准。总之是，知识确然性的保证由 17 世纪的"根基"和"方法"转为 18 世纪的"形式"和"功能"。科学与哲学均是理性的事业，但由此我们亦可看到，两个世纪的"理性观"存在着根本的差异：17 世纪所理解的理性——比如在笛卡尔、马勒布朗士、斯宾诺莎和莱布尼茨的形而上学体系中，根本上是一种本体意义上的存在范畴，代表一种最高标准，是"永恒真理"的王国，需要的是直觉和演绎；18 世纪则把理性理解为一种功能，一种力量，代表一种能力，属于功能范畴，需要的是观察和分析。在前者，理性是目的，强调理性的自足性；在后者，理性成为工具，侧重理性的建构性。可以说，18 世纪是在一种比较素朴的意义上来理解理性的，它不再是先验的、能揭示事物绝对本质、像窖藏土豆一样贮藏着真理的一座精神地窖，而被认为是一种习得能力，一种引导人类去发现、建构并确证真理的独创性的理智力量，分析解剖和综合重建这种双重的理智活动将是它最重要也是最基本的认识功能。正如莱辛所言，不应在真理的占有而应在真理的获得中发

---

① ［英］牛顿：《自然哲学之数学原理》"总释"，王克迪译，第 349 页。
② ［德］黑格尔：《哲学史讲演录》第 4 卷，贺麟、王太庆译，第 259 页。

现理性的真正力量①。

18 世纪的"体系精神"取代了 17 世纪的"体系癖",并以实证和推理的联盟来对抗后者。18 世纪这种"新逻辑"——既非经院哲学的三段论,也非纯数学的演绎,而是"关于事实的逻辑"——在孔狄亚克的《体系论》(1749) 和达朗贝尔为《百科全书》所写的"序言"(1751) 中,均有明确的体现。启蒙思想家认为,把这种"关于事实的逻辑"——实质上是分析解剖和综合重建的方法——发挥到极致并取得惊人成就的就是牛顿;或者说,这种新逻辑在牛顿的杰出工作中已经提前得到了生动而卓绝的演示,牛顿似乎完成了把自然现象的多样性还原为单一的普遍规律这个重大的时代使命。因此,牛顿的伟大之处,与其说在于发现了什么新的材料或未知的事实,倒不如说在于他对此前所可利用的材料进行了卓杰而伟大的理智改造。起源于古希腊中经基督教哲学传给近代的"自然的可理解性和秩序性"这一信念头一次得到了确切的证明。到这个世纪的中叶,把牛顿物理学的方法论模式即分析解剖和综合重建的方法,视为所有一般思维所不可或缺的工具的观念获得了胜利。伏尔泰之成为伟大的启蒙思想家,甚至标志着法国的一个新时代,并不因为他早期的哲学论文或富于创见的著述,而是由于他在《牛顿哲学原理》(*Eléments de la philosophie de Newton*,1738)② 中,对牛顿哲学原理所做的不遗余力的辩护。在《形而上学论》(*Traité de métaphysique*,1734) 中,伏尔泰说:"决不要制造假设;决不要说:让我们先创造一些原理,然后用这些原理去解释一切。应该说,让我们精确地分析事物……没有数学的指南或经验和物理学的火炬引路,我们就绝不可能前进一步。"③ 这个认识论的前提得到了思想界的广泛认可:除了伏尔泰,达朗贝尔《百科全书·序言》(1751) 和康德"应征作品"(1762.12) 都认为,研究形而上学的真正方法,正是牛顿引入自然科学并取得了丰硕成果的方法。这显然是在说,我们必须向牛顿同志学习。理性的力量,不在于使我们能够冲破经验世界的界限,勘破自然王国的第一因,它只是人类进军知识公海的工具,要我们

————————

① 莱辛的这句名言在国内流传甚广,一般译成"对真理的追求比对真理的占有更为可贵",这里采用卡西尔的引用。参阅 [德] 卡西尔《启蒙哲学》,顾伟铭等译,第 11 页。

② 这是伏尔泰对 1736 年发表的《关于牛顿哲学的诗简》(*Epître sur la philosophie de Newton*) 的发挥版,借由此著,伏尔泰第一个把牛顿的科学思想和哲学理念介绍到了法国。

③ [法] 伏尔泰:《形而上学论》,转引自 [德] 卡西尔《启蒙哲学》,顾伟铭等译,第 10 页。

在经验世界中获得宾至如归的感觉，在自然王国里树立处处安家的信心，如此而已。上帝的应当归于上帝，人类该有的只是现实世界。

18 世纪之认识到哲学再不能像 17 世纪那样以数学为范本仿效下去，转而拥抱自然科学尤其是牛顿物理学的方法论模式，必得有一个认识上的前提，那就是必须清醒地意识到哲学与数学的根本差异。在笛卡尔哲学大行于世的 17 世纪，要思想家认识到这一点确有强人所难之嫌，哲学的数学化潮流未能尽其所能之前，也的确不应该如此行事。帕斯卡尔的先知先觉超越了那个时代，所以要等到下一个世纪才能得到知音们的回应，这算是理有应然。这一"认识"和"转变"，对近代哲学殊为紧要，对理解康德哲学则更为关键，下面试以康德为中心就此两点作一深详的探研，以明其间的要害。①

_____

① 随带说一句，这也正是以道德哲学和史学为中心的人文学自近代以来的自救史和正位史的自觉与开始，并一直延续至今，包括中国：20 世纪 20 年代"科玄论战"后就一直影响着中国的知识界，于今犹然。2015 年 3 月 4 日的《中国社会科学报》，刊载了洪晓楠、何中华、曾昭式、李醒民等学者围绕"科玄论战"的当代反思。随着学科评估、职称评审等丛生问题的凸显，人文学科的独特性和价值问题，获得了学界日益关注和深度反思。

第三章 从确然性的知识到知识的确然性

——康德哲学命意的内在转换

17世纪被称为天才的世纪，18世纪被称为理性的时代或批判的时代，从确然性寻求这个角度看，这两个世纪是统一的，从笛卡尔开始，中经斯宾诺莎，再到莱布尼茨，最后是康德，莫不如此。但是，这两个世纪在确然性寻求的标准和模仿的对象上，又是截然不同的。如果说，笛卡尔、斯宾诺莎包括莱布尼茨，主要意欲让哲学获致几何学那样无可置疑的确然性，从而把几何学的方法照搬挪移过去，让哲学从内到外都打上几何学的烙印：在内，以自明清楚的公理和定理开始，通过推论和附释，最后得出结论；在外，他们的哲学著述看上去酷似几何学著作，尤其是笛卡尔的《沉思录》、斯宾诺莎的《伦理学》，甚至莱布尼茨的所有著述。那么，18世纪，随着对精神和思想领域之本性的充分自觉和认识，思想家逐渐认识到，哲学处理的对象与数学和几何学有着根本的不同，后者是量的科学，而前者是质的科学。这一点可以康德为代表，他在我们下文要重点论析的"应征作品"中，清楚地认识到数学对象与哲学对象在本性上的截然不同。真理标准即"无可置疑的确然性"依然不变，但在确然性的内涵及获致这一目标的途径和方式上，哲学有着截然不同于几何学甚至自然科学的地方。康德思考的结果是模仿自然科学，他要在哲学中以自然科学的方法达到牛顿那样的成就。可后来康德亦发现，这也不是康庄大道，自然科学只能解决世界的一面，还有一面是它决无可能涉猎的，那就是形而上学的课题，如灵魂、自由、道德、神学等。自然科学的用处自不能丢，但也不能闭着眼睛捉麻雀，况且灵魂、上帝等领域又是自然科学鞭长莫及的，看来，只有各行其是这条道可以两不相伤地走下去。因此，康德在 1770 年前后就开始了"划界"的工作，他要用先验的方法处理这些棘手的难题，把尘世的归尘世（自然的归自然），上帝的归上帝（自由的归自由）。

第一节　关键的"1762 年"

1762 年，一个重要的年份，稍稍关注康德哲学的人多半会记得它，古留加称其对我们的主人公来说是"转折性的一年"。理由也是众所周知的，正是这一年，卢梭的《爱弥儿》和《社会契约论》出版，康德于夏末时节得到了《爱弥儿》，然后就发生了那件被人们津津乐道的掌故：像钟表一样守时的康德，生平第一遭也是仅有的一遭打破自己严格执守的每天下午三点半准时出门散步的习惯，而且一连好几天，阅读卢梭占去了他全部的时间。① 从此，康德那简朴得有些简陋的书房终于有了一件装饰品——这位日内瓦公民的肖像。② 康德受卢梭影响之巨，证据众多且看来十分确凿，但也不是没有进一步探讨或深化的任何可能。

据考，康德是在完成《关于美感和崇高感的观察》（*Beobachtungen über das Gefühl des Schönen und Erhabenen*，1764，以下简称为《观察》）写作的 1763 年 10 月至次年的 2 月间，读了《爱弥儿》和《社会契约论》，并大为触动。③ 影响的证据大都出自康德在重读他刚出版的《观察》时所写下的《〈关于美感和崇高感的观察〉反思录》（1764—65，以下简称为《反思录》）④ 中。

————————

① 然而，据考证，康德至 1764 年还未过上他晚年那种有规律的生活，这段轶事可能是不真实的。参阅 [美] 曼·库恩《康德传》，黄添盛译，上海人民出版社 2008 年版，第 523 页注 [153]。

② [苏] 古留加：《康德传》，贾泽林等译，商务印书馆 1981 年版，第 46 页。

③ 李明辉：《康德的〈通灵者之梦〉在其早期哲学发展中的意义与地位》，载李明辉所译《通灵者之梦》，台北：联经 1989 年版，第 28 页。

④ 康德从 1764 年 1 月得到这本书至 1765 年秋，在重读它时随手在页边和插入的白纸上写下了许多思考片断，科学院版《康德全集》第 20 卷刊印了这些片断，定名为"评注"（Bemerkungen），现在研究者一般称之为"随想"（Nebengedanken），国内著名康德美学研究专家曹俊峰先生翻译出版了这些"评注"，对国内的康德美学研究可谓功莫大焉。

首先，在《反思录》中，频繁出现"自由""平等""道德""虔诚""人性""义务""趣味""欲望""品性""幸福""荣誉""责任""爱""善""恶""正义""道德之善""在道德上成为善的""斯多葛主义""宗教"这样的概念，不断对比人的"自然状态"与"道德状态"同"真正的罪恶以及罪恶倾向"之间的关系，不断反思如何才能使人真正具有道德。①这在康德先前所有著述中，都甚为少见。只在《宇宙发展史概论》的结尾处，康德提到了精神世界与物质世界的关系问题，但他认为二者根源于同一种本源，即所谓起初就弥漫于宇宙间的"基本物质"；在另一个地方他也谈到"正义"和"道德"，但他把理性存在者所可能有的"正义"之类的品质，也都一股脑儿地归之于这些理性存在者寓居其间的星球在宇宙大厦中所处的力学位置和它们的构成特质（《著作》1：339—341）。康德真正开始思考"人类在被创造物的秩序中的地位"，要到他阅读过卢梭《新爱洛伊丝》之后（《文集》86）。

其次，康德那段被视为"铁证"的"鲁迅式灵魂自剖"的著名反思，

———————————

①　1764年前后的康德，已经开始集中思考"自由"问题了，这除了他在《反思录》中所作的大量关于自由和宗教、义务、道德之间关系的思考外，还专门辟出一个总标题——"论自由"。虽然我们还无从判断哪些片断属于它，但康德思考的主要取向、意图和想法还是明确的。关于"人的自由"问题，康德的思考已经非常深入，且对其中暗藏着的矛盾有着清醒的认识："一个人要依赖许多外在之物，不管他处于什么样的状态之中。由于必不可少的需求他总是依赖一些东西，而由于贪婪他又依赖另外一些东西，而且，作为自己的管理者而不是自然的主宰，人必须顺从自然的强制，因为他很清楚，并不是总能使事物符合自己的愿望。但比必然性的束缚更为沉重和不自然的是一个人屈从另一个人的意志。对于习惯于自由的人来说，没有比被置于和他一样的人的统治之下更为不幸的了，而这个和他一样的人可能迫使他违背自己的意志，去做他（和他一样的人）要他做的事情……每一个人都可能体验到如下情况：虽然有许多灾祸我们并不总是想要摆脱，但如果灾祸带着生死存亡，涉及在奴役和死亡之间作出选择，那么，每个人都会毫不犹豫地宁愿面对生命危险。"康德从思想中掘出两种不同的"服从"，一个是服从他人的意志，一个是服从自然的规律。后者是对必然性的服从，是不得不服从，前者则是自由的丧失，是一个意志对另一个意志的服从。对于后者，康德说："原因很清楚，也合乎情理。由自然引起的其他一切灾祸都服从某种规律，对于这些规律人们要学会认识，以便以后懂得能在何种程度上躲避，在何种程度上屈从。如火的太阳散发的酷热，刺骨的寒风，汹涌的激流，都使人有可能想出某种躲避它们，或者至少可以减轻其危害的办法。"但对于前者，在康德看来，绝对是是可忍孰不可忍；更坏的情况是，"如果我曾经是自由的，那么就没有任何东西比对于后来我的处境将取决于别人的意志而不取决于我自己的意志这念头更使我痛苦和绝望的了"；道理很明显，"物质的运动总是服从某一确定的规律，但人的固执却毫无规律可循"。参阅《文集》137—138、78、86、79、81、87、88、90、105、115、121、169、171、174、176、178、182。

就出自这个《反思录》。康德自称，读过卢梭的著作后，学会了尊重最普通的人，认识到是自然赋予了我们认识它的能力，并召唤我们去从事科学事业，但又痛知"对科学的向往并不是自然的产物"，在嘲笑了那些"相信一切都是为他们而存在的"（《文集》100）学者们后，康德说道：

> 我自以为爱好探求真理，我感到一种对知识的贪婪渴求，一种对推动知识进展的不倦热情，以及对每个进步的心满意足。我一度认为，这一切足以给人类带来荣光，由此我鄙夷那班一无所知的芸芸众生。是卢梭纠正了我。盲目的偏见消失了，我学会了尊重人性，而且假如我不是相信这种见解能够有助于所有其他人去确立人权的话，我便应把自己看得比普通劳工还不如。[①]

诸如此意的话在"反思录"中随处可见：

> 道德趣味会使人把不能改进道德的科学视为微不足道的……
>
> 当我走进手工业工人的作坊时……我认识到如果没有他的劳动我连一天都不能生活。
>
> 人们对于道德喋喋不休地说了许多话，但人们在能够成为有道德的人之前首先要弃绝非正义行为。人们必须放弃舒适惬意、奢华淫乐和一切提高我自己却贬低他人的东西，这样我就不是压迫同类的人之一了，没有这样的决心一切道德都是不可能的。
>
> 如果说存在着人们真正需要的科学，那就是我所教的科学——即以适当的方式占据世界上为人所确定的位置，从这种科学中也能学会作为一个人所必需的东西。假如一个人在自己身边看到了可以把他引入歧途的诱惑——这种诱惑会使他偏离自己原有的位置，那时上述训诫就能使他重新回到人的正确地位，而且，不管他感到自己如何渺小和无价值，他都会发现为他所安排的岗位是相当不错的，因为在这里

---

① 原文见科学院版《康德全集》第二十卷的"注释"（Bemerkungen），第44页，译文采自［德］卡西尔的《卢梭·康德·歌德》，刘东译，三联书店2002年版，第2页。另参阅《文集》105。

他恰恰是他应该成为的那个样子。(《文集》70、143、171—172、106)

最后这段反思,可以肯定是康德读了卢梭《新爱洛伊丝》(1761)卷五第三封信①后写下的。这段自白的重要意义是显而易见的,康德从此永远地抛弃了启蒙主义者以知识渊博自居和坚信理性万能的那种略显迂腐的学者习气,从此坚守着知识的价值取决于其道德价值的信念,从此,人的问题便成了康德哲学探索的中心议题。②

对人的重视,使康德在讲授"自然地理学"——康德讲授这门课达40年(1756—1796)之久——课程时,也为"人"留下了足够的位置,甚至有一个部分专门"按照人的自然属性的多种多样性和人身上属于道德的东西在整个地球上的差异"来考察人。康德认为,这是一项"非常重要而又同样刺激的考察,没有它,人们就难以对人作出普遍的判断"(《著作》2:315),而这一部分在1757年春出示的《自然地理学课程纲要与预告》中则是根本没有的(《著作》2:3—10)。本书以为,康德1771年之所以关注并撰文评述一本解剖学方面的著述,也定是卢梭观念的持续影响所致,因为在这本书里,作者论证了一个康德因卢梭而特别关注的问题:自然人与文明人之间的关系(《著作》2:436—437)。康德后来甚是关心教育问题,比如对"博爱学校"(Philanthropinum)的持续热心,一部分原因可能是他早年的"家教"经历,更根本的可能还是卢梭教育观念的影响。③

还有一个证据可以表明康德受卢梭人性观念的影响之深。在1763年10月完稿的《观察》中,康德在一个注释里所引用的材料颇为引人注目。材料来源于1744—1759年间出版的小品文式的德文杂志《不来梅杂志》(Bremer Beitrage)的第四卷,标题为《卡拉赞(Carazan)之梦》,引用目的是为了形象化"高贵的恐惧"这种情感。康德摘述的原文如下:

---

① [法] 卢梭:《新爱洛伊丝》,伊信译,商务印书馆1994年版,第569—573页。
② 参阅 [苏] 古留加《康德传》,贾泽林等译,第70页。
③ 参阅 [美] 曼·库恩《康德传》,黄添盛译,第265—268页。

这个吝啬的财主随着财富的增长，越来越封闭自己的心灵，失去了对人的同情和友爱。同时，他对人的爱愈淡漠，祈祷却愈勤勉，对宗教仪式也愈虔诚。有一次，在忏悔之后，他说：有一天晚上，我正在灯下算账，估量我的商业利润，这时梦魔征服了我。我看见死神的信使旋风般倏然而降，我还来不及求饶，就遭到可怕的一击。当我知道自己的命运已最终决定，所积功德不能再增加，所为罪恶也不能再减少时，我浑身麻木，呆若木鸡。我被引致高踞第三层天上的上帝的灵霄宝殿前。从我面前闪耀的光辉中发出了声音："卡拉赞，你的祈祷被拒绝了。你已经失去了人类的良心，你以铁的手腕攫取了财富。你只为自己活着，因此今后你将永远生活在孤独之中，你已经被从一切造物的大家庭中驱逐出去。"这时我被一股无形的力量拖拉着，穿过广阔无垠的宇宙。无数的世界很快被抛在后面。当我接近大自然的尽头时，我发现无边的虚无的阴影在我面前向无底的深渊沉落下去。多么可怕的黑暗王国啊，永恒，寂寞，单调。这一瞬间，我陷入了无法形容的恐惧之中。最后的星辰渐渐地从我的视野中消失了，那极度黑暗中的最后的闪光终于熄灭了。随着我离开人寰越来越远，绝望的恐惧也与时俱增。如果我被推到一切造物的彼岸，且一直向前，千秋万代永不停歇，那我就只能望见那深不可测的黑暗的深渊，永无得救之日，也无任何重返故土的希望。昏迷中，我猛地把手伸向现实世界的事物。于是便立刻惊醒过来。从那以后，我受到了启示，学会了尊重人。在那可怕的虚无之中，甚至那些在我得意之时被我从门口赶走的最卑微的人，我也无疑会认为比哥尔孔达（Golkonda，印度古城，盛产金刚石，加工钻石，巨富——引者按）的全部财宝更可珍贵。（《文集》14）

仔细读来，康德这则材料与其说可以用来很恰切地佐证他要描述的"高贵的恐惧"，毋宁说是他因卢梭的缘故而太喜爱这则材料才硬放在这里的。大约因为材料本身的性质使它不可能被放在同时期的其他哲学著述中，倒是非常切合"考察"（Beobachtungen）的题旨。"从那以后，我受到了启示，学会了尊重人。在那可怕的虚无之中，甚至那些在我得意之时被我从门口赶走的最卑微的人，我也无疑会认为比哥尔孔达的全部财宝更可珍贵"——最后这段话读起来，简单让人怀疑康德上述的"灵魂自剖"是抄袭这则材料的。没有"卢梭的眼睛"，这则材料未必能引起康德的注意，而眼光的改变，则是下文拟要重点发挥的内容。

康德 1762 年前后的这一转变，实质上是合乎启蒙时代人文主义基本理念的。若用"苏格拉底的转向"来形容康德在该时期所经历的变化，实不为过。再过两年，康德将届"不惑之年"，他自己也认为这个年纪是个重要的转折点。在一生讲授了 30 年的《实用人类学》（*Anthropologie in Pragmatischer Hinsicht*，1798）中，康德说："人达到完善地运用自己理性的年龄，在技巧方面（实现他所追求的目的的技能）可规定为二十岁左右，在精明方面（利用别人实现他的目的）可规定为四十岁左右，最后，在智慧方面可规定为六十岁左右；但在这个最后阶段，智慧更多地是以否定的态度洞见到前两个阶段的一切愚蠢……"[①] 更重要的是，康德认为一个人的品格（Character）是在四十岁定型的：

> 一个人在思想上意识到的某种品格，绝不是天生的，而是必须习得的。人们甚至会承认：品格的建立正如某种方式的新生一样，是他为自己立下某种誓言的庆典，它使这个正在发生内心转变的时刻有如一个新阶段一样使他不可忘怀。教育、示范和开导能够使对一般原则的这种坚定性和持久性显示出来，并非逐步地、而只是爆发式地、仿佛在厌倦了本能的动摇状态之后突如其来地显示出来。或许只有少数人在 30 岁之前尝试了这一变革的，而在 40 岁之前把这一变革建立在牢固基础上的人则更少。想要积少成多地变成一个更好的人，这是一个白费力气的企图，因为在一种影响被消除的同时，人们又产生出另一种影响。但品格的建立却是一般生活作风的内在原则的绝对统一。[②]

之所以长篇大论地引述康德的这段文字，目的只有一个：康德 40 岁

---

① ［德］康德：《实用人类学》，邓晓芒译，上海人民出版社 2002 年版，第 94 页；参阅《著作》7：194。

② ［德］康德：《实用人类学》，邓晓芒译，第 210—211 页。参阅《著作》7：288。译文校改参考了［美］曼·库恩《康德传》，黄添盛译，第 180 页。

时已经"建立了自己的品格"。不需要专业的精神分析知识和能力，我们亦可断定，康德把 40 岁界定为人生品格、思想认识和价值判断成熟的年限，不可能没有他自己的体验渗于其中，甚至可以这样说，康德的观点是对自己生命和思想特征的理论概括，实际的意思是说，康德自己也认为他40 岁即 1764 年前后品格和思致已经大体成熟。

第二节　卢梭是决定性因素吗

研究者大多会就如上材料"总而言之"地推论出如下两个结论：一是 1762 年前后对康德哲学来说非常重要，在此期间康德哲学有一个异常关键的转向；二是造成这一转向的根本因素是康德对卢梭的阅读，尤其是卢梭对"人性""人的价值"和"自由"同"自然"关系的理解。

对于第一个结论，我觉得基本可以确定下来。但就第二个结论，则不得不提出如下质疑：就康德"灵魂自剖"的那段陈述而言，其基本理念可以说是 18 世纪启蒙时期的普遍认识，比如在由狄德罗主编的无人不知的《百科全书》中，主编自己就曾在同名词条下写过这样的话："人是我们应当由之出发并应当把一切都追溯到他的独一无二的端点……如果你取消了我自己的存在和我们同胞们的幸福，那末，我以外的自然界的其余一切同我还有什么关系呢？"① 基本的人文主义、知识的俗世化趋向是那个时代学者们普遍的典型特征，康德耳濡目染于此，何以要到 1762 年才因卢梭的著述而认同此种已成知识界潮流的观念且有如此激烈的反应？

就此我想先谈一点前人涉及较少的方面，即康德早期性格的两个缺陷：一是他的孤傲心态，一是他在职业方面对如仆人和家庭教师②之类的职业比较歧视，而对另一些如学者和教授则心有艳羡——康德把做一个大

---

① ［法］狄德罗：《百科全书》，转引自［英］亚·沃尔夫《十八世纪科学、技术和哲学史》上册，周昌忠等译，商务印书馆 1991 年版，第 17 页。狄德罗的"百科全书"（Encyclopedia）词条在第六卷"E"字条目下出版，时在 1756 年。

② 康德经常向自己的朋友"嘲笑他自己做家庭教师的生活"，并把自己说成是"古往今来，没有一个再比他坏的教师"。参阅［德］卡尔·福尔伦德《康德生平》，商章孙、罗章龙译，商务印书馆 1986 年版，第 33 页。

学教员当作自己的人生理想①。可以说，康德有职业偏见或者说有"精神贵族"的倾向，这种偏见和倾向可以由康德上述"灵魂自剖"非常确定地逆推出来。恰好，卢梭在《爱弥儿或论教育》（1762）第三卷中分别谈到了这两个方面。

在一次盛大的宴会上，来了很多客人，有很多仆人，很丰盛的菜肴，精致漂亮的餐具。当宴会正在进行时，当菜一道接一道地端上桌时，当那些哲学家被美酒或身旁的女人弄得神魂颠倒、像小娃子似的在那里大说昏话时，卢梭突然俯身到他的学生"爱弥儿"耳边问了下面这个问题：

> 你估计一下，你在桌上所看到的这些东西在端上来以前经过了多少人的手？

卢梭接着按他在《论人类不平等的起源和基础》（1755）中提出的契约原理得出结论："一个人如果想与世隔离，不依赖任何人，完全由自己满足自己的需要，其结果只能是很糟糕的。"② 这对素以"独立自决""决不告债"③ 自许的康德来说，不啻是当头棒喝。现实生活中，"不依赖任何人"是任何人也做不到的，卢梭的"社会契约理论"让康德在思想上明白了"社会性"对人来说是无法摆脱的命运，这也可能是康德后来尤为重视人的社会性的思想根源所在。从这个角度看，康德为卢梭所震动也是于理应然的。

其次是康德的精神贵族倾向。从康德的众多传记作品可以确认如下事

---

① ［苏］古留加：《康德传》，贾泽林等译，第27页。

② ［法］卢梭：《爱弥儿》上卷，李平沤译，商务印书馆1978年版，第258页。

③ 在康德的众多传记作品中，大都提及到这些方面，比如康德家境虽不宽裕但不愿受别人怜悯，在学校也绝不愿意申请公家的津贴；无论如何不肯负债，宁愿穿很旧的外套，拒绝朋友为自己添置新衣服，生平没有欠过任何人一个子儿，并于晚年非常自豪地回忆这些往事（福尔伦德：《康德生平》，商章孙、罗章龙译，第24、48—49页）。他名言是"要使财物受你的支配，而不要使你受财物的摆布"。（古留加：《康德传》，贾泽林等译，第15页）"在经济方面，康德一生都追求独立。他上大学时没有申请奖学金，而是靠打台球和给人辅导挣钱，因为他不想欠国家的。'没有债务地走完自己的一生，就是说，在金钱方面以及其他一切方面，完全不依赖于他人。这就是准则。'"（［德］曼弗雷德·盖尔：《康德的世界》，黄文前、张红山译，中央编译出版社2012年版，第214页）

实：40 岁之前的康德确实不怎么看得起无知的劳苦大众，他不愿和没有修养的人交往甚至是同桌吃饭①；在亲情方面，康德算是恪尽亲责但并不重亲情，尽管他也说过"你有充足的理由来爱你的亲人"（《文集》105）这样的话。他大学毕业后，与他唯一的弟弟约翰·海因里希（Johann Heinrich，1735—1800）——也住在哥尼斯堡，没有过任何亲密往来，弟弟情恳辞切的信，哥哥从未及时回复过，而且常常很冷淡。② 有著述称："康德和姊妹们来往很少，据说他 25 年都没有和他的姊妹们说过话，尽管她们也住在哥尼斯堡。"③ 虽说康德不断资助自己的亲人，从"义务"角度说无可挑剔，但也从不和别人"谈起"他们，当唤之即来的妹妹无微不至地照顾晚年康德时，他还试图隐瞒她的身份，因为妹妹"没有文化"，这会让他觉得脸上无光。④ 但康德又是那么地喜欢同有教养的人相交相知并参加他们的各种聚会，这让我们更觉得无法理解他何以要如此冷落自己同胞的兄弟姐妹。就职业问题，卢梭在《爱弥儿》中就此如何说的呢？卢梭说：

> 一直到现在为止，我还没有讲过职业、等级和财产的区别，我在以后也不去讲这些东西的区别，因为各种身份的人都是一样的，富人的胃并不比穷人的胃更大和更能消化食物，主人的胳臂也不见得比仆人的胳臂更长和更有劲，一个伟大的人也不一定比一个普通的人更高，自然的需要人人都是一样的，满足需要的方法人人都是相同的。⑤

---

　　① 必须指出的是，康德虽出身"马具师"之家，但却是行会出身，社会地位并不低下，康德终其一生都以自己的出身为荣。参阅 ［美］曼·库恩《康德传》，黄添盛译，第 74、259 页。

　　② 参阅 ［德］福尔伦德《康德生平》，商章孙、罗章龙译，第 156—157 页。

　　③ ［德］曼弗雷德·盖尔：《康德的世界》，黄文前、张红山译，第 214 页。康德如此不顾亲情，是我至今无法理解的。他的职业偏见和精神贵族倾向可能使他看不起给人做帮佣的姊妹。但他曾多次充满激情和爱恋的口吻回忆起自己的母亲，说她"心胸开阔且善解人意……有一颗高贵的心"，最后"因友谊而牺牲了生命"；他不但认为自己长得像母亲，而且，母亲对于他早期的性情、心智以及后来德性的发展，都扮演着非常重要的角色（曼·库恩：《康德传》，黄添盛译，第 126、63—65 页）。对其进行深层心理学分析或许表明，"恋母情结"可能是康德终身未娶的主要原因，或者康德确实不曾在现实中遇到像母亲那样的女性，或者与母亲相比，他的姊妹没有一个他看着顺眼的。

　　④ ［美］曼·库恩：《康德传》，黄添盛译，第 36、66 页。

　　⑤ ［法］卢梭：《爱弥儿》上卷，李平沤译，第 260 页。

这可能是对康德神经刺激最大的一段，由此再去读他那段有名的"剖白"，就显得格外顺理成章。这也使得康德在"反思录"中尤为重视"平等"的观念，认为"从平等的感情中产生了正义的观念""平等是对他人的义务，正义是被感受到的他人对我的义务""一切真诚都以一个平等的观念为前提""如果一些人想不劳而获，另一些人就得劳而不获""对于他人的友善只与平等和趋同有关"。（《文集》98、176、101、181）

此外，卢梭对手工业者的判断、认同和颂扬也可能增加了出身手工业之家的康德对他的认同感。卢梭说："在人类所有一切可以谋生的职业中，最能使人接近自然状态的职业是手工劳动；在所有一切有身份的人当中，最不受命运和他人影响的，是手工业者。手工业者所依靠的是他的手艺；他是自由的，他所享受的自由恰好同农民遭受的奴役形成对照，因为后者束缚于他的土地，而土地的产物完全凭他人的支配。"① 可以说，卢梭对手工业者"独立、自由、自足"特性的强调可能正中康德下怀。康德虽未从此不再有职业偏见或歧视了，但人格品性却因之更为健全，头顶上的灿烂星空他依然关注，但"人"却从此成为他哲学思考的轴心所系了。

由此看来，卢梭影响于康德的，不论是当头棒喝的或醍醐灌顶的，还是正中其怀或堪当知音的，都主要在性情和德性方面，这已为学界所公认。库恩在2001年新版的《康德传》中对此做过很好的总结，他根据赫尔德在上康德的课时所做的（1762年前后的）笔记，令人信服地指出，康德的道德哲学课上，"卢梭的比例显得很重"，他也的确把道德感作为道德判断的基础，并反思过道德与宗教的关系问题。从上面提到的"反思录"中，我们亦可看到卢梭之于康德的吸引力之巨，以至于他觉得有必要"不断地阅读他的书，才能够不再受到文字美的干扰，而能以理性去探索它"②；然而，"接着而来的印象是对于那些与普遍流行的意见如此相左的独特离奇的观念的惊异，这使人不由得产生了如下想法：这位具有非凡天才和令人折服的论辩力量的作者，是否在以新奇吸引人震慑人的同时只想证明和炫耀自己在睿智方面远远胜过自己的敌手。"（《文集》

---

① ［法］卢梭：《爱弥儿》上卷，李平沤译，第262页。
② ［美］曼·库恩：《康德传》，黄添盛译，第166—167页。

104—105）看来，"康德立即以批判的眼光看待卢梭。虽然他长久遵循卢梭的方法；虽然卢梭的《爱弥儿》在 60 年代后期对其哲学主题的选择有决定性的影响，但是康德从未盲从卢梭"，"反思录"显示的也只是"康德认为卢梭的方法对于德行学十分重要"。然而，在康德 1765 年的伦理学课程预告中，甚至完全没有提到卢梭的名字，尽管他把卢梭与自己倾心久矣的牛顿相提并论。① 因此，康德思想世界里的这一"突转"而带来的"发现"必须获得更为合理的解释。

对此，或许这样解释更为合理些：康德在此之前尚未虑及卢梭的主要问题，也就是说，1762 年前后一定有一个"思想事件"② 使得康德突然意识到"人性"的问题，而且可能主要是"道德性"的问题。其实有关休谟之于康德哲学的影响也存在相似的问题，有证据表明，康德在 1760 年左右时就已经注意到休谟对因果律的解构性分析，这就无法解释康德在 1783 年出版的《未来形而上学导论》的"导言"中那句"坦率地承认"——"就是休谟的提示（一译"回想"，更佳——引者注）在多年以前首先打破了我教条主义的迷梦，并且在我对思辨哲学的研究上给我指出来一个完全不同的方向"，毕竟 1783 年距离 1760 年已然有 23 年过去了，似非"多年"二字可以涵盖。这正可佐证我们关于卢梭的疑问，即

---

　　① 参阅［美］曼·库恩《康德传》，第 167 页。关于牛顿与卢梭的对比，康德说："牛顿首先在无秩序和杂乱的多样性的地方看到了秩序以及与伟大的单纯相结合的合规律性，从那以后流动的彗星被纳入几何轨道。卢梭首先在寻常人的形体中揭示出深藏着的人的本质和深藏着的规律，根据卢梭的观察，天命按照这种规律被证明是正确的……在牛顿和卢梭之后可以认为神的存在得到了证明，此后的蒲柏的原理就是真理了。"《文集》116—117。

　　② 这里所谓的"思想事件"，大致相当于伽达默尔诠释学哲学所谓的"问题视域"（Frage-horizont），即"我们只有通过取得问题视域才能理解文本的意义，而这种问题视域本身必然包含其他一切可能的回答。"参阅［德］伽达默尔《诠释学Ⅰ·真理与方法》，洪汉鼎译，商务印书馆 2010 年版，第 522 页。对哲学家思想进程中某一（些）"思想事件"的强调，同科学哲学家波普尔由批判传统归纳法而得出的"理论先于观察""理论创造观察"的思想是相通的：正是康德对形而上学和道德之确然性的关注或疑虑（理论）使得他发现了休谟和卢梭的巨大价值（观察）。是某种有根本意义的"疑问"或"难题"赋予了思想家某种独特的"眼光"，并借以"照亮"了早已存在的思想材料，进而有了深刻的理论创造：思想世界的创造过程也许就是这样的。把波普尔的"三个世界"理论（参阅波普尔《客观知识》，第三、四章）引于思想世界就可以看出：唯有"疑难"（世界 2）才能"发现"固有"材料"（世界 1）的价值进而有了思想的"创造"（世界 3）；没有"疑难"（世界 2）这个必备的中介，"材料"（世界 1）与"创造"（世界 3）就根本不会有任何关联。

是说，在休谟影响的问题上，也存在着一个"思想事件"致使康德突然领悟休谟思想的重要意义并拟予以回应——后面我们将会再回到这个问题。对这个"思想事件"的揭示不仅可以让我们更加合理地理解康德哲学的转向，也更能显示康德哲学思考之内在理路的连贯性。据本书的初步研究，这个"思想事件"就是康德1762年底完成的"有奖征文"——《关于自然神学与道德之原则的明晰性的研究》。此文完成于1762年10月，1764年出版，我把此文视为康德对自己学术使命即为哲学、形而上学寻求确然性根据之哲学自觉的标志性文献，以此文为界，康德前后学术思考之命意的转换可概括为：从"寻求确然性知识"到"寻求知识的确然性"。

　　1762年之前的康德，其学术的基本意图是"寻求确然性知识"，遵照的原则和依据是牛顿的力学、尤其天文学理论①。因此，学术界有人把通常所谓的"前批判时期"的康德哲学径直称之为"自然科学时期"②，我们认为这一判断有坚实的文本依据。

第三节　寻求确然性的知识：自然科学时期的康德哲学

　　无可置疑的是，康德也把"确然性"作为他学术思考的基本命意。对于几何学无可置疑的确然性，康德一开始就认识到了，他在处女作中说："在几何学证明中被认为真的东西，也将永远是真的。"（《著作》1：49）在1755年4月发表的硕士论文《论火——若干沉思的简要说明》的"设计理由"中，康德坦言："我无处不在谨防自己像通常发生的那样，放任地沉迷于假定而武断的证明方式，而尽我所能极为严谨地遵循经验与几何学的导线，没有这根导线，则无由发现走出大自然迷宫的道路。"（《著作》1：344）康德在"反思录"中这样写道："一切都如洪流一般

---

　　①　牛顿之于康德哲学的重要性，虽为康德研究界所公认，但常被限于所谓的"前批判时期"。其实，即便到了批判时期，牛顿的力学依然是康德思考问题的基础，比如他的"第一批判"整个说来就是奠定在牛顿自然科学成果基础之上的，他因之才可以放过"先天综合判断是不是可能的"这一基础讨论而径直探讨它是"如何可能的"这一根本议题。如果人们用康德把卢梭比作"第二个牛顿"来证明卢梭对于康德的重要意义，那种比附正好反过来证明了对于康德而言，牛顿较之卢梭具有更为重要的重要性。

　　②　参阅［日］桑木严翼《康德与现代哲学》，余又荪译，台湾商务印书馆1991年版，第17页。

从我们身边过去，而变化无常的趣味和人的不同心境使一切活动都成为不确定的、不足信的。在自然中让我到哪里去寻找一个任何时候都不能动摇的牢固的支点——在这个支点上我可以指出一些路标，以便让那个人知道他身处哪一边的岸上？"（《文集》106—107）康德据此认为，哲学家们的分歧，主要根源即在于没有一个"牢固的支点"（《书信》18）。如前所言，为科学，尤其为争论不止的思辨哲学寻找到一个"牢固的支点"可以说是整个近代哲学的基本目标，康德是这样的，康德的前贤，首先是笛卡尔，接着是斯宾诺莎和莱布尼茨，知识的确然性都是他们哲学运思共同的轴心议题；康德之后，席勒、费希特、谢林、黑格尔，也都在为哲学寻求一个得力且牢靠的"开端"或"基点"。可以说，康德一生都渴望获致数学尤其是几何学那样"无可置疑的确然性"，在这一时期的著述中，康德经常提及哲学的这一根本要务①。

我们把 1763 年之前康德的学术思考和研究称之为"自然科学时期"，其学术研究的基本意图是"寻求确然性知识"，使其达到"无可置疑的确然性"（《著作》1：182）。这一判断可以通过考察康德此一时期的所有著述而得到确认。试以表格方式呈现这一时期康德著述的基本情况如下：

1763 年前康德著述分类一览表（共 16 篇）

类　　别	具体篇目	撰写或发表日期	备　　注
物理学（4 篇）	《活力的真正测算》	1747 年	哲学家的处女作
	《论火》	1755 年 4 月 17 日	硕士论文，6 月 12 日获硕士学位
	《物理单子论》	1756 年 4 月	申请教授的答辩论文，在自然科学中试图把形而上学与几何学相结合
	《运动与静止的新学术观念》	1758 年 4 月 1 日	副题：自然科学的首要理由

---

① 关于此点请参阅《著作》1：49、93、95、178、182、230、237、410、420、435、456 等等。康德对"数学"及其确然性的根本认同，贯穿其一生，比如在 1786 年的《自然科学的形而上学初始根据》中。参阅［德］卡西尔《卢梭·康德·歌德》，刘东译，三联书店 2002 年版，第 74 页。

续表

类　别	具体篇目	撰写或发表日期	备　注
天文学 (8 篇)	《地球绕轴自转问题研究》	1754 年	柏林科学院的有奖征文
	《地球是否已经衰老》	1754 年	副题：对该问题的物理学考察
	《一般自然史与天体理论》	1755 年	副题：或根据牛顿定理试论整个世界大厦的状态和力学起源
	《地震的原因》《地震中诸多值得注意的事件》《地震的继续考察》	1756 年	1755 年末里斯本发生巨大地震，毁灭了整个城市，引起普遍反思
	《风的理论》	1756 年	讲座说明
	《自然地理学课程》	1757 年春	讲授纲要与预告
逻辑学 (2 篇)	《形而上学各首要原则的新说明》	1755 年 9 月 27 日	申请教职答辩论文
	《四个三段论格的错误繁琐》	1762 年 7 月	
其他 (2 篇)	《试对乐观主义作若干考察》	1759 年 10 月 7 日	借此公布下学期讲座内容
	《冯·丰克先生的夭亡》	1760 年 6 月 6 日	安慰逝去学生母亲的一封信

从上表可以得出如下两个基本结论：

（1）此一时期康德著述的基本主题是自然科学，主要是运用牛顿的物理学理论来解释和说明宇宙中的自然现象，是牛顿力学在德国的主要普及者之一。1763 年之前，康德总共撰写发表过 16 篇文字，其中，除了一封安慰和悼念的信和为"乐观主义"（莱布尼茨的"最好世界"理论）辩护的文字外，其余 14 篇中有 12 篇完全是对牛顿力学原理的运用和扩展。可以说，此时的康德已然把牛顿力学作为解释一切理论难题和现实困惑的一把金钥匙：从动能的测定、火的本质到对地震和风的成因的考察，再到对天体的形成过程和规律的探究以及对基本物质的解释，都可看到康德手擎那面上书"牛顿"二字的大纛。在自然科学方面，一生对牛顿都奉若法典的康德，在宇宙观问题上是前者出色的发扬者①，在这一方面，康德可以说正从事着伏尔泰在法国就牛顿而从事的宣扬工作，这是启蒙时期非常重要的一种知识俗世化工作，此一时期的康德在德国起到了普及牛顿物理学知识的重要作用从而参与到了启蒙的进程中。

康德是在理性主义的氛围中走进学校和学术的，由沃尔夫加以通俗化的莱布尼茨哲学是他自小就非常熟悉的。康德对自然科学、尤其是宇宙论的热爱和研究，则在大学期间就开始了。康德传记的早期作者博罗夫斯基和克劳斯都认为，康德 1744 年就找到了自己的立场，他的处女作透露了太多的完全可以看作是成熟时期的康德所表现出来的独特方面的萌芽：独立思考的韧性、走中间道路的策略、义无反顾的理论勇气、前提批判的方法和广阔的学术视野，等等。康德大学时代转移了中学时期对语言学的爱好，起而对物理学和自然哲学产生极大的兴趣，这个转变应当归功于那个英年早逝的教授马丁·克努真（Martin Knutzen，1713—1751，他 21 岁即得到教授职称，他虽然是一个虔敬派信徒和沃尔夫主义者，但对英国自然科学的成就有浓烈的兴趣），康德从他那里第一次听到了牛顿的大名并借阅了牛顿的著作。在他的影响和帮助下，康德从大学四年级就开始独立地撰写物理学著作了。② 我们只要翻开"康德全集"第 1 卷的目录，浏览一番就能感受到，康德为学术而生的头脑在开始时都思考了哪些问题。当然，自然科学的学术写作和思考，只是在"科学知识"和"方法操作"层面让康德感受到经验主义的坚实性和确然性，即便如此，这也为康德接受作为"认识论"层面的英国经验主义铺平了道路。

---

① 波普尔曾把康德的一生视为"借助知识获得解放"的典型代表，"为精神自由而斗争"是康德一生占统治地位的主题，而在这一主题中，"起决定性作用的是牛顿理论"，"哥白尼和牛顿的宇宙学成了康德理智生活的激发灵感的强大源泉"。参阅 ［英］波普尔《康德的批判和宇宙学》，载《猜想与反驳》，傅季重等译，第 228 页。

② 参阅 ［苏］古留加《康德传》，第 15 页。曼·库恩在 2001 年出版的《康德传》中，从众多的证据和迹象中分析了康德和自己"最喜欢的老师"克努真之间若即若离的师生关系。但是，不论是如博罗夫斯基所说的康德受到了克努真的重视因而大受其提携，还是如库恩所说老师并不怎么看重他这个过早反叛他的学生，结果都是一样：康德受到了老师的根本影响，不论是受到启发还是进行批判性响应。参阅 ［美］曼·库恩《康德传》，黄添盛译，第 118—126 页。

（2）此时的康德是位自然科学家，尤其是天体物理学家，当时称为"自然哲学家"，其典范是牛顿力学，其方法是几何学，其哲学观是经验主义的。可以说，这一时段的康德是比较彻底的经验主义者，这可从他在这一时期最为重要的《天体》（1755）中把下述观念视作"确定无疑的"见出："人所拥有的所有概念和表象都是来自宇宙万物借助身体在他的灵魂中激起的印象，无论是就印象的清晰而言，还是就被称为思维能力的那种把它们联结起来并加以比较的技能而言，人都完全依赖于造物主把他与之结合起来的物质的性状。"康德接着还说："人注定要凭借身体去接受世界在他里面激起的印象和情感。身体是他的存在的可见部分，其物质不仅有助于居住在它里面的不可见的精神形成外部对象的最初概念，而且对于重复这些概念、把这些概念联结起来、简而言之也就是思维这些概念的内部活动来说，也是必不可少的。根据人体发育的程度，其思维本性的能力也达到相应的完善程度，并在他的器官的纤维获得其发育成熟的强度和耐力之后，才能达到成熟的、成人的能力。"在这句下面他有一个注释，说得更为明白："从心理学的理由出发已经澄清，根据造化使灵魂与肉体彼此相依的目前状况，灵魂不仅必须借助肉体的配合和影响才能接受宇宙万物的所有概念，而且其思维能力的发挥自身也取决于肉体的状况，并从肉体的襄助获得为此所必须的能力。"（《著作》1：331—332）在灵肉关系中，康德几乎是在用组成肉体的物质的性状来厘定人类的精神部分。在同年出版的《形而上学认识各首要原则的新说明》中，康德依然坚持这种看法（《著作》1：399—400）。

康德哲学的这种基本的经验主义色调至少保持到"就职论文"前的1766年左右。一般都认为，康德的经验论倾向是受到了英国经验主义哲学家如洛克、莎夫兹博里、尤其是休谟等人的影响，这当然没有问题，但也不应当忽视牛顿的影响。要知道，康德是以自然科学家的身份开始其学术研究的。莱布尼茨—沃尔夫学派的理性主义和牛顿力学建基于其上的经验主义，可以说是同时在康德的思想世界里着床的。自然科学时期的康德始终在借牛顿所开拓的如卡西尔所概括的"力学哲学"，不断地调整和修缮他所接受的莱布尼茨—沃尔夫的理性主义。这既使他渐明哲学领域中理性主义的短处和不足，又有助于他接受英国经验主义的观念，更促使他在"综合"的道路上踏出了自己的大脚印。在另一篇成稿于1765年的重要著述《视灵者的梦》中，康德认为：如果我们把"经验和通常知性的低地……视为我们被指定的场所，我们离开这一场所绝不会不受到惩罚，而只要我们遵循有用的东西，这场所也就包含着一切能够满足我们的东西，那该是怎样的幸事啊！"（《著作》2：372）也正是牛顿的深刻影响，康德在这一时段的著述中经常征引英国著名哲理诗人蒲柏（Alexander Pope，1688—1744）的诗句。康德之所以特别喜欢引用蒲柏，主要原因是后者用双韵体诗句形象而精妙地传达了牛顿的自然哲学观念。试举一例即足以见之，在《论人》（*An Essay On Man*）的"第一信"（Epistle I ）末尾，诗人唱道：

> 自然皆艺术，只有你不明；偶然即必然，只有你不悟；
>
> 不和皆是和，只有你不解；局部之祸害，整全即是福。
>
> 高傲真可鄙，因其悖情理。存在即合理，此义最清楚。[①]

在上文提及的 1764—1765 年间的"反思录"中，可以读到康德下面的话：

> 牛顿首先在无秩序和杂乱的多样性的地方看到了秩序以及与伟大的单纯相结合的合规律性，从那以后流动的彗星被纳入几何轨道。
>
> 卢梭首先在寻常人的形体中揭示出深藏着的人的本质和深藏着的规律，根据卢梭的观察，天命按照这种规律被证明是正确的……在牛顿和卢梭之后可以认为神的存在得到了证明，此后的蒲柏的原理就是真理了。（《文集》106—107）

---

① A. Pope, *The Complete Poetical Works of Alexander Pope*, Ed. by Henry W. Boynton, Cambridge：The Cambridge Press, 1903, p. 141。译文为笔者试译，附原文于下：

All Nature is but Art unknown to thee;

All chance direction, which thou canst not see;

All discord, harmony not understood;

All partial evil, universal good;

And spite of Pride, in erring Reason's spite,

One truth is clear, *Whatever is, is right.*

可以说，此一时段的康德，在学术研究中恪守牛顿"我不做假设"的训条。在康德看来，莱布尼茨错误的根源即在于此：错把牛顿所谓的"假设"这类本属形而上学的独特对象硬要塞进自然科学之中所致。牛顿的"我不做假设"在科学研究与哲学思辨之间划出了一条确定的界限，康德亦复如是，牛顿从不在他的物理学著作中奢谈什么"引力"的"原因"，同样，康德也从不在《天体》等著作中大谈作为宇宙构成和根据并包孕其此后种种的"基本物质"。像牛顿把"第一推动力""绝对时空"等归功于上帝一样，康德也认为如此伟大的"基本物质"恰恰证明了上帝的无限力量和智慧。这个道理是康德学术生涯伊始就明确意识到的："显而易见的是，自然作用的第一源泉必然不折不扣地是一个形而上学的题目。"（《著作》1：59）因此，康德说："就一个材料需要在与他进行感觉的世界不同的另一个世界去寻找的问题而言，他可以免去（对此问题）所有徒劳的探究"；对于那些我们注定不会对之有任何经验可言的对象所作的任何假设，不论是多么具有创造性和艺术性，都"必然纯粹是虚构"，"如今，既然理性的根据在诸如此类的场合里无论对于发现还是对于证实可能性或者不可能性都不具有丝毫重要性，所以人们只能承认经验具有决定权"；"因此，作为原因的事物的基本概念、原因和活动的基本概念，如果它们不是从经验得出的，便是完全任意的，既不能得到证明，也不能得到反驳。"（《著作》2：371、373—375）康德的这些表述真可谓深得牛顿"我不做假设"之精髓。这时康德已然注意到对自然解释的科学因果论与神学目的论之间的张力了，他并没有在无法经验化的地方像贝克莱或休谟那样继续经验化。康德从世界的"合规律性"推出了它的"合目的性"，虽然上帝对形成后的宇宙不再施以手段，但这一切都已先定地含蕴在全能上帝所创造的那些最初弥漫在宇宙间的"基本物质"里了，过程的合规律性是以基础的合目的性为前提的。在这一点上，此时的康德并未像他说的那样比牛顿的解释更为合理。

康德的经验主义还在他对理性主义和旧形而上学的不满和批判中表现出来。在《四个三段论的错误繁琐》（1762.7）中，康德论析了逻辑在哲学探讨中的效用的有限性，借以批评传统形而上学过分倚重逻辑的学理错误。在《证明上帝存在惟一可能的证据》（1762.12，以下简称为《证据》）中，康德对传统形而上学证明上帝存在的三种论证，即存有论的、宇宙论的和自然神学的，逐一作了批判。在"有奖征文"中，康德严格区分了数学知识同哲学知识、尤其是形而上学知识的本质性差异，并强调形而上学知识不能只建基于概念分析之上。在《将负值概念引入哲学的尝试》（1763.6）中，康德区别了逻辑对立与事实对立的不同，并指出，我们无法依据逻辑去说明事实的对立，因为事实的对立涉及因果关系。这四篇论文，隐含着一个经验主义的基本原则：单凭逻辑规则或仅靠概念分析，我们无法对实在界形成任何确实的知识，因为这类知识只能建立在经验的基地上。这项基本原又预设了如下区分：思想界与实在界根本不同。传统形而上学的一切纷争，最终都将被溯及于此，想单凭思想界的工作达到对实在界的知识，显然混淆了思想界与实在界，误把逻辑关系当成了因果关系、把逻辑根据当作真实根据了。[①]

在著名的"反思录"中，我们可以读到康德这样的反思："科学的第一部分是探询性的，另一部分是独断论的。"（《文集》68）很显然，在对自然的机械解释和说明上，科学是探询的，这是科学的本义，比如牛顿和康德对天体和日常现象的解释；而在"引力""第一推动"和"基本物质"这一类概念上，科学是独断的，它独断地接受它们并以之为进一步解释自然的基础和出发点。这也许就是很多研究者把这一时期康德学术的基本特点概括为受莱布尼茨哲学影响的"独断论的"理由，自然科学的经验论本质上蕴含着哲学上的独断论。[②]

对于牛顿和莱布尼茨在康德思想发展中的意义，必须再补充几句。细研上表所列康德著述的具体内容可以发现，康德1763年前的所有著述，大都有一个基本的思想趋向和理论意图，那就是"援牛顿以补正莱布尼茨"，并试图综合双方的思想优势——这在德国学术界是非常微妙的一件事。莱布尼茨对德国知识界的意义可以说非比寻常：莱氏一出，法兰西所谓"德意志无思想家"的鄙视之言顿消，德人为之一振。狄德罗和丰特

[①] 参阅李明辉《康德的〈通灵者之梦〉在其早期哲学发展中的意义与地位》，载李氏所译《通灵者之梦》，台北：联经1989年版，第6—7页。

[②] 关于康德哲学分期的讨论，一般哲学史均会提及，但基本上都接受康德自己也承认的前、后批判时期的划分。我们下面关于此点的讨论，主要参照了日本学者桑木严翼和美国学者库恩的概括。参阅前者的《康德与现代哲学》（余又荪译）一书的"第二章：康德思想的发展"，汉译本第14—29页和后者的《康德传》（黄添盛译）一书的第213—224页。

奈尔甚至认为，莱布尼茨为德国赢得的荣誉相当于柏拉图和亚里士多德师徒以及阿基米得三人加起来为古希腊赢得的荣誉。[①] 然而，牛顿的伟大处也是德人所不敢忽视和小觑的。加之，两位足堪至伟的先贤却曾因"微积分"的发明权而相互攻讦，面对牛顿，德人的心中可以说不太是个滋味。康德在著述中曾不时提及莱布尼茨、沃尔夫、鲍迈斯特（Friedrich Christian Baumeister，1709—1785）、鲍姆嘉通、雅可比（Friedrich Jacobi，1712—1791）、克鲁修斯（C. A. Crusius，1715—1775）等这些德国学人，不能说没有"德意志"一义的考量。故而康德在他的处女作《活力的真正测算》中把他对莱布尼茨的质疑称为"大胆的行为"并一再申明，对诸如莱布尼茨这样伟大人物的任何学理性质疑都无损于伟人之伟，反倒更应当被人们视为对先贤的敬重（《著作》1：12）——这种申言在康德此后凡是波及批判前贤的著述中都一再地被重申。在指出莱布尼茨—沃尔夫的矛盾与错误后，作者不无辩解地讲道："不难判断，莱布尼茨的荣誉当时被视为整个德国的荣誉，挽救这一荣誉的光荣要求引起了这一努力……对它的巩固却是如此诱人，以致这就没有给冷静的研究留下位置。"（《著作》1：138）

而必须点到的是，康德的思考，通常都有着欧洲的学术视野，这个特点也是贯穿始终的。比如在刚刚提到的处女作中，被提及的人物多达二十几个，从莱布尼茨、笛卡尔、沃尔夫到查泰勒、赫尔曼……整个欧洲的学术界有关此项研究的成果大多被其收揽。这说明，康德不是仅仅在向大学发言，而是在向欧洲整个学术界宣告。[②]

至于在"寻求确然性知识"的自然科学时段，在寻求无可置疑的确然性上面，康德是否也存在上文着重拈出的"从几何学转向物理学"这一现象，本书的回答如下：由于康德借以展开其学术思考和理论研究的基础和起点是，德国当时流行的莱布尼茨—沃尔夫哲学和很大程度上要归功

---

① 参阅［德］卡西尔《启蒙哲学》，顾伟铭等译，第32页。

② 当然，在他的处女作中，康德最大的失误是：他没有注意到他最应该注意的人物——达朗贝尔，后者在1743年就已经公布了有关笛卡尔派与莱布尼茨派关于活力测算争论的正确结论。康德因此遭到了启蒙运动著名剧作家、文艺理论家莱辛的揶揄，后者1751年7月作了一首讽刺诗："康德扛起了重担/打算教诲整个世界/孜孜不倦探索活力/却忘了自己的活力。"不过，后来莱辛又删去了这首诗。参阅［美］曼·库恩《康德传》，黄添盛译，第127页。

于伏尔泰的大力宣扬而笼罩整个欧洲的牛顿力学理论，因此，他从一开始就走在了仿效自然科学的路子上，并未明显地体现出这一转向的理论痕迹。但必须再一次强调的是，康德对科学之目标即在追求无可置疑的确然性这一点上，是完全称得上"预流"（陈寅恪语）和"入时"的，并且比较早地就数学与形而上学的关系尤其是差异，做过深入而切当的理论分析——就在即将全面解读的"应征作品"中。不过，18 世纪的自然科学自有其独特性，康德所依托仿效的自然科学、尤其是牛顿力学，与我们通常所理解的科学在基本性质上尚有某些必须说明的差异。

理解 18 世纪的学术生态，下面这一点不可不知：关于牛顿力学以及本书论域内的整个近代科学，其性质基本上都是"理论的"，"虽然牛顿的《原理》显示了科学能够引导我们更充分地认识自然，但是它把进一步证实培根关于科学能够用来促进我们的物质福利的预言留给了 18 世纪后期和 19 世纪的科学家"①。培根和笛卡尔所确立的近代知识的实用论或功利主义观念，这时还不能充分地被人们于物质生活中切实地体会到。培根那句脍炙人口的口号——"知识就是力量"，在当时只有号召、动员和鼓动的作用，它只给人们提供了理性与科学的光辉前景并许以幸福而殷实的物质享受。培根关注的是知识的实用智慧，而对知识的理论部分则只给予了工具的位置。然而，近代科学展现出来的真正面貌恰恰与此相反：近代科学提供给人们的、也是它之具有如此巨大魅力的根本原因，不是它带给人们多少物质实利，而恰恰在于它对自然的巨大解释效力以及在这种解释过程中表现出来的前所未有的"普遍性""彻底性"和"说服力"。这也是那个时代认为自己所亟须的：启蒙的主旨就在使所有人都接受教育并获得知识，把"传播知识当成解决一切社会纠纷的灵丹妙药"②。当然，这并不是说牛顿的科学理论没有现实和技术层面的巨大成就，而是说，这种现实层面的威力越是巨大的理论，它要释放这种威力所需要的时间越是可能会比一般理论要长得多，牛顿的物理学如此，爱因斯坦的相对论也不例外。可以说，在较大范围内证实培根关于"知识就是力量"因而能带来物质福利的论点，要到工业革命之后。因此，"毫不奇怪，正是工程师

---

① ［德］布朗：《科学的智慧》，李醒民译，第 21 页。
② ［苏］古留加：《康德传》，贾泽林等译，第 8 页。

而不是科学家，在那些岁月被看作是物质进步的主要创造者"，"在 18 世纪末，虽然科学在注重实际的人看来是有用的，在哲学家看来是运用理性的范例，但是它还没有被视为物质进步的主要动力……在 19 世纪初，他们还没有充分认识到科学成为工业进步的主要因素"；就连"科学家"（scientist）一词也是在很晚的 1840 年由休厄尔（William Whewell，1794—1866）创造出来的。①

　　科学的结构要素一般有内外两方面：内里指它应当是一套依据尽可能少的基础原理建构起来的严密的理论体系；外在的又有两个层面，对世界现象应当具有尽可能大的解释效力以及为现实生活提供尽可能多的实用技术。近代科学主要着力于内在及外在的第一个层面，也就是说，在近代，知识和自然科学的力量主要体现在体系上的简单明了和理论上的巨大解释效力，牛顿力学能以如此简约的原理解释如此复杂广袤的大千宇宙，是当时人们主要的震惊点。这就可以非常清楚地解释仿效牛顿的康德在此期间的著述何以呈现如下面貌：主要属于"理论性"和"解释性"的理论物理学。这也是康德 1762 年后何以能如此顺理成章地转向形而上学和批判哲学的研究而不需要什么太大的"转型"即可完成的缘由所在——因为它们都是纯粹理性的和思辨的。

　　为此还可以再举一个和康德相关的非常有趣的例子来看看。前文曾提到，贝克莱在《视觉新论》（1709）中提出视觉与触觉的"复合论"，后被两个天生盲人在成功摘除白内障（1709、1728）后的视觉经验所证实一事。这个非常有趣的问题是：一个被成功治愈的天生盲人当他睁开眼睛，第一眼会"看到"什么？正常人的知觉中有多少成分是先天的？这就是著名的"莫利纽克斯问题"（Molyneux - Problem）。英国皇家学会会员、爱尔兰外科医生威廉·莫利纽克斯（William Molyneux，1656—1698）曾于 1690 年写信向著名的洛克提出如上问题。在《人类理解论》中，洛克引用了这封信的相关内容，并认同了医生的看法：盲人复明后并不能在

---

　　① ［德］布朗：《科学的智慧》，李醒民译，第 29 页。"科学家"一词是休厄尔在他的著作《归纳科学的哲学》（*The Philosophy of the Inductive Sciences, founded upon their history*，1840）中提出的："我们往往需要一个名称来一般地描述科学的耕作者。我乐意把他叫做科学家。这样一来，我们可以说，艺术家是音乐家、画家和诗人，科学家是数学家、物理学家或博物学家。"见上书第 31 页。

第一时间分清他原来以触觉来分辨的任何差别。贝克莱在刚刚提到的著作中也引用了这则材料（§132），并头一个详尽阐发了这个思想，还使之流行起来。这个问题对当时的知识界有着重要的理论意义，尤其是对洛克和莱布尼茨这两派就"天赋观念"之有无所发生的旷日持久的争论来说，意义更是非同寻常；加之这在当时只能是一种"思想实验"（thought experiment）尚不能诉诸临床实验，因此在 18 世纪引起了激烈的争论。康德曾致信博罗夫斯基（1761.4.5），他兴致勃勃地观察了一个叫敦克的中尉的手术过程，想知道是否可能为一个天生盲目者进行手术以使其成功复明。曼·库恩判断得对："康德此举并不完全是出于爱心。他的动机毋宁是想要作第一手的观察，并且很有兴趣知道手术的结果会如何。他可能更好奇的是一个天生的盲人第一眼会看到什么，所谓'看'的意思是什么。著名的莫利纽克斯难题也引起哥尼斯堡的康德极大的兴趣。"① 康德之对"莫利纽克斯问题"甚感兴趣，原因是明白的：先天与后天的问题正是他1762 年前后颇为关切的。

第四节　寻求知识的确然性：转至科学背后的康德哲学

对读康德1762 年前后（1747—1768）发表的所有著述，会得出如下结论：1762 年之前，康德是一位理论物理学家，思考的核心对象是"自然"，方法是逻辑学和几何学，目的是推演并普及牛顿力学原理，旨在释解日常疑惑，学术的基本命意在寻求确然性的"知识"；1762 年之后，康德则把思考的重心由"灿烂星空"移于"知识背后"，哲学思考的基本主题变成了知识的"确然性"，关注的焦点是根基、逻辑、上帝、人性。康德对根基和逻辑的关注，是走到了科学的背后，意在为其巩固后方，这比较好理解。表面看来，上帝与灵魂与"自然科学的形而上学基础"没有什么关联，实质上，康德的灵魂理论和神学理论背后有着深刻的科学动机。与"应征作品"几乎同时出炉的《证据》一文，表面看，是要梳理

---

① ［美］曼·库恩：《康德传》，第 162—163 页及注释 125。关于"莫利纽克斯难题"的相关材料可阅阅下列书籍：［英］洛克《人类理解论》，关文运译，第 112 页；［英］贝克莱《视觉新论》，关文运译，商务印书馆 1957 年版，第 57 页；［英］亚·沃尔夫《十八世纪科学、技术和哲学史》下册，周昌忠等译，第 807 页。

并判明历代关于"上帝存在"的各种证明，最终导出唯一可能的证据，即事物的内在可能性；内在看，康德的目的是要为自然科学，具体说就是理论物理学，奠定探究的前提和基础。就这个时期的康德来看，他的神学理论背后有着非常深刻的科学动机。你可以说康德这是在调和，但它还是带来了一系列重要而深刻的理论后效。

康德一再声明，他之所以要花大力气探讨宇宙生成的根源、规律和过程，目的就是"要排除一种没有道理的担忧，就好像从普遍的自然规律出发对世界的伟大安排所作的任何一种说明，都会给宗教的恶意的敌人打开一个挺进宗教之堡垒的缺口似的"。康德由此邀请识见广博的人们对他的宇宙起源论作一番详细的检视，哪怕人们"只是给予自然哲学一片自由的天地，并且能够被打动，把一种解释方式……看做是可能的、与对一位睿智的上帝的认识是协调一致的"，那么，他也就论有所值了。康德此举，理论效果有三：一来面子上尊重了宗教和神学的传统，使科学不致因宗教问题受到人们的攻击；另一方面，使宗教和神学成为自然科学研究的开路先锋，解除科学探讨的后顾之忧；三是要把"目的论""道德论"从自然科学研究领域驱逐出来，以使自然科学专心于合其本性的"因果论"。对自然的解释，越少目的论、意图论和外在干预，也就越接近科学的本性和本意。"诉诸全能的意志，则要求研究的理性恭敬地保持沉默"，那是送自然科学的终；同样，"求助于道德的理由，也就是说，求助于从目的出发的说明，在还可以猜想自然的理由通过与普遍必然的规律相结合规定结果的地方，将妨碍哲学认识的扩展。"比如，我们要探讨为何"水面总是趋向平静"，按因果论来说，这是水的本性使然，若按目的论，那就是为了人们能够在水中照见自己的面容。正如康德所言："关于江河成因的所有自然研究都会被一种假定的超自然安排终止。"康德把这种奉"神性的安排""人为的秩序"为圭臬的判断方式，称为"错误的"和"荒唐无稽的"。他把自己所坚守的、诉诸因果论的方式称为"更好地受到教育的思维方式"。（《著作》2：153、133、129、134、137、133）

康德神学探讨的科学动机使我们更能深切地理解他对"上帝存在"的诸多溢美之词。他把"上帝存在"不称为"信仰"而定位为"知识"或"真理"、一个"伟大的真理"，并宣称，在我们所有的知识中，这是其中最重要的（《著作》2：160、72）。可以这样说，康德对上帝的诸多敬辞，都不是出自宗教的意图，他打的是科学的算盘。他之把"上帝存在"视为"伟大的真理"，完全是因其于自然科学研究所具有的护卫和奠基之功。因此，当时的学术界和宗教界对康德的信仰始终抱以怀疑的态度，包括他的一贯同情者舒尔茨牧师——后者当时已是神学教授和大学校长，只有在康德对他"你一直敬畏上帝吗？"这一问题作了肯定回答后，他才授意康德去谋求教授的职位，那一年是1758年。对于自然哲学家康德来说，上帝不是信仰的对象，不是宗教的首领，而只是理性认知的对象，自然科学的最佳护卫。康德在《证据》结尾有一段话，含义颇值得玩味："人们相信上帝的存在是绝对必要的，但人们证明上帝的存在却并不同样必要。"（《著作》2：167）如果按这里的字面意思来解，康德这篇文字就是不必要的；如果按康德神学探讨的科学动机来看，则此文之真正意图昭然若揭：意在"为科学张本"，不在"为上帝作证"。①

神学探讨的科学动机使得康德在思考和解决所论问题时，不得不一方面照顾到神学外衣的光鲜，更要为自然科学的理性探讨争得应有的地盘。这种两面共进的思路，使得康德的思维常常是二分的。在《证据》一文中，康德明确作出区分的概念有：绝对必然的存在与偶然的存在、可能与实存、事物与关于事物的思想、设定什么与如何设定、质料与形式、现实根据与逻辑根据、逻辑的必然性与实在的必然性、逻辑的偶然性与实在的偶然性、逻辑的冲突与实在的冲突、形式上超自然与质料上超自然、自然的与艺术的，等等。其中最值得注意的是康德对"世界二重性"的论述："世界上展示给我们感官的事物不仅表现出它们偶然的清晰征兆，而且也通过人们到处都觉察到的伟大、秩序与合目的的安排，表现出一个具有伟大的智慧、权柄和美善的理性创造者的证据。"（《著作》2：164）世界在康德看来，既是偶然的又是必然的，既具多样性又具统一性，康德保持着对世界理解和解释之不同方式（这里指目的论和因果论）间应有的张力。这最先体现于《天体》（1755）中的那两句名言上："只要给我物质，我就给你们造出一个宇宙来"和"难道人们能够说，给我物质，我将向你

---

① 关于康德思想中，信仰与知识、宗教与科学之间的内在关联，可参阅［英］木尔兹《十九世纪欧洲思想史（七）》，"第二编下册"，伍光建译本，台湾商务印书馆1956年版，第181—183页尤其第182页之原注所引包尔生（Friedrich Paulsen，1846—1908）所论。

们指出，幼虫是怎样产生的吗？"① 康德这里的解释策略可以概括为一句话：上帝的归上帝，恺撒的恺撒，并想通过内在的合规律性推导出外在的合目的性。自然哲学时段的康德有着虔诚的宗教情怀②，其科学探讨背后的宗教意图亦毋庸置疑。康德晚年曾向他的朋友和同事、哥尼斯堡的诗学教授珀尔施克（Karl Ludwig Pörschke）"保证"，"在他取得硕士学位以后，有很长的时间依然不曾怀疑过任何基督教的教义（Satz）。渐渐地，一点一点地，这个信仰才变得支离破碎。"③ 可以肯定的是，至少到《证据》揭载的 1763 年底，康德对基督教教义的信念还没有"变得支离破碎"，因为康德这个作品的最后一句话便是："人们相信上帝的存在是绝对必要的，但人们证明上帝的存在却并不同样必要。"（《著作》2：167）④ 尽管证明上帝存在是人类那"习惯于探究的知性不能摆脱的正当热望，也就是说，在一种如此重要的认识中达到某种完美无缺地和清晰地把握了的东西，也还是可以期望"；当然，"为了达到这一目的，就必须冒着陷入形而上学无底深渊的风险。"（《著作》2：72—73）⑤ 总之，科学与神学并不如通常所认为的那样截然冲突这一思想是康德始终坚守的。

自然是可知的，有规律且成系统的：这是近代自然科学的基本公设。通常所谓近代科学常有宗教的背景，绝不仅仅是指科学因此得以在宗教环境下展开这种功利性的考量；实在说来，上帝的存在以及把自然看作是上

① ［德］康德：《宇宙发展史概论·前言》，全增嘏译，上海译文出版社 2001 年版，第9、10 页。

② 这主要源于康德的家庭氛围，尤其是他的父母都是纯粹的虔敬派信徒，勤劳、忠诚、道德高尚、举止有礼，有着清教徒般严格的生活方式，"他们具有高尚的人类情操——稳重、乐天和任何欲念都破坏不了的内心宁静"，"既不怕困境也不怕压迫。任何纠纷都不能使他们产生仇恨和敌对的情感"。康德的父母给了他一个"以道德的角度而言最佳的教育背景"。参阅［苏］古留加《康德传》，第 13—14 页；［美］曼·库恩《康德传》，第 66—76 页。

③ ［美］曼·库恩：《康德传》，黄添盛译，第 174 页。

④ 对这个表述，"我们没有理由相信康德在讲这句话的时候是在虚与委蛇。虽然他十分反对某种神学路线，他的确相信上帝的存在。再者，他的确相信自己提出了最好的、甚至是惟一的证明。"参阅［美］曼·库恩《康德传》，黄添盛译，第 174 页。

⑤ 在这篇作品中，康德把知性的本性界定为"彻底的探索"（《著作》2：166）。这种对"知性"的理解，同批判时期有根本的不同；那里，知性是概念或联结的能力，理性才是这种推论至极的能力（A298－302＝B355－359）。

帝的作品的观念，恰是近代科学得以展开的理论预设和基本前提。这是近代科学之有宗教背景的深层原因，而如果把一切都归于偶然或神迹，则断无近代科学产生的可能。近代哲学家和科学家在如下这一点和宗教人士并无不同：世界是上帝创造的，世界的根源在上帝。只是两者对"创造"的理解不同而已：对宗教界而言，世界的一切都是上帝创造的，上帝直接插手于世界的运行，一切无法解释的都被归于神迹；而近代的哲学家们，则只承认上帝创造了构成世界的"原初物质"或康德所谓的"基本物质"，而对自然的运行则一概不再染指。自然的一切都是有规律的，它秩序井然，结构严谨，美轮美奂，宣示上帝存在的证据不在于自然的奇迹，而恰恰在宇宙大厦之完美地合规律上。哲学家所采取的这一新的思路，既为近代科学的繁荣昌行开出了一条康庄大道，同时，对于宗教界也不啻为一种方便之门，后者可因此不用再费尽心力地解释"恶"的难题（"神正论"）。康德在面对物理学的极限即"基本物质"时的宗教走向，以及让自然自行运作的思想，使得他必然面对如下难题："如今要怎样把关于目的的学说与一种力学学说协调起来？以使至高无上智慧所设计的东西能被委托给原始物质、天意的统治能被委托给自行发展的大自然去实施呢？"在康德看来，万物处于普遍联系之中，互相作用并互相适应最终相互协调，这一切均出于事物的本性，"事物都是从起源的共同性中获得这种亲缘关系，它们都从这一起源获得了自己的本质规定性"。（《著作》1：338—339）这显然与莱布尼茨的"预定和谐论"在道理上是一致的，虽然康德后来明确反对莱氏的这一理论：世界的本源决定了它的合目的性，"归根结底精神存在物对它们亲身与之结合的物质有一种必然的依赖"，故而，精神世界同物质世界一样，都"被同样的本源编织在物质大自然的普遍状态之中"，物质有多完善，精神也随之匹配。（《著作》1：400、339）在这里，康德实质上是在调和牛顿和莱布尼茨，机械论与目的论的张力关系已被有力地触及着。

　　不同的是，先前是从科学研究走向神学认同，科学研究有着潜在的神学目的；现在的策略正好相反，从神学证成回暖科学研究，借助神学目的论来为自然因果论保驾护航。确实，至今"人们不能清楚地说明最不起眼的野草按照完全可理解的力学规律被产生所凭借的自然原因"——康德反问道："从前可有过一位哲学家，能够像解释天体的所有运动所遵循的规律那样，如此清晰并且在数学上确定地解释一株已经现存的植物中的生长和内在运动所遵循的规律吗？"是的，"对象的本性在这里已经完全变了"（《著作》2：144）。"拥有如此众多完美关系的各种事物存在，这应当归因于为了这种和谐起见而创造它们的那一位的睿智选择，但它们中的每一个都凭借简单的根据而与多种多样的一致有一种如此广泛的适宜性，并且由此而能够在整体上获得一种值得惊赞的统一性，这却是在于事物的可能性；由于在此进行选择时必须作为前提条件的那种偶然性已经消失，这种统一性的根据虽然可以在一种睿智的存在者中寻找，但却并不借助于他的智慧。"（《著作》2：109—110）为此，康德列举了很多科学实例，比如大气、光、空间、彩虹等，康德之所以"援引了出自最单纯、最普通的自然规律的如此不被注意的、常见的结果"，其目的"不仅是为了人们从中得出各种事物的本质相互之间所拥有的重大的、范围无限广泛的契合以及应当归因于它的重大结果……而且也是为了使人们觉察如果考虑到这样一种契合而把上帝的智慧称之为它的特别根据就会蕴涵的悖谬。"（《著作》2：109）康德哲学的二元性（duality），其实是开始就注定了的，这源于他在科学研究上的真诚，更是他坚守"知性的自由"并保持"知性的平衡"的必然结果。① 也即是说，康德的二元性不是来自哪个前辈的影响，而是自家学术探讨深入下去而不得不采取的思路，这一点本书在讨论"康德美学的基本结构"时还会论及。

在前文提及的康德于 1764 年初至次年秋这段时间为《观察》所写的"反思录"中，康德对"自然科学"进行了大量的理性反思，亦是康德由自然科学转至思辨哲学的有力证据。在"反思录"中，康德分别对科学的特性、功能、弊端、缘起、基础等都做了一定的理论反思。比如关于科学的特性，康德写道："科学的第一部分是探询性的，另一部分是独断论

---

① 这两个概念都是康德在处女作中提出的，就"知性的平衡"，康德说："既然愿意为了证明人们事先假设的一种观点所提供的所有理由而找来知性，那就应当以同样的专门和努力去致力于用各种各样只是以某种方式表现出来的证明方法来证明反面的情况，就像人们对待一个喜欢的观点时总是能够做的那样……人们不应当忽视任何哪怕看起来对反面情况只是稍稍有利的东西，并尽最大努力为它辩护。"（《著作》1：7，66）。这大致相当于韦伯所谓的学术研究应当更注重"令人不舒服的事实"，参阅［德］马克斯·韦伯《以学术为业》，载《学术与政治：韦伯的两篇演说》，冯克利译，三联书店 1998 年版，第 39 页。

的"，并重申了他在"应征作品"中的观点："数学和哲学的区别在于：
数学需要从其他事物获得材料，哲学自己筛选材料。因此数学可以从任何
一种天启宗教得到证明。"就科学的弊端，康德说："科学的一个最大的
遗憾是占用了过多的时间，以致使青年人忽视了道德。其次，由于他们的
心境耽于思辨时的愉快感受，就会疏于做善事"，以至于"学者们以为世
界上一切事物都是为他们而存在的"。（《文集》68、165、104、100）康
德认为自然科学在他那个时代患有"视野狭窄"和"缺少崇高的目的"
两样痼疾，并认为科学需要"来自哲学高度的监督"；学者如果"缺乏哲学眼
光"，就会成为只有"科学利己主义"一只眼的独眼怪物；康德所谓的"哲学
的眼光"，就是另一只眼睛，即"人类理性的自我意识"，它提供给我们"衡
量知识水平的尺度"。康德呼吁"科学人道化"，强调"科学的人性标准"，真
正的科学"能够教给我们：要想成为一个人，我们必须做些什么"。①

对这一"转战后方"的学术走向，康德自己亦有明确的思考和提示。
1763 年初完成的《将负值概念引入哲学的尝试》的"前言"中，康德做
过这样的表述：与一般世俗学问之受益于数学不同，"形而上学这门科
学，不是利用数学的一些概念或者学说，而是经常全副武装地抵制它们，
在它也许能够借来可靠的基础以便在那上面建立自己考察的地方，人们却
看到它致力于把数学家的概念当作无非是精致的虚构，在它自己的领域之
外就少有本真的东西了。这两门科学，一门在确定性和清晰性上胜于其他
所有科学，另一门则特别致力于达到这一点，人们很容易就能猜出，在它
们的争执中哪一方将处于优势。"（《著作》2：169）在这一表述中，我们
既可以看到形而上学当时不妙的处境，亦可看到形而上学在本性上不同于
数学之处，前者尚在"致力于达到"应有的"确定性和清晰性"，而形而上学
的确然性与数学的肯定不可能是同一性质类型的，照康德的说法，它考察的
是：因果律的可能性在哪以及它有多大的适用范围。（《著作》2：203）②

当然，就形而上学作为第一哲学而为自然科学奠基这一点而言，康德
援神学以为科学之护卫和开路先锋，实在只是科学得以展开的外在保障，

---

① 参阅［苏］古留加《康德传》，贾泽林等译，第 69—70 页；《文集》106。
② 引文据"剑桥版康德著作集"有校改，参阅 CB/*Theoretical Philosophy*, 1755—1770
(1992)：207 = AK2：167。

可称之为科学的"外在奠基"，提供了科学工作的社会前提。更深层、更根本的奠基是"内在奠基"，这才是"自然科学的形而上学初始根据"，尤其对作为自然科学大厦之根基的"因果律"的前提性批判分析。

第五节　因果律：从科学原则到哲学难题

康德哲学于 1762 年由探求确然性的"知识"深化为对知识"确然性"的前提批判，从自然科学的角度看，最大的标志就是"因果律"在康德学术视野中本身性质的改变：从科学原则转变成哲学难题，即因果律如何可能。现在我们就回到前面提及的、与我们就卢梭影响于康德所提一样的那个疑问：诸多证据表明，康德接触并研读休谟不会晚于 1760 年代，而真正受其影响则至少要到 1762 年以后[①]。休谟《人类理智研究》（1748）的德文版早在 1755 年就已出版，《道德与政治论文集》（*Essays, Moral and Political*，1741—1742）的德译本（*Vermischte Schriften über die Handlung, die Manufacturen und die andern Quellen des Reichthums und der Macht eines Staats*，Hamburg & Leipzig，1754—1756）也于此时出版。就在 1755 年，开始追随康德的博罗夫斯基（Imdwig Ernst Borowski，1740—1832）曾如此回忆他老师这一时段讲课的内容："在我追随他的那几年里，哈奇森与休谟是他最推崇的思想家，前者因其伦理学的贡献，后者因其深入的哲学探索。他从休谟那里得到了新的思考动力。他建议我们仔细阅读这两人的作品。"[②] 然而，直到 1759 年 10 月，康德仍然是个十足的教条式的"乐观主义者"，铁证就是该年 10 月 7 日出版的《试对乐观主义作若干考察》。康德后来回忆及此，竟禁止人们利用他的早期著作，尤

[①] 康德在《反思录》中有这样的话："根据牛顿学说形成的关于宇宙构造的正确知识可能是好奇的人类理性的最美丽的成果，而休谟却指出，哲学家在这种令人神往的沉思中很容易被一个娇小的棕皮肤的使女所干扰，君主们不会被在宇宙大背景下地球的渺小所打动，转而轻视他们所占据的地盘。"（《文集》152）。据考，休谟对康德的影响可以推至 1762 年，根据是 1762—1766 年康德在一系列著述中都严格区分了（逻辑的）"理由"和（事实的）"原因"，如康德在《四个三段论的错误繁琐》中仅仅确认了"第一格"的逻辑真值、在《尝试》中区分了"负值"与逻辑上的"非"等，都表明康德受休谟因果论的影响。参阅［日］桑木严翼《康德与现代哲学》，余又荪译，台湾商务印书馆 1991 年版，第 22 页。

[②] 转引自［美］曼·库恩《康德传》，黄添盛译，第 140 页。

其这篇关于乐观主义的作品，他甚至希望所有保存它的人们统统烧掉它。①这个时期应该就是康德后在 1783 年《未来形而上学导论》的"导论"中所"坦率地承认"的"教条主义的迷梦"时期，打破这个迷梦并为其在形而上学领域"指出来一个完全不同的方向"，则要等到六十年代中期左右。现在的问题是，到底是什么让康德突然领悟到休谟哲学的魅力和价值？我们的回答还是康德 1762 年底完稿的"应征作品"《关于自然神学与道德的原则之明晰性的研究》。对这篇标志性文献的详细解析留待下一章节，现在看看康德在"应征作品"之后如何对作为科学大厦之根基的"因果律"进行前提性批判的。康德把这一工作放在了他于 1763 年 6 月完稿的《将负值概念引入哲学的尝试》（以下简称《尝试》）中。

康德此文之目的，旨在引数学的某些概念于哲学领域，"为哲学谋福利"。康德认为，哲学和形而上学应当向数学或几何学学习，比如作为形而上学对象的空间、时间的本性和先天依据，就完全可以借助数学对它们的可靠探讨，但康德坚决反对哲学照搬数学的方法。这里透露出康德学术致思的一个基本倾向，哲学或形而上学须从自然科学中取经以自建。在其中，我们读到了类似康德《纯粹理性批判》"第二版序言"（BXⅡ—XⅢ）的语句："伽利略的斜面、惠更斯的钟摆、托里拆利的水银管、奥托·居里克的气泵和牛顿的玻璃棱镜，都给我们提供了开启重大自然秘密的钥匙。"（《著作》2：188）在复述了"应征作品"中关于哲学与数学的本质差异的某些表述及自己的负值理论后，在《尝试》"总的说明"里，康德第一次正面表达了他对作为自然科学大厦之根基的"因果律"的批判性思考。为见出差异，我们先要回顾康德 1762 年之前在"因果律"上的主要认识。

自然科学时段的康德，虽然绝不是霍布斯、拉·梅特里（La Mettrie，1709—1751，《人是机器》和《人是植物》的作者）、孔狄亚克和霍尔巴赫之流的绝对机械主义者，但也从未对因果律之能遍施于整个自然界表示过任何的疑虑。不惟如此，康德还曾为莱布尼茨的"充足理由律"奋身一辩，这就是那篇被认为是康德自然科学时期唯一的"纯哲学作品"②，也即 1755 年 9 月发表的教职答辩论文《形而上学各首要原则的新说明》

---

① 参阅 ［苏］古留加《康德传》，贾泽林等译，第 44 页；参阅《书信》230。

② 参阅 ［苏］古留加《康德传》，贾泽林等译，第 31 页。

（以下简称《新说明》）。然而，它与其说是"纯哲学作品"，毋宁说是"逻辑学作品"，其最终目的还是要为自然科学的因果律辩护。在莱布尼茨看来，自然科学的知识是属于"事实的真理"或"偶然的真理"，充足理性律是其原则①，而就事实真理之应具充足理由看，这已经是牛顿力学的"因果决定论"了②。在《新说明》中，康德把事物的"存在理由"与对事物的"认识理由"区别开来，把"现实基础"与"逻辑基础"区别开来，比如，光的本性是光的"存在理由"，而木星卫星变暗则是关于光的"认识理由"。（《著作》1：372—373）③ 就存在理由，康德认为，某物在自身中不可能拥有其存在的理由，也就是说，康德否定了"自由因"的存在，理由是："假定存在有某物，它在其自身就拥有其存在的自由，那么，它就是它自己的原因。但由于原因的概念在本性上先于结果的概念，结果的概念迟于原因的概念，所以，同一个东西同时先于且迟于它自身，这是悖理的"，因此"任一被宣称绝对必然存在的事物，都不是由于某个理由而存在，而是由于其对立面完全不可思议。对立面的这种不可能是存在的认识理由，而在先规定的理由则完全缺乏。它存在，就它而言说出并且认识到这一点就够了。"（《著作》1：375）这完全是牛顿式的"我不做假设"的架势和腔调。④ 反莱布尼茨—沃尔夫哲学的克鲁修斯认为，充足理由律"复活了所有事物不变的必然性和斯多亚学派的命运的旧有权利，甚至削弱了所有的自由和道德性"，原因很清楚，如果一切都

---

① ［德］莱布尼茨：《单子论》，王复译，载北京大学哲学系外国哲学史教研室编译《十六——十八世纪西欧各国哲学》，商务印书馆1975年版，第488—489页。莱布尼茨对"充足理由律"的解释是："任何一件事如果是真实的或实在的，任何一个陈述如果是真的，就必须有一个为什么这样而不那样的充足理由，虽然这些理由常常总是不能为我们所知道的。"见上书第488页。

② 参阅［英］罗素《对莱布尼茨哲学的批评性解释》，段德智等译，商务印书馆2010年版，第35页。

③ 古留加认为："在这些论断中包含着后来二元论的萌芽：现实事物的世界和我们认识的世界，二者不一致。"参阅古留加《康德传》，贾泽林等译，第31页。

④ 康德这里所区分出的存在理由和认识理由，完全可以用来说明他后来在"第一批判"中揭橥的、作为康德批判哲学门槛的"物自体"学说。对"物自体"的确认，康德只是提供了"它存在"，除此之外一无所知。我们可以从感觉材料的来源即它刺激了我们的感官推定它的存在，也就是说，对于"物自体"，我们只拥有关于它"是什么"的"认识理由"，至于它到底"为什么"的"存在理由"那是我们的理智所无能触及的。康德对上帝存在的"神性存在的证明"，采取的也是这条思路。从这个角度说，康德批判哲学依然承继着牛顿力学的科学精神。

有确定的理由，那我们就不拥有评价我们行为善恶的依据，因此也就无法给任何人定罪。康德反驳道："一切皆有据"的思想和自由意志并不矛盾，克鲁修斯所谓的自由，纯粹是赌徒式的任意自由，是走路先迈左脚还是先迈右脚的任意自由。（《著作》1：391—392）康德理解的自由是："错综复杂的理由系统在要采取的行动的每一个环节上都提供了向各方面诱惑的动因，其中之一你自愿地顺从之，因为这比采取另一种行动更使你愉快"，"自由行动就是与自己的欲望一致，从而也就是自觉地行动。而规定理由并不排斥这一点。"（《著作》1：386，387）康德所理解和认同的"自由"就是"自觉"，但还不是"自律"，也就是说还不是内在的、无条件的。

可以说，康德对自由因的否认，完全是他推行莱布尼茨"充足理由律"——康德建议改为"规定理由"——于人类行为时所必然面对的结果。康德因此不得不面对那个曾被莱布尼茨判为"几乎令整个人类陷入尴尬境地"的人类理智的第一"迷宫"①、更是让自己终身不得安宁的"人的自由"难题。就如同宗教的潜在威力使康德不得不在其自然科学研究中尽力平衡"宗教主义"与"自然主义"间的紧张关系，康德也因此在《新解释》中用了很大篇幅来讨论意志自由与规定理由（决定论）间的对立关系。总之，"应征作品"前的康德，虽然已经对人类理性和机械因果律的局限性有所领悟和自觉，但对"因果律"的基本态度就是牛顿式的"试试看！"，而在遇到自由问题时，则又是莱布尼茨式的"这并不矛盾啊！"——康德因而表现出他一贯的调和姿态。然而，到了1763年6月完稿的《尝试》中，因果律的有效性和可能性则成为他哲学讨论的核心议题。

在康德看来，如同存在着逻辑对立和实际对立一样，"理由"（Gründe，或译成"根据""原因"）也相应地区分为"逻辑理由"和"实际理由"。前者依据同一律，即准此规则"通过一个理由来设定一个结果"，它之所以是逻辑的"乃是因为它是通过对概念的分解而被发现包

---

① 莱布尼茨说："有两个颇有恶名的、往往使我们的理智失迷于其中的迷宫：其一涉及关于自由和必然性的重大问题，尤其关于恶之产生和来源的问题；其二是关于持续性和不可分割事物的讨论，这些事物的构成部分似乎是其自身，因而人们不得不同时将对无限性的思考纳入其中讨论。前者几乎使整个人类陷入尴尬境地，后者只使哲学家们为之伤神。"参阅［德］莱布尼茨《神义论·前言》，朱雁冰译，三联书店2007年版，第8页。

含在理由之中的"，正如人会犯错的"理由就在于他的本性的有限性"。（《著作》1：201—202）这显然就是康德在"第一批判"开始时就划出来的"分析判断"的根据。因此，这种"理由"之所以是逻辑的，根据就在于它是"分析的"。而因果律表达的则是："因为一物存在，所以另一物存在，这个关系如何理解？"也即"某物如何从别的某物中不依同一律而流溢出来？"（《著作》2：201）① 按康德的理解，"实际理由从来也不是一个逻辑理由，并不是根据同一性的规则能凭借风而设定雨"，因此，前后件"发生关系的方式却是无论如何也无法判明的"（《著作》2：202，201）。然而，解释这种关系则是康德所亟须的，他曾反复思考过这个认识论的难题，而且有了结果，康德承诺"将在某个时候详细地阐述这些考察的结果"。正如我们已知的那样，康德的承诺要到18年后的《纯粹理性批判》才算兑现。但这时，他对因果律已然有了非常确定的认识，他紧接着上述引文说："从这一结果可以得出，一个实际理由与由此被设定或者被取消的某种东西的关系根本不是通过一个判断、而是仅仅通过一个概念就可以予以表达，人们通过分析达到实际理由的更简单概念就可以得出这个概念，这样，最终我们关于这种关系的所有认识，都终结于与结果的关系根本不能讲清楚明白的实际理由的简单的、不可分解的概念。"（《著作》2：203）再明显不过了，康德在因果律的根源上，是不可知论的，这源于人类理性命定的有限性。正如苏联著名康德专家阿斯姆斯（В. Ф. Асмус，1894—1975）所判断的：把逻辑理由与实际理由作出区分的思想"是可贵的"，但区分的目的还"是为了强调我们的理性没有能力获得事物的实在关系，换句话说，是为了论证不可知论。"② 康德从人类理性之本性的角度架空了休谟对因果律的解构性分析：休谟是在试图解决一个在康德看来是人类理性根本不可能解决的问题。因此，就因果律之根源由休谟所得出的"心理联想"这一结论根本就不能算数，这个结论能证明的恰恰是人类理性的有限性，而不是因果律不具应有的确然性（客观有效性）。

---

① 译文照库恩《康德传》（黄添盛译，第175页）和 CB/*Theoretical Philosophy*，1755—1770：239 = AK2：202 有校改。

② ［苏］阿斯姆斯：《康德》，孙鼎国译、王太庆校，北京大学出版社1987年版，第17页。

在康德对因果律的探讨中，值得注意的有五点。（1）康德已经开始思考因果律的可能性和效应问题，这显然是在因应休谟的冲击，批判哲学也因此被合理地理解为对休谟关于因果律的解构性分析的应答——后者对现代科学、因此对所有类型的知识包括康德宣称要建立的作为科学的形而上学都有灾难性的后果①。（2）如上文提到的，康德在这里已经注意到逻辑理由与实际理由的根本差异，前者是分析的，后者则是综合的，这是康德在"第一批判"中划分"分析判断"与"综合判断"的前身。（3）逻辑理由与实际理由及其结果虽都涉及判断问题，但康德明确地把后者即实际理由与其结果的关系并不判定为"判断"，"而是仅仅通过一个概念就可予以表达"——这预示着康德拟把因果关系作为知性的一种纯粹概念即"范畴"来处理了，虽然他还未动用"范畴"一词。（4）康德一直坚持的人的有限性以及由此必然带来的不可知论，使得因果律的来源问题对康德来说只能被"终结"于它对经验的普遍有效性。（5）康德把莱布尼茨的如下思想称为"伟大的、非常正确的东西"："灵魂以其表象力囊括了整个宇宙"，"事实上，所有种类的概念都仅仅建立在我们精神的内在活动上，把它当作它们的基础……灵魂的思维能力必定包含着所有据说以自然的方式在它里面产生的概念的实际理由，生生灭灭的知识的各种表现根据一切迹象来看，只应当归因于所有这些活动的一致或者对立"（《著作》2：199）。显然，康德已经准备把概念、知识等事关哲学命脉的东西归结于人类心灵的思维能力之中，这是康德对笛卡尔以来近代哲学的根本推进。

鉴于此五点，可以赞同古留加和库恩的如下断语："康德在《将负值概念引入哲学的尝试》这篇作品中所表述的那些思想，也宣称了即将到来的哲学革命"；"康德的论文代表了与日耳曼传统哲学的告别……门德尔松对于论文比赛的问题提出传统沃尔夫式（或鲍姆嘉通式）的肯定答案，康德则是走牛顿的路线。他甚至明白表示，他使用的是牛顿的方法，进而主张数学的确定性与哲学的确定性不同。"②

---

① ［美］洛克摩尔：《在康德的唤醒下：20世纪西方哲学》，徐向东译，北京大学出版社2010年版，第34页。

② 分别见于［苏］古留加《康德传》，贾泽林等译，第53页；［美］曼·库恩《康德传》，黄添盛译，第172页。

第四章　从"确然性寻求"中转出的"普遍性"

——康德哲学的"佛陀式"精进

第一节　作为"思想事件"的"应征作品"

　　柏林科学院 1761 年公布的有奖征文，富含了太多的信息量，它像一面晃眼的旗帜，昭示出那个时代的思想气候：在一切领域、尤其是哲学和形而上学领域，对如几何学那样"无可置疑的确然性"的强烈渴求。有奖征文的提问确乎击中了那个时代亟待解决的理论难题，这是不言自明的。题目自身的意图更是异常明确，而且还有着非常鲜明的导向性，表达了那个时代普遍的心理倾向和理论诉求：一切学科都应当像几何学那样确定无疑，尤其是形而上学、神学和道德这些此前占尽风光而今却混乱难治但又关乎人类精神生活之根本的思想领域。正如康德所言："哲学认识大部分都命中注定是意见，就像其光芒瞬间即逝的流星一样。它们消失不见了，但数学却长存不衰。形而上学无疑是人类所有知识中最困难的一种，然而还从未有一种写出来的形而上学。科学院的选题表明，还是有理由探索人们打算尝试形而上学所要走的道路。"（《著作》2：284）这一问题的重要性以及它之于整个哲学大厦的建基之功，在康德 1762 年底完成的"应征作品"的"引言"中已有揭示：

　　　　摆在面前的问题具有这样的性质：如果它得到恰如其分地解决，那么，更高的哲学就必然会由此获得一种明确的形象。如果达到这种知识的最大可能的确然性（Gewißheit/certainty）所遵循的方法已经确定，如果这一信念的本性已经被清楚地认识到，那么，就必然不是各种意见和学术宗派永恒的变幻无常，而是对学术风格的一种不可改变的规定，来把思维着的大脑统一到同样的努力上，就像在自然科学中，牛顿的方法把物理学假设的无拘无束改变成为一种遵照经验和几何学的可靠程序一样。(《著作》2：276)

现在，哲学奋斗的目标已明——寻求确然性，榜样也出现了——牛顿及其物理学：按伽达默尔的诠释学哲学看，这就是近代思想得以展开的"问题视域"(Fragehorizont)，接下来的事情就看哲学家如何行事了。

康德之以"就像在自然科学中，牛顿的方法把物理学假设的无拘无束改变成为一种遵照经验和几何学的可靠程序一样"来期许于形而上学，决不是一时兴致，而是深思熟虑的结论。从 1747 年踏入学术之门到 1762 年撰写应征作品，康德在理论物理学领域业已摸爬滚打了近乎 15 年。此时的康德已然是一位声名显赫的大学教师，虽然还是个编外讲师，但他的课堂总是人满为患，有的课只能请自己的学生来带；他的书也十分畅销，《关于美感和崇高感的考察》为他赢得了"时髦作者"的美誉；虽比康德小 4 岁但已是教授和柏林科学院院士的著名数学家和天文学家亨利·兰贝特主动提议与他进行学术通信。[①] 康德此时的科学成就、尤其是他的"星云说"，已然使他能在人类自然科学史上占有自己的位置，宇宙生成和发展的观念也因此与康德之名有了光荣的关联。然而，我们在相关材料中发现，1762 年前后的康德开始对"自然科学"进行集中而连续的反思，结果因某种"发现"而来了个"突转"，即从理论物理学家转而为形而上学家、由原来寻求和推广确然性的知识转而探询这些确然的科学知识之确然性和客观性的根源之类的第一哲学问题。从此，康德以一个真正哲学家的面貌出现在人类的思想史殿堂里。现在我们就转入对"应征作品"的考察，看看到底是什么"发现"给康德带来了"突转"。[②]

柏林科学院的有奖征文事宜是 1761 年 6 月公布的，照规定，参赛论文必须在 1763 年 1 月 1 日前寄给科学院的常务秘书。康德很晚才动笔，

---

① [苏]古留加：《康德传》，贾泽林等译，商务印书馆 1981 年版，第 71、73 页。

② 1761 年的有奖征文之于康德哲学的意义，类似于 1749 年法国第戎科学院公布的有奖征文(题目是"试论科学与艺术的复兴是否有助于使风俗日趋纯朴？")之于卢梭的意义。对此，卢梭曾有自剖。参阅氏著《一个孤独的散步者的梦》，李平沤译，商务印书馆 2009 年版，第 192 页。

直到最后期限（1762.12.31）才把论文寄出。① "应征作品"的意图合乎要求且明确，开端亦无可置疑，方法更是严谨有效："应当为形而上学指出其真正确然性程度以及达到这种程度的道路"，"既不信赖哲学家们的学说，正是它们的不可靠（uncertainty）才有了提出当前课题（Untersuchung）的机会；也不信赖如此经常欺骗人的定义"，"使用的方法将是简单明了而又小心谨慎的"，决不用"一些还可能被人们认作不可靠的东西"。（《著作》2：276）论文根据应征要求分两大部分，一部分解决"形而上学的确然性"，一部分解决"自然神学和道德的最初根据所能够获得明晰性和确然性"。康德采取的策略也是明确而有力的：首先区分数学认识与形而上学认识获致确然性方式的根本差异，由此肃清由笛卡尔哲学诱发的"哲学数学化"的诸多流弊②，然后指明正确的方向和方法，再论及自然神学和道德的确然性问题。正是在对这些问题的追问中，康德思想因"发现"而有了"突转"。

一　数学认识与哲学认识的本性差异

首先，它们的研究对象、运作符号及借以"开端"的初始概念（elementary concepts）和"基本命题"（elementary propositions）——它们"无论通常能否得到解释，在这门科学中至少不需要解释"并"被视为直接确定无疑的"③——均不同。数学的对象是"量"，哲学的对象是"质"，哲学理念之所以难解的根本原因，除了哲学诸理念在"质"（qualities）上具有多样性以及哲学的运思方式即必须"抽象地思考一般"外，语词（符号）与概念（内涵）的不对称性可能是最大的困难所在（《著作》2：286）。数理科学的对象是假定的，其基本概念或命题（公

---

①　CB/ *Theoretical Philosophy*, 1755—1770 (1992): lxii.

②　在稍后完成的《证据》中，康德说："方法的寻求，即对在平坦大道上稳步前进的数学家的仿效，在形而上学遍地泥泞的基础上导致了大量这样的失误。"（《著作》2：78）在"应征作品"中也有：鉴于在数学与形而上学之间在基本概念、运思策略和研究对象等方面的"巨大的本质性区别"，可以说，"再也没有比数学对哲学更有害的了，这说的是在思维方法上模仿数学"（《著作》2：284）。

③　参阅康德《明晰性的研究》，《著作》2，第281、282页。康德的这一思想，来自莱布尼茨，参阅氏著《单子论》，王复译，载《十六——十八世纪西欧各国哲学》，商务印书馆1975年版，第488—489页。

理）是借来的，且为数不多，而在哲学，这些均必须自己创造出来，因此不同的哲学体系会有不同的开创，因而常常不可胜数。数学和哲学都以这样的基本概念或命题作为开端，但数学以此为前提，可以严密地推证出其余的一切；而哲学则以此为起点，通过哲学反思，终亦以此为终结，哲学的开端决定着它的原则，预示着它的结论。真正伟大的思想家永远只思考一个东西（海德格尔）。近代哲学，尤其是德国古典哲学自康德之后，殊为重视哲学的开端，这个思想远承古希腊哲学的"始基"（arche）传统，近接笛卡尔哲学的"开端"思想。照黑格尔的意思，"开端"有三层内涵：就人类的具体认识过程而言有"主观的开端"，比如黑格尔所谓的"感性确定性"；就概念的逻辑推演来说有"逻辑的开端"，比如黑格尔所谓的"纯有"；就哲学的真正对象来看有"体系的开端"，比如黑格尔所谓的"绝对理念"。笛卡尔的"我思"、斯宾诺莎的"上帝"、莱布尼茨的"单子"、康德的"理性"、费希特的"自我"、谢林的"理智直观"和黑格尔的"理念"，都是他们哲学体系的开端，也是他们哲学的基础、原则、依据和结穴处。黑格尔在《小逻辑》中从哲学主体角度对此做过深入的总结：哲学是思维的自由活动，因而自己创造并提供自己的对象，"哲学开端所采取的直接的观点，必须在哲学体系发挥的过程里，转变成终点，亦即成为最后的结论。当哲学达到这个终点时，也就是哲学重新达到其起点而回归到它自身之时。"① 康德虽未明确指示此点，但从其《逻辑学讲义》（自 1765 年开始讲授后于 1800 指定学生编次出版）中明确区分"方法"和"讲述"来看，他是有这个想法的。

　　同样，数学与哲学在获取（作为"开端"的）基础概念的方式上如此大相径庭，各自借以展开的任务、程序和方式也因此不同。在数学中，概念是借助定义产生的，概念后于其定义，因此是确定而明晰的；而且，数学的任务就是"把量的各种给定的清晰可靠的概念联结起来并加以比较，以便看一看可以从中推论出什么"，这里无须对概念进行辨析或思辨。哲学正好与此相反，"关于一个事物的概念是已经给定的，但却是模

---

① 关于哲学"开端"的思想，参阅［德］黑格尔《小逻辑》"导言"，§17，贺麟译，商务印书馆 1980 年版，第 59 页；阅张世英《黑格尔〈小逻辑〉绎注》，吉林人民出版社 1982 年版，第 62—64 页，尤其注③；邓晓芒《思辨的张力——黑格尔辩证法新探》第二章，湖南教育出版社 1992 年版，第 61—106 页；另参阅本书 90 页注②、96 页注③。

糊不清的，或者是不够明确的"，因此，哲学的任务首先就是"概念解析"，即"把分离开来的各种标志与给定的概念一起在各种各样的场合里进行比较，使这一抽象的思想变得详尽和明确起来"。就是说，"人们在形而上学中绝对必须以分析的方法行事，因为形而上学的任务事实上就是解析含糊不清的认识。"总之，"数学综合地（synthetically）而哲学分析地（analytically）达到其全部定义"。（《著作》2：279，277，290，277）

在康德哲学中，"综合"和"分析"是一对非常重要的概念①，"综合"有四种涵义，都与"分析"相对，试列表如下：

康德哲学中"综合"与"分析"的内涵

	综合（Synthesis）	分析（Analysis）
理智活动	把直观杂多统一成认识，直观进入概念：如先验统觉（知识的生成方式）	揭示在一般思维过程中理性的一切活动：如先验分析（真理的形式标准）
命题性质	给一个主词增加新的谓词：如综合判断	把蕴含在主词中的性质揭示出来：如分析判断
论证方法	由两个以上的判断推论出新的判断：如数学使用的方法	通过解析，使得概念变得清晰明确：如哲学使用的方法
讲述策略	从最简单的东西逐渐进展到复杂的系统：如《纯粹理性批判》的讲述方法	把结论摆出来，然后一步步地予以解释：如《导论》和《奠基》的讲述方法

康德此处所谓的"分析"与"综合"是在第三种意义即论证方式上来说的，必须把它与第四种即讲述策略区别开来。康德在《逻辑学讲义》中认为，讲述可以分成两种，即学术的（Scholastisch）和通俗的。"学术

---

①　李明辉先生曾指出"康德曾在两个不同的脉络中使用'分析的/综合的'（analytisch/synthetisch）这组概念：除了在方法论的意义下将它用于'分析法'与'综合法'之外，他还在形式逻辑的意义下使用这组概念，而提出'分析判断（命题）'与'综合判断（命题）'之区分。"参阅李明辉《中译本导读：〈未来形而上学序论〉之成书始末》，载康德《未来形而上学之序论》，李明辉译，台北：联经 2008 年版，第 xxx—xxxv 页。

的讲述"即是把知识作为科学体系来对待，如果旨在知识启蒙，则宜用
通俗方法。康德这里的区分，大致可以对应于综合与分析的第四种含义即
讲述策略。但"讲述（策略）"与"（论证）方法"是根本不同的："（论
证）方法即需要理解为如何充分认识某一个对象——此对象的知识是方
法要应用于其上的——方式。（论证）方法必须取自科学本身的性质，并
且作为思维所经由的确定而必然的秩序，自身是不可改变的。讲述（策
略）则仅仅意味着将其思想传达给他人，使一种学说可以理解的手法。"①
只是就"论证"而言，康德也并不否认"综合"在形而上学中的重要作
用，只不过形而上学首先"必须以分析的方式行事"，"解析含糊不清的
认识"是形而上学本性上的任务。（《著作》2：292）分析而后综合，或
如上文引述的卡西尔所概括的"分析解剖和综合重建"，正是康德借自牛
顿力学并准备在形而上学领域大行推广的"唯一方法"。

　　康德坚持概念解析是哲学的本职要务，然而，分析终会遇到一些客观上
无法再分或者主观上无能再分的概念，面对如此繁多的一般认识，这样不能
再分的基本概念在哲学领域必然"异乎寻常地多"，而把品类如此众多的概念
"都当作可以彻底分解为少数几个简单概念（simple concepts）"这种想法，与
古代自然学者把自然万物化约为几种元素一样，"已经被更精确的考察所扬
弃"。哲学领域的这些基本概念或命题"可以通过为直观地认识它们而对它们
进行的具体考察来阐明（explained），然而它们决不能被证明（proved）。其原
因在于，既然它们构成了当我开始思考我的对象时所仅能有的最初的和最简
单的思想，证明又能从何处开始呢？"（《著作》2：282）② 很显然，康德此时

---

　　① ［德］康德：《逻辑学讲义》"导言"，许景行译，商务印书馆 2010 年版，第 17—18 页。
参阅《著作》9：18—19。

　　② 康德在"开端"问题上遇到的自相矛盾，黑格尔也同样面对，这是必然的，但二人解决矛盾
的方式截然不同。在《逻辑学》中，黑格尔通过把"开端"理解成"辩证的""有机的""回环往复
的"和"自因的"而和解了这一矛盾（［德］黑格尔：《逻辑学》上卷，杨一之译，商务印书馆 1966
年版，第 51—59 页）。作为康德批判哲学"开端"的"先天综合判断"是建立在数理科学成果基础之
上的，而就哲学的本性看，这是不允许的，因为这些知识的确然性和必然性尚需证成，担此"证成"
之责的正是形而上学，这就犯了"预期理由"或"循环论证"的逻辑谬误。但康德必须由以开始，他
切入这个循环的方法是借自自然科学的，或者说就是牛顿力学的方式：先接受某个前提，再从中分析
推演出这个前提得以成立的基础和根据，而这个得出的基础和根据才是哲学真正的开端，那就是所谓
的"先天概念"，包括先天直观、范畴、先天原理、先验理念等这些"纯粹哲学知识"（［德］康德：
《未来形而上学导论》，庞景仁译，第 17—18 页）。

是认同于笛卡尔的真理标准的①，也把"清楚明白""确定无疑"视为"基础真理"的判定标准。也就是说两人在判定认识的真理性上所持的标准是一样的：直接的、确然的、清晰的、自明的。康德虽赞同哲学探讨的最佳切入点是方法，但他对笛卡尔策略即用几何学的方法来建构哲学，则是断然反对的："方法的寻求，即对在平坦大道上稳步前进的数学家的仿效，在形而上学遍地泥泞的基础上导致了大量这样的失误。"（《著作》2：78）然而，康德也不是完全排除了数学对形而上学应有的启示作用，比如，"就把数学的方法运用于哲学的那些出现量的认识的部分而言……这方面的实用性是不可度量的"（《著作》2：284），康德就曾把数学中的"负值"概念引入哲学，探出"逻辑理由"与"实际理由"的根本差异并由此开始思考因果律的可能性和效应问题，可算是真正"为哲学谋福利"了，但"这也仅仅限于那些属于自然学说的认识"（《著作》2：169）。

二　"在形而上学中达到最大可能的确然性的惟一方法"

在详细区分了数学与哲学在认识论上的根本差异后，康德以标题的形式提出如下议题："在形而上学中达到最大可能的确然性的惟一方法"。在康德看来，"形而上学无非是一种关于我们认识的最初根据的哲学"（《著作》2：284），就当时形而上学的构成体系看，康德这是简化了形而上学，仅仅把它看作是为形而上学其他分支（理性心理学、宇宙学和神学）"奠基"并提供根据、原理和原则的"一般形而上学"。这种狭义的形而上学概念，是此后康德哲学的核心所在，也是其灵魂所系，"任何一种能够作为科学出现的未来形而上学导论"算是透露了个中奥秘。就康德"第一批判"的基本意图看，他有把形而上学"逻辑化"的希图，就此而论，可以把康德这里所谓的"形而上学"合乎其本意地称作"先验逻辑"，即一门规定纯粹哲学知识之"来源、范围和客观有效性的科学"（A57 = B81）。

愿意再提醒一次，"科学"一语的德文"Wissenschaft"，汉译为"科学"（庞景仁、李秋零），也译作"学问"（李明辉）。就我们此前已经提

---

① 康德在 1765 年之后留下的"《逻辑学》反思录"中依然有如下论断："确定性是被认识到的真实性；它有程度上的差别，而程度取决于知识的明晰性。"参阅《文集》329。

示和此后仍将陈述的理路看，康德期之于形而上学者，无非是希望它能像数理科学、尤其是几何学和牛顿力学那样，具有无可置疑的确然性——这就是康德给自己的哲学探索定下的根本目标。康德甚至在其最主要的哲学著述中，不再称"形而上学"的名，而宁愿以"先验逻辑"替代它，以避免传统术语所可能带来的理解上的混淆，所表达的也是这个意想。因此，本书坚决主张将此概念翻译成"科学"，这是符合康德哲学基本命意的。近代的"科学"与"哲学"概念是可以互换的，就是成体系的知识，数理科学是其样板和理型。不能一见这个词就说它不是我们现在所理解的"科学"，只能说它比我们现在所理解的"科学"内涵更广而已，后者是前者的子项。

在明确了形而上学概念后，康德揭示了形而上学研究的切入点或原则：不能像数理科学那样从"定义"出发——那只会是一种纯粹的语词解释或传统逻辑的语义反复，只能从待考察事物的那些"直接确定无疑的标志"出发。康德发现，"在哲学中，尤其是形而上学中，人们在拥有一个对象的定义之前，甚至在根本不打算给出定义的情况下，就可以清楚地、确定无疑地认识到这个对象的许多东西，并从中得出可靠的结论。"比如"渴望"，"虽然从未解释什么是渴望，但我可以确定无疑地说，每一种渴望都以被渴望者的表象为前提，这种表象是对未来事物的一种预见，与这种表象相联结的是快乐的情感，等等。"（《著作》2：285）① 康德由此提出了如下两条在他看来"唯有遵照……才能为形而上学赢得最大可能的确然性"的基本规则：

> 第一条也是最重要的规则就是：不要从解释开始……人们应该在自己的对象中首先谨慎地寻求关于该对象确定无疑的东西，即便还没有关于它的定义……并且主要地只是试图获得关于客体的正确无误的、完全确定无疑的判断。
>
> 第二条规则是：鉴于在对象中最初确定无疑地遇到的东西，把关

---

① 康德的这一解释可与胡塞尔提及的"对象化的意识活动"理论相发明，康德的解释包含有突出意识活动的"意向性"的意思。参阅倪梁康《现象学及其效应：胡塞尔与当代德国哲学》，三联书店1994年版，第38页。

于对象的直接判断特别记录下来，并且在确知一个判断并不包含另一个判断之中后，把它们像几何学公理一样当作一切推理的基础置于开端。（《著作》2：286、287）

康德所揭示的形而上学的独特方法，明眼人一看便知，是来自自然科学的，尤其是康德擅长的以牛顿力学为基础的理论物理学——卡西尔曾把它概括为"分析解剖和综合重建法"①，牛顿自称其为"实验哲学"，科恩（Bernard Cohen）谓之"牛顿风格"，其最大特点就是"从简而繁，从理想和虚构而逼近现实的方法"。② 在接着的总结论述中，康德也坦承了这一点：

　　形而上学的真正方法与牛顿引入自然科学中、并在那里获得了有益结果的方法在根本上是一回事。在那里，人们应该借助可靠的经验，必要时借助几何学，来搜寻自然的某些现象所遵照的规则。尽管人们在物体中并没有洞悉这方面最重要的根据，但确定无疑的是，它们是按照这一规律起作用的。如果人们清楚地指出，它们是如何被包摄在这些详尽地证明了的规则之下的，也就解释了错综复杂的自然事件。在形而上学中也是一样，人们借助可靠的内在经验，即直接的和自明的（augenscheinliches）意识，搜寻那些无疑包含在某些普遍性概念之中的标志，尽管并没有因此熟知事物的完整本质，但人们仍然可以利用这些标志，可靠地从中推导出所谈事物的许多东西。（《著作》2：287，译文据"剑桥版康德著作集"有校改）

此后，康德重申过这两条原则并以之对"上帝存在"和"灵魂不朽"问题做过相应的哲学探讨，结果就是分别成稿于1762年底和1765年底的《证据》和《视灵者的梦》。在《证据》中，康德重申，形而上学神学的探讨不能像数理科学那样从"定义"开始，在这里，"虽然还不清楚解释

---

① ［德］卡西尔：《启蒙哲学》，顾伟铭等译，第14页。
② 参阅［美］科恩《科学中的革命》，鲁旭东等译，商务印书馆1998年版，第208—214页；陈方正《继承与叛逆》，三联书店2009年版，第591页。

对象的详尽规定了的概念在哪里"，但还是可以"首先确信人们关于这个对象能够确定无疑地肯定和否定的东西。人们早在敢于就一个对象作出解释之前，甚至在根本不敢作出解释的情况下，就能够对该事物极其确定无疑地说出许多东西。"（《著作》2：77—78）在《视灵者的梦》中，康德再次明言："健全的知性往往在认识到它能够证明或者真理所凭借的根据之前就觉察到真理。"（《著作》2：328）这是康德坚决反对在形而上学领域推行数学方法的根本理据。

此时的康德，已然确立了今后学术思考的基本意图：效法牛顿，借鉴自然科学成功的经验，把哲学和形而上学带上获致"最大可能的确然性"的康庄大道。作为科学（Wissenschaft），不论是自然科学还是哲学或形而上学，其根本特性就是"无可置疑的确然性"，这种性质在程度上的大小与高低，正是这门知识之科学性的标志。在当时的科学体系中，几何学和数学的确然性程度最高，达到了无可置疑的程度，而形而上学则居其末位，是一门"迄今还在由此期望获得一些持久性和稳定性的科学"——这正是当时哲学界面临的尴尬状态。对于哲学，尤其是形而上学，现今亟待要做的就是，用自然科学的方法，在哲学中最大程度地获得如数理科学那样的确然性。对几何学，康德要的是它的确定性或无可置疑，对自然科学、尤其是牛顿力学，康德所要的是其方法论。因此康德才敢于断言"形而上学的真正方法与牛顿引入自然科学中、并在那里获得了有益结果的方法在根本上是一回事"。

康德对方法的重视，自然也受了笛卡尔的影响[①]。诚如笛卡尔所言，我们只有两种方法获得真知：直观和演绎——"我们能够从中清楚而明显地直观出什么"和"从中确定无疑地演绎出什么"[②]。"直观"与其说是方法不若说是基础，"演绎"[③] 主要是一种逻辑的、几何意义上的，往

---

① ［法］笛卡尔：《探求真理的指导原则》，管震湖译，第 16 页："方法，对于探求事物真理是绝对必要的"，"寻求真理而没有方法，那还不如根本别想去探求事物的真理"。康德自己也说："方法等于所有科学本身。"参阅陈嘉明《建构与范导》，社会科学文献出版社 1992 年版，第 10 页。

② ［法］笛卡尔：《探求真理的指导原则》，管震湖译，第 10—11 页；笛卡尔：《谈谈方法》，王太庆译，第 28 页；参阅笛卡尔《哲学原理》，关文运译，第 12 页。

③ 康德在《四个三段论的错误繁琐》中，称形式逻辑为"泥足巨人"（《著作》2：63）。

往是纯粹分析的，与知识的本性不合，故而康德不得不另寻他途。当康德意识到要为哲学和形而上学之寻得一个合乎其本性的方法时，他首先瞩目于自然科学尤其是牛顿物理学就再合理不过了，因为这是康德此前的主业——理论物理学是他进入哲学和形而上学的"视界"和"前见"，康德对自然的研究为他今后转入真正的形而上学堂奥打下了坚实而厚重的科学基础。

对为了寻求形而上学之无可置疑的确然性而在方法论上所寻得的这种"分析解剖和综合重建法"，康德表现得非常自觉也甚为自信。他之对哲学方法的重视，或者说他之从方法角度寻求形而上学的确然性，也是理有必然的。如上所述，获取确然性之途在笛卡尔那里已然明确：基础或开端的无可置疑性、过程的逻辑严密性和方法的绝对可靠性。哲学在开端之不同于数学，康德已然非常确定，形式逻辑在哲学研究中一直在用，在经院哲学中甚至达到了琐屑不堪的境地，因此，摆在康德面前的出路也只有"方法"这一途可走，康德于此心知肚明。在一个关于克鲁修斯的注释中，康德表达了"方法才是不同哲学本质性区别所在"的思想①。近代形而上学的普遍危机，在康德看来根本是"方法危机"：形而上学较之数学和自然科学等其他学科，"虽然有学者们的伟大努力却还是如此的不完善和不可靠，乃是因为人们认错了它们的特有方法，这种方法不是像数学的方法那样是综合的，而是分析的。因此，简单的东西和普遍的东西在量的学说中也是最容易的东西，而在基础科学中却是最困难的东西，在前者中它按照本性必然最先出现，在后者它却必然最后出现"——这是康德在1765 年回顾他的"应征作品"时总结的，并交代自己"很长时间以来就在按照这一纲要工作"，它帮助哲学家找到了"失误的源泉和判断的标准"，并以此为其他哲学学科"奠定基础"。（《著作》2：311）

喜获"法宝"的康德按捺不住内心的兴奋，没放过任何在形诸文字时宣告这一"法宝"的机会。1765 年 12 月 31 日，康德致信兰贝特："多

---

① 在《明晰性的研究》的一个注释中，康德说："我认为，有必要在此提到这种新的哲学的方法……我在这里所提及的东西，仅仅是它自己的方法，因为在个别命题上的区别并不足以说明一种哲学与另一种哲学的本质性区别。"（《著作》2：295）。后来，康德在有关博爱学院的文章中，基于他少年时的教育体验甚至认为，教育改革如同形而上学，也要"一个按照真正的方法从根本上重新调整"（《著作》2：462）。

年来，我的哲学思考曾转向一切可能的方面。我经历了各种各样的变化，在这期间，我随时都以这种方法寻找失误或者认识的根源。最后，我终于确信了那种为了避免认识的幻象就必须遵循的方法。认识的幻象使人们随时相信已经作出了抉择，却又时时望而却步，由此还产生了所谓的哲学家们毁灭性的分歧，因为根本不存在使他们的努力统一起来的标准。从此以后，无论从被给予的材料中得出的知识具有多大程度的确然性，我总是从我面临的每一个研究任务的本性中，发现为了解决一个特殊的问题所必须知道的东西。这样，尽管作出的判断常常比以往更加受到限制，但却更加确定，更加可靠。所有这些努力，主要都是为了寻求形而上学乃至整个哲学的独特方法。"由于哥尼斯堡的出版商康特尔（J. J. Kanter, 1738—1786）根据他与康德的交谈便替哲学家提前宣布了他将出版有关形而上学方法著作的消息①，康德在这封信中不得不做出解释："我和我的初衷依然相距甚远，我把这个作品看作是所有这些计划的主要目标。"（《书信》18）康德在这里第一次谈及他将来的"主要目标"，看来此时的康德已然有了要写"第一批判"的念想了。在 1766 年 4 月 8 日致门德尔松的信中，康德说："一段时间以来，我相信已经认识到形而上学的本性及其在人类认识中的独特地位。在这之后，我深信，甚至人类真正的、持久的幸福也取决于形而上学"；"如果可以谈一谈我自己在这方面的努力，我相信，在我还没有写出这方面的任何作品之前，我就已经在这一学科中获得了许多重要的见解。这些见解确立了这一学科的方法，不仅具有广阔的前景，而且在实用中也可以用作真正的标准。"（《书信》21、22）

在给上述两位学界巨擘的信函中，康德都雄心勃勃且胸有成算地提到"长期以来为人们所希冀的科学大革命已经为期不远了"，并诚邀二位一起来为未来的形而上学"描绘出一幅草图"。以康德一贯的谨慎和认真，我们不得不判定，"应征作品"后的康德在寻得形而上学的独特方法后，在形而上学的各个领域都作了深入而可贵的探讨。如果把 1762 年 7 月的《四个三段论的繁琐错误》、1766 年的《视灵者的梦》和 1768 年发表的

---

① 据兰贝特给康德的信可知，被出版商放在莱比锡博览会书目上作为康德著作预告的书名是 "*Eigentliche Methode der Metaphysic（The Proper Method of Metaphysics*）" ［形而上学的独特方法］。参阅 *CB/Correspondence*（1999）：83 注①。

《论空间中方位区分的最初根据》算上，我们似乎可以排列出一个非常完足的形而上学体系，这个体系的结构可与康德"第一批判"大致对应：

1762—1768 年间康德哲学的潜在体系

诸分支		对象	对应作品	"第一批判"相应部分
形而上学	形而上学（狭义）	知识	明晰性的研究（1762.10）、四个三段论的繁琐错误（1762.7）、尝试（1763.6）	导言、先验逻辑、纯粹理性的训练
		伦理	明晰性的研究（1762.10）	纯粹理性的法规
		情感	关于美感和崇高感的考察（1763.10）	先验感性论
	理性心理学	灵魂	视灵者的梦（1765.2）	谬误推理
	理性宇宙学	宇宙	论空间中方位区分的最初根据（1768）	先验感性论、二律背反
	理性神学	宗教	证明上帝存在惟一可能的证据（1762）	先验理想、道德神学

从这个表中，我们大致可以得出，康德哲学在 18 世纪 60 年代晚期，业已初具规模，对形而上学的各个方面大都有所思考，甚至已有深入且成熟的结论。比如关于哲学的独特方法，可以说是贯穿康德哲学始终的，当然观念的发展和观点的精进也是常有的。只是此时的康德，其"道"尚未"一以贯之"罢了，所以看起来不免恍如一盘明珠而不见端绪。关于康德哲学在思想脉络上前后的一贯性和发展性，可举个例证说说。比如在"第一批判"中，康德就延续了他在"应征作品"中对数学认识与哲学认识之差异所做出的区分，并从"方法"角度把数学与哲学表面上的类似完全斩断，以之使理性的独断运用——即手拿仅能运用于经验领域（经验的实在性）的先天概念（先验的观念性）贸然闯入智性世界或本体世界（先验的实在性）——得到一种限制或规训，这是康德的一贯立场。对数学与哲学二者的本质差异，康德又有了深一层的认识："哲学的知识是出自概念的理性知识，数学知识是出自概念的构造的理性知识"，构造一个概念就是先天地展现出与之对应的直观，不需要"为此而从任何一

个经验中借来范本"；因此，"哲学知识只在普遍中考察特殊，而数学知识则在特殊中、甚至是个别中考察普遍"，而且"这种个别只是作为这概念的图形而与之相应的"。故而，同时作为理性知识的数学与哲学之间的"本质区别就在于这一形式，而不是基于它们的质料或对象的区别之上的"，后者只是前者的结果，而此前那些"说哲学单纯以质为客体、而数学却只是以量为客体的人"，包括"应征作品"时期的康德，都错"把结果当作了原因"。(A713—714 = B741—742) 但这显然又承继了上文提及的康德这一时期视方法为哲学之本质的重要观念。康德后来借以支撑自己这一观念的那些证据，则又大都是这一时期哲学思考的理论成果，只不过解释得更加精密和圆融而已。比如下定义只能是数学的事，而不是自然科学和哲学之事，自然科学和哲学的概念都只能通过"语词"或"名称"得到"说明"(Explikation)"阐明"(Exposition) 和"推证"(diskursiv)，而不能进行数学意义上的事先"定义"(Definitionen) 或直观性的"演证"(Demonstrationen)。总之，"数学的缜密性是建立在定义、公理、演证的基础上的……这几项中没有任何一项是能够在数学家所理解的那种意义上由哲学来做到的，更不用说被哲学所模仿了。" (A727—735 = B755—763，A726 = B754)[①] 而康德 1770 年 8 月发表的著名的"就职论文"，更是奠定了此后康德哲学思考和建构的根基和骨架，这已是学界广泛讨论过的题目了，兹不赘述。

因此，从这一隅即可看出康德哲学总是在发展中有所承继又在承继中有所发展，没有学界通常所区分的那么多不同程度的"倒转"(Umkippungen) 或"翻转"(Kehren)——这一看法可以追溯到科学院版《康德全集》"手稿遗著"(*Handschriftlicher Nachlass*) 的编者阿迪克斯 (Erich Adickes)。然而这些说法本书无法同意，也不相信一个人的思想能够如此变化多端，正如曼·库恩在《康德传》中所引证的那样：

> 赞美康德卓尔不群的天才，却又说他每十年就推翻自己的想法，像个昏头昏脑的傻瓜似的，无法掌握自己的思想方向，这就足以证明

---

① 另请参阅杨祖陶、邓晓芒《康德〈纯粹理性批判〉指要》，人民出版社 2001 年版，第388—391 页。

他们犯了很基本的矛盾。然而大部分的康德传记，似乎心满意足地接受这种矛盾。①

　　本书所提供的有关康德哲学之思想进程的观测点即"确然性的寻求"，则恰好可以解释康德哲学的连贯性和不断深化的特点，也更能见出康德哲学的内在理路和逻辑进程。康德一生都在追寻"确然性"：1762 年之前他竭尽所能地寻求关于大自然的确然性知识，牛顿的思想和理论是他工作的主要依凭和工具，此时段的康德是一位杰出的自然科学家，他对自然规律的渴求与关注，某种程度上是他对上帝的敬仰和确认，科学的事业即是上帝事业；1762 年之后的康德，便开始寻思如何为业已获得的数理知识，尤其是自然科学知识和数学知识，寻得它们之成为知识也即具有无可置疑的确然性的根据所在，这时，他更关注的是牛顿科学的方法和卢梭的敏锐性。"我可以知道什么"这一问题实质上就是"我如何知道我所拥有的那些知识是确然无疑的"。此时的康德是一位严格意义上的哲学家或形而上学家，上帝的事业即是道德的事业。康德哲学的主题已然非常明确：首先是提供形而上学的一个预科，旨在提出防止形而上学任何谬误的独特方法，实质就是近代哲学知识本体论（理性本体论），也即知识确然性的根据何在；其次是关乎宇宙的自然形而上学和关乎幸福的道德形而上学。由此可知，知识本体论以及建基于其上的自然形而上学和道德形而上学是此后康德哲学的基本主题，这在康德此一时期的来往信件和所有著述中均可得到证实。"康德对道德和美德的实践兴趣从未间断。不过，作为逻辑学和形而上学教授，他必须信守承诺，为理论认识设计可靠的形而上学大厦的蓝图。"② 理论判断、道德判断连同渐渐浮出水面的鉴赏判断的确然性如何可能，即这三类判断之所以具有普遍有效性的根据何在，就是康德批判哲学的基本主题和论域。

---

　　① 参阅［美］曼·库恩《康德传》，黄添盛译，上海人民出版社 2008 年版，第 213—215页，这段引文在第 215 页。

　　② ［德］曼弗雷德·盖尔：《康德的世界》，黄文前、张红山译，中央编译出版社2012 年版，第 132 页。

三　形而上学确然性的独特内涵

"应征作品"中，在找到"在形而上学中达到最大可能的确然性的惟一方法"后，康德便开始着手在形而上学领域厘定这种"最大可能的确然性"的内涵。可康德马上就意识到，"哲学的确然性具有与数学的确然性完全不同的本性"，这种本性差异至少表现在主客两个方面。认识或判断的"确然性"，实质上就是人们对它的"确信"（Überzeugung）程度。从客观角度来看，取决于真理必然性标志的充足性；从主观角度看，取决于真理必然性所拥有的直观的多少。（《著作》2：292）① 借助先前的既有分析，康德又从"概念的获得方式"和"达到确然性的方式"两个角度比较了二者的差异。

首先，数学的概念是通过定义综合地给出的，故而是确定无疑的；自然科学、形而上学的概念，则是既定的，其内涵是无穷的，故而不可能如此地确定无疑。这就注定哲学的确然性天生不如数学那样强。其次，数学通过具体符号考察一般，"人们可以像保证眼前看到的东西那样确定无疑地知道自己没有忽视任何概念，知道每一种个别的比较都是按照简易的规则进行的"（《著作》2：293）；哲学则是通过抽象语词来考察特殊或个别，人们必须随时直接地想到语词所代表的概念的内涵，而概念的内涵是不可能像直观那样明摆在那里好让我们不去忽视它似的，抽象的概念常因缺少相应的感性标志而被误判或混淆，错误也就无可避免了。因此，错误的产生，有时源于我们的无知，更多的属于贸然判断，人类的理性于此应当保持应有的谨慎和分寸，"不轻易地自以为能够作出定义"。因此，"凡是人们在一个对象中没有意识到东西就不存在"这一命题，在数学中就是确定无疑的，在哲学、尤其是形而上学中就是完全靠不住的。（《著作》2：294）这就说明了数学和哲学知识获取确然性所依据的根由是完全不同的。然而，获取确然性的方式差异并不表示确然性的性质及判断它的标准也根本不同。康德断言，除了数学，我们依然可以借助理性在许多场合获致如数学那样的确然性（《著作》2：294），判断它们的标准无非就是

---

① 在《纯粹理性批判》中，康德是这样解释确信和确然性的："主观上的充分性叫做确信（对我自己而言），客观上的充分叫做确定性（对任何人而言）。"（A822＝B850）

如下两个方面:

形式原则:分别作为肯定判断和否定判断之最高法式的同一律和矛盾律,"二者共同构成了全部人类理性的形式意义上的最高的和普遍的原则"(《著作》2:296)。

质料原则:那些只能"直接"通过同一律或矛盾律被思考且不能借助于"中介属性"(Zwischenmerkmals,或译"过渡属性",相当于三段论中的"中项")或通过解析而被思考的命题,就是不可证明的命题,就"它们同时包含着其他认识的根据而言,它们又是人类理性的最初的质料原则(即是前文所谓的基本概念或基本命题——引者按)",这样的质料原则构成了人类理性的基础和能力,并在哲学推理论证时提供相应的"中介概念"或"中介属性"(《著作》2:297)。

哲学上要获得确然性的知识,就必须同时满足形式和质料两种原则。康德认为,形而上学并不具有与几何学不同的确然性的形式根据或质料根据,但二者的具体内涵却有本性上的差异。相同点在于:判断的形式因素都是根据同一律和矛盾律产生的,都有构成推理基础的无法证明的素材。差异之处在于:在数学中,"被定义的概念"是被解释事物最初的无法证明的原初基础,而在形而上学中,第一批素材则由诸种"无法证明的命题"提供的。形而上学中的这些"无法证明的命题"也同样可靠,它们或者提供了解释所用的材料,或者提供了可靠推论的依据。总之,形而上学认识的确然性根据在于两方面,一是形式根据,即同一律和矛盾律,一是质料根据,即原初命题或基础命题;这些基本命题之所以是确定无疑的,根据有四:清楚明白、无法证明、直接源自形式根据且可以作为其他认识的根据。(《著作》2:297—298)

表面看来,康德为形而上学确然性所寻得的根据,不论是形式的或质料的,都和笛卡尔所提供的直观和演绎大体一致。其实不然,笛卡尔的直观是直接和清楚明白的意思,演绎是几何式的层层推理证明,而康德这里提供的形而上学确然性的形式根据即同一律和矛盾律是形式逻辑规则,自不必说,其质料根据即"无法证明的命题"则是牛顿力学意义上的命题,断然不同于笛卡尔的直观也非几何证明。这些"无法证明的命题",如"物体是复合的""因果律是必然的",并不是"我思故我在"式的在先的、绝对的确然性,而有着更深层的人性根源,这些命题导源于"人"。

正像康德后来指出的那样，形而上学的命题和范畴如同休谟所指出的，是不可能在知觉中找到的，它们自有知觉之外的另一个源泉，这个源泉就是人类的主体性、自我意识或先验统觉。真正说来，这就是康德哲学的主要原则。① 当然，康德走到这一层还有一个中间环节，那就是对"普遍有效性"的发现：笛卡尔"以'清楚明白'作为真知识的标准，这就使得知识的标准问题成为哲学方法论中所要考虑的一个重要方面；后来在康德那里，这转换为先天知识的'普遍必然性'与'客观有效性'问题。"② 促成这一发现的有正反两个人物：视灵者施魏登贝格和哲学家兰贝特。本书把康德哲学的这一深转拟称为"佛陀式精进"。

1765 年 2 月成稿的《视灵者的梦》，展示了这种"佛陀式精进"。康德把知识确然性的内涵由传统的主客"符合论"转变为主体间的"普遍有效性"并把它植根于人类的"共通感"之中。因此，确然性的内涵就由"无可置疑性"转变为"必然普遍性"，也就是"普遍有效性"或"普遍可传达性"。可以说，到此时，近代哲学才真正把形而上学的根栽植于主体性的土壤之中。从"确然性寻求"中转出的"普遍性"给康德哲学带来了一个更深阔的境界，康德开始广泛思考认识判断、道德判断和鉴赏判断的普遍性及其根据问题，并最终得出"形而上学是一门关于人类理性界限的科学"的关键性结论和二分主体与世界为现象与物自体的全新哲学格局——而这些均导源于他对"灵魂"这一传统形而上学主题的哲学反思。

第二节　视灵者缘何虚妄：从"知性的自由"到"理性的统一"

《视灵者的梦》主要考察"视灵者"（Geistersehers）的"真实性"问题。按康德认同的哲学体系看，属于"理性心理学"，是传统形而上学的一个部分，康德此时又称其为"本体论"即"关于一切事物更普遍的属

---

① 参阅［德］黑格尔《哲学史讲演录》第 4 卷，商务印书馆 1978 年版，第 69—71、258 页。

② 陈嘉明：《建构与范导——康德哲学的方法论》，第 3 页。

性的科学","包括精神存在者和物质存在者的区别,此外还有二者的结合或者分离"(《著作》2:312)。康德此文探讨的哲学意图,虽按门德尔松看来十分隐微,然细察之,可见出康德对传统形而上学、尤其是理性心理学釜底抽薪式的批判。"首席视灵者"施魏登贝格(Emanuel Sweden-borg, 1688—1772)其人其事,不过一个极佳的契机而已,因为他的影响太深太广了——在 18、19 世纪,施魏登贝格的信徒遍及瑞典、英国、德国、波兰和北美诸地①,且有许多人信而不疑,就连康德似乎也曾为其所惑而将信将疑。作为知名哲学家和大学教师,康德自然有责任和义务对他的同胞们讲清楚它的虚实真假和来龙去脉。为此,康德除了让自己可信的朋友去探询外,还亲自写信求证于通灵者本人,并愿意花重金购买后者撰写的八册巨帙《天上的奥秘》(*Arcana coelestia*,London,1749—1756)。读罢此著的康德终于醒悟,并大呼上当,坦言自己如今"怀着某种屈辱来承认,他曾经如此真诚地探究一些上述那类故事的真实性",为了"这份气力不应白费",便有了此文(《著作》2:321)。但千万别以为康德此文是意气之作,通过这件事,康德收获了一大理论成果:探得了知识得以成立的必要条件,即普遍的可传达性。

德文"Geist"②一词有双重含义,一是指人类普遍具有的"精神""心灵"或"灵魂",与"人类理性"的内涵相当,与人的"肉体"相对当。按当时哲学家的看法,"精神"就是"一个拥有理性的存在者",它"赋予人生命的部分",因此,看到"精神"并不是什么神奇的禀赋。(《著作》2:322)它的另一层含义指冥界的"神灵"(ghost)。不论何种意义,Geist 一词都只具有思辨的品格,而没有知识的品格,只能被思维而不能被认识,因为在这方面没有任何直观被给予(B146),即便它能在逻辑上自洽,能在思辨中自圆其说。运用者常肆无忌惮,因为与经验无涉

---

① 除了著名的神秘主义者施魏登贝格,1764 年 1 月当地知识界还流传过一个手拿《圣经》的"山羊预言家",康德为此写了一篇名为《试论大脑疾病》的论文,提出心理的疾病是由身体引起的。关于"山羊预言家"的报道和康德的论文都载于当时的《哥尼斯堡科学与政治报》。

② "视灵者"的原文"Geistersehers"是由"Geist"和"seher"合成,后者的意思是:预言家、先知、占卜者、先见者、注视的人等。"Geistersehers"一译"通灵者",相当于中国古代所谓的巫师,我所在北方农村叫"神婆",大多数是妇女,但也有男性,常常兼有医生的功能,与冥界互通消息我们叫"吓神"。

的对象，就"既不能得到证明，也不能得到反驳"（《著作》2：373）。之所以说 Geist 没有知识的品格，还有一层原因是，既然无法对之有直接的经验，那能否通过间接的方式，比如奇迹、幻觉等某种神秘体验通达它呢？——这正是"视灵者"通常宣称的渠道。但是，这些渠道和体验均无法重现，亦不能以移他人，因此不具有任何意义上的普遍性。正如康德所言："亚里士多德在某处说：当我们清醒时，我们有一个共同的世界；但当我们做梦时，每个人都有他自己的世界。我觉得，人们可以把后一句颠倒过来说：如果不同的人中每一个人都有他自己的世界，那就猜测说，他们是在做梦。"（《著作》2：345）① 康德由此推及哲学知识应有的如下特征：就对象本身来看应当是客观的、确定的，就拥有它的主体来说，它应当是普遍可传达的，永远只能一个人拥有的东西当然就不配享"知识"之名了。

康德在其处女作《关于活力的正确评价》中所宣称的"知性的自由"，现在已经发展成为"知性② 的统一"，获得这种统一的方法就是"交换"知性天平上商品和砝码的技巧，"没有这样的技巧，人们在哲学的判断中就不能从相互比较的衡量中得出一致的结论。"（《著作》2：352）曾经情激言壮的年轻学者③ 此时却有了成熟思想家的谦逊：

> 我已将自己的灵魂洗去成见，我已根除任何一种盲目的顺从；这种顺从曾经混入过，以便在我里面为某些想象出来的知识找到入口。现在对我来说，除了通过正直的途径在一个平静并且对一切理由开放的心灵中占有位置的东西之外，没有任何东西是关心的，没有任何东西是敬重的；无论它证实还是否定我先前的判断，规定我还是使我悬而未决……我一向都是仅仅从我的知性的立场出发考察普遍的人类知

---

① 据李明辉考证，第一句话不是亚里士多德说的，而是赫拉克利特（Herakleitos）的话。赫氏此话见北京大学哲学系外国哲学史教研室编译《西方古典哲学原著选辑·古希腊罗马哲学》，商务印书馆 1961 年版，第 27 页。

② 此时的康德还没有对"知性"和"理性"作出自觉的区分，这里的"知性"应当在最广的意义上来理解，也就是人类所有的心意机能，即广义的理性。

③ 请把康德处女作中如下的宣言与下面的引文对读："我已经给自己标出了我要遵循的道路。我将踏上自己的征程，任何东西都不应阻碍我继续这一征程。"（《著作》1：9—10）

性，而现在，我将自己置于一种他人的、外在的理性的地位上，从他人的观点出发来考察我的判断及其最隐秘的动因。（《著作》2：352）

在后半段引文中，我们分明能读到康德因卢梭之影响而说出的那段著名的"灵魂自剖"的味道。康德因卢梭而有了一个所谓的"苏格拉底式的转向"，在这里，我们甚至有更足够得多的理由宣称，康德有一个更深一层的关乎确然性内涵的"佛陀式精进"①，而促成康德哲学思考这一精进的，正是康德始而将信将疑终于斥为荒谬不经的神秘主义者、"首席视灵者"——施魏登贝格。真正说来，神秘主义通灵者之于康德哲学的推动价值并不亚于卢梭带来的观念冲激，只不过一个是正面教导一个是反面教员罢了。

通过"交换"（换位思考）而获致"知性（理性）的统一"是此一时期康德思考的主要议题之一，也是所谓"佛陀式精进"的主要内涵。试举证如下：《证据》（1762.12）云："如果人们能够以一位廉正的监管人的正直无私精神，来审查真诚的理性在各个不同的思想者那里所作出的判断，这位监管人对争议双方的理由都予以考虑，在思想上设身处地为提出这些理由的双方着想……那么哲学家们的意见分歧就会少得多。"（《著作》2：74—75）《反思录》（1764—1765）云："为了在理智中有一个衡量的标准，我们可以在思想中站在他人的立场上……"（《文集》98）。1768年5月9日写给赫尔德的信："就我个人而言，由于我无所眷恋，对自己的或者别人的意见都深感无所谓，时常把整个大厦翻转过来，从各种角度进行考察，以便最终找到一个由以出发可以真实地描绘这座大厦的角度，所以，自从我们分手以来，在许多问题上，我都给其他见解以一定的地位。"（《书信》25）在另一封信（1771.6.7）中，康德重复了这个意思："我总是希望，能够通过从他人的立场出发，无偏见地考察我自己的判断，从而创造出某种比我原来的判断更好的东西。"（《书信》30）

康德在哲学思考上之所以有此"佛陀式精进"，可能还有一个重要的

---

① "佛陀式精进"，取意于佛陀35岁时于菩提树下大彻大悟并开启佛教后，随即在印度北部、中部恒河流域一带传教，使佛法得以普遍化。康德原来只求自己研究学问，探求真理，以自家心性为中心，现在，他强调应当从尽可能多的他人的角度来考察人类理性。正与佛陀悟道后广泛宏道相切，故有此喻。

促成因素，那就是 1765 年 11 月，康德收到了被他称誉为"德国首屈一指的天才人物"、著名数学家和哲学家兰贝特的信。兰贝特于 1764 年秋从美学家祖尔策（J. G. Sulzer, 1720—1779）处得到康德一年前揭载的《证据》，研读后发现，他们在思想、方法甚至用语上都极为相似，这令兰贝特很兴奋，并猜想：如果康德读到他的《新工具论》（*Neues Organon*, Leipzig, 1764）①，也一定会在其中看到自己的照影，然而两人事先并没有相互影响。于是乎，兰贝特提笔便给康德写了一封很长的信，并提议两人以通信方式互告研究论纲。康德在同年 12 月写给兰贝特的回信中，认同了他的判断②并接受了他关于学术通信的建议，还把自己"多次"在对方的"著述中感觉到这种一致"即在哲学"方法"上的"圆满一致"，归结为"人类普遍理性"的"合乎逻辑的佐证"。③ 可以说，兰贝特是促成康德在知识论上有了"佛陀式精进"的"卢梭"，他"与康德的哲学书信往返，对于康德是很重要的灵感来源"，致使康德曾在 1777 年 10 月的一篇文章中表示要把《纯粹理性批判》题献给兰贝特，康德坦言："此书是在您的激励与提示下完成的"。④

第三节 "费边的荣光"：获致"理性统一"的方式

为了获致应有的"理性的统一"，康德从皮浪（Pyrron, c. 360 BC—c. 270 BC）一派那里借来"悬置判断"这一"理性怀疑主义"的根本方法。"悬置判断"的目的是要"从两个方面寻求根据"，以上述"交换"

---

① 兰贝特此著的全名是：*Neues Organon oder Gedanken über die Erforschung und Bezeichnung des Wahren und dessen Unterscheidung vom Irrthum und Schein* [*New Organon, or thoughts on the discovery and designation of truth and its differentiation from error and appearance*]。在当时颇有影响，门德尔松曾在致阿布特的信中说："如果我早几年读到兰贝特先生的《新工具论》，我肯定会把自己的获奖征文丢在书桌一边，或者我会像火山那样震怒。"（1764.7.12）参阅［美］斯特劳斯《门德尔松与莱辛》，卢白羽译，华夏出版社 2012 年版，第 79 页。

② 康德的这一"认同"极为重要，正如古留加所说："兰贝特认为自己是一个经验论者，他效仿培根把自己的主要哲学著作称之为《新工具》。"参阅［苏］古留加《康德传》，贾泽林等译，第 74 页。这亦可证实我们上文判定"就职论文"前的康德是比较彻底的经验主义者的论断。

③ CB / *Correspondence*（1999）：77—79 = AK10：51—54；《书信》17。

④ 参阅［美］曼·库恩《康德传》，黄添盛译，第 20、280 页。

之法显示被考察者的是非曲直和来龙去脉。这种思辨的方式和方法，整个看来恰如罗马军事统帅费边（Fabius Cunctator，280 BC—203 BC，一译法比乌斯）对阵迦太基统帅汉尼拔（Hannibal Barca，247 BC—182 BC）时所用的拖延战术。三国时代司马懿对阵并终于拖垮诸葛亮所用之战略与此有同工之妙。由是观之，军事背后总有哲学在，中西古今皆然。康德明确宣称他要寻求一种"费边的荣光"①（《文集》184）。

　　回接上文所述，知识之得以成立，一方面须有感性经验作为基础，与经验无涉的对象"既不能得到证明，也不能得到反驳"，它尽可以在逻辑上自洽，在思辨中自圆，但终究不能成为真正的知识；另一方面，经验总是个人的、具体的，而知识必须是统一的、普遍的、可传达的。因此，"如果某些经验无法被归入在大多数人中间一致的感觉规律，从而只是证明感官见证中的一种无规则性……那么，值得推荐的就是摈绝它们，因为在这种情况下，缺少一致和齐一性，将使历史②知识失去一切证明力，使它不适宜于充当知性能够对之作出判断的某种经验规律的基础。"由具体的个别经验进至知识所必备的普遍可传达性，康德认为，可由上述"交换"之法获得，也就是"将自己置于一种他人的、外在的理性的地位上，从他人的观点出发来考察我的判断以及其最隐秘的动因"，决不能再"仅仅从我的知性的立场出发考察普遍的人类知性"。（《著作》2：375、352）

　　康德正是用这种"交换"之法即"从两个方面寻求根据"来揭露视灵者之神秘、独断和僭越的。他不是直接去批驳对方，而是顺着两方的思路和论证，合乎逻辑地推证下去，借以彰显各自的长处与缺点。在《视灵者的梦》"第一部"中，康德正是借此揭示了在"视灵"问题上形而上学"思辨的解释"和自然学者"病理的解释"之优缺点的。在对"视灵"的解释上，思辨的与病理的，同样有其解释效力，客观上无谁是谁非，

---

　　①　费边，罗马统帅，曾于第二次布匿战争初期精心策划拖延战术（"谋定后动"的拖延、回避和消耗）而大败迦太基统帅汉尼拔。西语中的"耽搁者、拖延者、延误者"即是 cunctator。后来有所谓的"费边主义"（Fabianism），即19世纪后期流行于英国的一种社会主义思潮，主张采取渐进措施改良社会，追求社会的平等和自由。

　　②　此处"历史的"一词用其原始意义。沃尔夫曾把科学体系分成三类：数学的、"历史的"和哲学的，其中"历史的"一词就是在它的原始意义使用的，即"经验的"或"描述的"，康德正是在沃尔夫意义上使用该词的。

也无非此即彼。形而上学的解释，是一种"深刻推断"和"理想构思"，优点在于能为道德寻得一个根本性的根基，解决现实生活中的德福矛盾问题；它的缺点是太沉溺于一种半虚构、半推论的令人晕眩的理性概念之中了。康德在理性中找到视灵者的逻辑根据，在感觉中找到了造成视灵幻想的脑器官损伤方面的现实原因，但二者均无能把问题彻底澄清。在没有确切的断定之前，我们应当有一种谨慎的"保留"，即"对每一个个别的都提出质疑，但总的来说对所有的都给予几分相信"，"判断的权利留给读者"，但也决不隐瞒自己的倾向——康德说他"充分地倾向于"形而上学的解释（《著作》2：354）。

这种置身事外的方法自有其理论上的好处和优势，其中之一就是能"将概念置于它们就人的物类的认识能力而言所处的正确位置上"（《著作》2：352）。你瞧，康德关于"视灵者"所做的不分轩轾的两种综合解释，使得他加强了原来的一个信念并获得了一个意外的收获。原来的信念是：对感官所知的自然对象，人们借助观察或者理性永远也无法穷尽它，哪怕它是一滴水、一粒沙或者某种更单纯的东西；对于像人类这样有限的知性来说，自然中最微小的部分所能提出问题的多样性也是它无法测度的（《著作》2：354）。① 这个意外收获是：对传统形而上学关于灵魂问题即理性心理学的思辨分析（即"探究的心灵在凭借理性探索事物的隐秘性质"），使得他深深地迷恋上了形而上学，虽然他对形而上学之本性的"新解"未必能得到人们的"几分青睐"。这个"新解"就是，关于灵性存有者的哲学学说，只能在既非基于经验又非基于推理而只是基于虚构这种消极意义上才能达成，"因为它确定无疑地设定了我们认识的界限"。康德因此对形而上学的学科性质和功能有了明确的认识："形而上学是一门关于人类理性的界限的科学"（《著作》2：370、354—355、371）。这后一点于康德无比重要，批判哲学的门户机关即著名的"划界"问题②至

---

① 关于自然现象之不可为人类理性所穷尽的思想，可以追溯到《天体》（1755）、《新说明》（1755）、《地震的继续考察》（1756）中，康德在这里做了重申，借对比以彰显形而上学"止于限定"的真义。

② 科学哲学家波普尔曾仿照把"归纳问题"（problem of induction）称为"休谟问题"（Hume's problem）而把"划界问题"（problem of demarcation）称为"康德问题"（Kant's problem）。可见此一问题在知识论领域的重要意义。参阅 Karl Popper, *The Logic of Scientific Discovery*, p. 11, London and New York: Taylor & Francis e - Library, 2005.

此开始不断给康德哲学带来思想的福音；可以毫不夸张地说，正是这一问题促成了康德著名的"就职论文"（《论可感世界与理知世界的形式及其原则》，1770），并从此大开先验哲学之门。康德因此坚信，生命在自然中的不同表现及其规律就是我们可以认识的一切，而这种生命的原则即我们并没有直接经验而只是推测的灵神性本性，却绝不能被设想为积极的，人们对它只能将就着使用"否定"的方式——即便这种方式的可能性也只是一种虚构，不要说经验连推理都算不上。康德就此做出了一个重大学术决定："从现在起，我把形而上学的一个广大部分，即关于灵神的整个题材当做已解决、已完成的放到一边。以后它不再与我相干。"（《著作》2：354—355）也就是说，在康德当下揪心至极的知识论领域，灵魂问题已在界限之外，就如同牛顿把万有引力和第一推动之根源挡于物理学之门外一样，于此依旧可以看到康德对牛顿力学方法的借鉴、继承和开拓。[1]

在同一时期（1764—1765）的《反思录》中，康德明言他"所采取的怀疑不是教条式的怀疑（dogmatisch Zweifel），而是一种迟延的怀疑（Zweifel des Aufschubs）"，这正相当于皮浪所创立的怀疑派中的"探索派"（Zetetics Sucher）——"不作任何决定，悬置判断"[2] 是其著名的口号。可能时人有对康德运用这种"从两个方面寻求根据"的方法存有疑虑，康德才解释说："奇怪的是人们竟担心这会有危险。空想不是生活中

---

① 本书始终坚持牛顿之于康德哲学的重要性甚于卢梭和莱布尼茨—沃尔夫。国外康德学界亦有人坚执此论，如已故的国际康德学会副主席贝克（Lewis White Beck, 1913—1997），他就认为康德"从来不曾是一个正统的沃尔夫主义者"，"他不仅就宇宙论而言，即便就科学理论而言，也是个牛顿主义者"。参阅他的 "The Development of Kant's Philosophy before 1769", Early German Philosophy: Kant and His Predecessors, Cambridge, Mass.: The Belknap Press of Harvard University Press, 1969, pp. 438—456。上面的引文分别见于该书第 439、441 页。当然，康德思想的最终凝成，德国理性主义、英国经验主义乃至自古希腊以来的怀疑主义都曾参与其中，只是不同时期有所偏重。本书认为，牛顿力学的方法对康德的影响是自始至终的，也是举足轻重的，要知道康德是以"牛顿派"出道的。

② ［古希腊］第欧根尼·拉尔修：《名哲言行录》第 9 卷第 11 章，马永翔等译，吉林人民出版社 2011 年版，第 509 页。《1765—1766 年冬季学期课程安排的通告》在谈及教学法时，康德认为，学生"不应当学习思想，而应当学习思维"（《著作》2：309），所谓"学习思维"其实就是"哲学中特有的教授方法，如一些古人所说的那样，是怀疑的，也就是说，是探究的"（《著作》2：310）。康德所说的古人，就是怀疑主义者皮浪。关于皮浪对康德的影响，参阅［美］曼·库恩《康德传》，黄添盛译，第 219 页以下。

必不可少的事情。关于生活所必需的事情的知识是切实的。怀疑的方法由于不是根据空想而是根据健全的理智和情感来呵护心境，因而是有益的。"这种益处就是："对形而上学的怀疑并没有消除有益的确然性（Gewissheit），而是消除了无用的确然性，形而上学之所以有用，在于它消除了可能有害的假象。"（《文集》183—185）这就是康德所谓的"费边的荣光"，如同务实的理性怀疑主义者皮浪那样。

在《纯粹理性批判》中，康德把这种方法发展成为一种批判者自己置身事外①的"怀疑的方法"，即"对各种主张的争执加以旁观、或不如说甚至激起这种争执的方法"，它"不是为了最终裁定这一方或那一方的优胜，而是为了探讨这种争执的对象是否也许只不过是一种每个人都徒劳地追求的幻觉，在此即便使它完全无所抵牾，他们也不可能有任何收获"。（A423 = B451）这种方法意在展示的双方就构成了人们熟知的批判哲学中的"二论背反"（Antinomie）。为防误解，康德特意区分了这种在本质上属于先验哲学所特有的"怀疑法"与哲学史上的"怀疑论"之间的本质差异：后者是完全破坏性的，"它危害一切知识的基础，以便尽可能地在一切地方都不留下知识的任何可信性和可靠性"；而"怀疑的方法旨在确然性"，它是建设性的，"为的是使在抽象的思辨中不容易觉察到自己的失足之处的理性，由此而注意到在对其原理作规定时的各种契机"。（A424—425 = B451—452）这种"怀疑法"也是纯粹哲学进行"前提批判"的基本方式之一。

第四节　前批判时期对道德和鉴赏之"普遍性"的哲学思考

由于知识主要以命题和判断的形式呈现出来，一向重视逻辑学的康德便在对知识确然性的寻求中，始终给"判断"即"把某种东西作为一个

---

①　康德在"第一批判"中说："作为无偏袒的裁判员，我们必须把争执者们为之战斗的是好事还是坏事这一点完全排除不计，而让他们自己去解决他们的事情好了。也许在他们相互使对方感到疲惫而不是受到伤害之后，他们自己就会看出他们的唇枪舌剑的无谓，而像好朋友一样分手道别了。"（A423—425 = B451—452，D359）。在1764—1765年留下的《反思录》中，康德写到："把自己置于他人位置上的能力就被看做是启迪学（heuristische）的中介。"参阅《文集》175。

特征而与某个事物进行比较"(《著作》2：52)以非常重要的理论地位，甚至把人类的认识能力归结"判断的能力"。在 1762 年夏完稿的《四个三段论的错误繁琐》中，康德集中讨论了人类的认识能力，并以"判断能力"统合了知性和理性在术语上的区分："显而易见的是，知性（Verstand/understanding）和理性（Vernunft/reason），即清晰地进行认识的能力和进行理性推理的能力，并不是不同的基本能力。二者都存在于作出判断的能力之中。但是，如果要间接地作出判断，就得进行推理。"(《著作》2：65—66)在康德看来，知性和理性都是"作出判断的能力"，只不过知性是直接判断的能力，理性是间接判断即推理的能力，因此，人类"最高的认识能力"就是"判断能力"——它就是人与动物的根本区别，后者只能"在物理上作出区分"（感觉或表象），而前者能"在逻辑上作出区分"（认识或判断）；认识区别须建立于判断之上，表象区别则不必先作出判断。(《著作》2：286)更值得注意的是，康德把"判断的能力"界定为"把它自己的表象变成它的思想的对象的能力"，并视其为一种原生的基本能力，"仅仅是有理性的存在者所特有的"。(《著作》2：67)"把它自己的表象变成它的思想的对象的能力"这一界定是非常精彩的，它既使康德关注到判断的联结词"是"或"存在"，并在《证据》(1763) 中得出"存在根本不是某一个事物的谓词或者规定性"而只是"人们关于该事物的思想的一个谓词"(《著作》2：78、79) 的重要结论——这成为他批判传统神学关于"上帝存在"最基本的理论依据；同时，又促使康德思考概念的来源以及哲学与经验的关系问题；更其重要的是，康德在其中对"统一性"的强调："整个高级的认识能力都建立在这上面。我是借助必然使那些能够在人的认识中感受到统一性的人们感到高兴的一个表象进行推理的。"(《著作》2：67)"在人的认识中感受到统一性"正是判断之有"普遍性"的根据所在，主体内部的"统一性"诉求——这正是上述"交换"之法的目的所在——表现在具体的认识成果上就是判断具有了"普遍可传达性"。

此一时期的康德，由于发现了"普遍性"在哲学思辨和建构中的重要意义，便开始广泛地就普遍性问题反思道德判断和鉴赏判断并试图追溯它们确然性的根源。

一　道德判断的原则：道德情感抑或普遍意志

由于同神学的复杂牵连，道德判断的原则及其内在性和普遍性，也是康德 1760 年集中思考的主要哲学议题之一。康德认为，人们"关于上帝的形而上学认识"可以说是"确定无疑的",只是关于上帝的诸规定,因人类命定的有限性而仅有一种"近似的确然性"或"道德的确然性"（《著作》2：299）。相比而言,道德哲学当时的处境就更令人担忧了:它虽然"比形而上学还要早就得到了科学的外观和缜密的声誉",但是,科学与缜密"这二者在它那里连一个也遇不到"。根本原因就在于道德判断本身具有直接的实践性,无须假借事先为之备好的理性根据（《著作》2：313—314）。康德甚至认为,"我们必须放弃在实践哲学中提供基本概念和基本原则的为自明性所必需的明晰性和可靠性",因为道德的根据要求行动是直接必然的（《著作》2：300）。"责任"（Verbindlichkeit/obligation）就是实践哲学的"第一概念","应该"是其基本规定性,"人们应该做这件事或那件事而放弃别的事,这就是道出每一种责任所遵循的公式";但道德中的"应该"只能是"目的的必然性"而决不能是"手段的必然性"。故而,"所有的责任的这样一个直接的最高的规则必然是绝对无法证明的。"（《著作》2：300—301）根据形而上学确然性的形式与质料两大原则,康德提出了道德判断（"责任"）的形式和质料根据:

> 　　做通过你而成为可能的最完善的事①,这个规则是所有行动的责任的形式根据;放弃那阻碍由于你而极有可能的完善的事,这个命题则是就放弃的责任来说的第一形式根据。
>
> 　　如果一个行动直接被表象为善的,它并不以一种隐秘的方式包含通过解析可以在其中认识到的某种别的善,以及为什么它叫做完善之原因,那么,这个行动的必然性就是责任的一个无法证明的质料原则……做符合上帝意志的事,就成为道德的一个质料原则。（《著作》2：301—302）

---

　　① 剑桥版"康德著作集"译为:"perform the most perfect action in your power"。参阅 *CB/Theoretical Philosophy*, 1755—1770（1992）：273 = AK2：299。这与康德在《实践理性批判》（1788）中提出的"纯粹实践理性的基本法则"——"要这样行动,使得你的意志的准则在任何时候都能同时被视为一种普遍立法的原则",已颇为接近。尤其是康德对"应该"的两种内含的区分,皆表明此时的康德在道德哲学方面已然形成了比较成熟的、接近于《实践理性批判》的思想（《实批》§8）。李秋零译"perfect"为"完美的",但考虑到这一概念来自沃尔夫的道德哲学,故改译为"完善的",下同。

这些原则都是康德"长期的反复思考"后得出的，康德称之为"公设"（postulates），基本特征就是"目的的必然性"亦即道德目的的"内在性"，它们包含着其他实践命题的基础。对道德行为来说，"直接性"必然是它的实践特征，也是道德原则"内在性"的外在表现——康德对这一方面作了较多的思考。

但康德坚持认为，"在道德的最初根据中达到最高程度的哲学自明性必然是可能的"（《著作》2：302）。在 1764—1765 年的《反思录》中，康德对道德原则的"内在性"和"必然性"作了大量思考，并进而强调了"自由意志"的初始性。康德把表面上"合于道德"的行为和纯粹"出于道德"的行为严格区分了开来，前者是一种"无德性的善"，并不断地追问这样的问题："我们可以问，一个人做出一些忠诚正直的行为，只是为了不致因他的行为在上帝面前成为下流的人，那么他这样做是否算是出于对一种神圣义务的思考呢？"看来，"永入地狱的威胁不可能是道德上的善良行为的直接根源"，况且，"人类的本性不可能直接成为道德的纯洁性"。因此，"如果我们想培养道德品质，那就决不应该援引不能使行为在道德上得到改善的动机，例如惩罚、酬谢等。因此我们必须把说谎描绘为直接令人憎恶的行为，也就是说，要把说谎描绘成实际上不符合任何道德规律——例如对他人的义务——的行为"。"神圣立法者的力量的基础不在他的仁慈，因为那时动机可能是为了获得感激，这就是说，那动机还不是严格意义上的义务。毋宁说这种基础预先假设了不平等状态，并成为一个人在对另一个人的关系中失去了一定程度的自由的原因……人应该有自发性、主动性（spotaneitas）。如果一个人屈从于他人的意志（尽管他能够选择），他就应受到蔑视；但如果他服从上帝的意志，那么他就处在与自然相和谐的关系中。如果一个人能够出于内在动机来做事，就不应按他人的意志来行动"。（《文集》79、81、90、88、121）总之，道德原则之于道德行为的内在性，必须以人的自由意志为前提。然而，自由意志只是道德行为的必要条件，并不足以导出实际的道德行为，或者说即便出于自由意志的行为也不一定具有真正的德性，因此，还是得回到自由意志借以执行的原则是什么的问题上。

自由意志之所以是自由的，就因为它是自我决定的，"作为一种自由的始因不是由于从中产生的那些利益而由于它本身是可能的才被认识的", 责任是出于善良意志的内在必然性, "道德具有绝对的必然性"①。
因此, 自由意志的原则只能由它自己来提供, 康德因此区分出自由意志的
两种类型: "或者是个人意志, 或者是人类的共同意志", 道德或责任就
来源于人类的"共同意志"或"普遍意志"。"一个行为如果出于个别意
志, 其信念就是道德上的唯我主义; 一个行为如果出于普遍意志, 其信念
就是道德上的正义", "按普遍意志去做必须做的事情就是一种义务"。
(《文集》178、168、169) 这样, 康德就把道德的根源由合于原则的"内
在性"明确为人类的"普遍意志", 这正是由他寻求道德判断之"普遍
性"视角所致。康德不仅注意到道德原则的必然性、内在性、绝然性和
独立性, 更注意到了它的普遍性。对道德原则普遍性的关注, 使康德对问
题的认识有了新的境界。在1763年10月完稿的《观察》中, 他说: "真
正的道德只能建立在原则上, 而且这些原则越具有普遍性, 道德就变得越
崇高和高尚。这些原则不是思辨的定理, 而是活在每个人的灵魂中, 是对
于比怜悯和殷勤更深远的感情的领悟。"康德因此把与道德相关的感情分
成价值高低不同的三个层次: 真正的道德、名义的道德和虚饰的道德, 并
以此强调"善良意志"的崇高性, 称其为"普遍的仁爱之心", 它是"对
整体人类的责任心", 也是正义的根源, 应当成为我们行动的指导原则。
(《文集》23—24、22)

"普遍的仁爱之心"和"对整体人类的责任心"这些非常符合康德这
一时段哲学特点的术语, 无疑表明了1762年前后的康德, 在道德原则的
归属上仍在游移不决。道德原则肯定是内在的、必然的、普遍的, 但这一
原则到底是取决于"认识能力 (Erkenntnissvermögen) 还是情感
(Gefühl)", 对这一"首先必须澄清"的难题, 康德仍没有下决断, 我们
在这一时期的康德著述中, 常能读到他关于道德原则的矛盾表述: 有
时——如上文提到的, 他说"完善性" (Vollkommenheit/perfectio) 是道
德的最高原则, 像莱布尼茨—沃尔夫哲学那样; 但他又明显认为英国道德
感学派的说法更有魅力, 甚至说"一切道德都建立在理想的情感之上"
"在道德形而上学的基本知识方面, 我们应该把注意力放在由性别、年

---

① Kant：*Selections from the notes on the Observations*, *CB/Notes and Fragments* (2005)：20—21.
参阅《文集》176、178。

龄、教育、政体以及种族和气候所决定的各种道德情感上""道德方面的情感或者仅仅与生活需求也就是责任义务相关，或者超越这一切之上，在后一种情况下，那就是善感（sentiment）"。（《文集》172、110、149）①再比如《视灵者的梦》，在对通灵成因的两种即形而上学的和病理学的考察后，康德说：后一种考察使得前一种考察——正是在这一考察中康德提出道德的"统一性"和"普遍性"的——"成为完全多余的"，虽然它是那么"深刻"和"理想"，即便康德坦言他个人"充分地倾向于"它。（《著作》2：350、354）显然，对形而上学考察得来的"普遍意志"和"道德统一"，康德并不完全确信，这在康德1766年4月8日写给门德尔松的信中得到了证明："关于精神界现实的道德影响与万有引力具有相似性的研究，本来就不是我的一个认真的看法。它只是一个例证，证明人们在缺乏资料的哲学虚构中，究竟能畅通无阻地走出多远……"（《书信》23）这是一个值得注意的过渡时期，康德为了补救沃尔夫理性主义伦理学道德原则的空洞性②，援引了哈奇森等人的"道德感"学说，主要意图是为了保证道德的绝对性和内在性。因此，康德对道德情感的关注，主要在于强调道德原则的直接性、绝对性、目的性和内在性。康德明确认识

---

①　按照一般学者们的看法，在《考察》中，康德的人性之美感的观念受到了夏夫兹博里的美感伦理学的影响，人性之尊严感的观念则是受益于卢梭思想的启发。史慕克（Josef Schmucker）独排众议，将康德的人性之美感与尊严感的观念一并归于哈奇森思想的影响。本书赞同史慕克的分析，包括康德对"同情"的重视，也是哈氏在《对我们的德性或道德善的观念根源的研究》中郑重讨论的，就其内在思路和观念的阐述，都可看出康德同他的相似之处。参阅［英］哈奇森《对我们的德性或道德善的观念的根源的研究》，载《论美与德性观念的根源》，杨海军译，浙江大学出版社2009年版，第169—172页。关于史慕克的观点及补充分析，可参阅张雪珠《康德的"人性之美感与尊严感"的思想》，《哲学与文化》（台湾）2003年第30卷第7期，第141—157页。

②　1760年代之前，康德对道德哲学的思考以莱布尼茨—沃尔夫为代表的理性主义伦理学为起点。莱布尼茨借形而上学的"完善性"（Vollkommenheit/perfectio）作为道德的最高原则。但这是个纯形式的概念，本身不包含任何内容，无法借以规定任何具体的道德行为。有鉴于此，沃尔夫引入"目的"概念，依手段和目的的关系来理解行为的"完善性"，认为人类行为的完善性就在于它能达到"人的本质和本性"这一普遍的目的。这样一来，所有的道德的行为至多只具有工具价值，而无任何内在价值。这与道德的绝对性、无条件性直接相悖。沃尔夫理性主义道德哲学面临这种两难困境，即要么承认完善性不足以承担道德原则的重任，要么否认道德本质的绝对性和内在性。康德在1762年12月完稿的《明晰性的研究》中，就已看出并作了自己的解析，还试图寻求另外的解决之道——这就是我们现在重点关注的。

到，道德根源于原则而非其他变动不居的什么，道德原则也因此不是外在的，而必须是内在的。一切由外在动因决定的行为无论其外表何其地合于德性的面目，也"都毫无道德价值"（《文集》24）。

"普遍的仁爱之心"显然来自于哈奇森的道德学说，在《对我们的德性或道德的观念根源的研究》中，哈氏对此作了大量的讨论，并把"这种指向所有人的普遍仁爱……与或许延伸到宇宙所有物体的地心引力原理作一番比较"① ——康德也把这一比较援引于他 1765 年写就的《视灵者的梦》中（《著作》2：338—339）。这一时期康德的伦理学，主要是思考"普遍意志"的问题，并试图从中找出道德原则的线索。他虽然已经不再把道德原则完全归之于人类的道德感，但也还没有寻得确切的根据，因此，我们常常能在他这一时期的著述中看到刚刚提到的徘徊和反复。

确如台湾李明辉先生所言，康德之所以有如此捉摸不定的说辞和态度，根源即在于《视灵者的梦》时期的康德"正寻求一个基于理性、又可充分决定具体义务的道德原则（相当于以后的'定言令式'），以取代道德情感在道德判断中的作用。他希望能在理性的基础上重建伦理学"，但他既不能回到沃尔夫那里，也无法完全抛弃哈奇森与卢梭的情感伦理学，这"正反映出他徘徊于一套新理性伦理学与原先带有折衷色彩的情感伦理学之间的矛盾态度"。② 康德在道德哲学上的这一游移要到 1767—1768 年间才逐渐明朗起来。在 1768③ 年 5 月 9 日给写赫尔德的信中，康德非常确信地如此表白自己：

时常把整个大厦翻转过来，从各种角度进行考察，以便最终找到

---

① ［英］哈奇森：《对我们的德性或道德善的观念的根源的研究》，载《论美与德性观念的根源》，杨海军译，浙江大学出版社 2009 年版，第 156 页。哈氏对"仁爱"的讨论，见该书第102—103、117、140、154 页等处。

② 李明辉：《康德的〈通灵者之梦〉在其早期哲学发展中的意义与地位》，载康德《通灵者之梦》，李明辉译，台北：联经 1989 年版，第 38 页。

③ 关于此信的日期（1767），科学院《康德全集》的编者认为，这显然是康德的一个失误，理由是，据考证，信中提到的格曼是 1768 年才去里加教会学校当校长助理的，故改之。关于这个细节，康德的原文是这样说的："转交这封信的格曼先生是一个极有教养且勤奋的人。"参阅《书信》25—26。但汉译本中没有"转交这封信"这个定语，参阅 *CB/Correspondence*(1999)：95 = AK10：74。

一个由以出发可以真实地描绘这座大厦的角度……我的注意力主要集中在认识人类的能力和爱好的真正规定性和局限性之上，我相信，在涉及到道德的地方，我终于取得了相当的成功。目前，我正在研究道德形而上学。在这个领域，我相信自己能够提出显明的、蕴意丰富的基本原理和能够说明问题的方法。按照这些原理和方法，那些尽管非常可行，但在大多数情况下却毫无成效的努力，如果它们想提供什么教益的话，就必须以这种知识方式建立起来。

在这里，我们读到了康德在三大批判中经常显露出来的决断语气：要么就全部……要么就什么也不……①。就当前的主题而言，康德于 1768 年间"在涉及到道德的地方"所"终于取得了相当的成功"到底是什么呢？这可以说是康德道德哲学的又一个新境界，它体现在著名的"就职论文"即《论可感世界与理智世界的形式及其原则》（1770）中。康德此时感觉自己已然拥有了一种新的形而上学，一种新本体论或理性心理学，它的"独断论"部分提供了一种"纯粹理性普遍原则"，这是"某种只有借助纯粹理性才能把握、就实在性而言是所有其他事物的共同尺度的原型"，康德称之为"本体的完善"。它在理论意义上就是指最高的存在者即上帝，在实践意义上就是道德上的完善，"就道德哲学提供了首要的判断原则而言，它只有凭借纯粹理性才能认识，因而属于纯粹哲学"。（《著作》2：402）这样，康德就把道德的判断原则归之于纯粹理性，而完全

---

① 比如在《纯粹理性批判》里，康德说："我敢说没有一个形而上学的问题在这里没有得到解决，或者至少为其解决提供了钥匙。"（AXⅢ）在《导论》中："必须是要么就全部规定，要么就什么也不规定。"（《导论》，庞景仁译，第 14 页）这种自信是来自康德思想自身的创造性和彻底性的，其实在 1770 年 9 月 2 日"就职论文"答辩后康德写给兰贝特的信就有过："大约一年以来，我可以自夸地说，已经达到了那个概念……通过这个概念，任何种类的形而上学问题都可以按照完全可靠的、简单的标准加以检验，并且可以有把握地确定，它们在多大程度上是可以解决或者不可解决的。"（《书信》27）。这种"要么/要么"的句式结构先已出现在笛卡尔的著述比如《第一哲学深思集》中，有研究者称这是一种"本体论"而非"实体"意义上的"笛卡尔式的焦虑"：要么，我们拥有某种支撑、我们的知识有着固定的地基，因而能够生命无虞；要么，我们堕入黑暗、疯狂、欺骗和恐惧之中，被知识和道德上的混乱裹挟起来。康德正是带着这种"焦虑"即"人类理性也就跌入到黑暗和矛盾冲突之中"（AVⅢ）而开始写作其《纯粹理性批判》的。参阅［美］伯恩斯坦《超越客观主义与相对主义》，郭小平等译，光明日报出版社 1992 年版，第 19—24 页。

排除了"道德情感"这一先前他寄予理论厚望的因素，也因而批评了他此前非常推重的道德感学说：从伊壁鸠鲁到莎夫兹博里，再到莎氏的追随者——康德没有点他的名，显然，那就是影响他既久且广的哈奇森。至此，康德道德哲学的理性主义便日趋成熟且已被纳入先验哲学的体系框架中来了。

对道德原则的思考以及对"人性曲木"①的深刻体认，使康德不得不为道德的前景思量再三，结果就是他那著名的、后被黑格尔和恩格斯发挥光大的"理性的狡黠"的观点。在康德看来，造物主之所以如此，完全是出于道德的考量："因为人类本性的弱点，也因为普遍的道德感情对大多数人类心灵的影响力微不足道，为了完善道德，造物就把普遍道德感情的辅助动机灌注到我们身上来。这些辅助动机能唤起一些无原则的人去从事善行，同时给予另一些信守原则的人以更有力的向善的推动和向善的意向。"这些"辅助动机"主要是指人类意图追求的"荣誉感"和"羞耻心"。康德坦言人类行为的真实情形是："依据原则行事的人寥寥无几"，"出于善良动机而行动的人更多一些"，而"那时时把心爱的自我当作惟一着力点，并力图使一切都围绕着自私这个轴心来旋转的人更为多。没有比这种情况更有益的了，因为这些人最勤恳，最认真，最谨慎。他们给予全人类以支持，他们不自觉地为公益事业服务，实现必然性的要求，创造那更高尚的心灵得以传扬美与和谐的基础。最后，荣誉感……它作为一种辅助动机还是非常有价值的。在大戏场（人生）里，每一个人都是根据自己的基本愿望来表演的，但同时某种隐秘的动机又迫使他从一旁沉思地观察自己，以便判断自己的行为的优雅外表到底如何，公众对其有何看法。"（《文集》23—24、33）在《论人的不同种族》（1775）中康德说：

---

① "人性曲木"的观念是英国著名思想家伯林从康德的名文《世界公民观点之下的普遍历史观念》（1784）"命题六"中摘出的。伯林在著述中经常引用他自己翻译的这个命题："Out of the crooked timber of humanity no straight thing was ever made."德文原文是："Aus so krummem Holze, als woraus der Mensch gemacht ist, kann nichts ganz Gerades gezimmert warden."（AK8：23）汉译为"人性这根曲木，绝然造不出任何笔直的东西。"参阅伯林《扭曲的人性之材》的"题词"和"编者前言"，岳秀坤译，译林出版社2009年版，第3—4页；［德］康德《历史理性批判文集》，何兆武译，商务印书馆2005年版，第11页。康德这一观念最早的萌芽式的表述在《1765—1766年冬季学期课程安排的通告》中："被他的偶然状态加给他的可变形态所歪曲的……人"（《著作》2：314）。

"正是在恶与善的混合中蕴藏着巨大的动力,来发动人类沉睡的力量,并且迫使人类发挥自己的全部天赋,去接近自己规定性的完善。"(《著作》2:444)1784 年,年届六十的康德已然信守早年的这个信念,在《世界公民观点之下的普遍历史观念》中,表述了同样的意思:"当他们都按照自己的心意,而且往往相互掣肘地追求他们自己的目标时,他们不知不觉地朝着他们自己所不知道的自然目标,以之作为一项引导而前进,并且为促进这项目标而努力。即便他们知道了这项目标,他们也很少将它放在心上。"① 在 1790 年出版的《判断力批判》第二部"目的论判断力批判"中,这一思想占有主导性的意义。

其实,个人私利对人类社会发展的重大作用,在当时欧洲的思想界算是一个共识。比如伯纳德·曼德维尔(Bernard Mandeville,1670—1733)在《蜜蜂的寓言》(*Fable of the Bees*)的扉页上宣称:"个人的不道德"就是"公众的利益"。魁奈(Francois Quesnay,1694—1774)比较严密地表达了这个思想:当人人都希求"谋取最大快乐而又付出最小可能支出"时,"自然秩序不是发生危险,反而得到保证"。② 因此,当恩格斯重申黑格尔说"恶是历史发展的杠杆"时,他只不过总结了他的前辈们早已成熟的思想而已。③

二 康德对鉴赏判断普遍性的前期反思

国内的康德美学研究界,在很长时段里关注的重心都在第三批判,甚至主要集中在上半部"审美判断力批判",较少顾及"目的论判断力批判",更鲜能切实从康德整个哲学体系出发去理解和剖析康德的美学思想,常常就事论事,随意延引,缺乏应有的同情式理解。就第三批判的上半部而言,人们也大都依康德在"序言"中的论析断定康德美学是其哲学体系的"逼出"。真实的情况好像是:康德完成前两大批判后,突然发

---

① 李明辉译注:《康德历史哲学论文集》,台北:联经 2002 年版,第 5 页。参阅《著作》8:24。

② 以上材料参阅〔英〕亚·沃尔夫《十八世纪科学、技术和哲学史》下册,周昌忠等译,商务印书馆 1991 年版,第 882 页以后。

③ 黑格尔关于"恶"的理论主要见于《法哲学原理》,§139,恩格斯重申此意的话在《费尔巴哈和德国古典哲学的出路》第三部分。

现在自由与自由之间有一空缺，就如鲍姆嘉通当年发现人性心理结构在"知"和"意"间缺少研究"情"的学问而创立美学一科一样，康德就在晚年成就了这一打通"天人之际"的巨著。近来著名康德美学专家曹俊峰先生对此提出质疑，他认为，康德第三批判的主要内容并非因体系所需而即刻创生的。曹先生据康德1770—1780年留下的《人类学反思录》掘出：第三批判上卷的主要内容来自其人类学思想，下卷目的论来源于亚里士多德以来的传统目的论以及他自己独创的人种变异理论和对有机界的观察经验，并非全由连接哲学体系的需要而促成。① 曹先生的判断可谓持之有故且言之成理，为我们理解康德美学思想甚至康德哲学提供了不泥定见、勇于开拓的范例。在对"康德著作全集"、尤其是第一、二卷的研读中，笔者也迫切体认到这一点，认为曹先生的"新见"值得认真对待。对这一重要议题，我们提出如下几点看法。

首先，思想领域决不以先后论英雄。康德哲学的思想同其他重要哲学家一样，也是长期酝酿、反复思考和不断深化的思想结晶。康德对自然科学的关注最早，因"应征作品"的引发继而瞩目于传统形而上学课题。1762年之后，在认识、神学、道德和鉴赏诸方面均有深入思考并在理论的各紧要关隘处多所斩获，尤其正在讨论的"普遍性"问题。但是，我们也不能单凭哲学家思想内容或一些观点出现的先后和相类，就断定其理论价值和地位，否则就可说康德哲学一无创获，我们能为任何通常被人们视之为康德哲学创见的理论找到它的源头和前身。正如康德自己所说："既然人类知性许多世纪以来以种种方式醉心于讨论数不清的对象，所以

---

① 参阅曹俊峰《〈判断力批判〉的真正由来》，《康德美学引论》第二版，天津教育出版社2012年版，第400—428页。如果我们再对康德1765—1772年的通信细加审查，就会发现康德关于"美学"的思考和理论，早已存在于他的研究计划中，他亦可能为此保存了不少材料，这可以在康德从青年时期就养成的一个习惯中得到证实。他习惯于在专门准备的活页或信封、废纸、发货单等可以随手抓到的纸片上迅速记下自己思考的结果：有的是从学术角度看来没有什么价值而专为记忆方便而写下的札记，有的则寓意深刻、甚至胜过整理后的理想的段落，当然也有不完整的句子、经过打磨的格言和未来著述的提纲和草稿等。康德喜欢在这些思考片断的基础上修改他的打印稿。此外，康德还喜欢在他用作教材的课本上备课，把自己的想法、意见和批评写在教本中任何留有空白的地方或夹页上，这样组成的全部手稿占集的整整十卷，比正式出版的著述还要多。现在看来，这些材料是对他定型著述极为重要的补充和生成过程的交代。他于1790年出版的《判断力批判》中的很多材料大都是这样准备出来的，尤其是"人类学反思录"，第三批判的思考材料大都能在其中找到印迹，有的甚至是直接录用。

为任何一种新东西找到与之有些相似之处的旧东西,也并不是多难办到的事情。"(《著作》4:256)① 这一工作已有西方相关学者不辞辛劳地承担了②,但没有任何人因此而轻视或否定康德哲学的独创性和关键性。不仅是康德,莱辛也是如此,正如卡西尔所论:"莱辛几乎所有的美学概念,所有的原理,在当时的文学中都有完全相同的对应概念和原理,都可以在鲍姆嘉通、瑞士批评家、莎夫茨伯利、杜博或狄德罗等人的著作中找到。但是,人们倘以莱辛的基本思想在这些著作中都可以找到为根据而否认这些思想的独创性,那就完全错了……一切概念一旦进入他的思想魔圈,便立即开始受到改造。这些概念不再是单纯的成品,而是又变成了原始的创造力和直接的推动力。"③ 这个评论也完全适用于康德。

其次,18 世纪虽不如 19 世纪更适于被称为"体系的时代"④,但是,近代思想家不重视思想体系者少之又少,不惟如此,还常常追求一种百科全书式的煌煌大业,康德尤然。思想体系之称体系者,恰在其有"吾道一以贯之"的特征,没有这个贯之始终的"道",就不配称之为哲学家和哲学——这在 20 世纪之前是决无异义的。也就是说,康德之为康德,不能仅仅看他说了什么,更其根本的则是要看他为何言说以及如何言说,尤其如何以其"道""一以贯之"地言说。在康德还未斩获先验哲学的基本理念、方法和逻辑之前,康德的一切思想成果都只是像散开的珍珠,并不

---

① 对人文学术来讲,康德的这一思想尤为紧要,虽然看似康德是从反面说话的。在最后一章中,我们将结合上文提及的"普遍化冲动"在"人文原创何以可能"中对之加以简要讨论。

② J. H. Zammito, *The Genesis of Kant's "Critique of Judgment"*, Chicago and London:The University of Chicago Press, 1992. 参阅 [美] 吉尔伯特、[联邦德国] 库恩《美学史》下卷,夏乾丰译,上海译文出版社 1989 年版,第 425—428 页;[意] 克罗齐《十八世纪美学初探》,载黄文捷编译《美学或艺术和语言哲学》,百花文艺出版社 2009 年版,第 330 页及原注和以下诸页。

③ [德] 卡西尔:《启蒙哲学》,顾伟铭等著,山东人民出版社 2007 年版,第 336—337 页。

④ 美国"新美世界文库"出版社曾于 20 世纪 50 年代中期隆重推出了"导师哲学家丛书"(*The Mentor Philosophers*),共 6 本,其中第 5 本"19 世纪思想家"部分(其余各册分别为:Anne Fremantle 的"信仰的时代——中世纪哲学家"、Giorgio de Santillana 的"冒险的时代——文艺复兴时期的哲学家"、Stuart Hampshire 的"理性的时代——17 世纪的哲学家"、Isaiah Berlin 的"启蒙的时代——18 世纪哲学家"以及 Morton White 的"分析的时代——20 世纪哲学家"。且均有光明日报出版社的汉译本)由美国著名哲学家大卫·阿金(Henry D. Aiken)编著,题名就是"思想体系的时代"(*The Age of Ideology*)(王国良、李飞跃译,光明日报出版社 1989 年版)。文德尔班在《哲学史教程》中把这一时期的思想特征概括为:"体系欲望从未有一个时代如此强烈地统治着哲学思想。"参阅《哲学史教程》下卷,罗达仁译,商务印书馆 1993 年版,第 777 页。

成为一座堪称伟大的思想大厦。正如门德尔松在回复康德所寄"就职论文"的信中（1770.12.25）曾忠告的那样："为什么要那么小心翼翼地避免重复你以前说过的话呢？要知道，已有的诸观念一旦出现在您新创的思想背景中，便会面目一新，展示出令人惊异的另一番景象。"① 没有"一以贯之"之"道"的思想零件或智慧火花，就像没有灵魂和主帅的乌合之众，在康德还未获致作为其先验哲学之灵魂的"道"之前，还真不能给他先前的任何思想以过高的评价。

　　再次，必须把思想实际的发生过程（发生逻辑）与思想家对其思想的事后叙述（讲叙逻辑）区分开来。这是康德自己明确认识到的一个重要问题，即"论述"中综合与分析的问题②。前文曾细致区分过两者在四个方面的区别，尤其把它们在第三种意义即"论证方式"与第四种即"讲述策略"严加区别。进而言之，必须把主要依据体系本身和接受者特点而确定的"叙述"与哲学家本人思想实际"发生"的历程严加区分。对重要如康德这样的思想家，决不能用"叙述"替代和衡量"发生"，否则，就既不利于我们对思想家本人的理解，也不益于对哲学本身的理解以及哲学的进展。就前者，定会削减思想本身诞生的辉煌的艰难史，进而神化思想家并催生对之不应有的崇拜心理；就后者，可能会浇灭后进继续研究哲学那难能可贵的热情而不利于哲学本身的发展。这在一般的教科书中表现得尤为明显，遗毒正不可谓不深。一如美国著名数学史家莫里斯·克莱因在其名著《古今数学思想》"序"中所说的——这些话同样切合于我们的人文学术：

　　　　在一个基本方面，通常的一些"理论"课程也使人产生一种幻觉。它们给出一个系统的逻辑叙述，使人们有这种印象："理论"家们几乎理所当然地从定理到定理，"理论"家能克服任何困难，并且这些课程完全经过锤炼，已成定局。学生被湮没在成串的"知识点"

---

①　参阅 *CB/Correspondence*（1999）：123 = AK10：114。

②　康德在1781年"第一批判"发表后给赫茨的信中也谈到这一点，他说自己在《纯粹理性批判》中，就"通俗性这一点上，开始就做得很差劲。若不然，我就会仅仅从我在纯粹理性的二律背反这个题目下讲述的东西开始，这样做，就会讲述得很成功，就能激发读者的兴趣，去研究这种争论的根源。"参阅《书信》77。

中，特别是当他正开始学习这些课程的时候。

历史却形成对比。它教导我们，一个科目的发展是由汇集不同方面的成果点滴积累而成的。我们也知道，常常需要几十年，甚至几百年的努力才能迈出有意义的几步。不但这些科目并未锤炼成无缝的天衣，就是那已经取得的成就，也常常只是一个开始，许多缺陷有待填补，或者真正重要的扩展还有待创造。

课本中斟字酌句的叙述，未能表现出创造过程中的斗争、挫折，以及在建立一个可观的结构之前，"理论"家所经历的艰苦漫长的道路。学生一旦认识到这一点，他将不仅获得真知灼见，还将获得顽强地追究他所攻问题的勇气，并且不会因为他自己的工作并非完美无缺而感到颓丧。实在说，叙述"理论"家如何跌跤，如何在迷雾中摸索前行，并且如何零零碎碎地得到他们的成果，就能使搞研究工作的任一新手鼓起勇气。①

必须致歉的是，引文中有五处带双引号的"理论"二字，均是我故意替换的，它们原来都是"数学"二字，第一段的"知识点"也是"定理"的替身，这完全是为了"叙述"的效果。即便我们把人文学术与数理科学、学术著作与教科书之间的根本差异考虑进来，克莱因的这几段话也值得我们沉思再三，细加体味。曹先生在《康德美学引论》、尤其是新版的第一个"附录"中所做的工作，其最大意义便在于这一点：用"历史叙述"或"发生叙述"来更新原来的"知识叙述""系统展示"或"成品展示"②。从

---

① ［美］克莱因：《古今数学思想》"序"，张理京等译，上海科学技术出版社2002年版，第3—4页。本书有四分册，这个序言在四个分册中都有。

② 俞吾金先生也认为，"在康德的批判哲学中，研究的起点和叙述的起点是不同的……研究的起点表现为一切有待于解决的问题的症结或焦点之所在，而叙述的起点则是使读者易于理解有待叙述的全部内容。"参阅俞吾金《康德批判哲学的研究起点和形成过程》，《东南学术》2002年第2期，第58页。但必须进一步指出的是，理解哲学家思想形成过程，不应主要依据"事后"的"追述"，而应以先前的著述为根据，因此，可以在"研究的起点"和"叙述的起点"外指出第三个层次，即"体系的逻辑起点"。俞文所据康德在1798年9月21日到伽尔韦的信中提到的"第四个二律背反"即自由与必然的背反，在笔者看来就是康德事后追述的"逻辑起点"。康德倒是认为备受艰涩指责的"第一批判"，若是从"纯粹理性的二律背反这个题目下讲述的东西开始，就会讲述得很成功，就能激起读者的兴趣，去研究这种争论的根源"。参阅《书信》77。

这个意义上来说，本书的撰写也是这个目的，并按此理想正艰难地前行
中。在学界通常所依据的第三批判的"序言"中，康德所自述的思想历
程已是"事后诸葛亮"式的，当然会更注重理论本身的系统性、连贯性
和接受的习惯性，这完全是"系统展示"而非思想实际的"生成历程"。
这一点常常为我们的康德美学研究者所忽视。也正是因为哲学家本人有意
无意地掩盖思想生成的实际历程、哲学史家又总是把哲学体系当作业已成
型的知识体系来展示，才引起了普通受众对哲学家本人的盲目崇拜，最终
导致了文德尔班在《哲学史教程》中指出的、他对此前哲学史著述观察
的结论：

> 突出的事实是，其他科学，在狂热的开始之后，一经得到有规律
> 的可靠的基础之后便照例不声不响地建立起自己的知识体系来——这
> 种惯例只有时被意外的新的开端所打断——而对哲学说来，事实刚刚
> 相反。在这里，后来人可喜地发展了前人所取得的成就，这只是例
> 外；哲学的每一伟大体系一开始着手解决的都是新提出的问题，好像
> 其他哲学体系几乎未曾存在过一样。①

　　若从每一伟大思想体系的实际生成历程观之，真实的情况很大程度上
并非如此。决不能把理论家事后在著述中的"叙事学"与思想实际生成
的"发生学"混同起来，更不必提一般哲学史教材顾前（"叙事"）不顾
后（"发生"）的武断做法了。就我们此处念兹在兹的后者而言，哲学家
著述的编年史就显得尤为紧要，这也是我们上文一再标明并以之为据的是
康德著述的成稿时间而非出版年月，以及下文追踪康德对审美普遍性思想
的反思，而不拟引述虽在理论上非常重要但实无法确知其具体创作时间的
材料——比如他的"人类学反思录"和"逻辑学反思录"——的原因

---

① ［德］文德尔班：《哲学史教程》上卷，罗达仁译，商务印书馆1987年版，第17页。当
然，若就哲学史的"叙述学"看，文德尔班所谈及这种一般态势也是深刻的，它根源于哲学的
本性和职志即"哲学在最好的时候的主要作用是突破、解放、颠覆"，"打破正统学说的大哲学
家们的任务就是夷平他们可敬但有限的前人辛苦营造的思想大厦，后者不管是有意还是无意，倾
向于将思想禁锢在他们壮观的但从构思之日起就注定要毁灭的建筑中"。参阅 ［英］伯林《现实
感：观念及其历史研究》，潘荣荣等译，译林出版社2011年版，第74、80页。

所在。

现在回到我们的主题"康德对鉴赏判断应具普遍性的反思"。由于鲍姆嘉通的出色工作——康德屡称他是"卓越的分析家",康德对审美、文艺鉴赏的关注并不晚于他之迷恋于形而上学多少,尽管康德在 1764 年拒绝了让他递补因博克(J. G. Bock)于两年前去世而空缺的"诗学与音韵学教授"职位的官方提议。康德彼时,人们并不那么看重学科门类间的专业分工①,学神学的可以教授医学,法学学者也可以去争取自然科学的教职,曾经是康德竞争教授职位对手的布克(F. J. Buck,1722—1786)就是一位数学家,而他却被增补为哲学与形而上学正教授。关于康德的鉴赏水平,学界似乎也已有定论:康德的艺术鉴赏水准实在不高,依据是他在第三批判中所举有关艺术的例子都是二三流的。这个判断的依据依然是我们刚刚指出的症结所造成的:只关注康德哲学的"系统展示"而不顾其"生成历程",对康德早期著述没有给予应有的重视和解读。要知道,康德于第三批判的要务不是进行艺术鉴赏力的培养,并已说得非常清楚:"对于作为审美判断力的鉴赏能力的研究在这里不是为了陶冶和培养趣味(因为这种陶冶和培养即使没有迄今和往后的所有这类研究也会进行下去的),而只是出于先验的意图来做的:所以我自认为这一研究在缺乏那种目的方面也会得到宽容的评判。"(《判批》4)即便在具体的理论上,康德也已经做出了相应的说明,正如后文将重点分析的:审美判断四契机的分析,针对的是"纯粹美",寻求的是"美之为美"所必须具备的必要条件和先天原则——"形式合目的性"。对于一个对象,"形式合目的性"或"合目的性形式"只是对象被鉴赏判定为"美的"之"有之不必然无之必不然"的条件;美的理想恰恰属于依存美,而美的艺术、天才的艺

① 关于"分工"的问题,可以从通常意义上的"实践"和"理论"两方面来看。就启蒙时代的普遍信念看,社会分工和生产实践当然是越细越好,这是进步和文明的表征,但在"思想"领域,就未必这么看了。当时主流的哲学思想,大都诉诸于所谓的"健全理智"也就是"常识"来建构和讲授哲学,哲学家通常都是"多面手"或"万事通",并不强调思想分工,并嘲笑如康德那样专事思辨、专攻理性部分的人为"苦思冥想者"。而康德恰恰相反,他非常强调要在思想尤其是纯粹哲学领域分工的必要性和重要性,认为在哲学中,"一身兼两职只会造成半吊子";更根本的是,要在经验部分与纯粹部分进行思想分工,道德是出于哲学的"学科本性"。参阅《著作》4:395。康德对分工的重视和思考,可能受了卢梭的影响。

术，也都属于依存美。可惜得很，人们并没有给康德以"宽容的评判"，而是不顾他的事先交代和理论意图就径自下了如上的判断。如果我们用康德在纯粹美分析中所不得已而举出的例子，而不是他在依存美部分所作的理论辨析来印证或推定康德的鉴赏力水准高低，实在是缘木求鱼了。就如同我们不能因为康德认为美男子的必要标准是"平均值"而判断康德根本不懂得什么是"美人"一样——康德很清楚，"平均值"这种美人的"基准理念绝不是这个类中全部的美的原型，而只是那构成一切美的不可忽视的条件的形式，因而仅仅是类的描述中的正确性"，因此"也就不能包含任何表现特别性格的东西……对它的描绘也不是因美而令人喜欢，而只是由于它不与这个类中的物惟有在其下才能成为美的那个条件相矛盾而已。"（《判批》71）单单以康德能提出"自然之美在于其像是艺术，艺术之美在于其像是自然"（《判批》150）这样深刻而精彩的观点而论，我们也无法相信这是一个艺术鉴赏水平不高的人所能得出的。正如黑格尔为了体系的庞然整全而不得不阉割鲜活的历史那样，康德则因体系的纯粹而不得不牺牲表现自己良好鉴赏力的机会，并因而背上不懂艺术的劣名。

　　关于康德之于文学艺术的熟悉程度以及他实际拥有的艺术鉴赏能力，我们想再提出两个方面的判断依据。一是康德 1763 年 10 月完稿并于次年伊始出版的《观察》，该文讨论的美感与崇高感，都是某种只能解析而不能定义的概念。就其思想脉络看，它是康德就情感概念演练其哲学思维方法的一次试笔，表面看是经验描述，实质上恰是"应征作品"所揭橥的形而上学意义上的概念解析①。在正好一年前完稿的"应征作品"中，康德说：对于哲学的所有分支，尤其是形而上学，"任何一种能够进行的解析也都是必要的，因为无论是认识的明晰性还是有效推论的可能性都取决于此"；然而，分析终会遇到一些客观上无法再分或主观上无能再分的概念，面对如此繁多的一般认识，这样不能再分的基本概念在哲学领域必然"异乎寻常地多"："许多概念几乎根本不能被分解，例如表象的概念……而另一些概念只能部分地被分解，例如……关于人的灵魂的各种各样的情

---

　　① 在"应征作品"中，康德认为："对给定的含糊不清的概念进行解析，使它们变得详尽和明确起来，这是哲学的事情。"（《著作》2：279）康德对形而上学任务的这一认识或许是他特别喜欢并擅长于对相似概念作清晰的界定和精细的区分。比如在《观察》中对"虚荣""高傲""自尊""虚夸""自夸"的区分、对"轻信""迷信""狂热"的区分。参阅《文集》54—56。

感，崇高、美、厌恶等等的情感概念；没有对这些情感的概念的精确认识和分解，就不能充分地认识我们的本性的动机……"。（《著作》2：281）如此看来，把上面这段话看作是《观察》的理论前提，或许不为武断。《观察》以优美感与崇高感为骨架来讨论人类的情感世界和性格特征，但笔调是前所未有的，幽默中夹带着讽刺，文体华丽兼具格言味道，其中没有任何的严格推理和高深的理论辨析，一切都是机敏的、近似的、形象的和引人入胜的。因此，大都认为，这决不是用来谈什么美学的，优美感与崇高感及其讨论，与其说是美学范畴，毋宁说是人性的两种外现形式，或者说它就是人类学的和社会心理学的——这无疑是观察《观察》的一个重要视角。但就此文对崇高与美的"概念解析"而言，则更应当视为康德形而上学思维方式的一次演练，"在此，康德在美学与文学方面的关切成了重点"①。这部著述当时甚是轰动，作者在世时就曾重版过八次，之所以如此受到青睐，也不是没有原因的：对感性经验的重新重视和强调、对个人特殊体验所表现出来的极大兴趣，这些都预示着"狂飙突进"的迫近。② 康德把崇高感与优美感看作是人类"较为精细的情感"，并概括其特点如下：可以长时间地享受而不至于因餍足而生厌；以心灵的敏感为前提，并使之趋向于"道德冲动"。（《文集》12）虽然这部使作者赢得"时髦作家"美誉的著作不属于严格的美学范畴，但也确然明证了康德高度的鉴赏力和对古今文学作品的熟悉程度：希腊神话、阿娜克端翁、西蒙庇德斯、欧里庇德斯、维吉尔和奥维德等古典作家就不说了，像弥尔顿、莫里哀、波吕尔、丰德耐尔、杨格、理查森、哈勒、克洛史托克等，也都是康德用心阅读过的。下面这段关于悲剧与喜剧之美感效果的对比，也非于二者皆用心良久者所不能道：

> 在我看来，悲剧不同于喜剧主要就在于前者激起崇高感，后者引起（优）美感。在悲剧中，展现在我们面前的是为他人利益而做出伟大自我牺牲的精神，以及危难之中的英勇果决和经得起考验的忠诚。悲剧中的爱情是悲惨的，并且充满着深厚的敬意，他人的不幸在

---

① ［美］曼·库恩：《康德传》，黄添盛译，第178页。
② 参阅［苏］古留加《康德传》，贾泽林等译，第67页。

观众中激起同情，陌生人的痛苦使公正善良的心房更加剧烈地跳动，观众潜移默化地受了感动，感觉到自身本性的尊严。反之，喜剧表现的是精巧细琐的狡计，有趣地笑闹，善于从任何事态中脱身的诙谐家，总是上当的傻瓜，以及其他笑料和可笑的性格。爱情在这里并不感伤忧郁，而是从容自如。同时，这里和其他场合一样，高尚可以在一定程度上与美相结合。（《文集》17）

康德的这段剖析解说，包括康德把美感与崇高感归于"精细的情感"并趋向于"道德冲动"等理论，既说明康德具体的美学理论和观念在后来的第三批判中得以完整承继，还表明了康德对艺术的不说高超也算不太差的鉴赏能力和读解水准。

至于康德的想象力——这可是艺术能力最核心的要件——之巨和文笔之妙，已是每一个稍涉康德原著的人都无法否认的。康德一生都在家乡附近活动，尤其晚年，可谓足不出故城，但他的"自然地理课"能讲得让来自所述之地的人目瞪口呆，以为康德肯定光临过自己的故乡①。康德那异乎常人的非凡想象力，更在他早期最重要的理论物理学著作《天体》（1755）中表露无遗，也请那些一直认定康德艺术鉴赏力水准不高的论者细细读读"第七章的补充：太阳的一般理论和历史"一节，尤其关于"太阳火"（《著作》1：309）的那段描述——真可谓是伟大想象力与绝妙文辞的完美契合；然后，请怀疑者再思考一下：自己所谓的鉴赏力主要是些什么能力？想象力、对人性切入骨髓的敏感以及对思想的高超表达能力，这些都算不算在内？还有一则国内康德研究界甚少关注，但对于考察康德美学观念的发生历程非常珍贵的材料。1776 年 3 月，康德所在的哥尼斯堡大学诗学教授林德纳（J. G. Lindner，1729—1776）去世，康德的学生兼同事克罗伊茨菲尔德（Johann Gottlieb Kreutzfeld，1745—1784）补了阙。授职大会上，康德是新任教授就职论文《论诗学的一般原理》（*Dissertatio philologico poetica*

---

① 康德曾把这一点归诸于哥尼斯堡得天独厚的地理、政治和文化条件：国家的中心、政府机构和大学所在地、重要港口——这一切使得它"可以被视为一个既扩展人类知识，又扩展世界知识的适宜之地，在此即便不去旅游也能获得这些知识"。（《著作》7：115 康德自注）。

de principiis fictionum generalioribus, Königsberg, 1777）的主题评议人。康德那个无标题的拉丁文评议，虽无系统详切的论说，但就其观点本身来看，确不容小觑，其重要之点有：虚构乃诗之本原、诗人与哲人之区别、诗与逻辑之差异、自然与诗之关系等——均可体现康德对诗学思考的深入程度。①

就此而言，文德尔班在第三批判的"科学院版编者导言"中对此所作的总结，可谓持中而切当。在交代了康德很早就因"有机体"而对"目的论"投以强烈兴趣后，文德尔班接着说："康德早就以同样强烈的个人旨趣追踪着审美问题。《关于美感和崇高感的考察》就已经表现出从一个广博的知识范围出发的极为丰富的机智评论，而从他讲演中，以及从他的反思中得出，他极为熟悉他那个时代的美文学现象和艺术批判理论。"文氏还以施拉普（Otto Schlapp）那篇"已经极为详尽地搜集了大量的材料"的著作《康德关于天才的学说和判断力批判》（哥廷根，1901）为例佐证了这一点。②

然而，康德虽然对构成第三批判的两大部分即"审美领域"和"目的论领域"，"已各自长时间频频探讨过了，并且激发了各种各样的研究和表述；但是，两个问题系列借以同时获得其在一个共同原则之下的完成的那种趋同，却绝没有持续地和逐渐地通过建立两个对象之间的实际关系而完成，而是相对迅速地和让哲学家本人在某种意义上惊喜地通过把两个问题归在批判哲学的一个形式上的基本问题之下来造就的。"③ 同样，由

---

①　这篇没有标题的文字作为"附录"之一以"针对论文答辩的一个演说草稿"（*Entwurf zu einer Opponenten - Rede*）之名收于科学院版《康德全集》第 15 卷，第 903—935 页。后由密尔伯特（Ralf Meerbote）译为英文载于 L. W. Beck, *Kant's Latin Writings：Translation, Commentaries and Notes*, New York：Peter Lang Publishing, 1992, pp. 169—183。题名为"论感觉迷误和诗的虚构"（*Concerning Sensory Illusion and Poetic Fiction*）。相关介绍参阅 ［德］福尔伦德《康德生平》，商章孙、罗章龙译，第 82 页。

②　［德］文德尔班：《科学院版编者导言》，载《判断力批判》（注释本），李秋零译注，中国人民大学出版社 2011 年版，第 2 页。

③　同上书，第 1 页。上文提及的曹俊峰先生关于"《判断力批判》一书的真正由来"的新论，就似乎未能虑及文德尔班的这一论断。第三批判的基本材料，甚至很多的理论观点，都是先前已有的，但它们之能进入第三批判并能以"先验美学"自立，端赖能统一处理美和艺术问题与有机生命问题之"共同原则"——"合目的性原则"即一以贯之于康德美学的"道"——的发现。

于"应征作品"的促成和对"视灵者"的哲学反思，以及随着对认识确然性的探求而转入的对"普遍性"的思索，康德对审美鉴赏的普遍性问题的思考也在《观察》和"反思录"① 中大量出现。有资料表明，自1765 年始，康德就已在努力为伦理判断和审美判断寻求确然性和普遍有效之根据，但因这类判断植根于主体心灵和情感之中而困难重重。此时的康德，已把伦理和审美从一般的逻辑判断和认识论中划分了出来，这对康德先验美学的形成无疑有着非常重大的意义。（《文集》85 页注释①）作为单称的审美判断具有"不依客观规则"的普遍性，对康德来说这一点是确定无疑的。《观察》说："我们看到，无论世界上不同国家的居民的趣味有多大差异，在一个国家被认为美的东西，在所有其他国家也一定被认为美。"（《文集》44）作为单称的审美判断何以具有普遍性呢？康德从两个方面进行了反思。

首先，审美判断非关逻辑而归于情感。康德说："按照聪慧的规则（Regel der Klugheit），那些在某些相反的情况下不能按任何规则探讨的东西，却有普遍性。这里我所说的是鉴赏（Geschmack），在这方面我坚持我自己的判断，因为按照鉴赏（审美的［ästhetisch］）规则我的判断是普遍真实的，尽管准确地（逻辑地）说来，按照精确的理性（逻辑的）法则它们（我的判断）只对一部分人有效。"② 康德这段话无疑点明了鉴赏判断所具有的如下两个相关特征：经验的非普遍性和对普遍性的先天要

----

① 必须说明的是，康德对审美普遍性的关注，在他 1770—1780 年所留下的《"人类学"反思录》和无法确定具体时间的《〈逻辑学〉反思录》中，可谓是比比皆是。我们这里不拟讨论的原因是，无法断定这些思考的具体时间，因而也就不能把它们纳入相应的"发生历程"的分析中。而这部分材料非常重要，它的德文编者在这一卷（第 15 卷）的序言中说：它们"为此前几乎完全幽暗的领域投下了一束最明亮的光线：新材料为我们提供了有关康德的美学观点如何形成的最重要信息。"（转引自《文集》"译者前言"：4）这也算是一种重新重视哲学家伟大思想"发生历程"的见地之论。国内康德学界最早对这批材料加以研究的是曹俊峰先生，参阅氏著《康德美学引论》（第二版）的"附录"，尤其是第一篇《〈判断力批判〉的真正由来》（第400—428 页），即便如朱立元所评："康德遗稿（Nachlass）中的各种'反思录（Reflexion）'这份珍贵的资料没有得到充分利用。"参阅朱氏《康德美学研究的新突破——曹俊峰〈康德美学引论〉新版读后》，载《文汇读书周报》2012 年 9 月 28 日第 9 版。

② 参阅《文集》85，以及译者的注释①。其中"聪慧的规则"（Regel der Klugheit）是与"理性的规则"（Regel der Vernunft）相对，指非逻辑、非认识的情感或直觉规则，决非某些研究者所谓的"概率"，而是与康德所谓的"情感共通感"相接。

求。正如伽达默尔对此所总结的：在真正的鉴赏判断中，"不是个别的偏爱被断定了，而是一种超经验的规范被把握了"，正是鉴赏的这两个特征决定了鉴赏必须是"反思的"。① 这无疑是说，审美判断虽然是单称判断但却有着非关逻辑的普遍性，康德以"美是专断的（gebieterisch）"这一命题来概括审美判断这种天生要求所有人都须认同的特性。当然，美的自由本性与真的逻辑性也是不相容的，美可以偏离自然真实："比起美来，真实更是一种义务。因此，为了成就美，我们必须把这种义务放在一边。神经的精细敏感是鉴赏力的一种起主导作用的特性，因为它决定了（所观察事物的）对比度和情感的强烈程度，也决定了感觉的强度。"（《文集》154）同时，审美判断具有情感本质，这也是康德非常确定的，他在《观察》中说："如果有人看不到感动和吸引我们的事物中的价值的美质，别人就会斥责他，说他不理解这些东西，这其实是不对的。这里的问题不是由理性去思考，而是由情感去感受。"（《文集》31）《反思录》也说："愉快和不愉快的能力一般说来就是情感……对于不属于必需品的事物的愉快和不愉快的能力就是鉴赏力……如果心灵的力量不仅必然是受动的（leidend），而且是能动的（tatig）、创造性的，那么鉴赏力就应是精神性的、理想性的（如果情感不是由外在的知觉激发起来而是由人们为此而创造出来的东西激发起来的话）。"（《文集》149）审美判断的情感本质无疑增加了寻求审美普遍性的难度，因为情感是最个人化的东西，表面看来也最无普遍性。因此，康德必须进一步规定"情感"的普遍性，也就是说它既要是个人的又要能普遍化，那这种情感就决不能是实用的和功利的。

其次，审美判断非关功用而根源于多样统一的外观（Schein）。美如果是普遍的，那它就不能与个人实用攸关，即审美判断非关实用功利而"只与单纯的评价有关"。真正的审美判断中，对"实用性"也即"外在目的"的排除就成了一种必要的心理清除工作："对于不属于必需品的事物的愉快和不愉快的能力就是鉴赏力。如果他接近于必需品那就是粗俗的鉴赏力，如果它远离必需品，那就是高雅的真正的鉴赏力"；"美的理想

---

① ［德］伽达默尔：《诠释学Ⅰ·真理与方法》，洪汉鼎译，商务印书馆2010年版，第67、68页。

可能很好地保存在想望之中，但不能保存在占有之中"；"鉴赏总是与那些本质上不属于生活必需品的东西有联系"；"美不具有实用性，因为实用性要服从自身之外的目的"。就可能的审美对象而言，远离实用功利而接近于非功利的，显然是其形式而非质料，康德因此而把审美的观照之点集中于对象的形式和外观："持久不变的美的主要根源是外观（Schein）"，"因为事物本身不管有多美，如果它不显得新鲜就可能令人反感，因而艺术就应该给事物以一种令人愉快的外观，在这方面自然的单纯永远是美的。"这种"外观"虽然是一种"幻相"（Schein）但并非"欺骗"："人们认可的（事物的）外观是一种不真实的东西，但这种不真实并不是一种谎言，它是促成理想性的享乐的一种诱因，这种享乐的对象并不在事物之中"。因此，"幻相与美能够如此协调一致，以致虽然我们发觉了那是假象，却仍然能使我们愉快"，而"如果幻相（Schein）能够持久，并比真实更令人愉快，那么由这种虚假而来的愉快就是真实的愉快，尽管那是一种虚假的认识"；况且，"有时幻相比真实更好，因为幻相所带来的愉快是真实的愉快。如果人们知道脸上涂的是胭脂，那它就不是什么欺骗了。""幻相"之所以美的另外一个必备条件是"多样性的统一"，就此，康德继承了古典主义"美在形式"的观念。他说："一切完美的形式都在于多样性（包括继时性的多样和强度）和统一，这两方面都能使人感到愉快"，"和谐来源于多样性的统一，在音乐以及诗歌和绘画中都是这样。这是某些神经的憩息之所"，"如果统一与追求多样性的主动性（Activita-et）相结合，那么统一就与舒适性相适应。"①

有一个疑问值得在这里提出来予以讨论：如此熟知鲍姆嘉通著述的康德，何以对鲍氏的美学思想几乎没有关注，更不要说引述和阐发了，《观察》、"第三批判"和各种与美学相关的"反思录"（"《观察》反思录""《人类学》反思录""《逻辑学》反思录"）连鲍氏的名字都没有提到过。如果说二者还有什么学理上的关联，那就只有鲍氏关于"美学……是感性认识的科学"中的"感性"一词：康德也坚持审美判断是感性的（ästhetisch）判断。但是，康德的"ästhetisch"主要是一种主体感受或反

---

① 本段引文参阅康德《反思录》，载《文集》，第 118、149、153、123、118、161、182、180、162、154 页。

思能力,在鲍氏则主要是一种"感性外观"。就我们揭示的主题看,原因显然就是两人的理论主题截然有异。鲍氏美学主要是"艺术理论",研究的对象是"艺术",目的是辅助人们的理解——这整个与近代哲学主要在"主体性"领域耕作的基调和底色不侔。① 康德美学,不论是前期的《观察》还是成熟时期的"批判美学",关键的焦点都主要是"审美判断"或"鉴赏"。可以说,"与过去的美学理论相比,康德的进路标志着某种焦点的转移,从对象转移成有关对象的判断。康德不再陈述(我们以为美的)某种对象的本性及其品质如何,他只分析一种特定的判断,即审美判断……这个转移是幸运的……这会使他站在比较优越的立场,而避免上述主观与客观的两极。"②

还有一点可以确定的是,批判美学成熟之前的康德所关注于美学者,也主要在"美感"领域而非艺术,比如1764年的《观察》,包括刚刚提及的康德对审美的那些观念,都明显受到了卢梭和哈奇森的影响,尤其是后者对形式和外观的"多样性的统一"的强调,在康德这里留下了很深的痕迹,康德关于鉴赏无关乎实用的观念大概也来自于卢梭《爱弥儿》第四卷的相关内容。③ 然而,无论是来自别人的还是康德自己的,都只是将来先验美学的思想材料,到时候,在"第三批判"中,康德将赋予它们以灵魂("道"),对它的详细论析将在下一章展开。

第五节 作为普遍性之人性根源的"共通感"

知识的真理性,既要求知识本身可以普遍传达,更需要认识主体的理

---

① 参阅 [德] 鲍姆嘉滕《美学》,简明、王旭晓译,文化艺术出版社1987年版,13—22页。

② [德] 文哲:《康德美学》,李淳玲译,台北:联经2011年版,第2页。康德对美学的关注,主要在"应征作品"(1762)之后,自此,他都是从"主体"(美感、鉴赏)而非"对象"(艺术)的角度思考美学问题。这一点是不是也可以归之于"应征作品"的导向,我现在尚无法断然确定。但可以确定的是,康德的这一转移,一定与其对审美判断之独特性——既主观又客观、既非主观又非客观,既是单称的又要求有普遍有效性——的发现有关。

③ 参阅 [英] 哈奇森《对美、秩序等的研究》,载《论美与德性观念的根源》,黄文红译,第14—17页;卢梭在《爱弥儿》中说:"我们的审美力是只用在一些不关紧要的东西上,或者,顶多也只是用在一些有趣味的东西上,而不用在生活所必需东西上。"参阅李平沤译本,商务印书馆1996年版,第500页。

性的统一。知识的普遍可传达性根源于人类理性的统一性，后者正是康德着重强调且在其哲学中举足轻重的"共通感"① 问题，它既是人类理性追求的目标，也是它的本能倾向，哲学之确然性的寻求最终也将在这里落脚和结穴，康德所向往的"费边的荣光"最终也得归结为"共通感"。

康德凭自己对人性的深刻把握和精细观察得以确知，人类内心深处涌动着一种本能式的力量，那就是对普遍性的强烈诉求，即上文提及的普遍化冲动或泛化冲动，也即"共通感"的人性根源。人类心灵这种被康德称为"秘密的活动"的"普遍化冲动"主要表现在两个方面：一是我们的判断对"普遍的人类知性"的普遍依赖这种本能性的"秘密的活动"，它"把人们独自认为善或者认为真的事物与别人的判断进行比较，以便使二者一致"，这是对"普遍的人类知性"的信赖感，最终形成一种"理性的统一"（《著作》2：338）。只是在《视灵者的梦》中，康德更在意的还不是我们的"认识判断"对于"普遍的人类知性"的这种旨在"创造一种理性的统一"的"被感觉到的依赖性"，而是根自人类本性的另一种"秘密的力量"，一旦我们"使外物与我们的需要发生关系"，我们就会意识到：

在我们里面仿佛有一个外来的意志在起作用，而我自己的喜好则必须以外部的同意为条件。一种秘密的力量迫使我们把自己的意志同

---

① 我们想在一触及"共通感"这个对于康德哲学和美学异常重要的概念时就做如下提醒：康德这个词用的是拉丁文 sensus communis，英文是 common sense，德文是 Gemeinsinn，法文是 sens commun 或 bon sens，它们都各有自己的历史及语义。尤其是英文中的 common sense（常识、良知），是最不能与之相混的。苏格兰常识派有着康德极为反感的哲学学说，说他们援引普通的人类知性是让"哲学家为之脸红的捧场"，根源即在于他们把哲学的根最终扎在了"常识"里面。这个"常识"又被称为"健全知性"或"健康理性"，指正常人的正确判断能力（《导论》，《著作》4：260—261）。康德所谓的 sensus communis（共通感）是一理性理念，主要是指主体间认识能力的相通性即普遍可传达性，包含有我们通常所谓的换位思考或站在别人角度思考的意思在内。这后一方面是康德前期比较重视的，下文将有详尽讨论。参阅［德］文哲《康德美学》，李淳玲译，第100—108页。康德先后曾把这种"共通感"区分为三种：认识的共通感、道德的共通感和审美的共通感。在第三批判中，康德认为，只有审美共通感（情感共通感）才最有资格担当"共通感"这一理念和典范（《判批》76）。补充一点，"共通感"有两个传统，亚里士多德—经院哲学传统和罗马人文主义传统，哈奇森、康德继承的是后一种，常识派继承的是前一种。参阅［德］伽达默尔《诠释学 I · 真理与方法》，洪汉鼎译，第41、43页。

时指向他人的福祉，或者依照他人的渴求加以调节，尽管这些往往是不情愿地发生的，并且严重地与自利的倾向相抵触；因此，我们的本能的方向线集中朝向的点，并不仅仅在我们里面，而且还有推动我们的力量在我们之外的他人的意欲之中。由此便产生出经常违背自利之念吸引我们的道德动机，即义务的强烈规律和仁慈的较弱规律……由此我们看到自己在最秘密的动机中依赖于普遍意志的规则，而且由此在所有思维着的物类的世界里产生出一种道德的统一和仅仅依据灵神（Geistiger/spiritual，一译"精神的"）法则的系统状态。（《著作》2：338—339）[①]

"道德情感"（sittliches Gefühl）正是那种被自觉到的、在内心中迫使一己意志依赖并认同于"普遍意志"的依赖性或强制性，同时也是"非物质世界通过依照其特有的这种联系规律，形成一个具有灵神完善性的整体，从而达到自己的道德统一性所凭借的自然而又普遍的相互作用的一个结果"，康德甚至把这种道德情感和道德动机比之于牛顿所赋予自然界诸物间普遍存在的"引力"作用（《著作》2：338）[②]。

由此，康德牵出根自人类普遍理性的两种共通感，一是依赖于"普遍知性"并最终导向"理性的统一"的"认识共通感"，一是依赖于"普遍意志"并最终导向"道德的统一"和"至善世界"[③]的"道德共通感"。当然，此时的康德还没有提及后来在《判断力批判》中提出的作为

---

① 译文据"剑桥版康德著作集"有校改，参阅 *CB/Theoretical Philosophy*，1755—1770（1992）：322 = AK2：334—335。

② 这显然是受到了哈奇森道德学说的影响，因为哈奇森把指向所有人的"普遍仁爱"比之于"宇宙所有物体的地心引力原理"。参阅［英］哈奇森《对我们的德性或道德善的观念的根源的研究》，载黄文红译《论美与德性观念的根源》，浙江大学出版社 2009 年版，第 156 页。

③ 康德把依赖于"普遍意志"的"道德共通感"最终也导向"仅仅依据灵神规律的系统状态"，在这一状态中，"通常由于地球上的人们的道德关系和自然关系的矛盾而如此令人诧异地落入眼中的不合规则性，看来绝大部分都消失了。行为的一切道德性按照自然的秩序决不能在人的肉体生活中产生完全的效果，但在灵神世界却可以按照灵神性的规律有其完全的效果……人的灵魂在此生就必然根据道德状态取得其在宇宙的灵神性实体中间的地位"（《著作》2：389）。康德的这一思路与他在"第一批判"的"先验方法论"中所给出的论证如出一辙，"仅仅依据灵神规律的系统状态"就是康德那里所谓的"至善世界"，这是一种大异于传统"思辨神学"的康德力主的"道德神学"（A813—816 = B841—844）。

鉴赏判断先天原则之根基的"情感的共通感"（《判批》138）①。在"反思录"中，康德把它们分别视作"认识的确然性"和"道德的确然性"的判断标准：

> 真诚并不依赖于普遍的人类之爱，而是依赖于正义的情感，借助于这种情感我们就懂得准确地辨别真诚与正直。这种情感在人类精神的本性中有其根源，由于有了这种根源，人们不是根据自己或他人的利益来判断什么是无条件的善，而是把这一行为转移给他人②，然后，如果形成了对立和反差，就会令人不快，如果形成了和谐与一致，就会使人愉快。因此把自己置于他人位置上的能力就被看做是启迪学的中介。我们具有出于本性的爱交际的社会性，能够真诚地拒绝沾染我们所指责于他人的缺点。因为对于真和假的共通感（common sense）不过是被普遍采用为真假标准的人类理性，对于善和恶的共通感也同样是真和假的标准。如果头脑反常，认识的确然性（certainty）就会丧失，如果心灵反常，道德的确然性就会丧失。③

那么，这种促使人们本能地追求理性统一和道德的统一并求同于普遍意志的根据在哪儿呢？人类的道德动机的根源是什么呢？可以肯定的是，这根源决不能在我们的肉体而只能在我们的灵魂里被触及。灵魂的存在是可以断定的，因为我们都有"以意念（Willkür）自我决定的内在能力"，都有力学规律不能解释或无法解释殆尽的部分；那么，下面这一点就是可以确定的：人类的道德情感和道德动机就根源于人类灵魂的相通性，人类的道德动机可以被设想为"灵神性存有者彼此所凭借的一种真实活动力量的结果"，"道德情感就是私人意志对于普遍意志的被感觉到的依赖性，是非物质世界通过依照其特有的这种联系规律，形成一个具有灵神完善性的整体，从而达到自己的道德统一性所凭借的自然而又普遍的相互作用的一个结果"（《著作》2：339）。看来，在决定着道德的最初

---

① 关于"情感的共通感"的问题，将在第五章第四节予以详细分析。

② "把这一行为转移给他人"意即我们常说的"换位思考"或"将心比心"。

③ Kant：*Selections from the notes on the Observations*，CB/*Notes and Fragments*（2005）：20。参阅《文集》175。

原则到底是认识能力（Erkenntnissvermögen）还是"情感"（Gefühl）①——康德认为这是实践哲学的第一要务——这一游移中，康德暂时有了一个取舍：道德的根本原则在"普遍意志"，道德情感只是它的一种结果或现象。

"普遍意志"（公意）的思想显然受到了卢梭《社会契约论》的启发。"社会契约"的本质在于"我们每个人都以其自身及其全部的力量共同置于公意（the general will）的最高指导下，并且我们在共同体中接纳每一个成员作为全体之不可分割的一部分"；以此本质成就的就是一个"道德与集体的共同体"，即"共和国"（Republic）；在"共和国"中，每个人都有双重身份：既是普遍意志的一员又是个人意志的主体。② 这种模式也被康德用来构想人的双重身份：人既以"我的"灵魂而与"他的"灵魂以及所有"非物质性存有者"共同构成一个以"普遍意志"为法则的"灵神世界"，人因此就是"灵神世界"的一员且拥有"普遍意志"；同时，人又属于"物质世界"，必须服从自然的秩序，追求个人的幸福，即一个独立的"个人意志"。"人"是二元的：构成上灵神与躯体二元，分属上灵界与世间二元，法则上道德与自然二元，位格上灵之我与人之我二元，如此等等。在《视灵者的梦》中，康德从对比的视角剖析了人的这种二元性。

首先，人分属于两种截然不同的领域。由于人分属于灵界和物界，"作为一个成员既属于可见世界也属于不可见世界的虽然是同一个主体，但却不是同一个人格，因为一个世界的表象由于其不同的性质而不是另一个世界的表象的伴随观念，且因此之故，作为灵神的我所思维的东西，并不被作为人的我所忆起，而反过来，作为一个人的我的状态也根本不进入作为一个灵神的我的表象中。"（《著作》2：341）灵界之我无法得到物界的任何直观表象，反之亦然，物界之我也无法得到灵界的任何表象。灵神性表象与肉体生命表象是性质截然不同的两种类型，它们对彼此既无直观

---

① 这时康德还未把理性的"实践运用"作为一种与知性和情感不同的能力来对待，这在他解释"情感"一词的内涵中可以看出，在《明晰性的研究》的一个夹注中，康德把"情感"解释为"欲求能力的最初的、内在的根据"，而这一点正是实践理性的内涵（《著作》2：303）。

② ［法］卢梭：《社会契约论》，何兆武译，商务印书馆1980年版，第24—25页。

表象也无感性经验。这种思想在《纯粹理性批判》中以同构的方式被表述为："知性不能直观，感官不能思维"（A51 = B75）。①

其次，灵神性表象与肉体生命表象二者虽在性质上截然不同，但亦有可能交通的方式。灵神性表象"虽然不能直接地进入人的个人意识之中，但却可以这样进入，即它们按照概念结合的规律激起与它们相近且唤起我们感觉的类似表象的图像，这些表象不是灵神性概念自身，但却是它们的象征（Symbol）"。原因也是显然的："作为一个成员既属于这个世界又属于另一个世界的，始终是同一个实体，而这两种表象则属于同一个主体且相互联结……神明的道德属性是依据愤怒、妒忌、仁慈、报复等等诸如此类的表象被设想的；所以诗人们把德性、罪恶或者其他自然的属性人格化，但却使真正的知性理念显露出来了。"（《著作》2：342）在《判断力批判》中，"象征"就成了从（广义的）"美"向"道德"的过渡："美是德性—善的象征"——类似于先验范畴通过"图型"（Schema）运用于感性直观所起到的关键性的中介作用，而康德关于诗人把自然属性人格化的表述，在第三批判中也得到了重申（《判批》199—203）②。康德的这一思想、思路或模式，成为他此后解决"思维的主观条件怎么会具有客观的有效性"（即通常所谓的"闭门造车何能出门合辙"的难题）以及如何在自由界与自然界架起沟通天人的桥梁等，都起着方向性的导引作用。"象征"一途也成为后来康德证成崇高、审美理想、"美是德性的象征"和艺术创作等美学命题的重要支撑。

通过象征和同构性的类比，神明的道德属性依据愤怒、妒忌、仁慈、报复等等诸如此类的表象（观念）被设想，诗人通过把德性、罪恶或者其他的自然属性人格化而使真正的理性理念显露出来了；人的形体同灵神被感受到的在场、非物质性世界的秩序以及通常在感官中愉悦我们的想象，均可构成象征的关系。因此，"灵神性的感觉如果激起与它们相近的

---

① 本段的思考受到李明辉《康德的〈通灵者之梦〉在其早期哲学发展中的意义与地位》一文的启发，载李明辉译《通灵者之梦》，台北：联经1989年版，第34—36页。

② 康德对象征的解释是："一个只有理性才能想到而没有任何感性直观与之相适应的概念就被配以这样一种直观，借助它，判断力的处理方式与它在图型化中所观察到的东西就仅仅是类似的，亦即与这种东西仅仅按照这种处理方式的规则而不是按照直观本身，因而只是按照反思的形式而不是按照内容而达成一致。"（《判批》199—200）

想象，就能够进入意识，这不是不可能的。"（《著作》2：342）尽管如此，也并非什么人都能拥有这种"进入"的可能性，这要求此人必须拥有某种敏感性异常之大的灵魂感觉中枢。某一刻，此人会被他之外某些被他认为是"灵神性存有者被感在场"的对象所纠缠，虽然此时他并未真正直接感觉到灵神性存有者，而只是通过幻想把在灵神性的感应下生出的具有与感觉外貌相近的幻觉图像启示给他的意识罢了。但是，拥有这一强大的感觉中枢，也是要付出代价的，正如忒瑞西阿斯是以瞎了眼为代价才有了预言才能的，第谷·布拉赫在马夫眼中，是天空的知情者，但这是以他在地上就是一个笨伯为代价的。

　　对比柏拉图的知识论、尤其是灵魂回忆说，康德对"视灵"之可能的新解释，完全可以被看成前者的康氏修订版。人的灵魂是来自灵神性世界的，灵神成为灵魂的标志就是它与物质性躯体的结合——康德没有说这种结合的动因和方法，柏拉图用一个神话隐喻了这一点：诸神和灵魂等随宙斯赴宴途中，灵魂乘坐的马车在经过陡峭天路时，因马的顽劣和马夫的乏技而坠落尘地。灵魂因此折断了羽翼，无法再飞升至理念的天宇，只得附着于肉体以作暂居之所。尘世的欲望钝化了灵魂"回忆"曾观照过的"真正存在"的本领，即便看到它们的摹本，也不可能迅速地回忆起真理本身。柏拉图也承认，"从尘世事物来引起对上界事物的回忆，这却不是凡是灵魂都可容易做到的"，"只有少数人还能保持回忆的本领，这些少数人每逢见到上界事物在下界的摹本，就惊喜不能自制"，从而进入一种"迷狂状态"，众人视之为"疯子"，殊不知他"其实是由神灵凭附着的"。①柏拉图的"回忆""摹本"之论与康德的"象征"理论确有一脉相承之实。

　　这种把灵神界视为一种完善性的道德统一体（在《实践理性批判》中被发展成为"至善论"）的理论，可以说是康德的一个形而上学预设，但却有着极大的解释效力。在这个私人意志与普遍意志相联结的道德统一体中，就不会遇到在物质世界常见的"道德关系和自然关系的矛盾"（即德福矛盾）这种情况。这种解释还满足了死后的道德问题：某一灵魂在此世所具德性的全部回报，将会按照灵神性规则，在它与肉体分离进入它

------

　　① ［古希腊］柏拉图：《斐德若篇》，246a 以后，参阅朱光潜编译《柏拉图文艺对话集》，人民文学出版社 1963 年版，第 120—126 页。

原本自其而来的世界中得到兑现，对灵魂来说，这两个世界是自然延续
的。这就避免了为了消除现实世界中的德福矛盾而必须求助于一个超出常
规的神圣意志的困难，也因此避免了对人类有限知性的误用及对上帝的误
判。因此，灵魂不朽之说在信仰上而非认识上得到了确信，所以"从来
没有一个正直的灵魂能够忍受随着死亡一切终结这种思想，且其高贵的意
念不为未来的希望而奋起。因此，将对未来世界的期待建立在另一个世界
的希望之上，看来要更为合乎人性和道德的纯粹性"，"对于灵魂的灵神
性本性的理性洞识之于相信死后的存在来说是必需的，而这种相信又是一
种有德的生活的动机所必需的"。灵魂不朽、来世存在，诸如此类的观
念，在"思辨的秤盘"中当然如同空气一样没有分量，但在"希望的秤
盘"中则不可或缺。这就是把来世和宗教建基于道德之上的"道德神学"
而非把道德建基于来世或宗教之上的"神学道德"。康德反问道："难道
只是因为有另一个世界，有德才是善的吗？……人心岂不是包含着直接的
道德规范？"故而，"将对未来世界的期待建立在一个高贵灵魂的感觉之
上，比反过来将它的良好品行建立在另一个世界的希望之上，看来要更合
乎人性和道德的纯粹性。"（《著作》2：375—376）康德同时期的"《观
察》反思录"也明确说："如果人类的道德隶属于宗教（这只有在被压迫
的下层居民中才是可能的和必然的），那么这种道德就是可憎的、伪善
的、该诅咒的，但如果使宗教隶属于道德，那么道德就是善良的、友好
的、正义的。"（《文集》172）这些思想都在后来的三大批判、尤其是
《实践理性批判》中得到了坚持和深化。批判地看，康德关于神学当立于
道德之上的观念，恰是对启蒙理性的补纠。启蒙理性，不论在经验论还是
在唯理论，都主要指"理论理性"（包括为培根所强调的"实用理性"即
知识的实用主义观念），它的代名词就是"知识"或"科学"。康德划时
代的贡献就在于，他要"限制知识以为信仰留下地盘"（BXXX），实质就
是，他在"理论理性"之上揭橥"实践理性"并把后者置于前者之上。
这就是不少研究者宁愿把康德哲学、尤其"第一批判"解读为形而上学、
强调其形而上学动机的根源和初衷所在。而康德的这一洞见，先已在
《视灵者的梦》中透露出来。在"就职论文"答辩结束后写给兰贝特的信
（1770.9.2）中，康德说："我打算到今年冬天，再把我关于纯粹道德哲
学的研究列入日程，并且加以完成。在这里，找不到任何经验的原则，似

乎可以说它是道德形而上学。鉴于形而上学的形式已经改变,这项研究将在许多问题上为那些极重要的意图开辟道路。"康德保证,他将会采用"具有完美的清晰性的命题……达到使这门科学排除一切怀疑,建立在毫无争议的规则之上的目的"。(《书信》27—28)

综上所述,康德在对道德确然性的寻求中,就道德判断的根源、标准和依据,追踪至人类心灵本然具有的"普遍化冲动",并从中拈出以"普遍知性"为根源并最终导向"理性的统一"的"认识共通感"和依赖于"普遍意志"并最终导向"道德的统一"和"至善世界"的"道德共通感",而终于二分世界为物质世界和道德世界①、二分主体为生命性存在和灵神性存在。这些都促使康德得出"形而上学是一门关于人类理性界限的科学"② 这一关键性认识,并为康德"就职论文"的主旨③提供了理论契机和思想推动。

就此而必须提及的是,康德对"普遍性"的重视和反思,使他接续了欧洲的人文主义传统,这一传统在赫尔德和黑格尔那里得到了明确的表达,并在伽达默尔的《真理与方法》中得到了精深的史学梳理和哲学分析。康德在认识、道德和审美领域对"普遍性"的强调和凸显,深刻体现了当时已居"主导地位"并"表现了19世纪精神科学赖以存在的要素",它"或许就是18世纪最伟大的观念"即"教化概念"(Der Begriff der Bildung),以及可以把"语文学—历史学的研究和精神科学的研究方式"建基其上的"共通感"概念的如下本质内涵:"使自身成为一个普遍的精神存在","一种普遍的和共同的感觉"或"机敏感"(Taktgefühl)。④

---

① 在康德的思想里,"道德的统一"和"至善世界"可以统称为"道德世界",而与"物质世界"或"现象世界"相对立。康德这种以"普遍意志"为根据的道德世界与物质世界的二元论,可能受到了莱布尼茨"自然王国"和"恩宠王国"(《著作》8:254)二分的影响,但显然更直接的来源应该是卢梭的著述。

② 康德对形而上学的这一重要认识,既出现在《视灵者的梦》中,亦出现在"反思录"中,分别见于《著作》2:371和《文集》185。

③ 即划分感性与理性、现象(感性世界[mundus sensibilis])与本体(理智世界[mundus intelligibilis])、理论(逻辑)与实践(实在)、质料与形式的界限,"审慎地提防,不要让感性认识私有的原则越过自己的界限,影响到理性认识"。(《著作》2:422)

④ 参阅[德]伽达默尔《诠释学I·真理与方法》,洪汉鼎译,第19—50页,尤其第19、23、38、31页。

第五章 "先天综合判断"的普遍性诉求

——先验哲学的理论动机与内在理路

第一节 先验哲学的真理观

可以持之有据地说，作为《纯粹理性批判》基本主题的"先天综合判断何以可能"，在本质上就是下面这个"古老而著名的问题"："什么是真理"——这正是让近代哲学和形而上学名誉扫地的那个问题。康德之所以要在哲学领域开启所谓的"哥白尼式的革命"，就是因为此前所有的哲学理论在试答这一难题时，虽用尽了全身解数、尝试了他们所能想到的一切方略——经验的、唯理的、怀疑的、常识的——却依然收效甚微，才不得不另辟蹊径以再谋出路的。批判哲学的独创性也就在于，它吃准了问题的症结并转换了问题的提法，康德"改变了问题自身的性质，变换了那些问题之所以成其为问题的视角……让谈话对象'换一种眼光'来看待事物"① ——这就是康德之称伟大的真谛所在。康德通过对此前回答"真理是什么"这一根本问题的所有尝试的反思最终转换了问题的提法，改变了问题的性质，即把作为真理传统标准的"客观性"之内涵由"符合性"和"外在的一致性"转换成"普遍性"和"内在的一致性"，并由此重构了真理标准的"传统符合论"。客观性内涵上的这一"精进"，鲜明地体现在三大批判中，亦可以说是康德把哲学思考转至主体性领域后所必然产生的一个内涵转换。在"先验逻辑"的"导言"（A57—60 = B82—84）② 中，

---

① ［英］伯林：《自由及其背叛》，赵国新译，译林出版社2011年版，第4页。

② 这段译文参考了韦卓民的译本，参阅《纯粹理性批判》，华中师范大学出版社2000年版，第97页。

康德细绎了这一转换的理论关节。①

康德并没有完全否认对真理这个名词的传统解释即"真理是知识和它的对象的一致",而是把问题集中到"真理的标准问题"即"任何一种知识的普遍而可靠的标准是什么"。康德认为,此前所有为之探寻答案的方案都错了,因为它们是自相矛盾的。"如果真理在于知识和它的对象的一致",康德说,那么,"真理的一般标准就要在知识的任何事例中都是有效的,而不管其对象如何不同。"道理很清楚,知识的内容千差万别,能适用于一切知识的那个普遍标准一定不可能顾及到知识的所有"内容",也就不可能是"普遍标准"。然而,这怎么可能呢?如果不虑及"知识的内容",又何以判定知识(的内容)是否切中了对象呢?既然"追问这一知识内容的真理性的标志就是不可能的和荒谬的","对知识的真理性就其质料而言不可能要求任何普遍性的标志,因为这本身是自相矛盾的",那么,单就形式、也就是形式逻辑而言呢?众所周知,形式逻辑只管思维过程的有效性即"合理性",但这和"真理性"是两码事——

> 因为,即使一种知识有可能完全符合于逻辑的形式,即不和自己相矛盾,但它仍然还是可能与对象相矛盾。所以真理的单纯逻辑上的标准、即一种知识与知性和理性的普遍形式法则相一致,这虽然是一切真理的必要条件、因而是消极的条件;但更远的地方这种逻辑就达不到了,它没有什么测试手段可以揭示那并非形式上的、而是内容上的错误。(A59—60 = B84)

---

① 确如赫费(《康德:生平、著作与影响》,关伊倩译,人民出版社2007年版,第59页)所言:"在这一运作中'客观性'具有两种相互联系的含义。第一种(真实意义上的)含义就是'客观性'是指认识现实世界的工作,因此不仅仅是就这个或那个主体而言,不如说是主体间的,更确切地说是普遍和必然有效的。第二种(相互关系意义上的)含义就是'客观性'是指认识与现实对象的联系,即与实际存在的事实情况的联系,而不是与虚构的、单纯的想象的联系。第一种含义是以第二种含义为前提的。只是因为在客观认识中意识到实际被给予的事实情况(对象),它才能够作出客观表述。由于第二种意思更为根本,所以康德首先感兴趣的是第二种含义。"对赫费的前半部分的描述本书深表赞同,但对他由此(仅仅是逻辑上)作出结论,说"康德首先感兴趣的是第二种含义",则有待进一步阐释。康德论证客观性最主要的思路就是认为:"客观的有效性"(即"真理"[A125])即赫费所谓的"第二种含义"同"(对每一个人)必然的普遍有效性"即赫费所谓的"第一种含义","是可以互相换用的概念"(《著作》4:301)。

就是这样一种本质上只能保证形式有效、只能作为"真理的消极试金石"的形式逻辑，被此前的形而上学家尤其是莱布尼茨等理性主义者当作"一件（能够）进行现实创造的工具"来使用，妄图借以获致最高的知识，到头来，"任何时候都会是一种幻相的逻辑，就是说，都会是辩证的。"（A61＝B86）因此，真正的、充分的"真理标准"必须具有两个最基本的条件：普遍有效且须以某种非经验的方式关涉于知识的内容即质料。一种既具有形式逻辑的普遍必然性又能"先天地与对象发生关系"（A85、93＝B117、126）的逻辑，就是康德所要创造的"先验逻辑"，它包括先验分析论，也就是"真理的逻辑"，以及为了防止知性范畴和原理"无根据的僭越"而对之进行批判的"先验辩证论"，这是一种"批判和保护纯粹知性"的逻辑（A63＝B88）。

总之，康德对真理标准的论定，一方面坚持了与形式逻辑同样的普遍有效性，但不是传统的客观性即知识符合于对象，另一方面，又转换和重构了传统的符合论，只不过这次是"对象依照知识"，是"先天符合论"。为免根本性的误解，重申两点如下：

首先，所谓"先天符合"，是说康德所揭示的先天范畴和原理，都只是些最基本的认识大法，绝不是具体的经验规律："普遍的自然律虽然在诸物之间按照其作为一般自然物的类而提供出这样一种关联，但并不是特别地按照其作为这样一些特殊自然存在物的类而提出的"；或者"知性虽然先天地具有普遍的自然规律，没有这些规律自然将根本不可能是某种经验的对象：但它除此之外也还需要某种在自然的特殊规则中的自然秩序，这些规则它只能经验性地获悉且对它来说是偶然的"。（《判批》18—19）但是，后者又必须建基于前者，否则就不可能发现后者，这正是康德"知性为自然立法"之真谛。① 换言之，先天范畴与原理之功能，在其主

---

① 知性为自然所立的这些大法（自然形而上学），与那些在具体研究中所发现的特殊的自然规律（理论物理学即本义上的自然科学）之间，到底是什么关系，尤其如何从前者推衍出后者，此时的康德认为这不成问题，也不值得他花费自认宝贵的有限生命来完成。然而，临辞世的前六七年间，他突然感觉这是一个体系上的"漏洞"（《书信》241），并决意撰写自认为自己最重要的著作《从自然科学的形而上学基础到物理学的过渡》。以此主题为中心撰写的草稿，后于1936 年由阿底克斯整理并以《遗著》（Opus postumum）之名得以出版。自此，西方康德学界就对《遗著》的主题，即"漏洞"抑或"过渡"及其关系，做了深入研究。参阅袁建新《康德的〈遗著〉研究》（人民出版社 2015 年版，第 1—21 页）的"导论"。本书以为，遗著的主题就是要回答先前那个自认为并非紧要且不值得他费力的问题，即从自然形而上学"过渡"到理论物理学。如果从本书着意彰显的"过程化"策略看，倒可以把这个主题也视作康德对 1762 年前后自己哲学"漏洞"的补救。就批判哲学本身看，并没有所谓的"漏洞"。晚年康德似乎在回顾自己整个的学术历程，他不能无视 1762 年之前的自己，故而才说是"漏洞"。

观方面是说,"如果我们确要思想,它们就告诉我们必须如何思想;在其客观方面,如果世界要成为可理解的,它们就告诉我们世界必须怎样。"①知性为我们颁布的这些先天大法,也不是真的早已存在于我们头脑中、天赋具有的,然后再运用于对象。康德哲学里的"先天"一词都不是这种时间意义上的"在先",也不是一种生来就有的天赋,而是一种"逻辑在先"和"论理在先"②。现实中,我们找不到"概念本身"或"原理本身",它们都存在于具体的知识中,因此,如果非就时间而论,它们就是与经验一同出现的。这就是康德所说的:"我们的一切知识都从经验开始,这是没有任何怀疑的",但尽管如此,"它们却并不因此就都是从经验中发源的",我们确有非经验所能出且就其来源看是"先天的"知识(B1—2)。

其次,康德的"建构理论"包含两个层次,一是先天直观让诸感官接收到的感性杂多"立起来",否则世界就会是一团乱糟糟的感性质料;二是如果没有知性的先天范畴,我们根本就无法真正认识对象,就将"见"而不"识",唯有借助于概念的运用,我们联结并安排我们的诸感觉表象并因此把它们带进统一性的意识,即知性范畴使之成为"一个对象"。比如对于"月亮",如果我们没有先天时空观念,就根本不可能看到一个时"圆"时"缺"、时"东"时"西"、时"大"时"小"的东西出现在天际;我们给了它一个名称叫"月亮",这是一个经验概念,我们之所以能形成这一概念并把大小圆缺视为它的属性,根据就在于我们先天具有"实体"和"属性"这对"关系范畴"。在科学不彰的古代,我们对之仅有一些艺术的想象和实用性的判断,比如"婵娟"或"月晕风"之类,后随光学仪器和航空事业的发展,我们对它有了更深一层的理解,我们知道了它的形成过程、特点和运行规律③。在一个刚睁开眼睛的孩

① 参阅 [英] 斯克拉顿《康德》,周文彰译,中国社会科学出版社1989年版,第59页。

② 参阅邓晓芒《康德〈判断力批判〉释义》,三联书店2008年版,第125页。

③ 我们所探得的这些规律性或本质性的东西,之所以能切中对象,除了康德在"先验演绎"中所剖析的那些论证外,还可以这样说,我们是借助它们提供给我们的"认识根据",比如圆、缺、大、小、光等,通过先天范畴和原理比如因果性、交互作用等,就能一点点揭示其规律和特点,这个过程不是一下子完成的,是可错的,因此会有反复,需要验证并不断深化。再比如说"凡事皆有因",这是知性范畴,是先天有效的和普遍必然的,但具体到某一事之原因的寻求,则需要到具体的境况中去寻求,即便我们寻找的原因最终证明都是错误的,但我们还是坚信"凡事皆有因"这一范畴的确然性和客观有效性。

子、古时的人们和现代人眼里，"月"具有截然不同的意义，也就是说，被截然不同地建构着，越是后来者越是能把对象建构得复杂、多样。康德也因此断定，我们所能认识的"物"皆是"现象"或"概念"，绝非"物自体"。① 总之，"先天理论"和"建构理论"只是从"显现"和"认识"也即"现象"而非"物自体"的角度揭示了先天直观对于感性杂多、知性范畴对于感性直观以及先天原理对于感性经验的建构作用，但并不"创造"具体的经验材料——"思维无内容是空的，直观无概念是盲的"（B75 = A51），而只是赋予知觉判断以客观有效性和绝对普遍性。康德所揭示的这套认识能力（"意识"）的"先验结构"，是任何一个有限理性存在者都先天具有的，即便是外星人，因此它是普遍有效且客观必然的。人作为"有限理性存在者"，是康德哲学思考的"观念之底"，人的立场和视域是我们理解康德的思想时，时刻不应也不能忘记的。

可以进一步讨论的是，康德的这一"归谬式"思辨并非无懈可击。在这里，善于进行概念划分的康德，（或许）并没有注意到真理的"符合论"或"一致论"即"知识和它的对象的一致"与他所主张的基于"逻辑共通感"理念的"普遍有效性"，根本不在同一个层次上。正如金岳霖在《知识论》第十七章讨论"真假"时所做的那样，在诸种"不同的真假说"中，必须区分"真的定义"（"真底所谓"）与"真的标准"（"真底标准"），其中只有"符合说"是"定义"，"融洽说"（命题所属之经验是否融洽或调和）、"一致说"（诸命题间是否一致相融）和"有效说"（命题在行动中是否有效即行得通），都是"标准"。② 康德所谓的"普遍有效性"看来既不属于真理的"定义"也不像是上述"标准"的任何一种，康德真正强调的不是"融洽"，不是"一致"，更不是"有效"，那是什么呢？就真理要素的逻辑排列看，判断其真假的标准无非有如下六种情况：

---

① 参阅谢遐龄《砍去自然神论头颅的大刀：康德的〈纯粹理性批判〉》，云南人民出版社1989年版，第19页。

② 金岳霖：《知识论》，商务印书馆1983年版，第887—896、909—910页。参阅童世骏《批判与实践：论哈贝马斯的批判理论》，三联书店2007年版，第61—63、103—115页；参阅[美]夏佩尔《理由与求知——科学哲学研究文集》，褚平、周文彰译，上海译文出版社1990年版，第38—41页。

（P）命题的内涵与主词的所指（判断与事实）→符合说→真理的定义

（P.1）命题与依照命题的行动（有效）→有效论（实用主义、相对性）

（P.2）命题内的主词与谓词（相洽）→融洽论

（P.3）命题中概念的合法性→约定论（概念意义之约定决定了科学定律之真）

（P.4）此命题与他命题（一致）→一致论

（P.5）判断所凭借者→？（依据先天范畴和原理所做的判断为真）

（P.6）做出判断的人们之间→共识论（注定为所有研究者所同意即真理）

康德所提供的标准，就是（P.5），或者说批判哲学意图是借助（P.5）达到（P）。它既不是以彭加勒（J. H. Poincare，1854—1912）为代表的"约定论"，也不是以皮尔士（C. S. Peirce，1839—1914）为代表的"共识论"。这是一种怎样的真理标准理论呢？就按康德自己的术语称之为"先验论"吧，其大义是说，主体先天具有的先验范畴和原理是真理得以可能的先决条件，认识法则的普遍有效性和普遍必然性保证了由此而出的判断的真理性，因此，亦可称之为"法则论"。可见，就真理之标准来看，我们可以区分出四个层面：真理的意义问题、标准问题、认可问题和法则问题。

但是，就康德所开示的由真理的"法则"证成真理的"意义"这一思路而言①，其意义是非常重大的：为 20 世纪分析哲学讨论真理问题提

---

① 康德所暗示的这两个层面即"意义"与"法则"大致相当于后世哲学家所谓的"定义的"（definitional）和"标准的"（criterial）真理观。参阅 Nicholas Rescher, *The Coherence Theory of Truth*, Oxford: Clarendon Press, 1973, p. 1。此外，康德对"客观性"或"确然性"的重新界定，开启了知识论的一个新方向，它集中体现于波普尔以"可证伪性"为"划界标准"的科学哲学中。波普尔把知识的即"科学陈述的客观性"定位于"它们能够被主体间检验"，即"原则上它可以为任何人所检验和理解"。参阅纪树立编译《科学知识进化论：波普尔科学哲学选集》，三联书店 1987 年版，第 31—35 页。这一点也为鲁一士（J. Royce）的真理观所认取，参阅氏著《近代哲学的精神》及"译序"，樊星南译，台湾商务印书馆 1966 年版。

供了研究的范例和启迪。首先，真理观的基本问题就是意义与标准问题，两者密不可分，不澄清真理的标准问题，真理的意义问题搞得再怎么清楚明白，在判断真假的实际认识过程中也依然可能会无所适从。其次，康德并没有把真理的标准弄成死板一块，机械式地生搬硬套或搞"一刀切"。正如我们一再强调的，康德的知性立法、真理标准，都只是根本大法和根本标准，某种程度上说都是"必要条件"（形式的），具体到经验领域或实际的认识当中，还要依据经验实践去核验其内容的真理性。绝不能以为，判断真理的标准找到了，我们就可以无往而不"真"地放心去判断好了，就可以盲目不思地去依之践行好了——这样的教训和代价对新中国来说已然过于惨烈和沉重了。

第二节 "先天综合判断"对"客观性"内涵的重构

在"第一批判"出版后的信件中，康德念念不忘的是向那些凡是有兴趣了解或阅读批判哲学的人不厌其烦地解释，如何以及从哪里开始阅读它。其间，尤其令我们关注的是，康德曾明确提出哪些问题是他哲学最紧要的核心部件。比如那个曾以其评论（康德一贯称之为"哥根廷评论"）而使康德大为光火的伽尔韦，在向康德真诚致歉并令人信服地解释过误会后，康德也真诚且善意地回复了他。在回信中，康德曾就众人斥其著述"语言新奇，晦涩难懂"而辩解道：

> 过错不能全归于我一个人。我想提出如下建议：知性的纯粹理性概念或者范畴的演绎，也就是从整体上先天地占有事物的概念的可能性，应当被看作是最必要的。因为没有这种演绎，纯粹的先天认识就根本没有确然性（Gewiβheit/certainty）……这就是思辨在这一领域总是碰到的所有困难中最大的困难。我完全可以保证，除了我已经指出的那个泉源，他永远不能从另外的泉源把它们推导出来。（《书信》88）

康德这段自白，一方面证实了把阻碍康德挺进先验哲学的"绊脚石"或"水坝"确定为他在"第一批判"中费时最多、最具重要性的"范畴演绎"理论；另一方面，也指明了康德理论的核心议题与我们当前的主题即确然性寻求之间的内在关联：范畴演绎之目的既在于确保纯粹先天认识的"普遍有效性"，并因之确保了经验判断的确然性与客观性，"因为没有这种演绎，纯粹的先天认识就根本没有确然性"。① 这里我们还可以就此细加剖析以见出其间的理论勾连和关节。

康德"第一批判"的"逻辑开端"是"知识"，其表现形式是"判断"——单就其逻辑性即表象（观念）的联结或综合而非心理判断过程而言，前者是先验哲学的课题，后者是经验心理学的任务。作为形而上学独特对象的"知识"即"纯粹哲学知识"或"先验知识"（A12 = B25），只能是"出自纯粹知性和纯粹理性的知识"，它具有绝对的必然性和绝对的普遍性②，因而是"绝对先天地有效的"（B3—4），并借以为经验提供确然性的根据。康德把这类独特的知识或判断称之为"先天综合判断"，而"纯粹理性的真正课题就包含在这一问题中：先天综合判断是如何可能的"（B19）。由这一总课题延伸出四个分支（B20—22）：

纯粹数学知识是如何可能的？
纯粹自然科学是如何可能的？
作为自然禀赋的形而上学是如何可能的？
作为科学的形而上学是如何可能的？

包括数学和自然科学在内的数理科学所具有的普遍必然性，是康德借以获得批判哲学逻辑起点之理论前提的范例，因此，在"如何可能的"之前应有的一个逻辑追问即"是否可能"的问题，就转变成了一个可以先作肯定回答的理论基点。当然，对"如何可能"进行哲学反思之所得，也反过来证明了对"是否可能"作肯定回答的正当性和确然性。就这种思维方式的策略和程序看，它完全是自然科学式的：自然科学，比如牛顿力学，就从不过问引力或因果律的可能性根据——再提一次牛顿的名言

① 参阅拙作《由通向批判哲学的"绊脚石"新解康德批判哲学形成的"12年"》，武汉大学哲学学院主编《哲学评论》第14辑，中国社会科学出版社2014年版，第189—213页。
② 康德的这一看法来自柏拉图和亚里士多德，参阅后者的《后分析篇》第1卷第2节，《亚里士多德全集》第1卷，余纪元译，中国人民大学出版社1990年版，第247—248页。

"我不做假设"，而是径直用之以获取针对自然万物的规律和法则。休谟把因果律的必然性转变成习惯性这一做法，并不能给自然科学家们带来什么可以预期的冲击，因为这压根就不是他们的事。正是由于康德哲学与数学和自然科学尤其是牛顿力学间这种从成果利用到方法借鉴所形成的亲密关系，使得康德哲学在19世纪之后，有从逻辑上被取代的吁求，原因是，新康德主义①断定康德把数学和自然科学作为自己哲学的理论前提而视为无可置疑的理性事实，现在，这种"事实"已被置疑并替换。于是乎，随着欧氏几何被黎曼几何所取代，我们就得告别"第一批判"的"先验感性论"，随着牛顿力学被相对论和量子力学所取代，20世纪也必须告别"第一批判"的"先验分析论"。② 这是本书所无法认同的，且不说新康德主义这一独断论式的"推定"何其违背批判哲学的基本主旨，仅就康德的哲学理路说，他也只是把数学、自然科学等数理科学当作他批判哲学借以展开的"理论前提"或"逻辑开端"的一个"范例"，"范例"并非"前提"本身。康德取之于数学和牛顿力学者，并非其"实"（具体成果），而是其"质"，也就是这些理论成果所显现出来的"无可置疑的确然性"——这才是康德哲学真正的理论前提；就康德的时代而言，欧氏几何和牛顿力学恰能作为它的代表和范例被引证。假如康德那时有相对论或量子力学，康德也同样可以用它们作为范例来演证有着无可置疑确然性的科学知识何以可能的先天条件；同样，面对未来可能替代相对论与量子力学的科学理论，我们依然可以如是论说。总之，康德哲学的理论前提是知识的确然性（绝对的普遍性和严格的必然性），"数学和物理学的科学性不是前提，而是结论，不是证明的基础，而是证明的目的"③。所以康

---

① ［美］贝克：《新康德主义》，孟庆时译，《哲学译丛》1979年第5期，第64—70页。

② 基于康德哲学的牛顿物理学根基，认为康德哲学会随着自然科学的进展而丧失其思想价值，前文提及的赖欣巴哈是其中的代表。他甚至要求人们把康德的著述"视为他那个时代的文献"，"视为用他对于牛顿物理学的信仰以满足他对于确然性的渴求的企图"。他理直气壮地宣称：康德哲学的牛顿物理学根源说明了"为什么他的哲学对于我们这些看到了爱因斯坦和波尔的物理学的人已没有什么意义了"（赖欣巴哈：《科学哲学的兴起》，伯尼译，第41页）。然而，作为爱因斯坦的学生，他根本没有注意到他老师在1933年发表的、我们这就要提及的《关于理论物理学的方法》中写下的如下主张："纯粹思维能够把握实在，这种看法是正确的。"

③ ［德］赫费：《康德：生平、著作与影响》，郑伊倩译，人民出版社2007年版，第58—59、103—104页。

德反复申明："必须把自然的经验性规律与纯粹的或普遍的自然规律区别开来"(《著作》4：323)，康德哲学关注的是后者而非前者，牛顿力学又恰恰是前者而非后者。不惟如此，康德在知识论上的"人为自然立法"(1781)这一哲学洞见，在一个半世纪后爱因斯坦《关于理论物理学的方法》(*On the Method of Theoretical Physics*，1933)的演讲中得到了回应："理论物理学的公理基础真的不能从经验中抽取出来，而必须自由地创造出来……经验可以提示合适的数学概念，但是数学概念无论如何却不能从经验中推导出来……但是这种创造的原理却存在于数学之中。因此，在某种意义上，我认为，像古代人所梦想的，纯粹思维能够把握实在，这种看法是正确的。"①

"先天综合判断"，其中"综合"与"先天"所表达的都是"知识"或"真理"所必备的基本特征。"综合"是针对"分析"的，保证知识是扩展的即增加了新质，否则就无法完成对世界的认识并以之使人类受惠，对近代来说，就实现不了培根那"知识即力量"的实用主义知识观的理想。康德对"综合"的理解和界定的独特之处在于，当人们把"综合"统统归于经验时，康德却提出有一种综合可以不借助于任何经验，他的例证就是数理科学知识，比如康德惯用的"7＋5＝12"。如果康德把例证的数字再扩大数万倍，他在"第一批判"和《导论》中对此所做的解释就会更易于被人们领会和接受。"先天"所表达的正是自古希腊以来就已经认定的真理的必备特征：普遍性、必然性、客观性或普遍有效性②。于是乎，"必然性和严格普遍性就是一种先天知识的可靠标志，而两者也是不可分割地相互从属的"(B4)，"每一种据认为先天地确定的知

---

① ［美］爱因斯坦：《关于理论物理学的方法》，载《爱因斯坦文集（增补本）》第1卷，商务印书馆2009年版，第448页。

② 如果对西方世界的思想特征非要做一个大致的划分，那可以这样说，20世纪之前思想的主要任务是寻求"一元性"或"确然性"，之后是寻求"非确定性"和"多元性"。就前一个阶段而言，其基本特征正如伯林的如下概括："从古希腊到古罗马，从中世纪经院学者到文艺复兴思想家，到笛卡尔、莱布尼茨、斯宾诺莎，法国百科全书派，又到19世纪的思想家，乃至形而上学者、实证主义者、实在论者和观念论者，直到现代所有科学思想的崇尚者，一直延续着这么一种观点：对任何问题，不管是事实问题还是价值问题，只能有一个正确的答案（不管经过怎样的努力才获得的），并且，合乎逻辑地，发现真理的方法就是理性探索的方法。"参阅［伊朗］拉明·贾汉贝格鲁《伯林谈话录》，杨祯钦译，译林出版社2011年版，第50页。

识本身都预示着它要被看作绝对必然的，而一切纯粹先天知识的规定则更进一步，它应当是一切无可置疑的（哲学上的）确然性的准绳，因而甚至是范例。"（AXV）

　　先天综合判断何以可能的问题，实质就是"闭门造车何以能出门合辙"的问题。这个问题对于"纯直观"来说易于解决："既然只有凭借感性的这样一些纯形式，一个对象才能对我们显现出来，也就是成为经验性直观的客体，那么空间和时间就是先天地包含着作为现象的那些对象之可能性条件的纯直观，而在这些纯直观中的综合就具有客观有效性。"（A89 = B121—122）最困难的，还是范畴如何能运用于对象，这就是康德在 1770 年的书信中不断提及的所谓"绊脚石"或"水坝"，康德对它有不同表述①，《导论》中概述更为具体："经验性的判断"（empirisches Urteil）如何能够成为"经验判断"（Erfahrungsurteil）？——后者就是知识的应有面目，"经验性的判断，如果具有客观的有效性，就都是经验判断。"（《著作》4：300）原来，"纯粹知性概念的普遍可能的经验运用的先验演绎"就主旨而言，无非是要赋予经验性的知觉判断以知识必备的客观有效性以成就其为知识而已。因此，关键是弄清康德所谓的"客观有效性"的内涵。"客观有效性"也就是我们所谓的"确然性"，正是康德哲学的轴心式概念，认识判断、道德判断和鉴赏判断何以具有客观有效性，正是康德先验哲学的基本主题。康德紧接着说：

　　　　但是，那些仅仅在主观上有效的经验性判断，我称之为纯然的知觉判断。后者不需要任何纯粹的知性概念，而是只需要在一个能思维的主体里面对知觉的逻辑连结。但前者却在任何时候都在感性直观的表象之外，还要求有特殊的、原初在知性中产生的概念，正是这些概念，才使得经验判断是客观有效的。（《导论》§18，《著作》4：300）

　　康德的思路非常清晰，从纯然的"知觉判断"上升——当然并不是

---

　　①　参阅康德的如下表述：A95 = B129、B159、B117、A89—90 = B122；《著作》4：298—299、314—315。

一切知觉判断都有这个机会①——为具有"客观有效性"的"经验判断",关键是要把它们纳入"纯粹理性概念"的必然联结之中,比如从仅仅是"知觉判断"的"当太阳晒时,石头变热"转变成具有客观有效的"太阳把石头晒热了"这一"经验判断",根源即在于其中引入了"原因"即"把热的概念与阳光的概念必然地联结起来"这一纯粹知性概念。问题是,即便我们承认根自人类理性的纯粹知性概念具有人类的"普遍有效性",那又如何能说这一判断是"客观有效的",也即它有效地切中了对象呢?一般而言,普遍性未必就是客观性,前者是量的判断而后者是质的判断。然而,恰恰就是在这一点上,康德把二者等同了起来:

> 我们的一切判断都首先是知觉判断;它们仅仅对我们、亦即对我们的主体有效,而只是在这以后,我们才给予它们一种新的关系,亦即与一个客体的关系,并且希望这也对我们来说在任何时候都有效,并且同样对每一个人都有效;因为如果一个判断与一个对象一致,那么,关于这同一对象的所有判断必须彼此一致,这样,经验判断的客观有效性所指的就不是别的,而是经验判断的必然的普遍有效性。但反过来,如果我们找到理由把一个判断视为必然普遍有效的(这依据的不是知觉,而是纯粹的知性概念,知觉被归摄在这纯粹知性概念之下),那么,我们也必须把这视为客观的,也就是说,这表述的不仅仅是知觉与一个客体的关系,而是对象的一种性状;因为没有理由说明别人的判断必须与我的判断必然一致,除非它们都与同一个对象相关,都与该对象一致,因而彼此之间也都必须一致。(《导论》§18,《著作》4:300—301)

> 因此,客观的有效性和对每一个人的必然的普遍有效性是可以互换的概念,而且,尽管我们不认识客体自身,但是,如果我们把一个判断视为普遍有效的,从而视为必然的,那么,毕竟也正是这一点被理解为客观的有效性。(《导论》§19,《著作》4:301)

---

① 就康德所列举的例子看——比如"房间暖,糖甜,苦艾苦",他显然继承了伽利略、休谟以来对事物第一性质和第二性质的区分,像这里的"暖""甜"之类的仅仅涉及对象给予我们的主观感受的知觉判断来说,它们任何时候也都既没有可能也没有资格上升为具有客观有效性的经验判断,当然,它们本身也不要求有这种客观有效性。参阅《导论》§19,《著作》4:301。

　　康德的这段剖解，正可印证我们前面的判断：确然性的内涵已由"无可置疑性"转变为"普遍有效性"或"普遍可传达性"，我们曾把这一点誉为康德哲学的"佛陀式精进"。如前所论，这一转换在《视灵者的梦》中就已经开始了，至此，终于昭然地自己供了出来。其理论要害在于：用主体间的普遍性"推证"主客间的符合性（"客观性"的传统内涵）——这正是先验哲学最令人难以理解也最易招人非议之处，"推证"只是理论上如此，实践上尚未可知①。确实可以做如下推论：如果一个经验性的知觉判断切中了它的对象，那么，任何关于此对象的判断都会普遍一致；但反过来的推证就是无效的——而康德就是这样推证的：如果一个判断于各主体间是普遍有效性的，那么，它就必然地切中了它的对象。康德借由一个反证完成了这个最为关键性的推证：

　　　　没有理由说明别人的判断必须与我的判断必然一致，除非它们都与同一个对象相关，都与该对象一致，因而彼此之间也都必须一致。

　　康德的推论有两个逻辑漏洞：一是从"普遍赞同"中推不出"客观如实"；一是普遍的范围难以确定，实际上也无法兑现。中世纪之前，几乎所有的人都赞同托勒密的地心说，够普遍有效的了吧，但是，能否因此就推定说：地心说切中了宇宙实际？如今都认同爱因斯坦相对论，能否断言它就切中了自然？量子力学认定了微观世界本身的"不确定性"，那我们的判断如何切中一个本来就不确定的世界？② 对批判哲学而言，更为严

---

　　①　在处女作《活力的测算》中，康德曾区分出两种物体，即"数学物体"与"自然物体"，并认为，因二者性质截然有异，"某种东西对前者来说可能是真的，但却不可能转用到后者身上。"（《著作》1：139）但后来康德坚持从理论到实践的相通性，这集中体现在他1793年9月发表的论文《论俗语：这在理论上可能是正确的，但不适用于实践》中："即便在世界主义的角度，我也还是主张：出自理性根据对理论有效的，也对实践有效。"（《著作》8：317）即便如此，康德所表达的也仅仅是一种"理念"或"应当如此"，从而必然考虑到历史的不可预见性，并把这一点同历史的可理解性区别对待。

　　②　这是常见的对于康德的反驳，是否切中了康德思想的要害，尚不能遽断。可以确定是，康德所谓的"普遍性"均非在通常理解的"归纳"角度上立论，一如知性范畴和原理也并非总结出来一样，"共通感""审美心意状态"等，和先验范畴一样，皆具先天的强制性。正是在这个意义上，康德把"普遍有效性"等同于"客观性必然性"。康德立论的根基不在"个人"而在"族类"。参阅［法］涂尔干《社会学与哲学》，梁栋译，上海人民出版社2002年版，第90—92页。

重的问题的，只要拿"第三批判"的核心议题即"鉴赏判断的普遍有效性"质询这个"反证"，它就会不攻自破了：鉴赏判断的普遍有效性就不是因为它切中了对象，而是因为对象引起了主体诸心意机能间的自由游戏状态，只是这种心意状态是普遍可传达的（详见下章分析）。然而，康德的这一转换还是带来了诸多的理论契机，当然也因之生出不少甚至堪称严重的理论冲突。

首先，把知识所应备的无可置疑的确然性之内涵深化为根自主体间性的"普遍性"，这完全符合康德先验哲学的基本命意，即要在主体性领域为道德、鉴赏深耕出如数理科学那样无可置疑的确然性，避开传统知识论的悖误和混乱。其次，我们既可以说康德深拓了客观性的内涵，亦可说康德偷换了客观性的内涵，这后一种说法无疑包含有如下意思：康德并未真正解决我们的主观判断何以会切中对象的问题，也就是说，没有解释"闭门造车何以能出门合辙"的根源问题。康德对范畴的先验演绎，不论是第一版的主观演绎还是第二版的客观演绎，都只是回答了自然科学得以展开的理论前提，至于具体的自然定律，就根本不是先验范畴和原理所能解决的，所以康德强调"必须把自然的经验性规律与纯粹的或普遍的自然规律区别开来"（《导论》§36，《著作》4：323）。康德当然知道物理学真正的对象是前者而不是后者，作为杰出的理论物理学家的康德更是清楚物理学的工作程序——根据观察事实提出"假设"，再通过验证把"假设的可能性提升为严格的确定性"，达到"理论"与"观察"的一致性（《著作》1：364—365）。总之，康德的先验哲学大约能解释那些成功的物理学定律何以会成功而无法解释为什么有些"理论"并不符合现实或终于被更合理的理论所替代。物理学领域的"假设"是否能成为真正的"理论"主要依据的是"验证"工作，这是康德先验哲学鞭长莫及的。然而，晚年的康德却要把形而上学之"鞭"伸触到这一领域，或许正是看到了以"普遍性"解证"客观性"终归不能令人信服的缺憾。

晚年康德致力于将他的先天思想逐步引向经验领域，寻求原初意义上的"客观性"，填补"自然科学的形而上学基础"同物理学之间的断层，甚至把他在《天体》中不愿坐实的"原初物质"规定为充塞宇宙的"以太"。康德1790年代初便有了要从《自然科学的形而上学基础》向普遍物理学"过渡"的计划，在 1796 年夏天写下的一张活页上，康德第一次表达了《从自然科学的形而上学初始根据向物理学的转变》①的理论意图。《遗稿》中康德又回归到他 50 年前处女作的"活力"主题，意图在二分的直观和理智、经验和观念、感性欲望与纯粹理性、经验心理学与道德哲学、理论理性与实践理性、必然王国与自由世界、物理学与形而上学之间架设一座桥梁，但这次不是像先前那样从前者过渡到后者，而是相反，他要一条通向自然、现实世界、人的血肉之躯的物理学之路。一如研究者所言："数学无法插手的生命过程是晚年康德最后的压倒一切的主题"，"一种关于肉体的先天理论的规划起着决定性的作用，因为肉体作为有自我意识的力的系统不仅起着体验之客观的作用，而且它也是一个其中进行理性活动的主体系统。"康德认为这是自己"最重要的作品……是完成其体系的最后一环"，而且是"杰作"。②

然而，思想的意义和魅力还真不在于它成功解决了它所提出的或前人留下的难题，在人文领域，这样的情况少之又少，康德是伯林所谓的另一种伟大的思想家："他们不是回答提出的问题，而是改变了问题自身的性质，变换了那些问题之所以成其为问题的视角……让谈话对象'换一种眼光'来看待事物……修改问题的人篡改了范畴本身，篡改了我们看待事物所依据的框架……他们达到了足以改变人们整个生活观的境界，这样一来，可以说人们几乎最终改变了信念，好像经历了改宗似的。"③这确实是康德这类伟大哲学家所具有的意义，故而雅斯贝尔斯《大哲学家》

---

① 但康德并未给他最后的"杰作"选定最后的名称，他曾给它许多名字，如"从形而上学到物理学""从自然形而上学到物理学""从物体的形而上学到物理学"或"观念体系里的先验哲学的最高观点"。但不论康德如何确定它的名称，都可以看到他的"摆渡"或"中介"情结。参阅［美］曼·库恩《康德传》，黄添盛译，第 459 页；袁建新《康德的〈遗著〉研究》"导论"，人民出版社 2015 年版，第 1—21 页。现代法国最著名的哲学家德勒兹（Gilles Louis René Deleuze, 1925—1995）早期的"先验经验论"思想，就是看到了康德先验观念论的这一理论漏洞，即"无法对特异性进行说明"。参阅安靖《德勒兹先验经验论的两条基本原则》，《中国社会科学报》2013 年 2 月 25 日 A05 版。

② *CB / Opus postumum*（1993）：115—116 = AK22：357。参阅［德］奥特弗里德·赫费《康德：生平、著作与影响》，郑伊倩译，人民出版社 2007 年版，第 31—32 页；［德］盖尔《康德的世界》，黄文前等译，第 272、296—301 页；［美］曼·库恩《康德传》，黄添盛译，第 459—463 页。

③ ［英］伯林：《自由及其背叛》，赵国新译，译林出版社 2011 年版，第 4 页。

归其于"思辨的集大成者"① 一类。因此，关键还是要看康德是如何论述自己提出的问题的。

"寻求知识的确然性"，也就是要为确然性的知识奠定本体基础，照康德的术语说即是"知识的确然性何以可能"，实质就是"先天综合判断（命题）是如何可能的"。判断、命题就是知识的表现形式，"综合"是知识的必要特征，"先天"所要表达的无非就是"无可置疑的确然性"——现在康德把它置换成了"必然的普遍有效性"。"第一批判"的基本议题"先天综合判断是如何可能的"，同时也是关乎哲学和形而上学"命运的问题"，"也就是说哲学是否有一个固有的研究客体以及是否能够有一种区别于分析性和经验性科学的、真正是哲学的认识这一问题取决于对这一问题的回答"。② 知识应具的"真理性"即无可置疑的确然性，其根源首先在于纯粹知性概念的"先天性"，而后者又根源于绝对不容置疑、无可再问的"统觉的先验统一"或"先验统觉的统一性"。也就是说，作为知识必备的"确然性"或"客观性"之内涵的"必然的普遍有效性"，实质上就是"统一性"，但不是主观的、经验的、依据联想律而来的统一性（B139—140），而是一种先验的、本源的统一性，而能提供这种统一性的就是康德所谓的"我思""先验自我"或"先验统觉"。

在康德哲学里，"先验统觉"有两种内涵，一是指人人皆有的普遍意识，而非个人意识，相当于此前"反思录"中提及的"普遍意志"或"道德共通感"和此后尤其是《判断力批判》（§20，§40）和《实用人类学》（AK7：139、145、169、329）中论及的"普通（共同）的人类知性"即"逻辑共通感（Gemeinsinn/sensus communis）"，但决不是用以表示鉴赏力的"审美共通感"。在这里，作为知识确然性之根源的"先验统觉"指的是另一种内涵，即康德所谓的"先验自我（意识）"或先验主体的统一，它是一种自发的能力，以"我思"为其表现形式，功能主要在于"综合并使之具有统一性"，它把范畴、经验概念和直观结合成为知识，把秩序和规则带入现象，以范畴和先验原理使它们得以统一。"先验

---

① ［德］雅斯贝尔斯：《大哲学家》（修订版）上下，李雪涛等译，社会科学文献出版社2012年版。

② ［德］赫费：《康德：生平、著作与影响》，关伊倩译，人民出版社2007年版，第48页。

统觉的综合统一"实质上就是知性本身（B134 注②），因为"知性本身无非是先天地联结并把给予表象的杂多纳入统觉的统一性之下来的能力，这一原理乃是整个人类知识中的最高原理"（B135）。这种先验统觉的统一是所有经验对象之统一的根源，对象的统一性是以自我的统一性为前提的。

至此，康德对知识确然性的寻求达到了最后的极限。首先是我们的先天直观把物本身刺激我们的感官所得之感觉与料加以"把握的综合"而形成"一个表象"，并借助于想象力完成"再生的综合"而形成"一个完整的表象"，最后在概念中达到"认知的综合"而形成一个关于对象的普遍必然的知识，而这一切的"综合"有一个基本的、根源性的前提，那就是"自我的统一性"，也就是"我思"或"先验统觉的综合统一"（A98—106）这一人类知识的最高原理和最后根据。"但是，我们的感性本身的这种独特性质，或者我们的知性与作为知性及一切思考的根据的必然统觉之独特性质如何可能？这无法进一步去解决和回答，因为我们总是需要这些能力，才能作任何回答与思考对象。"①

总体上说，我们上述的扼要分析表明，《纯粹理性批判》总体上就是一种关于"真理的逻辑"。它在既有的数理科学（数学和物理学）成果的基础上，追问它们之所以能被称作"科学知识"即"真理"——其根本标志就是"无可置疑的确然性"——的先天条件：包括对象借以被给予我们的先天直观和对象借以被思考、被判断②的先天范畴即纯粹知性概念和把概念运用于具体经验的先验原理或判断原则。直观与概念依据判断原则而来的综合即是知识，既具有主体间的普遍有效性，又有切中对象的客观必然性。这既不是像分析哲学那样从语义学角度分析"真理的含义"，也不是要为具体的科学知识提供某种借以能判断真假的"真理的标准"，而只是摆明真理可能性的"先天条件"以及作为知识的"客观对象"究竟在何种意义上被言说才是有意义的。因此，"必须被叫做纯粹理性的批判"的这门科学，"它的用途在思辨方面就确实只是消极的，不是用于扩

---

① ［德］康德：《未来形上学之序论》，李明辉译注，台北：联经 2008 年版，第 91 页。参阅《著作》4：322。

② 比如："思维就是把诸表象在一个意识里结合起来"，"把表象结合在一个意识里就是判断。因此，去思维和去判断，或者去把表象一般地联系到判断上去，是一回事。"参阅《导论》§22，庞景仁译，商务印书馆 1978 年版，第 71 页。

展我们的理性,而是用于澄清我们的理性,使它避免失误"(B25)。"澄清理性,避免失误",正是康德自己赋予批判哲学最基本的理论意义,其积极意义是把知识限定在现象领域从而给道德留下了地盘——"我不得不悬置(aufheben)知识,以便给信仰腾出位置"(BXXX)。从科学史和科学哲学的角度看,康德批判哲学依然是促成"科学革命"的重要思想前提。按柯林武德的研究,确然性的诉求,最终触及的正是形而上学作为历史性学科的诸"绝对预设"(Absolute Presuppositions)①,这些预设正是哲学提供给科学并使其得以有效展开的"工作前提"或"工作假设",比如康德哲学对"因果律"的确证和演绎,一直都是自然科学的工作前提,爱因斯坦一生都坚守着这种"信仰"。对科学研究借以展开的"绝对预设"和"工作假设"的自觉,正是库恩所谓"科学革命"之实质即"范式转移"得以实现所必备的思想基础。正如怀特海教授所言:"科学从来不为自己的信念找根据,或解释自身的意义",后来我们清楚了,科学的每一次根本性变革或进步,都是从批判自身的这个信念起动的,因此,"如果科学不愿退化成一堆杂乱无章的特殊假说的话,就必须以哲学为基础,必须对自身的基础进行彻底的批判。"②

第三节 "我应当做什么"这一点能确然知道吗

这样一来,康德的"第一批判"就为我们确立了认识判断之客观有效性的内涵和根源,"并且为那些作为发现过程之基础的科学准则提供了必要的形而上学基础"。现在,被视为康德哲学"划时代的伟大贡献"③、理性的另一种基本运用即"实践理性"又向我们提出如下问题:"我们能客观地知道该做什么吗?或者我们必须仅仅依赖我们的主观倾向来指引自己吗?"④ 这就是康德"实践理性批判"和道德形而上学所要面对的核心议题。现在就让我们转入康德的道德哲学,看看在这一领域康德如何寻求

---

① [英]柯林武德:《形而上学论》,宫睿译,北京大学出版社2007年版,第36页。

② 参阅[英]怀特海《科学与近代世界》,何钦译,第16—17页。

③ 谢遐龄:《砍去自然神论头颅的大刀:康德的〈纯粹理性批判〉》,云南人民出版社1989年版,第7页。

④ [英]斯克鲁顿:《康德》,刘华文译,译林出版社2011年版,第72页。

道德判断原则的严格必然性和普遍有效性。

如前所述，康德最晚于 1769 年就已经找到了决定道德判断的原则以代替先前的道德情感，这个原则就是"普遍意志"及由此而来的判断善恶的"道德共通感"，在这个"普遍意志的规则"中已经可以照见康德日后构思"绝对律令"原则的情景。1785 年初，康德出版了他道德哲学的重要论著《道德形而上学的奠基》（*Grundlegung zur Metaphysik der Sitten*）——它是"未来道德形而上学"的基础和导论，实质上就是"纯粹实践理性批判"。据康德自己所说，它的主旨"无非是找出并且确立道德的最高原则"（《奠基》，《著作》4：398—389）即"道德法则"，也就是"责任"①（它在此依然占据着核心的位置，"善良意志"的概念就蕴含其中）的根据。对于责任的根据或先天法则，"每一个人都必须承认，一条法则如果在道德上生效，亦即作为一种责任的根据生效，它就必须具有绝对的必然性"和"纯粹性和本真性"，故而它"必须不是在人的本性中或者在人被置于其中的世界里的种种状态中去寻找，而是必须先天地仅仅在纯粹理性的概念中去寻找"，因此就不可能有一点点经验因素杂入其中，否则就是技术上实践的规则而非道德的法则。（《奠基》，《著作》4：403，396）只有"为了"或"出于"道德法则的行为才能成就道德的善，仅仅合乎道德法则的行为并不具有任何的道德价值，这是在"反思录"中就已确立的观念。至于在受到赞扬的实际行为中，出于或合乎道德原则（责任）这两种动机是否会同时出现，就先验哲学的意图而言，康德完全可以不用管它，这里追究的只是道德价值的根源和依据。源自纯粹理性根源的道德原则"应当"具有绝对的普遍性和必然性，因而无关经验和质料——比如当时盛行的功利主义和幸福主义的伦理学——因此就只能是一"为责任而责任"的形式原则，其内涵是："我决不应当以别的方式行事，除非我也能够希望我的准则应当成为一个普遍的法则。"（《奠基》，《著作》4：409）在《实践理性批判》（1788）中，康德把它表述为一个"定言命令"或"绝对命令"即"纯粹实践理性的基本法则"："要这样

---

① 在康德的道德哲学中，表达"责任"或"义务"的词有两个：Pflicht/duty、Verbindlichkeit/obligation，又译"义务"。二者含义基本可通，就道德原则而言，"无条件的责任"与"无条件的或强制性的义务"是同义的。"义务就是出自对法则的敬重的一个行为的必然性"（《奠基》，《著作》4：407）；自由意志之于道德法则的"从属性"就以"责任"这一形式体现出来（《实批》42）。"伦理义务是广义的责任，而法权义务则是狭义的责任。"（《著作》6：402）

行动，使得你的意志的准则在任何时候都能同时被视为一个普遍立法的原则。"（《实批》39）道德律令的这一表述，除了昭示了"可普遍化"是康德道德哲学的枢机即"可绝对普遍化的主观行为准则就是客观实践法则（道德原则）"外，还暗含三个重要的理论前提：理性何以是实践的、自由意志何以必须是善良的以及人类何以会有道德的议题。

理性何以是实践的？为此康德引出理性的两种用途，即理论的和实践的①。理论理性针对认识能力，"仅仅以知性及其合目的的运用为对象"（B672），意在把知性范畴和原理统摄的知识纳入一个系统并使之最大化地扩展和延伸，逼近——虽然永远无法达到——知识的总体理念。我们除了能认识之外，还有行动，而且这种行动不仅有目的还有原则，"按照原则来行动"就被康德界定为"实践"②（《奠基》，《著作》4：419），这是

---

①　"理性"一词在《纯粹理性批判》中，用法较为复杂，康浦·斯密曾指出其有三种不同内涵：最广义的，如"第一批判"的标题，作为一切先验因素的源泉，包括着感性的先验和知性（Verstand）的先验，也包括判断力；最狭义的，区别于知性，专指那不满足于经验范围而不倦地追求无条件者和绝对者的能力，即原则的能力；知性制约科学，理性产生形而上学；知性有其范畴，理性有其理念；第三，康德常常把知性与理性用为同义词，把心灵只划分为感性与自发性。参阅［英］康浦·斯密《〈纯粹理性批判〉解义》，韦卓民译，华中师范大学出版社2000年版，第45页。亦可参阅易晓波《论康德的知性与理性》，湖南教育出版社2009年版，第20—26页。很少有人注意的是，康德在第三批判的"导言"中曾重新命名过三大批判的名称：作为整个体系的这个"纯粹理性批判却是由三个部分组成的：纯粹知性批判，纯粹判断力批判和纯粹理性批判，这些能力之所以被称为纯粹的，是因为它们是先天地立法的。"（《判批》13）显然，其中第一个"纯粹理性"是最广义的，包括知性、判断力和理性，第二个"纯粹理性"是指"纯粹实践理性"。这样，"纯粹理性批判"就有了三种含义：作为批判哲学的整个体系的统称、专指"第一批判"和对真正纯粹的理性即实践理性的批判即第二批判。由此可见，康德在概念上是多么地纠结和歧义。

②　在第三批判的"导言"里，康德对"实践"有过更为明确的解释：实践就是以概念为前提的意志行为，如果这概念是"自然概念"，那就是"技术上实践的"，如果以"自由概念"为前提那就是"道德上实践的"。前者属于理论哲学，后者单独成为实践哲学（道德哲学）。"意志"即可以从属于自然概念亦可从属于自由概念，前者属于理论哲学因而有"规范"（Regel），后者属于实践哲学因而有"法则"（Gesetz）。参阅《判批》6。在"第一批判"中，康德说："一切通过自由而可能的东西都是实践的。"（A800＝B828）"技术性的实践"（包括"技巧的"即技术性的和"实用的"即事关福祉的）也先已出现在《道德形而上学奠基》和第二批判中，参阅《奠基》，《著作》4：419—424；《实批》§3注释Ⅱ，32注①。在撰写《判断力批判》之前所写的"第一导言"的开头，康德就花了整整一节来强调"技术上实践的"与"道德上实践的"二者间的本质差异，并澄清了"实践"一词的本真内涵即实践的自律性和道德性。某种程度上说，这是对启蒙思想的反思和纠正，这是对培根以来的知识实用主义、技术主义观念的反抗，是对因自然科学模式的盛行带来的对价值和意义的遗忘的提醒——"在通往现代科学的道路上，人们放弃了任何对意义的探求。他们用公式替代了概念，用规则和概率替代了原因和动机"（［德］霍克海默、［德］阿道尔诺：《启蒙的概念》，载《启蒙辩证法：哲学断片》，渠敬东、曹卫东译，上海人民出版社2003年版，第3页），这是对道德哲学堕落的救护。

只有理性存在者才具有的，因此就叫作"实践理性"。它处理理性存在者的意志即最高级的欲求能力，且确实可以现实地自行发动起来，而不必像自然世界那样需要一个外在的诱因借以引致，故而这种能力就是一种不同于"机械必然性"的另一种自行发动的"因果性"（《导论》§53），康德称之为"自由意志"或"善良意志"。"自由"是一切理性存在者的意志属性，"一个理性存在者的意志惟有在自由的理念下才是一个自身的意志"（《奠基》，《著作》4：448）。说人是一种"理性"存在者，和说人是一种"自由"存在者，在"实践理性"的层面上是一回事——这是"纯粹理性的惟一事实，纯粹理性借此而宣布自己是源始地立法的"（《实批》41），这个事实证明了"实践理性"概念的客观实在性。有了现实（客观）实在性的实践理性，就有了"实践的自由"即"自由意志"，当意志认识到自颁的先天法则即实践理性的绝对律令时，就成了"意志自律"，这样，自由就有了客观实在性。"自由的概念，一旦其实在性通过实践理性的一条无可置疑的规律而被证明了，它现在就构成了纯粹理性的、甚至思辨理性的体系的整个大厦的拱顶石，而一切其他的、作为一些单纯理念在思辨理性中始终没有支撑的概念（上帝和不朽的概念），现在就与这个概念相联结，同它一起并通过它而得到了持存及客观实在性，就是说，它们的可能性由于自由是现实的而得到了证明；因为这个理念通过道德律而启示出来了。"（《实批》2）

康德明言，从理论上，我们无法证明上帝存在，也无法证明上帝不存在，因此没有"理性神学"，也没有"自然神学"。而且，在理性领域，根本就不该提这个问题，这是超验界的问题，应当在道德哲学中试图解决。也就是说，我们之所以承认上帝存在，完全出于道德的考量。做一个有道德的人，这是我们的绝对律令，是人之为人该有的基础，但现实生活中，有德者未必有福，享福者实多恶徒——"德福矛盾"——怎么办？还要不要做一个有道德的人？当然要，不然我们就无以自处于"人"了。那追求德性的人又该何以心安呢？虽然德性并不以相应的幸福为依据，但一个相应的幸福与德性相配，也是实践理性真正要求的，德福相配的"至善"（圆善）境界才是道德世界的最高理想。为了让人继续做必须做的有德性的人，我们就必须设定有一个"天国存在"，在那里，我们会享受到我们应得的幸福。问题是，人怎么能去天国呢？当然是人的精神而非肉体，因此，"灵魂必须不朽"。灵魂不朽了，进入到天国，那天国里会不会也像这个世界一样"有德者未必有福，享福者实多恶徒"？不会的，那里有一个无所不知的裁判，我们的功过是非，祂老人家了然于胸，这位老人家就是上帝。你看，"上帝必须存在"吧，否则没法安慰善良的世间人。这大致就是康德上述话语的基本意思和思路，也是其"道德神学"的基本理路，曾被康德多次加以理论描述①。

　　自由意志何以必须是善良的？其实问题的实质只是，人为什么必须以"德性"或"道德的人"为终极追求？如果这个问题得到肯定的答复，那出于我们最高目的和终极价值的原则或法则，自然就有了无可置疑的确然性而必然普遍适用于所有应当追求它的人，并具有先天而绝对的强制性，这也就回答了我们当前的主题即"道德法则何以可能"。这也是康德道德哲学自明的前提，就其哲学命意而言，康德批判哲学的基本理路就是要揭示"自然向人生成"这一伟大历程。这里的"人"，康德界定为"道德的人"而非"自然的人"——"只有作为道德存在者的人才能是创造的终极目的"是康德一再强调的基本观念（《判批》294、302）。在《实践理性批判》中，康德指出，对于"神圣意志"而言，道德法则可谓无往而不适，但对人这种有限的理性存在者而言，他虽有"纯粹意志"然亦有根自本性故无以摆脱的感性欲望和利害冲动，道德法则就因此而对之表现为强制性的"义务"或"责任"，并因之被称为"律令"或"戒律"。对于"神圣意志"来说，根本不存在"义务"或"责任"这一说，因此，它就是"原型的实践理念，无限地接近这个原型是一切有限的理性存在者有权利去做的惟一事情"，它"是有限的实践理性所能达到的最高的东西"（《实批》43）。自由意志之又被称作"善良意志"，原因有二：只有善的意志也就是"道德的善"才是自在的、永恒的、至高的、无条件的善（《奠基》，《著作》4：400），而这正是人类追求的理想和目标；有限存在者的意志因为是自由的，所以既能以道德原则为原则亦可违背这种原则，就像人既可行善亦可为恶一样。而且，一旦意志违背这一基本原则之

---

　　①　关于康德对其道德神学三"悬设"——灵魂（不朽、神学）、天国（世界学说、道德）、上帝（宗教）——的理论推演，可参看《纯粹理性批判》"先验方法论"的第二章第二节"至善理想作为纯粹理性最后目的之规定根据"和《实践理性批判》第二卷第二章第Ⅳ、Ⅴ、Ⅵ等节。

时及之后，它都将不再可能是自由的因而也不再是意志（自由是意志的本质），更因其无法普遍化①而不可能获致意志本身的认同，结果是在毁灭其他意志的同时不可避免地自我毁灭。

在这里，"可普遍化"正是康德在推证道德法则时排除"主观准则"的主要依据。"可普遍化"依然是客观必然性的基本内涵："道德只是由于它对每一个有理性和意志的人都应当是有效的，才被设想为客观必然的。"（《实批》49）根自"理性本性"的道德法则之所以是客观的，就是因为它所根据的原则是"必然对每一个人来说都是目的"的"（理性）目的自身"。纯粹实践理性以自身为目的的建构起自身的道德法则，故而对一切理性存在者皆有效，因此才是客观的。以理性自身为目的，自然也就必须以任何一个理性存在者为目的，因此，康德又把道德实践的律令表述为："你要如此行为，即无论是你的人格中的人性，还是其他任何一个人的人格中的人性，你在任何时候都同时当作目的，绝不仅仅（bloß/merely）当做手段来使用。"（《奠基》，《著作》4：436—437、441）简单说，就是"人是目的"，这样整个道德世界就构成了一个"目的王国"（ein Reichder Zwecke）。被康德作为道德律令之实践原则来表达的也正是"普遍立法"的真义——你的主观准则如果可以"普遍化"那就是客观原则。主观表象（准则）如何成为客观对象（原则），这一《纯粹理性批判》的基本难题又一次合乎逻辑地出现在《实践理性批判》中，解决之道依然是借"普遍性"②这一中介做成理论上的推证和过渡。正如在理论哲学

① 普遍性在这里依然是重要的标准："对善和恶任何时候都通过理性、因而通过能够普遍传达的概念来评判，而不是通过单纯的限制于个别主体及其感受性上的感觉来评判"；"客观的、即作为对每个有理性的存在者的意志都是有效的"。参阅《实批》79—80、21。

② "道德的必然性"是康德揭出的在直观的和证证之外的又一种"无可置疑的确然性"，但康德对它的论证，基本上还是借助于"普遍有效性"来完成的。在《道德形而上学的奠基》中，康德对作为道德最高原则的"绝对律令"有过许多相似的概括："我决不应当以别的方式行事，除非我也能够希望我的准则应当成为一个普遍的法则""要只按照你同时能够愿意它成为一个普遍法则的那个准则去行动""要这样行动，就好像你的行为的准则应当通过你的意志成为普遍的自然规律似的""每一个理性存在者都决不把自己和其他一切理性存在者仅仅（bloß/merely）当做手段，而是在任何时候都同时当做目的自身来对待""要按照能够同时把自己视为普遍的自然法则的那些准则去行动""不要以其他方式作选择，除非其选择的准则同时作为普遍的法则被一起包含在同一个意欲中"。以上引文分别参阅《著作》4：409、428、429、441、445—446、449。

中，就是由于"先验范畴"比如因果性的加入，才使得仅具有主观有效性的"知觉判断"提升为具有客观有效性的"经验判断"（《导论》§19，§20）。实质说来，知性范畴在知识获取过程所起到的作用，就是这里的最大限度的"可普遍化"，在认识中，担此大任的是知性范畴，在道德实践中就是"善"的理念。

综之，人是理性的存在者，不仅思辨地去认识，还要实践地去行动，实践的自由即自由意志是道德的根基，并通过道德判断的先天法则被启示出来，实践理性、自由意志与道德，三位一体。意志之为自由的故成其为"自律的"，意志之为纯善的故成其为"道德的"。道德自律根源于意志自由，自由乃是一切理性存在者之意志的必然属性，终于，既是行动法则又是判断依据的道德法则在"实践理性"中扎了根，有了坚实的客观有效性，并带来了必然的普遍有效性。同样，对道德法则确然性之根源的追问也至此结束了，"因为这些能力的可能性是根本无法理解的，但同样也不容随意虚构和假定"；即便如此，道德法则的客观实在性也仍然具有"无可置疑的确然性"，"仍是独自确凿无疑的"，"即使假定我们在经验中找不到严格遵守这一法则的任何实例"，甚至还有甚多的反例。（《实批》62）

人何以会有道德议题？也即"道德"为何只对"人"才存在？康德已然注意到一个理性的事实：对于动植物来说，根本不会有道德问题，不能说这棵树长在这里长得太不道德了，也不能说你家的狗昨天咬了一位老太太，太不道德了；对于神灵来说，也不存在道德问题，不论是宗教世界里的信徒还是教外的大众，都不好说上帝和神灵们道不道德的话。因此，生物界谈不上道德，神灵界无需谈道德，道德问题是人类所独有的。康德还把道德问题推及一切理性存在者，因为他当时坚信有所谓的"外星人"存在①——如果说康德的哲学有着欧洲的视野，康德的思想则有着宇宙的背景。"道德"为何只对"人"才存在，原因是自古希腊就已清楚的：人是有限的理性存在者，康德称之为"有理性但却有限的存在者"或"具

---

① 18世纪的有识之士都不怀疑其他星球上有人居住，牛顿甚至认为太阳上也有居民。康德确信宇宙中存在着有理智的生命物，虽然不是到处都有，即便有的现在没有，将来也一定会有，他甚至还有星际移民的想法。参阅康德《天体》第三部分"以人的性质的类比为基础对不同行星上的居民进行比较的尝试"（《著作》1：327—342）。

有理性和意志的有限存在者"，而称神灵为是"作为最高理智的无限存在者"。康德接受了基督教把"神"（上帝）认作"全能、全善"者，所以，虽然他承认他所揭示的"纯粹实践理性的基本法则""并不仅仅限于人类，而是针对一切具有理性和意志的有限存在者的，甚至也包括作为最高理智的无限存在者在内。"差别只在于："道德律在人类那里是一个命令，它以定言的方式提出要求，因为这法则是无条件的"，"因为我们对于那虽然是有理性的存在者的人类能预设一个纯粹的意志，但对人类作为由需要和感性动因所刺激的存在者却不能预设任何神圣的意志，亦即这样一种意志，它不可能提出任何与道德律相冲突的准则。"（《实批》42）

人命定的有限性（Endlichkeit），是人类之有道德议题的人性根源，也可以说是康德哲学甚至整个人类哲学借以展开的人性基础和基本事实，在对康德哲学的解读中，我们最终总会追溯至此。对这一点，康德自进入学术界起就自觉之并一生坚守，并在歌德那里找到了他那伟大的知音①，亦在孔德那里得到了极端化的不幸处理②。虽然只能稍稍提及但却必须郑重指出的是，对作为本性上居于"物"与"神"之间的"人"而言，我们所能提出的一切切实判断，都必须立即想到这个判断的反命题也一定对之有效，比较而言这个反命题或许更为根本和紧要。"人命定的有限性"这一事实判断正对的反命题即"人天生追求无限性"也同样应当受到重视，甚至是人性中必须着重强调的部分。康德就是如此，他之对"自我""理念""自由""上帝""不朽"的强调，均是明证。康德也因而有理据

---

① 参阅［德］艾克曼辑录《歌德谈话录》，朱光潜译，人民文学出版社 1978 年版，第 196 页；［德］卡西尔《卢梭·康德·歌德》，刘东译，三联书店 2002 年版，第 94—96 页。歌德曾于康德"第一批判"发表的 1781 年夏或更早作过一诗，名曰《人性的界限》，参阅《歌德文集》第 8 卷，人民文学出版社 1999 年版，第 135—137 页。

② 孔德认为人类思维必然依次经历三个阶段，即神学阶段、形而上学阶段和实证阶段。它们的特征分别是：寻求绝对知识、把世界归于一个大一统的实在即自然、通过紧密结合推理与观察去力图发现现象的实际规律。在孔德所持并大加宣扬的第三阶段（"唯一完全正常的阶段"）上，科学研究必须放弃寻求最终真理、绝对真理或最终根源（"原因"）的念想，甚至那些"用单一定律来统一解释所有现象的企图也只不过是一种梦想"或"天真的甜梦"，因为"人类思维的资源太贫瘠了，而宇宙又太复杂了"。参阅［法］奥古斯特·孔德《论实证精神》，黄建华译，商务印书馆 1996 年版，第 2—10 页。甚至有论者把 19 世纪法国自然科学的衰落归咎于孔德实证哲学的流毒。参阅 J. W. Herivel: *Aspects of French theoretical physics in the nineteenth century*, *The British Journal for the History of Science*, Volume3, Issue2, 1966, pp. 109—132。

地坚守着人的"二元性"以及哲学和相应概念的二元论。

"人的有限性"加上由"自觉"于此而来的"人的超越性"是康德学术思考非常重要的理论前提①，这个观念一方面来自他起先的理论物理学家的研究体验，另一方面则是宗教背景下他不得不通过对人的无能来达到对上帝万能的确认。自然科学的研究工作，使得康德认识到面对无穷的自然，人的有限与平凡。"人的有限性"可以说是康德一生坚执的观念，我们只是在他对"崇高"的解释中，看到人类理性的"伟大和尊严"，但那也只是在观念中的自我认同。人的尊严和可贵，不在人的实际能力上，而在他的意识里，在他的态度里，在他的道德行为里。在《天体》中，康德就已经在训导人类的理性，不要太自以为是，过于自负：此时的康德已经在批判迷信理性万能的启蒙精神了。康德说："无限的造化以同样的必然性包含着它那无穷无尽的财富所创造的一切物种"，规律面前，物人平等，人并不高贵于其他存在物，"从能思维的存在物中最高贵的品级到最受轻蔑的昆虫，没有一个环节是无关紧要的……"（《著作》1：329—330）与上帝相比，人类的理性是非常有限的，比如"上帝并不需要推

---

① 在著名的"康德书"即《康德与形而上学疑难》中，海德格尔提出过一个看似破天荒的观点："《纯粹理性批判》与'知识理论'完全没有干系。如果一般说要想能够容许这种作为知识论的阐释的话，那最好就说，《纯粹理性批判》不是一种关于存在物层面上的知识（经验）的理论，而是一种存在论知识的理论。"必须注意的是，海德格尔所谓的"存在论"在这里主要指的是"基始存在论"即"对有限的人的本质作存在论上的分析工作"。（［德］海德格尔：《康德与形而上学疑难》，王庆节译，上海译文出版社2011年版，第13页）"康德书"确实抓住了康德思想最核心的地基即"人的有限性"，正因这一点，人只有"感性直观"并因而才有"先天综合判断何以可能"的问题，也即才有"真理"问题；也正因这一点，人才有"道德"问题，才需要"道德"，才有"应当"的"律令"；正因"真理"与"道德"的二分，康德才想到要"摆渡"因而构思第三批判。其实，也正因为"人的有限性"也才有了"审美"（《判批》44—45）。如果从这个角度看，海德格尔的观点是深刻的，但如果要说"第一批判"与知识论"完全没有干系"，那只能是他的创造性误读——这可能是所有原创性哲学家对待此前原创性哲学家的共同态度——因为他无法解释康德晚年何以要坚执地思考如何从"形而上学过渡到物理学"这一问题。康德哲学如七彩宝塔，可从各个角度、层面观测，并不互相排斥，倒是应当给这种种的"康德解释"以"正位论"。这个在康德哲学中奠基性的观念即"人之有限性"，在费希特、谢林和黑格尔的观念论哲学中几乎被弃了，这也是德国古典哲学"客观化"的必然选择。对海德格尔此论最有力的批判，可参看卡西尔的《康德与形而上学问题——评海德格尔对康德的解释》，张继选译，《世界哲学》2007年第3期，第32—46页。二人曾在"人之有限性"问题上有过深入的争论。参阅［德］博尔诺《卡西尔和海德格尔在瑞士达沃斯的辩论》，赵卫国译，《世界哲学》，2007年第3期，第22—31页。总体上，本书更倾向于卡西尔的持论。

理"，在《新说明》中，康德说："即便人们渴望进入更深奥的认识，对于更深刻的理解来说，也依然留有人的理智永远无法开启的圣地。"（《著作》1：371，391）在 1756 年的《地震的继续考察》中也说过：面对地震及其原因的探索，"人应当开始正当地意识到，他永远不能超出是一个人。"（《著作》1：454）在《视灵者的梦》中，康德说："毫无疑问，没有任何为感官所知的自然对象，人们能够说借助观察或者理性穷尽了它，哪怕是一滴水、一粒沙或者某种更单纯的东西；自然在其最微小的部分中对一个像人类的这样有限的知性提出要求解决的东西，其多样性是如此无法测度。"在自然学说领域如此，在关于灵神性存在者的学说里，就更是如此：对它们，我们没有任何的可靠经验可以依凭，因此，"它确定无疑地设定了我们认识的界限"。康德对传统形而上学对象"灵魂"（比如灵魂的本质、灵魂与肉体如何统一又如何分离）的讨论，坚持了它的不可知性，认定它的不可被人类理性所证明的特性，对于人类理性的拒斥性使其完全处于人类理性的界限之外。（《著作》2：354、332）

在《天体》中，康德甚至试图依据构成人体的基本物质以及因地球居于太阳系正好中间的位置而具有的两极特性来解释道德之于人的必然性。（《著作》1：334）康德认为，地球正好居于太阳系的中间地带[①]，这是一个注定不幸的危险位置，"在这里，同精神统治相对立的那种感性刺激的引诱，具有强大的诱惑力。但也不能否认，当人不愿习于惯性而再沉溺于这种引诱之中的时候，他有抵抗这种诱惑的能力。所以，当他处在意志薄弱和这种能力[②]之间的危险的中间状况时，就是这些使他高于低级生物的优点把他提到了一种高度，从这里他又可以无比深地堕落到低级生物之下。"正是这种"处于两极之间的中间状态"，使得人类处于"智慧与无理性之间"而具有了"能够犯罪的不幸能力"。[③] "大自然最初的绸缪就是，人作为一种动物为自己并为自己的类被保存下来……但在他里面还

---

① 康德的时代还只知道太阳系有六大行星，从中心太阳开始分别是：水星、金星、地球、火星、木星和土星。居中的正好是地球和火星。

② "薄弱"（Untugend）与"能力"（Taugen）是同根词，而德性（Tugend）一词又来自后者，Untugend 又可译为缺德。汉译传达不出这种内在的关联。

③ ［德］康德：《宇宙发展史概论》，全增嘏译，上海译文出版社 2001 年版，第 139—140 页。参阅《著作》1：341。

被植入了一种理性的胚芽，由此，如果这种胚芽得到发展，他就注定要形成社会"（《著作》2：437）。

正是这种处身两极的内在的张力，启动并打开了近代思想那奔腾澎湃、动荡不息的闸口。正如歌德借浮士德之口所说的："有两种精神居住在我们心胸，一个想要同别一个分离！一个沉溺在迷离的爱欲之中，执拗地固执着这个尘世；别一个猛烈地要离去凡尘，向那崇高的灵的境界飞驰。"① 席勒则把它们称之为人类的两种根本性冲动：趋向变化和多样的感性冲动和趋向不变和统一的形式冲动②；其"首要特征，就是在感受性和理智、经验和思维、感知世界和概念世界之间建立起这种新关系"，从根源上看，它"是由两种表面对立的力量造成和决定的。它包含两种冲动，一种是朝向特殊、具体和事实的冲动，另一种是朝向绝对的普遍的冲动"③。正是这种"构成要素"意义上的身心二元思维，成就了近代的世界观和自然观，它与17世纪笛卡尔、斯宾诺莎和莱布尼茨的那些伟大的形而上学体系日益紧密地结合在一起，并从中得到哲学的奠基和辩护。

在康德的道德哲学中，因理性的事实即实践理性的现实性而得证的"自由的理念使我成为一个理知世界的成员；因此，如果我只是这样一个成员，我的一切行为就会在任何时候都符合意志的自律；但既然我同时直观到自己是感官世界的成员，所以这些行为应当符合意志的自律；这个定言的应当表现出一个先天综合命题，之所以如此，乃是因为在我被感性欲望所刺激的意志之外，还加上了同一个意志的理念，但这同一个意志却是属于知性世界的、纯粹的、对于自身来说实践的。"（《奠基》，《著作》4：462）就如同知觉判断加上知性范畴就成了具有普遍有效性的经验判断那样，一切道德判断就是因了植根于自由理念的道德法则而成为先天综合判断，因而具有了普遍有效性和严格的必然性。"因此之故，一个理性存在者必须把自己视为理知（因此不是从它的低级力量方面来看），不是视为属于感官世界的，而是视为属于知性世界的；因此，它具有两个立场，它可以从这两个立场出发来观察自己，认识其力量的法则，从而认识它的一切行为的法则。首先，就它属于感官世界

---

① ［德］歌德：《浮士德》，郭沫若译，人民出版社1959年版，第54—55页。

② ［德］席勒：《审美教育书简》，冯至、范大灿译，上海人民出版社2003年版，第95—119页，尤其是第96、102页。

③ ［德］卡西尔：《启蒙哲学》，顾伟铭等译，山东人民出版社2007年版，第35—36页。

而言，它服从自然法则（他律）；其次，就它属于理知世界而言，它服从不依赖于自然的、并非经验性、而是仅仅基于理性的法则。"（《著作》4：460）故而，对于人这种有限的理性存在者，必须有两种考察方式："人们必须以双重方式来思考自己，按照第一重方式，须意识到自己是通过感觉被作用的对象；按照第二重方式，又要求他们意识到自己是理智，在理性的应用中不受感觉印象的影响，是属于知性世界的。"（《奠基》，《著作》4：460）这就是康德所谓的"双重立场"，本书作者曾概括其为"二向度思维"，它可是"康德批判哲学的本质部分"①。在《实践理性批判》中，康德把这种"双重立场"概括为两种性质不同的"因果性"："由德性法则来确定的作为自由的原因性和由自然律来确定的作为自然机械作用的因果性，都是在同一个主体即人之中确定下来的，前者与后者的协调一致，如果不把人与前者相关设想为在纯粹的意识中的自在的存在者本身，与后者相关则设想为在经验性的意识中的现象，那就是不可能的。不这样做，理性与自己本身的矛盾就是不可避免的"；"因此，如果我们还要拯救自由，那么就只剩下一种方法，即把一物的就其在时间中能被规定而言的存有，因而也把按照自然必然性的法则的因果性只是赋予现象，而把自由赋予作为自在之物本身的同一个存在者。"（《实批》5、130；《判批》9）

但是，康德对道德律令的哲学追问也不是"无底的"。"一个定言命令如何可能"，对此"我们所能提出的唯一可能的前提，就是自由的理念，我们可指出这一前提的必然性，为理性的实践运用提供充分的根据，也就是对这种命令有效性的信念，对道德有效性的信念提供充分的根据。但这一前提本身如何可能，是人类理性永远也无法探测的。"理性本性上是自由的，因此自身就可以是实践的，实践理性就是自由意志，自由意志是无条件地绝对的善，形式上表现为意志自律，就是德性。同样，"为什么纯粹理性，不需要从某处取得动力，自身就能是实践的；为什么作为规律的全部准则的普遍有效性，即成为纯粹实践理性的当然形式，能不需引起我们关切的任何的意志质料或对象，而自己成为动力，产生一种可称为

----

① 这是英语界颇有些名气的康德哲学专家帕通（H. J. Paton, 1887—1969）在为自己所译的《道德形而上学的奠基》撰写的导言性的"论证分析"中所作的评价。参阅［英］帕通《论证分析》，载《道德形而上学基础》"附录"，苗力田译，上海人民出版社 2002 年版，第 129 页；参阅本书 240 页注②。

纯道德的关切；简言之，为什么纯粹理性能够是实践的。对这类问题的回答人类理性完全无能为力，对回答这类问题的一切探索都是徒劳无益的。"① 也就是说，康德的道德形而上学追溯至"自由的理念"就到底了，不能再前进（后退：追本穷源式的反思）了。

总之，康德最终把人类命定的有限性归结为物质与精神的二元构成性②，并把人这种有限理性存在者分属于两个世界，即感性世界与理知世界。这种分属既成就了"科学"又挽救了"德性"，康德以此完成了两大拯救：从休谟手里拯救了自然科学的根基"因果律"等并以此为它奠基、进而解除了科学胜利进军的后顾之虞；从功利主义和幸福主义手里拯救了伦理学并以此奠定了道德哲学的形而上学（先天）根基、进而捍卫了德性的纯洁性、内在性、绝对性和严肃性。③ 自此，必然与自由、感性世界与知性世界、科学与道德，总之是现象与本体，便与康德之名有了本质性的关联。康德哲学的这一总体结构和理念，带给康德整个思想以新的面貌和境界，新的眼光会让一切既有的思想成果都焕然一新，展现出另一番更深邃博大的境界。除了前文已经论及的认识论和道德哲学外，表现相对而言可能更为突出的则是他的"鉴赏判断"理论。

---

① ［德］康德：《道德形而上学基础》，苗力田译，第 86 页。

② 人类有些最基本的生存事实常常会被理论家们所忽略，而但凡杰出的思想家最终都会回溯到这些基本事实。关于人类起源的神话，不论是中国的女娲抟土吹气造人，还是《旧约》中亚当的诞生，还是海德格尔在《存在与时间》中引用的那个罗马神话（Cura、朱庇特和土地神关于命名"人"的争执。参阅［德］海德格尔《存在与时间》，陈嘉映、王庆节译，商务印书馆2015 年修订二版，第 245 页），都确定了一个基本事实：人既有肉体又有精神（Geist），人之有限性和超越性都由此奠定。

③ 文德尔班对当时道德的败颓状况做过一个描述："德行表现出不过是享乐主义的机智的行为、'老于世故'、深有社会修养的利己主义、深谙人生的狡狯——这种人认识到了为了幸福除了行为要有道德（即使实际上不道德）此外别无他路。"（参阅《哲学史教程》下卷，第 706 页）费希特在写给自己爱人和同学的信件（1790.9.5；1790.8.9）中把他那个时代的道德状况称为"一个其道德从根底里就已经败坏的时代""一个道德从根底里一开始就被败坏了的、而义务的概念在一切词典里都被删去了的时代"（参阅［德］费希特《激情自我：费希特书信选》，洪汉鼎、倪梁康译，经济日报出版社 2001 年版，第 31—32、37 页）。在 1802—1803 年有关艺术哲学的讲演中，谢林也从当时人们的艺术趣味角度揭示出这一点："在这个时代里，正经历着一场文学上的农民革命。这场战争反对一切崇高、伟大的东西，反对建立在理念之上的东西，甚至反对诗歌和艺术中的美；与此同时，轻浮、感官刺激或鄙俗类型的高贵则成了大受推崇的偶像。"参阅谢林《艺术哲学·序言》，载刘小枫选编《德语美学文选》上卷，华东师范大学出版社 2006 年版，第 137 页。

第四节 鉴赏判断对普遍有效性的独特诉求

对批判哲学的总体特征，可做如下概述以为进一步讨论之基础：批判哲学展开思辨工作的基本论域是主体性世界，其核心是人学；批判哲学的基本主题是"确然性的寻求"，旨在探出认识判断、道德判断和鉴赏判断之具客观有效性的先天原则和根基；这一基本主题最终逼使人类"必须从双重的立场来考察事物"，批判哲学的思维方式因此是二元的①，本书作者曾概括其为"二向度思维"②，这是康德解决批判哲学基本主题的必然结果。"二向度思维"植根于人类自身命定的"有限性"，也是康德拯救形而上学、发动所谓"哥白尼式的革命"所由以出发的思维基础，它贯穿于批判哲学的整体体系中，奠定了它的结构性特征。在先验哲学中，这种"二向度思维"有三个递相的层次："现象"与"物自身"、"经验"与"超验"以及"经验"与"先验"。对于对象，我们要区别作为"现象"的对象和作为"本体"的对象，前者可知而后者止于思；对于主体，我们要分清"经验"（感官、必然、知识）意义上的人和"超验"（本体、自由、道德）意义上的人，前者必然而后者自由；对于知识，我们要理清其经验成分（感觉与质料）和先验成分（先验直观、范畴、图型、原理），正是后者而非前者保证了真理之无可置疑的确然性。康德先验哲学这种"二向度思维"带给其认识论、伦理学和美学以"二重结构"的

---

① 关于"二元论"，就此下的研究课题而言，需要说明的是，康德的二元论，不是从西方思想史这条线上开始的，而是通过自己的方式得出的，并以此参与了西方二元论学说的理论演进史。故而对康德二元论思想的探讨，不应当从古希腊开始，一直讲到康德那个时代。对康德的二元论与他之前的二元论学说史，我们采取如下处理方式：在梳理康德通过自己的方式走上二元论的历程中，根据康德思想进展的实际情况，把前康德时期诸二元论思想相应地穿插进来。这种穿插就不一定是学说史的顺序，而只能是康德思想演进所展现出来的顺序。另外，有几个理论判析必得事先予以澄清：（1）二元论并不必然就是主客对立，故而，也就不必然是人类中心主义；（2）二元论并不必然排斥就之所谓的超越祈向，进一步说，它不仅不排斥，还于其内在义理处本就蕴藏着超越的因子。

② 作为康德哲学致思方式的"二向度思维"这一术语，是本书作者 2004 年提出，对它的论析参阅其硕士学位论文《试论康德哲学二向度思维与康德美学的二重结构》（安徽师范大学，2005 年），主体部分后以《康德哲学的二向度思维与康德美学的二重结构》为题发表于《德国哲学》2009 年卷，中国社会科学出版社 2010 年版，第 55—68 页。

总体特征，这表现为一系列二元对立范畴的提出：现象与物自身①、必然与自由、建构与范导（训导）、幸福与德性、"是"与"应当"、经验与超验、后验与先验、质料与形式、认识与伦理、准则与原理、机械论与目的论、感性与知性、知性与理性、理论理性与实践理性、逻辑表象与美学表象、纯粹美与依存美、鉴赏与天才……总之，批判哲学整体结构的二元论与本体的不可知论，就是这种"变革了的思维方式"之必然结果，先验美学也因此浸染着深深的二元论色彩。

这是从认识论和道德哲学角度延伸至美学的思考方向，若从康德美学内部着眼，则会发现，康德美学之所以呈现出显著的二元特点，尤其是纯粹美与依存美、鉴赏与天才诸美学范畴的提出，实与康德赋予它的哲学使命直接相连。因此，若再从"确然性寻求"的角度审查康德美学，就会呈现双重的关联：一方面，若从先验哲学角度谈论康德美学，那就只能说先验美学确实是批判哲学系统构造的逻辑产物，后者的基本主题自然会延伸至前者，并从总体上规定着前者的基本面貌和特征，这会使先验美学时刻思量着"体系的任务"；另一方面，在第三批判未开显之前，康德对美学的大量思考若想进入先验批判哲学的系统和体制内，那就必须以先验哲学的独特问题为中心重新思考、打磨和整合它们，就应当把"鉴赏判断"② 厘

---

① 叔本华曾把这一点，即"划清现象和物自身两者之间的区别"，视为"康德的最大功绩"。其实，"二向度思维"才是康德留给后世的最大财富。参阅［德］叔本华《康德哲学批判》，载石冲白译《作为意志和表象的世界》，商务印书馆1982年版，第569页。

② 这里对康德美学最核心的概念"鉴赏判断"（Geschmacksurteil/the judgment of taste）和"审美判断"（Ästhetisch Urtheil/aesthetic judgement）作一区分：Geschmack 可译作"鉴赏"也可译作"口味""趣味"，Ästhetisch 可译作"感性的""情感的"，亦可译作"审美的"。在康德的哲学里，它们和理论（逻辑）判断一样均可区分为"纯粹的"（rein）和"经验的"（empirisch）。经验性的 Geschmacksurtei 和 Ästhetische Urteile 都是关于质料的感性判断，纯粹的 Geschmacksurtei 和 Ästhetische Urteile 都是关于形式外观的感性判断，后者才是康德第三批判的主题。就翻译来说，应当把经验的 Geschmacksurtei 和 Ästhetische Urteile 分别译作"口味判断"和"感觉判断"，而用"鉴赏判断"和"审美判断"或"美感判断"来表达它们的纯粹含义，在包含两方面含义或义不明朗的情况下，应分别译作"感性判断"和"趣味判断"。比如康德在《判批》§14 中说："Ästhetische Urteile 正如理论的（逻辑的）判断一样，可以划分为经验性的和纯粹的。前者是些陈述快意和不快意的感性判断，后者是些陈述一个对象或它的表象方式上的 Ästhetische Urteile；前者是感官判断（质料的感性判断），唯有后者（作为形式的感性判断）是真正的 Geschmacksurteil。"这里第一个 Ästhetische Urteile 应当译为"感性判断"，第二个就应当译作"审美判断"或"美感判断"，最后的 Geschmacksurteil 可译为鉴赏判断（《判批》59）。参阅李淳玲《中译者序》，载［德］文哲《康德美学》，台北：联经2011年版，第 iii—v 页。

定为先天综合判断并追问它何以可能即鉴赏判断之确然性的先天根据何在，先验美学会因此而必须担负起"批判（先验）的任务"。为批判哲学的整个体系大厦计，先验美学的"体系的任务"固然是首要的，但"批判的任务"将是基础性的，这正是康德美学之常出以看似矛盾论说的根源所自，而这双重的任务皆源自那业已内化于康德哲学世界心脏中的思想气候，即对无可置疑的确然性的形上寻求。

一 "二向度思维"：从思考方式到哲学方法论

在先验哲学里，作为"哲学方法论"① 的"二向度思维"或"双重立场"，甚至可以视为康德哲学最基本的结构性特征。正是"二向度思维"的致思方式，使得康德先前对鉴赏判断和目的论的诸多思考，得以在《判断力批判》中以"建筑术"的方式跻身于先验哲学体系，并因之成为批判哲学体系架构的"摆渡者"，还进而成了"哲学的入门"（《判批》30），成就了所谓的"康德美学"。当然，从一种思考方式最终升格为根本的哲学方法论，康德的思考还要经历一个漫长但前后一贯的发展过程，即"二向度"从思考方式到哲学方法论的哲学升华。

自进入学术领域起，康德对世界的解释就持守着双线并进的思路，既没有像法国自然哲学家如霍布斯、拉·梅特里、孔狄亚克和霍尔巴赫之流那样采取绝对机械主义（合规律性），也没有如神学家那样死守着从质料到形式均归结于上帝创化的神学目的论（合目的性）。康德走的是一条"中间道路"，后被康德研究者开口即称的"折衷调和"的思想特色，其实早在其学术生涯伊始就已显露并笃定至终。在1755年的《天体》中，康德就已确定了解释世界现象不可偏废的两种原则。他不提名地引用了伽利略那句"只要给我物质，我就给你们造出一个宇宙来"的名言，并解释道："这就是说，给我物质，我将给你们指出，宇宙是怎样由此形成的。因为如果有了在本质上具有引力的物质，那么大体上就不难找出形成宇宙体系的原因。"但康德马上接着说："难道人们能够说，给我物质，

---

① 国内对康德哲学方法论的探讨，以陈嘉明先生的博士论文《建构与范导——康德哲学的方法论》（1992）为最要，且雅多创获。若再继承追问，则建构与范导的方法论也根源于康德的"二向度思维"和"双重立场"。提醒一点，方法论不是归纳、演绎等具体的研究方法或程序，而是思维方式或思维结构。

我将向你们指出，幼虫是怎样产生的吗？"看来，宇宙的起源与生命的起源是完全不同的，在康德看来，要揭示生命的根源还为时尚早，他现在只能解决天体物理学问题，也就是宇宙体系的起源和天体的产生以及它们运动的原因。所以，康德说"牛顿已经提出了宇宙学的数学部分"。[①] 1775年发表的《论人的不同种族》里，康德重申了这一点："大自然凭借对各种各样未来状况的潜藏的内在预防措施来装备自己的造物，使其保存自己并适应气候和土地的差异的绸缪，这是值得惊赞的"，究其故，"偶然事件或者普遍的力学规律并不能造成这样的协调"——科学造成的协调可称之为"合规律性"——而这里完全是另一种适当的情况，起决定作用的是"创造因"，它们最终会带来一种"合目的性"。康德在这里区分了两种原因：自然因和目的因，它们各有自己的适用范围。（《著作》2：447—448）康德因而把对宇宙万物的解释原则分为两种：力学的和生命的。对物质现象，康德主张用前者，对非物质的生命世界则必须两者兼用，而就生命之所是则必须归之于后者。科学领域必须坚守"奥卡姆的剃刀"，让各级原则尽其所能，而"诉诸非物质原则，是懒汉哲学的一个避难所，从而也必须尽一切可能避免这种调调的说明方式，以便使世界现象的那些建立在物质的运动规律之上、也是惟一能够被理解的理由能够得到全面的认识。"（《著作》2：335）。康德在"就职论文"中再次重申了这一点并解释了其中的缘由（《著作》2：429、430）。

康德开出了思维原则或哲学方法的柏拉图意义上的"正义论"，目的在于让各种方法和原则能够各安其分，各司其职，各尽其能，互不僭越。据康德自己交代，这种叩其两端、各取其正的"方法正义论"并非自家独创而是其来有自。在其处女作中，康德坦言，这是受德国哲学家、数学家比尔芬格[②]的启发。比尔芬格在递交彼得堡科学院的论文中提出如下观点：如果在具有健全知性的人们那里，双方都在维护着大相径庭的意见，那么，将自己的注意力集中在某个一定程度上让两个学派都有点道理的中

---

① 以上引文参阅康德《宇宙发展史概论》，全增嘏译，上海译文出版社2001年版，第9—11页；参阅《著作》1：226。

② 比尔芬格（Bülfinger，1693—1750），德国哲学家、数学家。曾任彼得堡科学院（1724年成立）第一届院士，哲学观点接近莱布尼茨—沃尔夫学派。对中国哲学思想颇有研究，曾发表《中国的实践哲学》（1721），引起欧洲知识界的激烈争论。

间定理，是符合概率的逻辑的。康德那时就立志："我在任何时候都把它当作真理研究的一条规则来利用。"(《著作》1：30) 不论是就这篇处女作，还是就康德后来的哲学伟业，都表明他未曾食言。就基本方法来说，这就是"划江而治"，也即被波普尔称为"康德问题"的"划界"。两种原则并重是康德"走中间路"所不得不选择的解决策略，在康德的著述中，随处可见的就是康德对概念内涵的二元分殊，他更是认为"形而上学的任务事实上就是解析含糊不清的认识"(《著作》2：290)。在《活力的测算》(1747) 中，康德区分了两种物体，即"数学物体"与"自然物体"的差异；并认为，"某种东西对前者来说可能是真的，但却不可能转用到后者身上"(《著作》1：139)。在 1755 年的《新说明》中，康德把"基础"分为"现实基础"和"逻辑基础"，把"理由"分殊为"存在理由"和"认识理由"①、把"必然性"区分为"绝对的"和"假定的"、把"自由"分为"自觉的自由"和"随意的自由"(《著作》1：371—375)。在解决"第一批判"所提出的诸二律背反时，此种方法几乎成了他的法宝。这使得康德对概念的明晰性有着特别的偏好，且有着坚定的要求，这非常突出地表现在他善于把同一个符号所标示的不同概念区分开来，比如"区别"就有"凭借判断而来的"(指人类) 和"凭借感觉而来的"(指动物)，再比如"应该"则有手段的必然性和目的的必然性两种，再比如对"表象方式的等级阶梯"的划分 (《著作》2：286、300)。

然而，作为一种哲学方法论或思想原则而在其哲学体系中得以确立下来，还要等到 1769 年形成"就职论文"主要思想的那个时期。

---

① 这一早先所做的区别，后来在《实践理性批判》中可是帮了大忙的。《奠基》一文已经提到在"自由"和"道德律"之间的"恶性循环"，"双重立场"其中的一个理论效能就是解决它 (《著作》4：458，461)；在第二批判中，康德又从这个角度重新提到这一循环并解决了它："当我现在把自由称之为道德律的条件、而在本书后面又主张道德律是我们在其之下才首次意识到自由的条件时，为了人们不至于误以为在此找到了不一致的地方，所以我只想提醒一点，即自由固然是道德律的 ratio essendi [存在理由]，但道德律却是自由的 ratio cognoscendi [认识理由]。因为如果不是道德律在我们的理性中早就被清楚地想到了，则我们是决不会认为自己有理由去假定有像自由这样一种东西的 (尽管它也并不自相矛盾)。但假如没有自由，则道德律也就根本不会在我们心中被找到了。"(《实批》2、37—39)

表象↓知觉（有意识的表象）	仅及于主体的知觉→感觉			
	客观的知觉即认识	直观→直接关系对象，个别的		
		概念→间接关系对象，普遍的	经验性概念	
			纯粹的概念	知性范畴
				理性理念

　　康德之所以能获得这一哲学洞见，数理科学在其中所起作用不可谓不大，突破口首先在"时空理论"上被打开。1769 年被康德自视为"突破年"①，这一年，康德读到了甚为心仪的瑞士著名数学家欧拉（Leonhard Euler，1707—1783）的《致一位德国公主的信》（Lettres à une Princesse d'Allemagne，1768—1772），欧拉在书中提出"灵肉关系"难题后回答说，这种关系可以为我们想象，但却无法被我们目睹；他同时坚持空间和时间均不能由经验推出，亦不能由纯粹理智推出，但二者均有无可置疑的真实性和确然性，又是力学和运动所必须的；他因而宣称，空间和时间不能被任何传统哲学范畴所表达。康德觉得，这或能解决他许久以来的理论疑难，他倒转这一思想之后得出：有的对象可以直观，但无法想象，空间关系即是如此。（《著作》2：425、431）② 不久前还一直强调哲学研究不能脱离经验的康德，现在一心想要防止形而上学过分倚重经验以致自陷不拔的危险，认定感性认识原则不应超出自己的界限而染指理性领域。在给兰贝特的信中，他还建议创立一门完全独特、尽管是纯粹否定的"一般现象学"，要务是"规定感性原则的效力和范围，以便它们不至于像至今一直在发生的那样，搅混了关于纯粹理性的对象的判断"，这"将使真正的形而上学避免感性存在物的混入"。（《书信》28）自此以后，"二向度思维"始从哲学方法论角度得以确立，成为 1781 年出版的《纯粹理性批

---

　　① "1769 年使我恍然大悟"，康德在自己的教科书——鲍姆嘉通《形而上学手册》的空白处写道，并把此前描述为一个理念朦胧的时期。这一自白在他 1770 年 9 月 2 日给兰贝特的信中得到了重申："大约一年以来，我可以自夸地说，已经达到了那个概念，今后，我不再费心改变这个概念，而只需要对它进行扩展。"参阅《书信》27；并参阅埃德曼为康德"第一批判"撰写的"导言"，载李秋零译注《纯粹理性批判》（注释本），第2—3 页。

　　② 参阅 David Walford and Ralf Meerbote，*Biographical – bibliographical sketches of persons mentioned by Kant*，CB/Theoretical Philosophy，1755—1770（1992），p. 499；［苏］古留加《康德传》，贾泽林等译，商务印书馆 1981 年版，第 82 页。

判》的致思原则，并广泛运用于此后出版的几乎所有著述中。或许有鉴于它的异常重要性，也借以减少虽能意料但并非无关痛痒的理解上的困难，康德在第一批判1783年第二版的"前言"中，特意回顾了他曾如何借鉴数理科学的工作程序和致思方式，并通过思维转换喜获这一关乎大局的方法论原则的过程。①

二　"二向度思维"与第三批判的结构体系：批判的与系统的

《判断力批判》的写作有着强烈而鲜明的哲学意图，那就是要把他此前完成的《纯粹理性批判》与《实践理性批判》"贯通"为一个有机整体，对"完整人"作"完整"探究，以结束他对人类诸先天心意机能的先验考察与批判正位，最终完成对科学（认识）、德性（道德）和鉴赏（审美）的三重拯救，探诘"人是什么"这个永恒的先验人学课题。这一意图犹如康德的一种哲学意义上的"摆渡情结"②——这也是其"二向度思维"势所必然的，没有"二向"就没有"摆渡"——并决定了第三批判展开的内在理路和结构布局，并因而形成了第三批判的双重大任：批判的和体系的。③

首先是"批判的任务"：必须对"反思判断力"作先验批判，以使此一批判能立于先验哲学之林。康德既然准备把《判断力批判》作为先验哲学的有机构件，那就必须使之有资格成为先验哲学家庭中的一员，也就是说，它要为反思判断力寻得使其客观有效和普遍必然的先天原则，它必须回答"审美判断如何可能要求有必然性"即"作为先天综合性的鉴赏判断是如何可能的"——"判断力批判的这一课题就是属于先验哲学的

---

①　参阅拙作《康德哲学的二向度思维与康德美学的二重结构》，《德国哲学》2009年卷，中国社会科学出版社2010年版，第55—68页。

②　关于康德哲学之致思方式同"二元论"和寻找"中间之物"诸特征的关系，参阅［德］雅斯贝尔斯《大哲学家（修订版）》上，李雪涛等译，社会科学文献出版社2012年版，第433—434页。

③　比如赫费教授就认为，《判断力批判》是一部很难的著作，而且它的专业课题业已失去了相应的意义，"美学的研究在哲学中已经变得很稀罕了，目的论的思维在自然科学中几乎已消失殆尽"。这种"内在的困难始于著作的多层次结构，它既有体系性任务，又有专业性任务，这两个任务互相交织在一起"。参阅［德］赫费《康德：生平、著作与影响》，郑伊倩译，第241—242页。

这个普遍问题之下的：先天综合判断是如何可能的？"（《判批》130）这就迫使康德必须对"纯粹判断力"作先验批判，导出其先天原则。"判断学说"是康德哲学的重要组成部分①，在三大批判中都有所论列，其基本内涵是"把特殊思考为包含在普遍之下的能力"（《判批》13），这一"思考"有两种类型：拿给定的普遍（范畴、规则、原则、规律）去"统摄"给定的特殊（感性现象）或为给定的特殊去寻求未定的普遍。前者是规定判断力，后者是反思判断力，只有后者才是康德这里要单独关注的课题。因为前者根本不必为自己思考一条规律，规律对它来说是知性已经为之先天预定好的，它只要以之统摄就行了，需要的只是技巧或实践智慧，它在"第一批判"中被称为"先验判断力"，整个"原理分析论"实质上就是对先验判断力之法规的分析（A133、132 = B172、171）。因此，能够对之进行先验批判并可能为鉴赏判断提供先验原则的，就只有"反思判断力"。我们之所以需要此种能力，另一根源则是"知性的无能"以及由此而来的"统一性信念"②。如果说知性为自然立法、理性为道德立法，那么，反思判断力就只能自己给自己立法。就其根源而言，反思判断力如同知性与理性一样，也是人类的先验能力，有着共同的基本特征或"目的"即对"统一性"的本然性地炽烈爱好：知性寻求经验（质料）的统一性，理性寻求原则的统一性或绝对无条件的统一性，反思判断力则寻求形式的统一性。这些"寻求"借以进行的"原则"就必定是康德哲学的精髓所在：知性按照先天范畴和原理来统一，理性按照先验理念（"目的王国"）来统一，那反思判断力呢？反思判断力的任务是"从自然中的特殊上升到普遍"，这里的"普遍"断然不是任何确定的概念，而是一种"统一性"，所以更像是可"望"而不可"及"的"理念"——实质上就是寻求多样统一性。因此，"多样统一性原则"就是它借以运行的先天依据，当然这一原则只能是先验的，"反思性的判断力只能作为规律自己给予自己"（《判批》14）。由于"我们关于判断力的独特原则所可

---

① Reinhard Brandt, *The Table of Judgments*, trans. Eric Watkins, *North American Kant Society studies in philosophy*, vol. 4, Calif.: Ridgeview Publishing Co., 1995.

② "知性的无能"是康德哲学中虽少有人问津但却并非不重要一个思想，它主要表现在三个方面：（1）它无法认识本体；（2）它无法认识有些对象，比如有机体（《著作》1：226）；（3）它无法穷尽任一认识对象"（《判批》14）。

能说出的一切在哲学中都必须算作理论的部分，即算作按照自然概念的理性认识"（《判批》13），而按照理性认识一般都包含两种要素即先天的和后天的即先验的和经验的或形式的和质料的（A50—51 = B74—75），因此，这一先验原则就只可能是"形式的多样统一性原则"或者"质料的多样统一性原则"，前者是主观性的原则后者是客观性的原则，而合于反思判断力本性的先验原则就只可能是"形式的多样统一性原则"——"自然界通过这个概念被设想成好像（als ob/as if)① 有一个知性含有它那些经验性规律的多样统一性的根据似的"（《判批》15）。

实质说来，"美"就是一个"好像性"的概念，它借助"愉快的情感"从主观上表达了对象在形式上的一种"统一性"或"普遍性"。至于此种"统一性"或"普遍性"到底是什么，则是无法预先确定的，但它一定有某种"统一性"或"普遍性"则是确定的，但同时又是无限开放的。这种普遍性和统一性不是范畴的，也不是经验概念的，而主要是情感上的。凡是能够引起我们情感上普遍赞同但又无法将之归结为任何一明确的概念（不论是知性范畴还是理性理念或者经验概念）的对象都可以归于"美"的名下，所以说"美不是概念，也不是知识，也不是客观事物的属性，它只是表明了这个客体对主观的反思判断力中起作用的那些认识能力的一种'适合性'"②，这种"适合性"所体现出来的就是人类理性的基本特征或目的——"多样统一性"。故而，反思判断力的先验原则即主观的"形式的多样统一性原则"实质上就是"主观的形式合目的性原则"，即我们把自然的众多变相和不可穷尽的多样性从主观上就其形式来判断为适合了人类理性（与主体认识能力的协调相契）的目的或意图。任何一个对象如果满足了这一点，就会被我们判定为：要么"暗中"满

---

① "好像"或译"仿佛""像似"，原文是"als ob"（英译为 as if)，这个概念对康德的第三批判异常重要，可以说，整个的《判断力批判》都是建立在它之上的。反思判断力的先验原则实质上就是一种"好像"的原则，正如我们一再强调的，它是一种"立场"或"眼光"，因此只是主体用来反思自己的，不能归之于客体。国外有人专门做文章，论析康德的"好像"，甚至成为哲学的一个分支——"好像的哲学"（philosophy of as if)。参阅邓晓芒《康德〈判断力批判〉释义》，三联书店 2008 年版，第 122 页；［英］亚·沃尔夫《十八世纪科学、技术和哲学史》下册，周昌忠等译，第 925 页。著名康德专家法伊欣格尔（H. Vaihinger, 1852—1933）曾著《仿佛哲学》（Die Philosophie des Als Ob [The Philosophy of "As If"], 1911）一书。

② 参阅邓晓芒《康德〈判断力批判〉释义》，第 172 页。

足了知性的目的而被判为"美的",要么"暗中"① 满足了理性的目的因而被判定为"崇高的",并带给主体以"情感的愉悦",也即"当我们在单纯的经验性的规律中找到了一个主观的原则(准则),就好像这是一个对我们的意图有利的侥幸的偶然情况时,我们也会高兴",因为"每个意图的实现都和愉快的情感结合着"(《判批》19、22)。比如,我们在某一对象上发现了这种合乎我们知性统一性意图的形式的合目的性,我们就必然感到一种美的愉悦。同时,这种"愉悦"就其根据而言,又是依赖于反思判断力之先验原则的,因此就是一种普遍必然也就是具有确然性的愉悦,它对每个人都是有效的,对于崇高的愉悦也是如此。并且,"自然与我们的认识能力的这种协调一致是判断力为了自己根据自然的经验性规律来反思自然而先天预设的,因为知性同时从客观上承认它是偶然的,而只有判断力才把它作为先验的合目的性(在与主体认识能力的关系中)赋予了自然"(《判批》20),作为一条先验原则的"自然合目的性",其根源不在知性,亦不在理性,而在反思判断力之中。

这样,在"诸认识能力"中与知性和理性并列的"判断力",就同"诸心意机能"中与认识能力和欲求能力并列的"愉快和不愉快的情感"有了"一种直接的关系"②(《判批》3),即当反思判断力在自然对象中"看出"一种与知性的需要或知识的意图相协调一致的合目的性时,就会生出一种愉悦,且这种愉悦没有通过任何的中介就已然直接获得,这与任何实践的合目的性——不论是技术上实践的还是道德上实践的——所带来的愉快均不一样③。或者说,正如同知性对认识能力、理性对欲求能力先天指定法则那样,反思判断力也将赋予愉快和不愉快的情感以先天法则,也在"诸先天原则"中为其寻得了能与"合规律性"和"终极目的"相并列的、拥有自己"基地"(Boden)即感性世界的主观形式的、建构性

---

① 之所以是"暗中",原因在于这种"满足"并不是事实上的"实现",后者只会出现在认识判断和道德实践中,在这里,"普遍"或"统一性"已然确定,无需再像反思判断力那样去寻求了。

② 康德把反思判断力对愉快和不愉快的情感之间的"直接关系"视为"在判断力的原则中那神秘难解之处","它使得在批判中为这种能力划分出一个特殊部门成为必要"(《判批》4)。

③ 在"美的四契机"分析中,康德着重比较了"审美愉悦""快适的愉悦"和"道德的愉悦"三者的根本差异(《判批》44—45)。

的主观原则："形式合目的性"或"主观合目的性"(《判批》29)。但是，自然的这种"(主观)形式合目的性"又只是反思判断力提供给自身用来自我反思的，并非自然界真的就如此，所以由"(主观)形式合目的性"而来的"普遍性"就只能是主体情感上的普遍性，即所有人都必然赞同的普遍性或所有人都拥有的先天断言，这又是一种"应当"即一种客观化和普遍化的情感诉求，依据就在人类情感里的"共通感"。鉴赏判断之所以出现，还有一个非常重要的前提就是，在自然对象契合于我们的知性需要或知识意图时，判断力决不是有意地、明确地运用知性范畴来进行统摄，"知性在这时是无意中按其本性必然行事的"(《判批》22)，若是"有意为之"那就是规定判断或认识判断了。因此，鉴赏判断决不是认识判断，但又隶属于认识能力，虽隶属于认识但又不是为了认识，虽不是为了认识但也不是为了欲求(实践)，鉴赏判断利用认识能力不是去与客体而是与主体(情感)打交道。总之，鉴赏判断就好像是"客观的"，好像具有客观必然性和普遍有效性，实质上只具有主观的必然性和期待上的普遍有效性。就此而言，当康德在"主观合目的性"中揭示出审美判断虽有其形式上的个别性、直接性(单称判断)和对概念的独立性(感性判断)但却依然是必然而普遍的那种先天因素，对他来说，"美学必然从心理学领域移入了先验哲学的领域"①。

审美判断因人有愉快不愉快的情感能力而具有先验原则，目的论判断力则不可能有先验原则，而"只是在那个〔审美判断力的〕先验原则已经为知性将某种目的概念(至少是从形式上)运用到自然身上做了准备之后，这种本身不包含先天原则的判断力才在(某些产物)出现的情况下含有规则，以便理性运用目的概念"，又由于"在一个(反思)判断力的批判里，包含审美判断力的部分是本质地属于它的"(《判批》29)，故而，审美判断力是目的论判断力的前提和预演，后者只不过是前者所提供出来的合目的性形式概念通过其与艺术品的类比而向自然的客观质料上推广运用，并以之帮助理性由知性的认识向更高一级的统一性上逼进、上升，最终指向对"宇宙大全"的通盘理

---

① 〔德〕文德尔班：《科学院版编者导言》，载李秋零译注《判断力批判》，第 7 页。

解与把握而已。① 因此，康德首先必须对审美判断力作先验哲学的批判，以寻得其先验原则。这一任务导致康德的哲学美学必然是以"先验"为基调的美学体系："不言而喻的是，在学理的探究中，对判断力来说并没有特殊的部分，因为就判断力而言，有用的是批判，而不是理论"（《判批》4），因此，康德的先验美学又必然是对审美判断力之"用"即审美（鉴赏）判断的先验批判，这批判的结果就是美的四契机分析，得出的就是"美在对象无目的的合目的性形式"这个结论。

其次是"体系的任务"：必须要完成必然与自由、现象与物自体、认识与伦理、理论理性与实践理性之间的统一、联接和过渡。这就是学界异常重视的所谓"摆渡者"角色，这种"摆渡情结"也充分体现了康德美学理论的系统性、严整性与彻底性。问题的关键在于，怎样理解这种"摆渡"以及康德在此问题上的内在思路怎样、他的初衷是什么、他由此想要把审美导向何处等等。这就是贯穿第三批判始终的"双重摆渡"问题。

逻辑地看，在康德的第三批判中有着双重意义上的摆渡："自由概念领地"向"自然概念领地"的摆渡（"至善"理念）以及"自然概念领地"向"自由概念领地"的摆渡（"自然向人生成"）。而且前一种摆渡要以后一种摆渡为基础，后一种摆渡要以前一种摆渡为目的和归宿。康德正是由后一种摆渡来诠证前一种摆渡的。我以近代哲学的基本视域即主体性为立足点称前者为"外向摆渡"，后者为"内向摆渡"，即鲍桑葵所谓的"理性在感官世界中的代表和感官在理性世界中的代表"②："外向摆渡"是以"道德"（终极目的论）的眼光来寻求"感官在理性世界中的代表"以祈向"道德律"的现实化（"应当的实在性"）；"内向摆渡"以"审美"（形式合目的论）的眼光来寻求"理性在感官世界的代表"以预演"自然向人生成"（"文化—道德的人"）。

先看"内向摆渡"。康德说，由于在自然概念领地（现象界）与自由

---

① 参阅邓晓芒《冥河的摆渡者：康德的〈判断力批判〉》，武汉大学出版社 2007 年版，第 30 页；邓晓芒《审美判断力在康德哲学中的地位》，《文艺研究》2005 年第 5 期。

② 参阅［英］鲍桑葵《美学史》，张今译，商务印书馆 1985 年版，第 339 页。

概念领地（本体界）之间固定了一条"不可逾越的鸿沟"，致使由自然领地向自由领地根本不可能有任何摆渡，前者不可能对后者发生任何影响（《判批》10）①。值得注意的是，康德在这段话中有一个夹注——"因而借助于理性的理论运用"，所谓"理性的理论运用"就是指纯粹理性借知性范畴、图型、原理所做的规定、建构或推论工作，这是在规定判断力和理性推理能力基础上达成的。也就是说，由自然到自由的摆渡通过"第一批判"所留下的工具是不可能实现的，那只会产生客观的知识、经验判断或者尽是些"二律背反"命题和诸多不合法的先验幻相而已。以规定判断力的眼光在自然界永远也看不到"自由"的倩影，也就不能完成"自然"到"自由"的"内向摆渡"。因此，康德才在《判断力批判》的"导言"中揭橥另一种与规定判断力相对的判断力——反思性判断力，并把它与规定判断力作了鲜明的区隔。规定判断力是在普遍被给予的情况下厘定对象以获取客观知识，反思判断力则以主体为务、旨在反思，在这里"普遍"既不明确也不为我们所明确意识到，有的只是特殊，它的任务是尽最大可能地为所给予的特殊寻找"普遍"，供主体反思自我并进而推及对象之用。可见，这一概念对康德有着何其重大的意义，即是说，只有通过反思判断力，才能完成由"自然"向"自由"的这样一种摆渡，最终达成对人类理性的完整批判，为康德先验哲学架上最后一根基柱。

再看"外向摆渡"。康德认为，由自由领地向自然领地的外向摆渡是"应当的"，也就是说，"自由概念应当使通过它的规律所提出的目的在感官世界中成为现实"。在康德看来，这种"现实"的实现应当具备两个条件："主体是自由的"以及"对象要有自由能运用于其上的可能性"即"理性在感官世界中要有其代表"。关于后一方面，康德是这样说的："因而自然界也必须能够这样被设想，即它的形式的合规律性至少会与依照自

---

① 在从"自由"到"自然"过渡中，不需要中介，自由概念自己就可以且应该作用于现象界了，这为道德的现实性所明证，自由对认识活动有范导作用，虽然它不可能在现实中完全实现并对现实经验有建构作用，但仍对其有着"信以为真"的导引作用。关键是由自然到自由的过渡，这需要中介，纯粹理性的第三个"二律背反"就集中反映了这一点：世界上有出于自由的原因，没有自由一切都是自然（《导论》§50）。康德在《纯粹理性批判》中亦曾指出：自由的世界即"道德的世界"是一个"理智的世界"，"只是一个理念，但却是一个实践的理念，它能够、也应当对感官世界现实地有影响，以便使感官世界尽可能地符合这个理念。因此，此一道德世界的理念具有客观的实在性……指向感官世界……"（A808 = B836）。

由规律可在它里面实现的那些目的的可能性相协调"。一言以蔽之,自然要"象似"自由,它的目的是要追问"自然界以之为基础的那个超感官之物与自由概念在实践上所包含的东西相统一的某种根据",即使"关于这根据的概念虽然既没有在理论上也没有在实践上达到对这根据的认识",只是使这两者在出于各自原则的思维方式间的过渡成为可能。(《判批》10)康德在这里要解决这样两个先验哲学的难题:"人的自由何以可能"及"现象中的自由何以可能";《实践理性批判》所要解决的是第一个问题,我们正讨论的这个批判所专门解决的是第二个问题——康德的任务就是要在"自然现象"中"看出"或"找出"那根基于"自在之物"的"自由之在",或者说"何以能够在'必然'之物中,见出那超越的'自由',从而使'自由'不但能够从'理性'中'推导'出来,而且可以从'现实'中'看'出来"①。

照康德的理路,这种由自然到自由、由认识到伦理的"内向摆渡"是可能的和有根据的,它只不过是把由我们"看"的方式所带来的"二分"再于主体那里弥合起来而已。既然感觉世界与理智世界之分只是我们"从双重的观点来考察事物"的结果,那么,世界就本来说也只有一个,自然界与自由界本为同一个世界,其分乃在主观接纳而非客观存在本然。比如"我作为其他'现象'中的一种现象而存在于自然界,但是,我也作为一个不受因果性而受实践理性规律制约的'自在之物'而存在。这并不意味着我是两个东西,而是一个东西从两个对立方面来设想的。"②因此,"我们应当避免把康德当作本体论的二元论,现象和本体不是两类事物,本体的原因不是现象的原因的添附,毋宁说它们是看待同一事物的两种方式。"③需要明示的是,这不是"摆渡是否可能"而只是"摆渡之可能的主观条件何在"的问题。按康德哲学的理路,从"感觉世界"通过人的道德实践终达于理想的"目的王国"或"道德王国"之关键在于"合目的性"原则的贯彻,而在感觉世界贯彻合目的性原则就要求感觉世界本身必须具有一种合于这种"贯彻"的条件——那就是"对象要有自

---

① 叶秀山:《康德〈判断力批判〉的主要思想及其历史意义》,《浙江学刊》2003 年第 3 期。

② 〔英〕斯克拉顿:《康德》,周文彰译,中国社会科学出版社 1989 年版,第 99 页。

③ 〔美〕汤姆森:《康德》,赵成文等译,中华书局 2002 年版,第 78 页。

由能运用于其上的可能性", 因此我们的问题就是"现象中何以有自由在"。康德以为条件有二: 理性为实现自身的目的不仅要在感觉世界中体验到与自身认识能力相契合的和谐之"自由感", 而且还必须忖度感觉世界本身原有之目的即自然从质料上来说的"客观合目的性"。这就是康德的《判断力批判》的双重任务, 它们分别对应于这一批判的上、下卷。①

总之, 我们可以用一句话来概括康德在《判断力批判》中所要解决的问题: "现象中何以有自由在。"这一先验哲学、美学的课题涵盖了我们曾指出的《判断力批判》所肩负的两个重大使命②: 一是要对能在现象中看出自由的"反思判断力"作先验哲学意义上的哲学批判, 先验批判的哲学体系要求对"美"作先验分析以寻求反思判断的先天原则; 二是要完成自然向自由 (完整人) 的生成, 这一任务要求康德关注美的内容, 尤其是美的道德蕴含。为前者, 康德写下了《判断力批判》的上卷"审美判断力批判", 对于后者便有了下卷"目的论判断力批判"。也可以说, 上卷是从"形式"、下卷是从"内容"的角度来解决这一先验哲学课题的。不难看出, 康德所面对的这样两个重大任务是有着递进关系的: 前者是后者的基础和前提, 后者是前者的目的与归宿, 说康德美学不是出于对美学本身的兴趣而是由于追求"作为族类的个体"即"文化—道德的人"并连带醉心于哲学体系的严整性是符合实情的。只是我们不能以此就说康德不重视美学问题, 理由已在前文作了交代。康德在回答第一个问题时是始终不会忘记要为第二个问题打基础作铺垫的。这样对第一个问题的回答就又表现为两个层次: 一明一暗, 一显一隐, 显者要求对反思判断力作先验哲学的批判, 寻找其先验原理, 隐者则要为"目的论判断力"作铺垫、打基础。这一隐一显的思考理路使得康德必须"明修栈道暗度陈仓", 但这"栈道"也不能过则拆之, 更非可有可无。可以说, 康德真正的目的不是在审美判断力的批判上, 而在后面"目的论判断力批判"上, "目的论"正是康德哲学的内在基石与终极指向, 但"正是出于这种体系上的

---

① 参阅齐良骥《康德》, 载王树人主编《西方著名哲学家评传》第 6 卷, 山东人民出版社 1984 年版, 第 65 页。

② 对这双重使命孰轻孰重的问题我们可以这样说, 就批判哲学的性质说前者更为紧要, 就其归宿看当然"先验人类学"的任务就更为重大得多了。因此不能孤立地评判孰轻孰重。

理由，'纯粹的'趣味判断就还是第三个批判的不可或缺的基础"①。这样的双重任务使康德对美的探讨必然性地分为两部分，也可以说，康德美学由此形成了两套思想体系：对审美判断的先验分析使康德最终得出了"美在形式"的观点，为"目的论判断力"作铺垫的工作让康德不得不关注美的内容与蕴含即要对"依存美"作出某种分析，把审美由纯粹天国再拉回现实经验中来。也就是说，为了那个铺垫的意图，康德不得不把他曾竭力从鉴赏判断中赶走的"利害""兴趣""道德"等涉及内容的成分再毕恭毕敬地请回他的批判中，"美是德性的象征"②的结论就呼之欲出了。这就是康德在"纯粹美"分析之后又揭橥"依存美"和"美的艺术"的内在原因。

如果"从双重的观点来考察美"，那就必定会对美作"先验"与"经验"的双重考察，就会有对鉴赏判断的双重演绎即先验演绎与经验性演绎，这后一方面也就引出了康德对"艺术"和"天才"的卓绝分析。也因此会出现上述两种不同的美学体系并最终体现为诸多的二元命题："美在形式"与"美是德性的象征"、"纯粹美"与"依存美"、"依存美"与"美的理想"（审美意象）、"鉴赏"与"天才"（艺术）……其实康德美学的"先验"（transzendental）特质就已经对此作了确切的暗示。康德美学是作为批判哲学的一个有机成分即"津渡"而存在的，康德美学也就必然是"先验视域（理路）"下的"先验美学"。其中"先验"一词就已经传达出这种意味了。康德说："我把一切与其说是关注于对象，不如说是一般地关注于我们有关对象的、就其应当为先天可能的而言的认识方式的知识，称之为先验的"（A11—12 = B25）；"'先验的'……这个词指的并不是某种超越一切经验的东西，而是虽然先行于经验（先天的）、但却

---

① ［德］伽达默尔：《诠释学Ⅰ·真理与方法》，洪汉鼎译，第84页。

② 必须注意的是，在康德的语境中，有两个词可以译成"morality"（道德或德性），即Sittlichkeit和Moralität。前者是表层的，与审美判断接近；后者是深层的，与自由意志相关。康德在第三批判的§17、§42和著名的§59中，所用的都是前者即Sittlichkeit。但就鉴赏判断的先天基础而言，它又是靠近后者即Moralität的。这又可视为康德"自然向人生成"观念的一个过渡环节。参阅 G. F. Munzel, "*The Beautiful Is the Symbol of the Morally - Good*"：*Kant's Philosophical Basic of Proof for the Idea of the Morally - Good*, *Journal of the History of Philosophy* 33：301—329, 1995；［德］文哲《康德美学》，李淳玲译，第100—108页。

注定仅仅使经验成为可能的东西"（*RM*4：379）。① 故而"先验"在康德哲学中就有这样两层意思：（1）逻辑上先于经验（逻辑在先）且不依赖于经验，具有先天性；（2）它是经验得以可能的先天条件，即对于经验来说是"有之不必然、无之必不然"的条件且必须同经验相关联才有意义，离开了经验，认识的先天条件将一无是处。在"先验"第一层涵义上要求康德必须走"纯粹分析"的先验之路，要追问审美何以可能的先验条件，这在"第一批判"中表现为"先验感性论"和"先验分析论"，在美学中则集中体现为"美的四契机分析"（"纯粹美分析"）等。由

---

① 康德曾对"先验"（transzendental）这个于批判哲学来说性命攸关的概念做过多次诠解。对"先验"一词内涵的辨析，学界已有较多的探讨，但并未澄清理解上的根本分歧，主要症结在于如何区分"先验地运用"与"超验地运用"，即如何理解"纯粹范畴没有感性的形式条件就只不过具有先验的含义，但它们不具有任何先验的运用"（A248 = B305）中的"先验运用"与"超验运用"（A781 = B809；《著作》4：379）的区别。逻辑地看，认识的先天概念，包括先天直观、范畴、原理和理念，就会出现三种运用方式：运用于经验对象、运用于自在之物或本体界以及介于其间的自我运用（《著作》4：336）。第一种是内在的、经验的、应该的和富有成效的运用，第二种是非法的、僭越的和带来幻相和混乱的运用，最后一种就是哲学的基本工作即哲学思辨，后被黑格尔的"逻辑学"发挥到了极致，甚至成为哲学本身。康德把这三种运用分别称为"经验地运用""超验地运用"和"思辨地运用"。在理解这些概念时，必须注意两个方面：被如此运用的是知性范畴（包括先天直观）还是理性概念，以及区别"含义"和"运用"（就此我主张用"的"与"地"分别表达这两者）。在"含义"上，范畴是"先验的"和"经验地"或"内在地"，但不能"先验地"或"超验地"；"理念"及理性在其逻辑运用中所特有的"原理"（"为知性的有条件的知识找到无条件者，借此来完成知性的统一"［A307 = B364］）则都是"超验的"，因此都不能构成知识，也不能"超验地"用于本体界。在"运用"这个层面，"知性范畴"只能"经验地"或"内在地"（建构的），而不能"先验地"或"超验地"——它们都是把范畴和知性原理非法地和越界地运用于可能经验之外，只是它们对立的概念不同，与前者对应的是"经验地"，与后者对应的是"内在地"（《著作》4：342）；对理性理念和理性原理来说，也都只能"内在地"（范导的）而不能"超验地"，否则就会产生"先验幻相"（A643 = B671）。所有的这一切运用都是在"认识"的范围内说的，除此以外，理性还有或者技术上或者道德上的"实践的运用"。国内的讨论请参阅：熊伟《先验与超验》，载《在的澄明：熊伟文选》，商务印书馆 2011 年版，第 16—20 页；贺麟《康德名词的解释和学说的概要》，载《近代唯心论简释》，上海人民出版社 2009 年版，第 138—160 页；齐良骥《康德的知识学》，商务印书馆 2000 年版，第 24—28 页；孙周兴《超越·先验·超验——海德格尔与形而上学问题》，《江苏社会科学》2003 年第 5 期；倪梁康《Transzendental：含义与中译》，《南京大学学报》2004 年第 3 期；邓晓芒《康德的"先验"与"超验"之辨》，《同济大学学报》2005 年第 5 期；陈嘉明《康德》，载《西方哲学史（学术版）》第 6 卷，江苏人民出版社 2005 年版，第 120—121、136 页。对于康德之后，"先验"概念的哲学演进发展，可参看 Jeff Malpas（ed.），*From Kant to Davidson*：*Philosophy and the ideal of the transcendental*，London：Routledge，2003.

"先验"的第二层涵义，康德在先验美学中必须从"天国"走向"尘世"，关注现实的、具体经验中的美，也即是"象似自然"的艺术之美；这在其哲学中表现为"概念的推演"、对"先验图示"的寻找和"范畴的先验演绎"等，对第三批判来说，则主要是指纯粹美与依存美的辨析、"美的理想"和"天才""对美的经验性的兴趣"（§41）、"对美的智性的兴趣"（§42）；另外，康德对艺术的分析（§43、§54）也完全从依存美角度出发。

三　"纯粹美分析"的内在理路：鉴赏判断的确然性

"二向度思维"下的"美"也即从"先验"与"经验"、"形式"与"内容"、"可能性"与"现实性"、"法权"与"事实"的角度考察的美，其结果就是那被伽达默尔称之为"奇特而富有争议"① 的"纯粹美"与"依存美"理论，并因此得到了"（审）美"的如下两个看似截然相反的界说："美在合目的性形式"与"美是德性的象征"。"纯粹美"说到底就是"鉴赏判断"的问题，"依存美"更多地体现为"艺术的美"，其极致就是"美的艺术"也即"天才的艺术"。因此，"纯粹美"与"依存美"的关系可进一步延及"鉴赏"与"天才"的关系②。由此，问题的焦点就集中在"纯粹美"与"依存美"这对看似矛盾的关系上，康德先验美学对"确然性的寻求"就集中体现在"纯粹美的分析"上。

"先天综合判断何以可能"，具体到美学中就是"鉴赏判断何以可能"或"先天审美判断是否以及如何可能"（《判批》53），也就是我们提出的"现象中何以有自由在"，或如西方研究者所概括的"探索着的精神在概念上的种种自由创造，怎么会与自然界里观察到的东西先天地吻合一致呢"③"属于本体的自由观念如何具有关于现象界存在者的内容"④ "一种

---

① ［德］伽达默尔：《诠释学 I·真理与方法》，洪汉鼎译，第 70 页。

② 参阅拙文《康德论鉴赏与天才》，《湛江师范学院学报》2007 年第 5 期，第 49—53页。

③ ［美］L. W. 贝克：《我们从康德那里学到了什么?》，郑涌译，《哲学译丛》1982 年第 4期，第 3 页。

④ ［美］汤姆森：《康德》，赵成文等译，中华书局 2002 年版，第 110 页。

快感怎么也能具有理性的性质"①。这在康德美学中是以如下形式出现的："作为单称的鉴赏判断何以具有普遍有效性？"——这就是康德所谓"鉴赏判断二律背反"的要害所在。康德对之深为在意，《判断力批判》一书数致意焉：

> 于是他将这样来谈到美，就好像美是对象的一种性状，而这判断是……逻辑的判断似的。（《判批》46）
>
> 如果他宣布某物是美的，那么他就在期待别人有同样的愉悦：他不仅仅是为自己，而且也为别人在下判断，因而他谈到美时好像它是物的一个属性似的。（《判批》47）
>
> 对普遍有效性的这一要求是如此本质地属于我们用来把某物宣称为美的判断。（《判批》49）
>
> 我们指望每个别人在鉴赏判断中都把我们所感到的愉快当作是必然的，就好像当我们把某物称之为美的时候，它就必须被看作对象按照概念而得到规定的性状似的。（《判批》53）
>
> 一种愉快的情感……通过鉴赏判断而对每个人期待着，并与客体的表象联结在一起，就好像它是一个与客体的知识结合着的谓词一样。（《判批》26）

对康德来说，美者就是能够带来普遍有效的审美愉快的对象，而"美"所表达的正是一种普遍的情感诉求。那么，康德是如何对审美的"普遍有效性"作先验分析并为之寻求先验原理的呢？②

照康德，美与概念——不论是经验概念、纯粹知性概念（范畴）还是理性概念，均无涉，但却先天地期许或要求所有人的普遍赞同，即康德所谓的"普遍有效性"（Gemeingueltigkeit），即"一种不是基

---

① 在著名的《美学史》中，鲍桑葵把这一点概括为近代哲学和美学的中心议题，曾三致意焉。参阅［英］鲍桑葵《美学史》，张今译，商务印书馆1985年版，第228、245、368—369页。

② 唐纳德·劳福德（Donald W. Crawford）曾把康德第三批判的主要论点从逻辑发展的角度分成五个阶段，其中贯穿始终的就是要论证鉴赏判断的单一的普遍性和主观必然性（《判批》122）。参阅 D. W. Crawford, *Kant's Aesthetic Theory*, Madison：University of Wisconsin Press, 1974。参阅曹俊峰《康德美学引论》（第二版），第245页。

于客体概念（哪怕只是经验性的概念）之上的普遍性"，因而"完全不是逻辑上的，而是感性［审美］的，亦即不包含判断的客观的量，而只包含主观的量"（《判批》49）。那么鉴赏判断的这种特殊的"主观的量"的普遍性就不可能由概念的普遍性导出，像在规定判断和道德判断中那样，也即审美的这种普遍有效性的根源不在对象那里，那么它在哪里？对这个根源问题的解决，于康德整个第三批判有着重大意义，康德用另一种方式表述了这个有着重大意义的课题："在鉴赏判断中愉快感先于对象之评判（judging/Beurteilung）[1]还是后者先于前者"（《判批》52）。这就是所谓的"评判在先"原则，康德自称其为理解鉴赏判断的"钥匙"（Schlüssel/key，一译"关键"），康德研究者亦称其为审美问题的"要害所在"，本书作者曾著文就此一原则与康德美学诸要义间的内在关系，做过一定的探讨，这里，再做进一步深究。[2]

"评判在先"原则与美感在鉴赏中的"普遍有效的"有着根底上的关联。虽然康德在论述时把"评判在先"原则同"普遍有效性"绞合起来顿生"治丝益棼"之感，但思路还是清晰的，鉴赏判断的普遍有效性可以在"评判在先"原则那里得到说明：只有"评判"在先，由"评判"引起愉快，才能保证"审美"既具普遍有效性又有了情感愉悦——康德在这里对鉴赏判断"二律背反"之解决已作了某些暗示。因此，"评判在先"的问题解决了，鉴赏判断之普遍有效性也就随之澄明了。

康德所谓"评判在先"在我们实际审美经验中往往难以验证，按我们通常的审美体验可以说恰恰相反，叫"评判在后"才对。假若"评判在后"则我们就会与美感那"性质般"的普遍可传达性失之交臂，鉴赏也由此不成其为审美的了。因此，这个"先"绝不是"时间在先"，而应

---

① 注意：康德这里用的是"Beurteilung"（评判，或译为"下判断"，judging），它不同于三大批判中常用的 Urteil（判断，judgment）。前者是一种评判的过程，后者是一种统摄的结果；康德是要用前者证成后者，并且，前者是逻辑地先于后者的。参阅［德］文哲《康德美学》，李淳玲译，台北：联经 2011 年版，第 196 页。关于 Urteil 与 Beurteilung 的详尽区别，请参阅 Fricke, *Kants Theorie des reinen Geschmacksurteils*, SS. 38—71, Berlin and New York：Walter de Gruyter, 1990.

② 参阅拙文《试论康德美学的"判断在先"原则》，《安徽师范大学学报》2003 年第 4 期，第 407—413 页。

当是一种"逻辑在先"（Logical priority）①。而由"评判在先"追问鉴赏判断的普遍有效性在逻辑上只有三条路可走：要么在鉴赏对象那里；要么与主体状态相关；要么在主客关系中，而这关系表现在审美中终究要归之于主体的美感体验，这与第二条路同辙。与对象本身（质料或功能）关涉的品赏，非快适判断即伦理判断，与反思性的鉴赏皆冰火难容。这样看来，出路只有一条：到主体、主体的美感体验那里去找。如此一来，康德就不得不转入审美心理结构的分析，借以为主观普遍性寻得心灵能力上的先天依据。因此，"既然有关表象的这一普遍可传达性的判断的规定根据只应当被主观地、也就是没有对象概念地设想，那么这个规定根据就无非是在表象力的相互关系中所遇到的那个内心状态"（《判批》52）。"在表象力的相互关系中所遇到的那个内心状态"即康德所谓的"心意状态"（Gemüthszustande）。这一概念十分了得，它是"评判在先"原则的基本内核，给它一个通俗的解释就是：判断时由对象借以被给予的表象所激起的诸心意机能（感性、想象力、知性、情感力、理性）的活动方式、状态和相互比例关系。② 认识活动有认识活动的心意状态，道德活动有道德活动的心意状态，鉴赏活动亦有自己独特的心意状态。三种心意状态的不同取决于各心意状态中起主导功能的心意能力以及参与并促进该主导机能成分的不同：认识中的知性、道德中的理性、审美中的情感和想象力在各

---

① "逻辑在先"是西方哲学中最为重要的术语之一（但常为中国学者所忽视），它是从道理上、根基上来阐明何者为根本、本质、前提的。国内关于此概念论述最为详切者是杨寿堪的《论"逻辑在先"》一文，载《学术研究》2004 年第 4 期。另可参阅张世英等著《康德的〈纯粹理性批判〉》，第 35—37 页。康德美学的"评判在先"原则是其"先验逻辑"之"评判在先"原则在审美领域的延伸，就西方逻辑史来看这一点会很清楚：在亚里士多德以来的传统逻辑中，"判断"即"命题"主要从其作为人的思维活动的一个要素来研究的，而被视为人之思维的最基本的中心要素则是"概念"，人的逻辑思维过程是由概念而判断而推理，在认识上是"概念在先"的。康德在《纯粹理性批判》中对这一传统观念提出了挑战，他认为人的思维能力就是判断能力，人的思维所凭借的诸概念（范畴）不是先于"判断"的，相反，正是从判断能力这个"共同原则"系统发展出来的，而他正是从各类判断形式的分析中"提炼"出他所谓的纯粹知性概念即范畴学说的，因此对康德来说，"判断"从认识论来看对"概念"有"在先性"。于鉴赏说来，对"美"的"审美判断"逻辑上应先于对"美"的理性界说。参阅 A67—72 = B92—96。后有人对这一区分作出了批判，但实际上并没有澄清这一问题，反而混乱了它。参见苏德超《再论"逻辑在先"》，《江苏社会科学》2011 年第 4 期。

② 本段对康德哲学"心意状态"这一概念的解析，对理解康德美学甚至是整个批判哲学都有着非常关键的意义，这也是本书的一大理论斩获，故于此提请善加留意。

自的领域内分别以主导角色支配参与其中的其他心意能力，并由此形成该种心意状态的独有特点。另外，同一活动之心意状态亦会因参与其中的心意能力之不同比例关系或情调而各具特点。审美的心意状态就是指在审美鉴赏中伴随着情感的想象力与知性等表象力"在一个给予的表象上朝向一般认识而自由游戏的情感状态"（《判批》52）。

康德似乎也曾把愉快作为鉴赏判断的根据，但是，审美"愉快之成为这个判断的规定根据，毕竟只是由于我们意识到它仅仅基于反思及其与一般客体知识协和一致的普遍的、虽然只是主观的诸条件之上，对这种反思来说，客体的形式是合目的性的。"（《判批》27）也就是说，表面看来是"愉快"成了鉴赏判断的根据，其实，真正为其奠基的还是客体形式对于反思判断力的这种合目的性，即知性与想象力在某一给定形象上自由游戏状态下的审美心意状态，所以，唯有"认识能力的协调一致包含着这种愉快的根据"（《判批》32）。到这里，康德已把鉴赏判断的普遍有效性的规定根据由"评判在先"追溯到鉴赏时由想象力和知性自由游戏而生的"审美心意状态"之普遍可传达性。现在问题向两个方向展开：一是普遍可传达的"审美心意状态"同"评判在先"原则有何关系；二是"审美心意状态"之普遍可传达性的根源何在。我们先从第一个问题谈起，而且逻辑迫使我们先得由"判断"一词的"正名"入手。

（一）"判断"（Urteil）正名

在康德那里，"鉴赏判断"系出于一种"类比"的提法，它是审美反思判断的另称，而反思判断是与规定判断即逻辑判断相对举并作为其重要补充提出来的，如果前者是结果判断，那后者就是过程判断。规定判断建立在普遍概念、范畴、规则、律令之上，有着毋庸置疑的客观有效性。考虑到"鉴赏判断"与逻辑判断一样亦"本性地"要求一种普遍有效性，故而以"类比"名之曰"审美反思判断"。其实这种"判断"并不是真正逻辑学意义上的"判断"，也未给对象带去任何规定和知识，只是主体在"知性无能"和"认识不及"、"世界多样"和"奇妙难尽"的情况下，为了满足人类理性的"统一性"诉求而主观设定并以此反观自身而已。审美也因相同的理由而天性般地要求一种普遍有效性才被康德名之为"审美反思判断"即鉴赏判断的。换句话说，康德是要借"判断"一词的"类比之义"来涵摄审美的普遍有效性："因为它毕竟与逻辑判断有相似性，即我们可以在这方面预设它对每个人的有效性。"（《判批》46）这样一来，审美在逻辑上"量"的单称性，由于加上"判断"一词而顿生一种"普遍有效性"，这正合康德心意：审美判断既是个人的、单称的，同时又有了普遍有效性。问题是这何以可能呢？此为"判断"一词最为原初的意义："类比"意义上的普遍有效性之代名词。① 按中国训诂学"词义三品说"② 的理论来看，"规定判断"之"判断"，康德用的是其"实"，"鉴赏判断"则用"判断"之"德"即普遍有效性或客观实在性，故而康德在标题中用的不是"judgment（Urteil）"，而是"judging"（Beurteilung），作为一种活动而言，两者都是其"业"。

前已论及，有权期待并要求普遍赞同的审美愉快的根据，就在于反思判断力那虽然主观但却普遍有效的条件之中：为了"将直观和概念结合为一般知识"（《判批》28）所需要的两种主要能力即想象力与知性，在一个被给予的形象（对象形式）上，因双方无意中地合目的性的谐和一致而生出的自由游戏的内在心意状态——"审美心意状态"。那么，我们所遇到的第一个问题即"心意状态"与"评判在先"原则之关系就有了明确的回答："判断"就是对审美过程中"心意状态"的个体当下即得的心理事实的"评判"，即审美主体对自己已然获得的这种由对象之表象激起的诸表象力间自由游戏条件下的"心意状态"有了切实的体验。更明白地说，"判断"的对象和实质就是"心意状态"得以发生的条件（《判批》§22）。为了说明这一关键性的问题，可把审美判断的全过程（心理结构）以表格呈现如下：

———————

① 国内外学者对"判断"这个于康德美学有"法门"意义的词的理解分歧很大。戴茂堂《超越自然主义—康德美学方法论研究》（武汉大学出版社1998年版）对之有很好的综述，请参阅该书第125—126页。我赞同戴先生的结论：其实康德并不是就"判断"一词的本意立论的，而是取其性质内涵即"判断"的"普遍有效性"。

② "词义三品说"是词义学理论之一，为章太炎首倡，意指名词及名词性短语都含有"实""德""业"（均为印度胜论的术语）三种用法和涵义。"实"为本体，"德"为属性，"业"为功用。参见章太炎《国故论衡·上卷·语言缘起说》，载刘梦溪主编《中国现代学术经典·章太炎卷》，河北教育出版社1996年版，第28—32页。就此而论，我们亦可说康德对"先验"一词的改造也有这样的玄机，它亦有其"实、德、业"三种用法：其实者，先验哲学、先验感性、先验范畴、先验原理、先验理念（理想）、先验逻辑、先验演绎、先验分析……；其德者，独立于经验，且有无可置疑的普遍有效性；其业者，使经验得以可能，建构经验与对象者，只能运用于经验，故而，它虽是"先验的"但不能独立于经验地使用即无"先验地运用"。

鉴赏判断心理过程总表

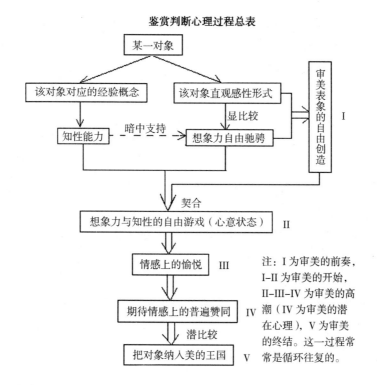

注：Ⅰ为审美的前奏，Ⅰ-Ⅱ为审美的开始，Ⅱ-Ⅲ-Ⅳ为审美的高潮（Ⅳ为审美的潜在心理），Ⅴ为审美的终结。这一过程常常是循环往复的。

　　这个表大致是说，主体在自由心境下，无顾于功利得失，突遇宜人对象，主体的想象力由对象的直观形式触发而自由驰骋，"顺水行舟，随流曲折"，想象力在感性能力的帮助下开始构造深蕴情感的审美表象，此时的想象力已非再现的（reproduktiv），像服从联想律那样，而是被看作"生产性的（productiv）和自身主动的（即作为可能直观的任意形式的创造者［urheberin］）"（《判批》77）。由这种生产性的想象力创生出来的表象，是渗透着情感因素的主体"臆想"之象，是想象力的创造品，也就是"审美表象"。① 这与认识活动不同，审美表象与客体的实际存在及质

――――――――――――

① 实际的审美活动是意识不到如此多层面的，正如朱光潜先生所言："在凝神观照中，我们不但无暇察觉到经验是否愉快，并且也无暇去判断对象的美丑……美感观照是一种极单纯的直觉活动，对于所观照的对象并不加肯定或否定，所以不用判断。"（朱光潜：《文艺心理学》，载《朱光潜全集（新版增订本）》（第3卷），商务印书馆2012年版，第182页）也即在审美过程中，我们根本不会作出"X是美的！"或"X真美啊！"诸如此类的断语，正如维特根斯坦所言："在艺术作品中（注意！）实际的审美判断等于零"，审美更多地是由人的举止情态来显示出来，不是由语言，"显然，在实际生活中，当人们做出审美判断时，诸如'美的'、'好的'等审美的形容词，几乎不起什么作用"。可以敢肯定，凡是用到这些词的地方都已不是审美活动而是在评论或者争论什么。参阅［英］维特根斯坦《美学讲演录》，载刘小枫选编《德语美学文选》下卷，华东师范大学出版社2006年版，第170、171页。

料无关，不受对象限制，且变动不居。在认识活动中，感性和想象力按一定条件、规律和原则去构造确定的逻辑表象以再现对象的存在和性质。在审美中人是自由的，审美表象也是自由的，人与审美表象的关系是情感上自由游戏性的。另一方面，由对象直观引起主体知性能力活跃起来并参与审美表象的构造，然而知性发现这个表象完全是自由的，既反映不出对象的存在性质，也无法待之以如对逻辑表象那样的统摄作用。于此，知性拿不出任何范畴、概念来规定审美表象，鉴赏过程中的想象力真可谓是"从心所欲而不逾矩"，自由中暗合着自律，知性真如"水中盐、蜜中花，体匿性存，无痕有味，现相无相，立说无说"①，这就叫"自由合规律性"或"无目的的合目的性"（《判批》78）。知性此际并非销声匿迹而是退居幕后暗中支持，直接面对想象力，"在这里知性为想象力而不是想象力为知性服务"（《判批》79），两者建立起一种自由和谐、互相应和、彼此不即不离的关系，双方处于自由的游戏状态中。康德称此为"诸表象能力的和谐"或"心意诸能力的游戏中的协调一致"的"审美心意状态"。在这种由对象之表象所引起的自由谐和的"审美心意状态"中，主体因和谐无碍之心灵体验而获得了一种情感上的愉悦，这对象就其所激起"愉悦"之普遍可传达这个意义上，被呼之为"美的"。所以，对"心意状态"的"评判"不仅逻辑上也在时间上也先于对对象的"愉快"，即"评判在先"。

在这里，知性与想象力之所以能自由谐和的游戏，是由于"审美表象"被大量生产，而且这种逍遥游移的审美表象恰好能引起想象力在知性的暗中配合下自由翱翔，使主体进入审美所特有的"心意状态"中。更直接地说，主体在审美过程中，对象的直观形式（想象力以此生产出大量的"审美表象"）契合了、适应了、引起了主体心意能力即想象力和知性的自由游戏而顿生愉悦之情。这样"心意状态"得以发生的条件就是对象的感性直观形式"契合"了主体想象力与知性的自由游戏而生"普遍可传达的心意状态"。很显然，"评判"即"契合"，在"鉴赏判断心理过程总表"中指Ⅰ与Ⅱ的过渡。"评判在先"意谓"契合"在先，完整的表述是：在审美过程中，对象的直观形式"契合"主体心意能力

---

① 钱锺书：《谈艺录》第六九则"随园论诗中理语"，商务印书馆 2011 年版，第 556 页。

（想象力和知性）而生的审美"心意状态"逻辑上应先于由此"心意状态"带来的情感上的愉悦。

（二）"审美心意状态"之普遍可传达性的根源

审美"心意状态"之普遍可传达性的根源何在？康德对这个"根源"的追溯有三个层次：理念层、认识层和先验人类学层。

康德认为审美"心意状态"的"普遍可传达性"是"期待"和"要求"别人的，不是客观的、逻辑的，而是主观的、理念上的。鉴赏判断天性般地要求一种普遍可传达性，主体所作的审美判断作为"范例"本然性地"要求"他人的赞同，否则就"责备他们并否认他们有鉴赏，而他要求于鉴赏的就是他们应当具有这种鉴赏"（《判批》48）。当某人称某一对象为"美"时，"他相信自己会获得普遍的同意，并且要求每个人都赞同"，这是一种期待，如同信仰一样，同时也是一种理想状态，"审美不是也无法说服"，"也不能有任何规则让某人必然地要据以承认某物是美的"（《判批》51），所以这种普遍赞同只是一种理念或理想。

由认识层面看，知识的普遍可传达性间接地保证了审美心意状态的普遍可传达性。知识的普遍可传达性是康德在《纯粹理性批判》中充分证成了的。"知识即判断"，这是我们认识的结果，而认识的心意状态也是由知性和想象力参与的："隶属于一个使对象借以被给出并一般地由此形成知识的表象的，有想象力，为的是把直观的杂多复合起来，以及知性，为的是把结合诸表象的概念统一起来。"（《判批》52）与鉴赏判断不同的是，在认识过程中，想象力听命于知性，知性提供范畴和原理，借以去统摄感性所罗致的经过直观和想象力初步整合的知觉经验，从而形成关于对象的知识。知识就是认识能力活动的结果，感性给知识以材料，但知识的普遍必然性来源于认识能力所提供的先天形式（时空直观与知性范畴），因而知识和认识能力在本质上是一致的，这种一致性表明了认识能力的普遍一致性和合规律性。那么，认识活动中诸认识能力的比例关系或情调——知性和想象力的协同合作——也必能普遍可传达。因此康德说："如果知识应当是可以传达，那么心意状态（Gemütszustand）、即诸认识能力与一般知识的相称，也就是适合于一个表象（通过这表象一个对象被给予我们）以从中产生出知识来的那个诸认识能力的比例，也应当是可以普遍传达：因为没有这个作为认识的主观条件的比例，也就不会产生出作为结果的知识来。"这点一经证明，审美"心意状态"之普遍可传达性自然就可以此类推了："既然这种相称本身必须能够普遍传达，因而对这种（在一个给予的表象上的）相称的情感也必须能够普遍传达"（《判批》75）。这就是所谓的"人同此心，心同此理"，这个"心"就是认识或审美所共有的"心意状态"，这个"理"就是"普遍可传达性"由"知识"到"认识心意状态"再到"审美心意状态"的递推，这是康德"以理证心"的表现。①

康德称这种普遍可传达的"心意状态"即"共同的心意状态"为"共通感"（sensus communis/Gemeinsinn）。必须首先指出的是，康德在第三批判所拈出的作为鉴赏判断最终根据的这个"共通感"，决不可与曾极力反对休谟观念论的苏格兰常识派那里的"常识"或"良知"（common sense）相混同，康德也自称它们有着"本质不同"（《判批》74），虽然不排除康德的某些思考在结构上参考了后者②。"常识"的理念至少可以追溯到亚里士多德，其内涵几经曲转，英文中的"common sense"通常指一种健康的理智或理解，与怀疑主义、相对主义和胡扯相驳。康德所谓的"Gemeinsinn"，此时已主要指向情感的普遍可传达性，与常识派特指"健全知性"这种认识意义不同，但也保留了我们在前文详述的"逻辑共通感"所具有的基本形成结构，即康德在《视灵者的梦》中提出的"交换"或"换位"：从尽可能多的人的立场来思考、来感受、来评判。实质就

---

① 康德在一个注释中表示他要以由知识的可传达性而来的主观条件即"诸认识能力在审美判断中被使用时对一般认识的关系"来佐证"审美心意状态"的普遍可传达性；并在其后不远处用"启蒙"的基本原则来说明了鉴赏判断的原理（《判批》132、136—137）。但是，康德有时又显然把"审美心意状态"的普遍可传达性视作"认识"之有客观性和必然的基础，以前者证成后者（《判批》53）。

② 有史家提出，康德的共通感，有返回常识的嫌疑。苏格兰常识派哲学之首托马斯·里德的最主要著作《根据常识原理探究人类心灵》（Inquiry into the Human Mind on the Principle of Common Sence，1764）所用的就是这个词。康德发现范畴表的线索也提示我们，康德模仿了里德，后者曾从"语言结构"的共同性角度证明他所揭示的作为"第一原理"的那些"常识原理"。康德《逻辑学讲义》中亦曾认为，逻辑学应当从"判断"开始而不应从"概念"开始，因为后者是从前者抽象出来了，而不是抽离出来的。这一点也似乎受启于里德。分别参阅［英］亚·沃尔夫《十八世纪科学、技术和哲学史》下册，第911页以下、第915、916页、第914—915页。对此论调，本书认为还需要进一步讨论，可参阅卢春红《情感与时间》一书，上海三联书店2007年版。

是，康德凭自己对人性的深刻把握和精细观察，推定出人类心灵本然固有的对"普遍性"的强烈诉求，即上文提及的"普遍化冲动"或"泛化冲动"，它可以说是"共通感"更深一层的人性根源。康德在对道德确然性的寻求中，就道德判断的标准和依据，追踪至人类心灵天然具有的"普遍化冲动"，并从中拈出以"普遍知性"为根源并最终导向"理性的统一"的"认识共通感"和依赖于"普遍意志"并最终导向"道德的统一"和"至善世界"的"道德共通感"。"共通感"的这一内在结构即"换位"，极有可能启发了康德提出纯粹实践理性的基本法则即"主观意志的准则能够普遍立法"（《实批》39）。在这里，康德特别拈出作为启蒙理性之标准的"普遍人类知性的下述准则"："1. 自己思维；2. 在每个别人的位置上思维；3. 任何时候都与自己一致地思维。"分别称其为"摆脱成见的思维方式""扩展的思维方式"和"一贯地思维方式"，并把它们分别称之为知性的准则、判断力的准则和理性的准则。判断力的这一准则追求一种"只有通过置身于别人的意志才能加以规定"的"普遍的立场"，这已不再是认识能力意义上的了，而是"合目的性地运用认识能力的思维方式"。因此，康德总结道："比起健全知性来，鉴赏有更多的权利可以被称之为共通感；而审美判断力比智性的判断力更能冠以共同感觉的之名"（《判批》136—137）。由此而说"共通感"——它上启认识共通感下开道德共通感因而成为"一切哲学的入门"——就是康德批判哲学的"策源地"亦不为过。①

　　按康德的逻辑对应层次，"共通感"应有三种：认识共通感②、审美共通感和道德共通感。很明显，在"第三批判"中，康德就是要用"认识共通感"来印证和推定"审美共通感"的，并由此保证了审美判断的普遍可传达性。困难的是，认识的共通感可以由知识的普遍可传达性作为坚强后盾，即以其先验原理得到先验的确证而获致无可置疑的确然性，"审美共通感"的先验原理只是通过一个"类比"而主观设定的，故而无法让科学理性已深入骨髓的人们彻底信服。康德最终将其归于人类的一种

---

　　① 关于"共通感"，请一并参阅本书第四章，尤其是其开头的第一个"注释"和"四、作为普遍之人性根源的'共通感'"两处。

　　② 康德又称为"逻辑共通感"，康德在一个注释中说："我们也可以用审美的共通感来表示鉴赏力，用逻辑的共通感来表示普通人类知性。"（《判批》138）

"原始规约""族类共通感"或"人类集体理性"① ——这是"心同此理"之"理"的最深层内涵。这显然是把"审美共通感"的先验原理同人的社会性、文化性以及人类的活动联系了起来。康德说:"人们必须把 sensus communis(共通感)理解为一种共同的感觉的理念,也就是一种评判能力的理念,这种评判能力在自己的反思中(先天地)考虑到每个别人在思维中的表象方式,以便把自己的判断仿佛依凭着全部人类理性,并由此避开那将会从主观私人条件中对判断产生不利影响的幻觉";他还说:"美的经验性的兴趣只在社会中;而如果我们承认社会的冲动对人来说是自然的,因而又承认对社会的适应性和偏好,也就是社交性,对于作为被在社会性方面规定了的生物的人的需要来说,是属于人道的特点,那么我们就免不了把鉴赏也看作对我们甚至能够借以向每个别人传达自己的情感的东西的评判能力,因而看作对每个人的自然爱好所要求的东西加以促进的手段"。(《判批》136、139)康德举"被抛弃在孤岛"上的个人不会"专为自己"去装饰环境和自己作为例证,来说明"审美的共通感"来源于人类的社会性(《判批》139、39)。显然,"康德在审美现象和心理形式的根底上,发现了心理与社会、感官与伦理,亦即自然与人的交叉。这个'共通感'不是自然生理性质的,而是一种具有社会性的东西。"② 此前康德在笔记中亦写道:"鉴赏判断是一种社会性的判断。"③ 这就是康德先验人类学层面的证明,审美的专利属于活生生、有血有肉而又独具先验理念的人。康德心中的"人"是感性与理性、自目的与自创造、自然人与道德人的统一体("文化—道德的人")。这也正是康德晚年提出的"人是什么"的最后答案。这不仅比他在《关于一种世界公民观点的普遍历史的理念》(1784)中提出的先验社会性更为具体和鲜活,而且还从哲学的高度把审美归根于这种社会性(《著作》8:34—38)。康德的高明之处

---

① 对康德"原始契约"(康德的原文是"一个人类自己所指定的原本的契约",参见《判批》139),后人有如下解释:1. 普遍人性;2. 马克思主义实践论,原始契约是人类社会实践活动的长期积淀(李泽厚);3. 符号论,人与人情感交流是人类社会延存的基础和保障,为此人类从开始就设定一种族类都认同的"符号"即"原始规约"(卡西尔);4. 接近于"集体无意识"(荣格);5. 我们在上文曾提出人类理性的"普遍化冲动"作为其根源解释。

② 李泽厚:《批判哲学的批判——康德述评》,天津社会科学出版社 2003 年版,第 367 页。

③ CB/*Notes and Fragments*(2005):498 = AK15:334,第 767 条。

就在于，他在肯定人的感性权利的同时又悬"提升'个体之我'为'族类之我'"为人生奋斗不息之理想。

值得注意的是，康德在这里提出了一个与上文提及的"交换"相关的颇为独特的概念："与人类集体理性相比较"即"族类比较"（"主体间性"）或"理性比较"①。这是一种潜在的心理倾向，是先天的，有指向族类的意向性，康德在行文中也一再提及。这毋宁说是一种"作为本体意义上的人"所具有的意识或"集体无意识"，正是这种"集体无意识"——其实质还是我们上文揭示的"普遍化倾向"——从心灵最深处保证了审美的普遍可传达性。康德所谓的"评判在先"原则也应包含这一层潜在的涵义，即"判断"亦有"比较"之义。独具慧眼的曹俊峰先生也曾勘破这一"关捩"，在《康德美学引论》中他谈到了康德提出的"比较的感觉"（vergleichenen Empfindungen）这个耐人寻味的概念，并说："这个概念很重要，它是由普通感官感受向高级的趣味判断过渡的关键一环。无比较的个体感受永远是单纯生物性的，无所谓判断。"② 显而易见，曹先生也同意"判断"中有"比较"一义。其实"判断"一词原有"法官判案"之意，法官既要判案就必须有法律条文作为标准，并以之与犯人的罪行相"对照"再对其量刑。很显然，"判断"一词从词源上来说本有"比较""对照"之意。

其实审美判断中有两种"比较活动"，一个就是上文所说的个体同族类的比较，"与人类理性的比较"，可称作"潜意识比较"（"潜比较"）。如上所述，康德在1766年发表的《视灵者的梦》中就已注意到这种潜在的比较，他把这个过程称为"秘密的活动"，它有两个方面：一是"把人们独自认为善或者认为真的事物与别人的判断进行比较，以便使二者一致"的对"普遍的人类知性"的信赖感，最终形成一种"理性的统一"；一是"迫使我们使自己的目的同时针对他人的福祉"，由此产生的道德动机，即依赖于"普遍意志的规则"，并由此产生一种"道德的统一"——康德甚至把这种道德情感和道德动机比之于牛顿所赋予自然界诸物间普遍

---

① 故而我在"鉴赏判断心理过程总表"的环节Ⅲ和Ⅴ之间补上了"期待情感的普遍赞同"一项。

② 曹俊峰：《康德美学引论》（第二版），天津教育出版社2012年版，第149页。

存在的"引力作用"。(《著作》2：338—339）康德此处谈及的是认识的共通感和道德共通感，但由此亦可见出审美居于认识与道德之间所能起到的承上启下之功能，值得加以重视。另一种为"显意识比较"即"表象与认识能力的比较"（《判批》25）。当然这后一种比较也是"评判在先"的题中应有之义。到此，"评判在先"之"评判"就有了这样三层具体而微的涵义：显比较、契合和潜比较。这不难理解：鉴赏判断是一种主体能力与对象表象之间的情感应和活动，要使两者发生关系，主体首先必须"选择"适当的对象，并把主体心意能力同对象的表象相"对照"（"显比较"），看当下表象与何种心意能力有亲合关系；由于对象的直观形式"契合"了主体心意能力即想象力与知性的自由游戏而顿生普遍可传达的"审美心意状态"，主体由此体验到心灵自由之愉悦；同时主体还在潜意识中与"人类的集体理性"相"比较"（"潜比较"）以靠近族类的情感——表现为"审美理想"的普遍具有，继而判对象为"美"。"选择""显比较""契合""潜比较"之间的关系是这样的："选择"，不管是有意选择（"众里寻她千百度"）还是无意选择（"悠然见南山"），其目的都是为了"显比较"，而"显比较"又期望着"契合"。"选择"侧重发生学意义，"显比较"是过程，"契合"是高潮也最为紧要，"评判在先"简要地说就是"契合在先"。这里"契合"与"潜比较"尤为重要，没有前者鉴赏无以发生，没有后者"判断"①永远私有。两者均可带给审美以必然性：前者为个体必然性亦即单称必然性，后者为族类必然性又名全称必然性或普遍有效性。其实，上文不仅回答了鉴赏判断的普遍有效性之根源，并且也解决了康德所谓的"无概念的必然性"，因为康德认为"在审美中所设想的必然性只能被称之为示范性，即一切人对于一个被看作某种无法指明的普遍规则之实例的判断加以赞同的必然性"（《判批》73）。显然，这种族类必然性根源于"共通感"的理念和所谓的"原始契约"。然而，我们确未涉及前一种"必然性"，但它却是后一种"必然性"的基础，因此我们必须直面它。这与康德"美的第三契机"分析实乃一体两面：康德旨在"寻找鉴赏判断的先天原理"，我们追问的是"在已然达成

---

① "判断"本性般地包含有"潜比较"，这里无非是出于逻辑上的考虑而从反面说明其作为鉴赏判断的最终根源之重要性罢了。

的审美关系中，对象何以一定能'契合'主体的心意机能的先天原理"。对此，依然可以一直溯至"评判在先"原则。

（三）"评判在先"与审美的"个体必然性"

所谓审美"个体必然性"就是指"评判在先"之"评判"何以一定会发生，即对象的直观形式凭什么一定能"契合"主体的心意能力？实在想来，一定是我"应当"对自己在某一对象上的审美判断具有最大的确信，才能有资格要求别人"应当"普遍赞同或自信是为所有人下了这个鉴赏的判断。前一个"应当"表达的是鉴赏判断的个体必然性，后一个表达的是族类的必然性，并且，前者是后者的基础。但是，康德也明确说过，在一个具体对象上，人们能否获得审美愉快，这是无法先天确定的，否则就是一个规定判断了。那我们现在问：如果我在一个对象上已经获得了审美的愉悦，那么，这种愉悦有没有必然性？也就是说，我在某个已然成为我审美对象的对象上，能否追问我之获得这种愉悦的必然性？就如同在"第一批判"中，"先天综合判断是否可能"不需要回答一样，在这里，"作为鉴赏判断的先天综合判断是否可能"也不需要追问，现在，要追问的是它如何可能。所以，此刻的关键问题是，在已达成的审美关系中，这种关系有没有必然性所自出的先天依据？

对此，有两点必须言明。其一，康德不仅未曾明言审美（美感）的这种"个体必然性"，还曾有言相斥："使愉快和不愉快的情感作为一个结果去和某个作为其原因的表象（感觉或概念）先天地形成联结，这是绝对不可能的；因为那就会是一种因果关系，这种（在经验对象之间的）关系永远只有后天地并借助于经验本身才能被认识。"（《判批》57）[1] 康德形象地谈及此点："我们不能先天地规定何种对象将会适合于鉴赏或不适合于鉴赏，我们必须尝尝对象的味道。"（《判批》27）现在的问题是，

---

[1] 康德在"导言"中亦说：审美的愉悦"正如一切不是由自由概念（即高层欲求能力通过纯粹理性所作的先行规定）产生的愉快和不愉快一样，永远不能从概念出发被看作与一个对象的表象必然结合着。"但请注意此句中的限定语"从概念出发"，那是不是可以问：若不从概念出发能否发现审美的愉悦与一个对象的表象（对象形式）之间某种必然的关系呢？当然可以，康德紧接着就说："而是必须任何时候都只是通过反思的知觉而被认作与这个表象联结着，因而如同一切经验性的判断一样并不能预示任何客观必然性和要求先天的有效性。"审美判断决无认识判断那种绝对的客观性，这是无可置疑的，但康德最擅长的就是概念分殊，他这里要求的是主观的必然性和象似的客观性，"这一点即便它有内在的偶然性，总还是可能的"。（《判批》26）

要对我们的审美体验进行追问，而不是要先天地决定对象应当具备什么样的条件就必然会被判断为美的——康德极力反对的只是这一点①，而在鉴赏已然达成、美感已然获得后，当可追问此鉴赏为何达成、此美感凭什获得。康德也曾承认过这种"个体必然性"，比如在谈及上文提到的"表象与认识能力的比较"时就说："现在，如果在这种比较中想象力（作为先天直观的能力）通过一个给予的表象而无意中被置于与知性（作为概念的能力）相一致之中，并由此而唤起了愉快的情感，那么这样一来，对象就必须被看作对于反思判断力是合目的性的……一个这样的判断就是对客体的合目的性的审美判断……它的对象的形式（不是作为感觉的表象的质料）在关于这个形式的单纯反思里（无意于一个要从对象中获得的概念）就被评判为对这样一个客体的表象的愉快的根据：这愉快也被评判为与这客体的表象必然结合着的……"（《判批》25）而且"这种愉快本身毕竟有其原因性，即保持这表象本身的状态和诸认识能力的活动而没有进一步的意图"，康德称其为"某种内在原因性"即"合目的的原因性"。（《判批》57—58）黑格尔就曾这样理解康德，他说："依康德的看法，美应该被人不借概念而认识出它是一种引起必然快感的对象。必然性是一个抽象的范畴，它指的是两方面之间的这样一种内在本质的关系：只要这一方面存在，而且因为这一方面存在，另一方面也就因而存在……美所引起的快感就应该有这样的必然性，同时又和概念完全没有关系……"② 这样看来，鉴赏判断关于"必然性"也有一个"二律背反"蕴含其间：

---

① 在对康德的研究和理解中，我们经常可以遇到如此的误解，只记住了康德的反对以及反对的理由，而恰恰忽视了康德反对的"前提"和"限定"。兹再举一例，以正视听："人是目的"。康德是这样表达这一实践律令的："你要如此行为，即无论是你的人格中的人性，还是其他任何一个人的人格中的人性，你在任何时候都同时当作目的，绝不仅仅（niemals bloß/never merely）当作手段来使用。"（《著作》4：441；参阅《实批》119）我们的研究者大多记取了"任何时候都把人当作目的"即"人是目的"这一警言，却忘记了康德的限定词"绝不仅仅"（niemals bloß），因此，康德反对的是"仅仅"把人当工具或手段，并不一味地反对"把人当工具或手段"，手段与目的总是交互。康德的意图是，在我们不得不把对方当手段时，但也千万别忘了对方也是"人"，也有"人格"，因此必须且首先应被当作"目的"来对待。

② ［德］黑格尔：《美学》第1卷，朱光潜译，第74页。

正题：鉴赏判断没有"必然性"，否则"就会是一种因果关系，这种（在经验对象之间的）关系永远只有后天地并借助于经验本身才能被认识"。

反题：鉴赏判断有"必然性"，并借以"保持这表象本身的状态和诸认识能力的活动而没有进一步的意图"，否则就会进入认识领域而非审美了。

问题的解决依然是康德惯用的"法宝"："必然性"在正题与反题中意义相异——这就是我们力求言明的第二点。这里我们必须严格区分由之探寻"必然性"根源的两种不同出发点：一个是就可能经验领域而言，经验中的事实得以发生的因果必然性；一个是就观念的连结而言，这是一种形式的和逻辑的必然性。它们对应于康德在《纯粹理性批判》中所区分的"质料的必然性"和"形式的和逻辑的必然性"（A226 = B279）①。后一种致思方式贯穿于康德整个批判哲学中：《纯粹理性批判》中是于"先天知识是可能的"条件下寻找这种先天知识的根源，《实践理性批判》中也是在肯定了现实中道德实践的可能性之基础上再探得其"先天原则"的，在这里，康德的思路依然是要在审美自由的基础上再来探求它的"先天根源"。换言之，此处的"个体必然性"不是指某一对象将先天适合于我们的鉴赏，如经验中的因果律一样——这悖逆于鉴赏的自由本质，而是说假如审美的愉悦获得了，鉴赏判断给予了，那么对象与反思判断之间这种审美的关系有没有形式上、逻辑上的必然性在呢？我们在这里无须证明"审美是否可能"而只需要追问"审美判断在形式上、逻辑上何以可能"。总之，本书只是在"形式和逻辑的必然性"的角度来谈论鉴赏判断的个体必然性即某种"合目的性的内在原因"的。

康德所谓的"反思判断力"，是与"规定判断相对举并作为其补充能力提出来的"，因为规定判断力所获得的只是自然界的必然知识，事实上自然并不都是可以由必然性知识囊括无遗的，总有大量的"漏网之鱼"是我们用已知的任何知性范畴和原理都无法把握的。但我们的理性又天性

① 必须强调的是，康德的"形式的和逻辑的必然性"并不是形式逻辑三段论的必然性，而是"先验逻辑"下的"逻辑必然性"，是任何先验原则必备的必然性。

般要求把握"宇宙大全",纳大自然于一整全系统中,故而,我们必须把这些偶然的现象也"看作"像是有规律可循的,是可以在无限多样性中凸显出某种统一性的东西并由某种类似于概念的东西来把握的。康德的这一思辨过程与中国文论中"言不尽意,立象以尽意"大致相同:这里的"言"即规定判断,"意"即"宇宙大全",而"象"则指"反思判断"。因此,"判断力为了自己独特的运用必须假定这一点为先天原则",并且"只能作为规律自己给予自己……不能颁布给自然",虽然看起来"好像"是在为自然立法,好像有一个更高的知性将一切偶然的经验统摄无余地提供给我们,实际上只是主体为了反思自身而自我立法。接着,这样一个经验的统一体就会体现出它的目的,只是我们并不知道也无法知道此"目的"若何,只是出于它同"艺术品"(如钟表)的类比,从而视"自然"乃为某个"目的"而生即自然合于这目的,这样"自然"就有了某种"合目的性"。① 然而,自然终究是无目的而自生的,我们心中的自然"合目的性"观念也只是"形式上"而非规定性的,因而"一切皆心"且"好像而已"。如果我们意识到并在反思自然时确实地运用了它,并且在运用中的确使我们的各种心意能力协调了起来,即自然"契合"了主体的心意能力("判断"一词的确切意义),同时这种心意能力的和谐活动是人所共有的,因而这种"和谐"可视为人的某种主观目的的形式体现或普遍心理结构的当下外化,那么,这样本无目的的自然却恰恰适应了主体的某种主观目的,即自然有了某种"无目的的合目的性"——康德视其为"判断力的一条先验原则"。这就是康德对反思判断力先验原则的先验分析。下面我们将以"类比"(Analogie)② 来演绎这一先天原理,并从中窥探这一先天原理同"评判在先"原则的内在关联。

我们得先从"目的""合目的性"的概念出发。康德说:"目的就是一个概念的对象,只要这概念被看作那对象的原因(即它的可能性的实

---

① 邓晓芒:《冥河的摆渡者》,武汉大学出版社 2007 年版,第 21—24 页。
② 这是康德的又一"法宝",在整个批判哲学中有着"范导"意义。"哥白尼式的革命"就是"类比"于数学、物理学的研究方法展开的,《判断力批判》的"下卷"就是"上卷"研究结果的"类比"推广。

在的根据)。"（《判批》55）① 在康德心目中有两种"对象"："先验对象"即"物自体"和经验对象即"现象界"。我们无法认识物自体，我们所有的知识都是关于经验对象的。由《纯粹理性批判》我们知道，这类对象是由人的主观认识能力的先天形式即先验时空和先验范畴构造出来的。康德认为我们的认识过程大致是这样的：

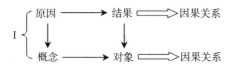

由此可见，经验对象之所以可能完全是凭借主体能力所提供的认识形式，如同模具之于胶泥，无模具胶泥则只是一堆无用的杂多，同样，无认识形式感性印象就会荒芜得难以"知"言。因此，先天概念（含时空直观）就是经验表象的原因即它的"可能性的实在依据"。对象就是结果即目的，概念就是对象的原因，双方构成因果关系：

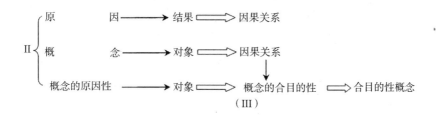

所谓"一个概念从其客体来看的原因性就是合目的性（formafinalis）"（《判批》55），也就是说概念之于其对象的原因性就是概念的合目的性（就其对象而言），概念因而就是合目的性概念。图Ⅰ由此变为：

Ⅱ ⎰ 原　　　因──→结果 ⟹ 因果关系
　　概　　　念──→对象 ⟹ 因果关系
　　概念的原因性──→对象 ⟹ 概念的合目的性 ⟹ 合目的性概念
　　　　　　　　　　　　　　　（Ⅲ）

这样我们就可以由Ⅲ通过"类比"寻找到鉴赏判断的先天原则。我

<hr />

① 关于何为"目的"，康德本人的表述矛盾自出，研究者们也意见纷呈，尚要专文探讨，这里从简为宜。对此可参看曹俊峰《〈判断力批判〉研究四题》一文，《湛江师范学院学报》2004年第1期，尤其是作为《康德美学引论》之"附录"的《关于目的论问题》一文，参阅《康德美学引论》（第二版），第428—454页。

们将从"评判在先"之"评判"的确切内涵入手并结合"鉴赏判断过程总表"来展示这一过程。

对象的直观形式作为触媒，激活了主体心意能力而使想象力和知性在对象表象上自由游戏（试想象一下王阳明面对那朵"岩间花"的心理情形），就"好像"作为"原因"的"对象直观形式"使作为"结果"即"目的"的审美"心意状态"特意为之发生。① 这样作为"原因"的"对象直观形式"就被我称之为"类原因"，而作为"结果"即"目的"的审美"心意状态"则名之谓"类结果"或"类目的"。这里的"类"有两层涵义：（1）类比之义，即类比于概念之于对象；（2）主观之义，这是我们一厢情愿的主观设定，目的是为了寻找鉴赏判断的先天原则而采取的权宜之需。那么，作为"类原因"的"对象直观形式"与作为"类结果"即"类目的"的审美"心意状态"之间的"契合"关系就成了"类原因性"关系，对象形式就是"类合目的性形式"。根据Ⅲ就可以得到Ⅳ：

$$\text{Ⅳ　}\underset{\text{（类原因）}}{\text{形式类原因性}}\longrightarrow \underset{\text{（类结果）}}{\text{审美"心意状态"}}\Longrightarrow \underset{\text{（类因果关系）}}{\text{形式的合目的性}}\Longrightarrow \text{类合目的性形式}$$

就正如作为"原因"的概念是作为"结果"的"对象"的先天原则，对象直观形式的"类合目的性"就是审美"心意状态"的先天原则，而且是一种主观的先天原则。在情感领域这一先验原则也是建构性的，只是在推及到自然的客观（质料）合目的性时，不论是就自然还是就认识，都只是训导性的（《判批》32）。

当"类比"于目的论的工作一结束，"类"作为一种方法策略的"类比之义"就随之消失了，"类比"一词的内涵就只有"主观之义"了；那么，这个被"类比"得来的先天原则就可以还原为："形式的主观合目的性"或"主观合目的性形式"②。也就是说，具有"主观合目的性"的形式，逻辑上必将"契合"主体心意机能的协作运行，即想象力和知性的

---

① 这不是说知性和想象力是"果"，而是说它们的自由游戏相对于作为"类原因"的对象形式来说是"果"，故而对象形式便有了"类原因性"。这完全是一种出于"类比"的考虑，而且也是康德一贯的"分析法"。正如上文所示，我们必须把"逻辑的必然性"与"因果必然性"即"质料的必然性"相区别，这里所谈的是前者而非后者。

② 康德有时称此为"无目的的合目的性形式"，这与"形式的主观合目的性"是有所不同的：前者侧重对象，后者偏于主体；前者是综合的结果，后者为演绎得来的。

自由游戏，并由此而生普遍可传达的"审美心意状态"。康德认为这种"契合"就是愉快本身："在一个对象借以被给予的表象那里，对主体诸认识能力的游戏中的形式合目的性的意识就是愉快本身……"（《判批》57）所谓"形式合目的性的意识"就是"评判"活动，就是两厢"契合"的心理体验，即主体意识到这种"契合"而体验到愉快之情，而想象力和知性在对象形式上的自由游戏状态是作为"契合"的结果来看待的。故而"评判在先"原则其实和鉴赏判断的先天原则也即其个体必然性相勾连，且这种勾连的依据就是"评判"一词的确切内涵"契合"。

现在，再来回头审视康德用标题形式提出的那个尖锐玄妙但意义重大的课题——"在鉴赏判断中愉快感先于对象之评价还是后者先于前者"——也许更能理解他紧接着说的话："解决这个课题是理解鉴赏判断的钥匙，因此值得高度注意。"诚哉斯言，此问之所以紧要，乃因康德美学诸要义均可由此衍生出来：不仅包括上文已充分说明的"审美非功利""鉴赏判断无概念之普遍性（族类必然性）""鉴赏的先天原则（个体必然性）"，连同"美的理想""天才之谜"、甚至有关崇高的分析，均可于此获致其"出生证"与"身份证"。"美的理想"无外乎是作为"评判"之结果的审美"心意状态"的极限值；"天才"的心理机制就是审美"心意状态"中想象力与知性自由游戏间的最为"幸运的关系"；崇高鉴赏中，对象的"无形式"在更高层次上"契合"了主体的"心意情调"，这依然是"评判在先"。总之，"评判在先"原则关系到康德先验美学能否成立、判断力能否批判、进而延及到三大批判能否统一甚至康德先验（哲学）人类学能否证成等等一系列重大问题。

至此，我们则大可明了了康德对审美既有"确然性"又有"不确定性"之界定的真正要义：在审美中，可以先天确定的是"鉴赏判断"这一心理活动应当遵照并由之体现的"先天原则"，"不确定"的只是"审美对象"；康德先验美学、尤其是"美的四契机分析"，真正面对的是前者而非后者，这是理解康德美学的又一关隘所在。

第五节 反观康德批判哲学的整体格局

批判哲学的"二向度思维"是康德拈出"反思判断力"的真正出发

点和内在依据。前两大批判在自然与自由、认识与道德之间所固定并强化下来的"鸿沟"就是通过这种"视界"或"眼光"来沟通的，第三批判论述的就是这种"眼光"。我们固然不能在自然界的内容或质料上发现自由意志的任何踪迹，这里是必然王国或自然王国，道德律也定然不能在必然王国中完全地"实现"，它是本体界的法则，属于自由王国或目的王国。自由意志和道德律却又只能"作用"于自然界，虽然道德律本身决不顾及道德行为的后果，但道德主体还是"希望"它的后果能在现实中充分体现出来，或者说，它"应当"在现实中表现出来，这种"按照自由概念而来的效果就是终极目的"（《判批》31）。"应当"就表明它常常不能成为真正的"现实"，"应当实现"与"现实"常常相差万里。但是，这种"应当"依然是一种绝不可少的"视界""眼光"和"立场"：有了它，我们就可以更好地认可并践行自由意志和道德律；有了它，我们便可以在"自然"中寻求"应当"的蛛丝马迹。"应当"的"眼光"给了我们一种希望或观念：道德目的的现实可能性至少可与自然的形式的合规律性相协调（《判批》10）。"自然能在形式上合于道德目的"这一观念，我们虽对之既没有理论上的认识，也没有技术上的支持，但依然有可能成为必然王国向自由王国、自然王国向目的王国过渡的津梁。关键是"应当"的"眼光"是一种什么样的眼光？康德说，这就是"审美的眼光"，以及类比于、建基于它的"目的论的眼光"，它们根源于我们的"反思判断力"，其先验原则是"（主观）形式合目的性"。正如规定判断力在逻辑的运用中使知性向（理论）理性的过渡成为可能一样，反思判断力同样也将可望实现从自然概念的领地向自由概念的领地的过渡（《判批》13）。我们可以把康德所谓"过渡"的内在学理概括为如下图表：

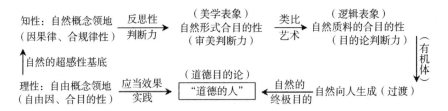

康德批判哲学的体系则可图表为（《判批》33）：

批判哲学体系	批判体系的组成	心意诸机能	诸先天原则	应用范围	未来形而上学诸导论	哲学诸部门
	纯粹理性批判	认识能力	合规律性	自然	自然科学形而上学奠基	理论哲学
	判断力批判	情感能力	合目的性	艺术		
	实践理性批判	欲求能力	终极目的①	自由	道德形而上学的奠基	实践哲学

关于此二表，我们提示如下几点：

（1）"批判哲学体系"本身并不是"形而上学"，最多只是未来形而上学的"导论"或"奠基"，正如康德在写给"哥廷根评论"原作者伽尔韦的信中所警告的："请您再浏览一遍我的全文，并请注意我在批判哲学中所探讨的并不是形而上学，而是一门全新的、迄今尚未被研究过的科学，即对一种先天判断理性的批判。"②

（2）在批判哲学的这个体系结构中，起着关键性功能的"反思判断力"之提出的契机——具体说是审美问题与狭义的目的论问题在反思判断力先验原则之下的统一这种最后的转变是如何促成的——是与那块阻碍先验哲学得以顺利完成的"绊脚石"有着直接关联的，或者就是那个难题的一部分，带来这个契机的就是"自然作为一个经验体系的统一性问题"。在康德批判哲学的整体建构中，应该说它起到了至关重要的作用，也确实是康德终身念兹在兹的问题。其实质是，如何经由"先验演绎"所淬砺的"纯粹知性概念"和"纯粹知性原理"演绎出特殊的自然法则。在批判哲学的系统思考中，促成作为最后统一的中介环节的"反思判断力"及其先验原则之提出的，正是这一"自然特殊化问题"。从《自然科学的形而上学初始根据》中通过定言原理与数学原则的结合进一步探索自然法则体系，到晚年不知疲倦地更新各种尝试来致力于完成"从形而

---

① 在第三批判那个著名的"第一导论"中，康德也列了类似的一个表，"欲求能力"或"实践理性"的"先天原则"表述为"同时是规律（法则）的合目的性（义务）"，可简称为"作为法则的义务"。参阅［德］康德《〈判断力批判〉第一导言》，邓晓芒译，载《康德三大批判合集》下册，人民出版社2009年版，第560页。

② 《书信》88。在第三批判的"第一导言"中，康德亦重申过这一点："如果哲学就是由概念而来的理性知识的体系，那么它凭此就已经足以区别于纯粹理性的一个批判了，这种批判虽然也包含有对这类知识的可能性的一个哲学研究，但并不作为一个部分属于这样一个体系，而是甚至一开始就在规划和检验这个体系的理念。"参阅［德］康德《〈判断力批判〉第一导言》，邓晓芒译，载《康德三大批判合集》下册，第518页。

上学到物理学的过渡"，康德所要回答的就是这个难题，它是批判哲学的"绊脚石"的自然延续。①

（3）康德赋予第三批判的所谓"摆渡"任务，目的还在于"连结""统一"或"贯通"前两大批判，以求理性本身内在统一的可能性②，学界甚为重视的"摆渡"实在只是手段。

（4）康德哲学有一个基本的人文学主题，那就是"自然向人生成"。此"向"有二：一是自然物向"自然人"的生成，一是自然人向"道德人"的生成。在这两个"向"中，"艺术品"和"有机体"在其中起到了非常紧要的"类比"（Analogie）③过渡作用：即艺术品之于从"自然形式合目的性"向"自然质料合目的性"的过渡、有机体之于从"自然合目的性"（既是形式的又是质料的）向"自然终极目的"的过渡。

（5）真正完成统一的方向是，立足于道德实践、从自由向自然、从道德对知识的统一，而非反过来从下往上的统一，"这里出现了一种实践的合目的性和一种无条件的立法的绝对统一。这种统一形成'道德目的论'"——这是一种全新的观点，"即把自然界和人看成是有目的地趋向于道德的，并用这种观点来解释人从自然状态中通过'文化'或'教化'而发展出来的过程"④。总之，"（反思）判断力通过其按照自然界可能的特殊规律评价自然界的先天原则，而使自然的超感性基底（不论是我们之中还是我们之外的）获得了以智性能力（intellektuelle Vermögen）来规

---

①　参阅［德］文德尔班《科学院版编者导言》，载李秋零译著《判断力批判》，第9—10页；袁建新《康德的〈遗著〉研究》（人民出版社2015年版，第1—21页）的"导论"及本书第五章第一节的相关注释。

②　韩水法：《康德传》，河北人民出版社1997年版，第203页。

③　"类比"一法之于康德哲学有着异常重要的作用，可以说是其最重要的思考方法之一，它与我们前面论及的"仿佛"或"好像"哲学有着密切的关联，但万不可把它与日常中为人诟病的"比附"相混淆。对此可参阅李明辉《略论牟宗三先生的康德学》，《中国文哲研究通讯》（台湾）1995年，第5卷第2期，第191—192页；以及余英时《中国史学的现阶段：反省与展望——〈史学评论〉代发刊词》，载《文史传统与文化重建》，三联书店2012年版，第382—383页。

④　参阅［法］吉尔·德勒兹《康德的批判哲学》，载《康德与柏格森解读》，张宇凌、关群德译，社会科学文献出版社2002年版，第92页；邓晓芒《康德〈判断力批判〉释义》，第35页；［俄］古雷加《德国古典哲学新论》，沈真、侯鸿勋译，中国社科科学出版社1993年版，第91—92页；韩水法《康德传》，第215—216页。

定的可能性。理性则通过其先天的实践规律对同一个基底提供了规定；这样，判断力就使得从自然概念领地向自由概念的领地的过渡成为可能。"（《判批》32）

综上所述，康德的美学有两重任务、两种思路和两套体系，在这样一个背景上再来理解康德的美学思想尤其是"美在合目的性形式"与"美是德性的象征"、"纯粹美"与"依存美"、鉴赏与天才、"自然美"与"艺术美"之间的关系将会更加合理、更加准确和更加融通，这就是蒯因和杜恒提出的所谓"善意解释的原理"（principle of charity）①。也就是康德所谓的"更具有哲学性和建筑术性质的"理解："这就是正确地把握整体的理念，并从这个理念出发，借助于通过某种纯粹理性能力把一切部分从那个整体概念中推导出来，而在其彼此之间的交互关系中紧盯住那一切部分。这种检验和保障只有通过最内在地熟悉这个体系才有可能，而那些在最初的探讨上已经感到厌烦、因而认为不值得花力气去获得这种熟知的人，是达不到第二阶段、即综合地再现那原先分析地被给予的东西的综观阶段的，并且毫不奇怪，他们到处都发现不一致，虽然让他们费猜的那些漏洞并不会在体系本身中、而只会在他们自己的不相连贯的思路中找到。"（《实批》10）康德的这个建议不仅对哲学同时对美学也是有效的，也当为我们打算研究康德者所谨记，或许这样更能体会康德美学的良苦用心及其思致的精深与绵密。

---

① 所谓"善意解释的原理"就是库恩曾对他的学生说过的："在阅读重要思想家的著作的时候，我们首先要注意寻找那些通常被认为有明显错误的观念的地方。并且反身自问，一位有良好素养和知识的人究竟为什么会写出这样的话来呢？……结果是，尽管我没有变成亚里士多德主义者，但在某种程度上我学会了像他那样进行思维。"参阅〔美〕库恩《必要的张力·序》，范岱年等译，北京大学出版社2004年版，第Ⅲ—Ⅳ页。

第六章　从哲学美学走向艺术哲学

——重新发现席勒之于德国古典美学的转舵意义

　　就 18 世纪西欧知识界的思想气候与康德批判哲学和先验美学间的内在关联及思想效应，我们的分析总算可以告一段落了。但是，就这一议题本身的理论脉络和应有的系统性来看，就康德哲学连同 18 世纪思想气候对于后世至今实际影响之深度和广度而言，康德以降的德国古典哲学和美学的逻辑进程和内在理路也是本课题的分内之事。故而本章将试图从近代知识界"确然性寻求"这一"思想气候"向后追溯德国古典美学何以如其所是的线索、历程和关节点，并由此提供了一条理解当代西方美学"艺术哲学化"趋势的内在理路。所谓美学的"艺术哲学化"，是指一种发展趋势或主流，并非说这个时期没有了康德式的哲学美学，比如尚有克罗齐那样重要的美学家；这种"化"在 20 世纪更多地表现为一种理论"兴趣"的转移，而非意味着"艺术哲学"从"先验美学"中生发出来，两者是"此消彼长"的态势：哲学美学衰落了，相反，艺术哲学兴盛了。这一部分的基本观点是，德国古典美学由康德迄黑格尔的发展历程，实质是在追求客观普遍性、必然性和确然性的知识观背景下，美学由审美心理（结构、特点与功能）的哲学分析进展到审美对象的哲学思辨、由批判美学进展到艺术哲学的历程。席勒对"美"的思考实际上构成了德国古典美学这一转变的一个极其明显的中介环节，席勒正是德国古典美学的"舵手"，席勒美学的"美学史"意义就此得以彰显。

第一节　从美学的理论形态看康德美学的性质

　　如果确有一种"康德美学"的话，那它属于我们迄今所能遇到的哪种美学理论形态呢？是柏拉图式的、亚里士多德式的、还是荷马式的？科林伍德在《艺术原理》中总结的三类美学家的类型，其实早已存在于古希腊了：哲学家型的美学即柏拉图式的美学、艺术家型的美学即荷马式的美学，以及在这"两类美学家之间的鸿沟上架起了桥梁"的心理学美学即亚里士多德式的美学。① 康德美学显然不属于"艺术家型的"，倒更像是柏拉图式的，然就其理论实际看亦有亚里士多德式的特色，因为对审美机能的结构要素和功能的理论分析构成了康德美学的核心部件。所以，康德美学既是哲学型的，又有理论心理学的色彩。因此，此种分类尚不足以展现康德美学的独特性。

　　号称"近代美学之父"的费希纳（G. T. Fechner, 1801—1887）在1876年出版的《美学导论》（*Vorschule der Aesthetik*）中，曾扬言要从方法论角度展开一场美学革命，誓把美学从传统形而上学那种由一般到特殊的"自上而下"（von Oben）的窠臼中解放出来，倡导一种用从特殊到一般的"自下而上"（von Unten）的科学方法来研究的美学。② 康德美学，毫无异议地属于前者即"自上而下的美学"，但是，康德美学的独特性依然淹没于众多的形而上学美学之中。为此，我们打算借鉴现代西方史学理论的分类法，把费希纳所谓的"自上而下"的美学大致分成三种类型：批判的美学（主要以美感为中心讨论审美或鉴赏的基本原则的美学）、思辨的美学（主要以艺术为中心讨论美的概念及其规律和表现的美学）和分

---

　　① ［英］科林伍德：《艺术原理》，王至元、陈华中译，中国社会科学出版社1985年版，第3—5页。我们这里所做的对应分析，只是大致如此。科氏此著其实已经属于"艺术哲学"甚至是"分析美学"范围了，他所开列的三种美学家类型实质上只是20世纪前后的实际情况。我所谓的"心理学美学"主要指20世纪以"理论心理学"来研究美学问题的各家理论，比如直觉说、移情说、内模仿说和距离说等，亦可泛称为"科学美学"，包括出路甚微的"实验美学"。之所以把亚里士多德称为"心理学美学"的鼻祖，主要是因为他在《诗学》中的论析很有心理学色彩，比如他对"怜悯"与"恐惧"、"感伤癖"和"哀怜癖"以及悲剧的"卡塔西斯"作用的心理分析，都有理论心理学的色调。

　　② ［英］李斯托威尔：《近代美学史评述》，蒋孔阳译，上海译文出版社1980年版，第31页。虽然费希纳并没有把这两种美学研究的思路对立起来，但就实际的理论效果看，确有使它们对立的理论作用，它象征着整个20世纪的美学研究的衰落和边缘化，就连国内的研究者也说"美学是一个不起眼的小学科"（周宪：《20世纪西方美学》，高等教育出版社2004年版，第Ⅰ页）。

析的美学（主要以概念语词为中心讨论美学范畴和命题的美学）①。加上费希纳所倡导的"实验美学"或"科学美学"，我们所知道的美学理论型态就有四种：批判的（认识论的）、思辨的（本体论的）、分析的（语言论的）和科学的（自然科学的、心理学的、社会学的）。②从这个角度说，康德美学是批判的美学或认识论的美学（康德明确地把第三批判归入理论哲学领地［《判批》13]），如我们一再指出的，它考察的核心是"鉴赏判断何以是先天综合判断"这一先验哲学（认识论）问题。黑格尔美学，则与其历史哲学一样，是典型的思辨型的或本体论的，正如伽达默尔所言："黑格尔的美学完全处于艺术的立足点上"③。照黑格尔自己的意见，这种类型的美学不应当叫"美学"，而应当叫"艺术哲学"或"美的艺术哲学"④。黑格尔是从这门学科的研究对象来立论的，因此，我们就可以在黑格尔美学与 20 世纪西方美学之间发现一个基本的继承关系——虽然后者在哲学观念和方法论上均以前者"为敌"⑤——那就是"艺术"

---

① 最早把"历史哲学"划分为以黑格尔、斯宾格勒和汤因比等为代表的主要讨论"历史理论"的"思辨的历史哲学"和以狄尔泰、文德尔班和李凯尔特等为代表的主要讨论"史学理论"的"批判的历史哲学"是英国历史哲学家沃尔什（W. H. Walsh, 1913—1986）在《历史哲学导论》（第一章第二至四节，何兆武、张文杰译，北京大学出版社 2008 年版）中提出的。20 世纪以后，出现了亨佩尔、威廉·德雷和海登·怀特等为代表的以"语言分析"为路数的历史哲学派别。因此，就有三类历史哲学：批判的、思辨的和分析的。

② 国内学界对西方美学的理论型态有各种不同的划法，比如李泽厚根据内容与形式分其为"着重所谓经验内容"的一派和"着重表现形式"的一派（李泽厚：《英美现代美学述略》，《美学论集》，上海文艺出版社 1980 年版，第 471 页）；朱狄以方法为依据把整个 20 世纪的西方美学划分为"科学美学"和"分析美学"（朱狄：《当代西方美学》，人民出版社 1984 年版，第 4 页）。在朱立元和张德兴等著的《西方美学通史》之《二十世纪美学》的"序论"中，根据"哲学观念"（思想观念、思维方式和研究方法）把现代西方美学划分为以"非（反）理性主义"为基本特征的"人本主义"和以"实证主义"为基本特征的"科学主义"两大类（《西方美学通史（第 6 卷）·二十世纪美学（上）》，上海文艺出版社 1999 年版，第 4—5 页）。周宪则试图以"两个转向"即"批判理论转向"和"语言学转向"（最终汇合于"后现代转向"）为主线来描述 20 世纪的西方美学史（周宪：《20 世纪西方美学·导论》，高等教育出版社 2004 年版，第 2—15 页）。

③ ［德］伽达默尔：《诠释学 I·真理与方法》，洪汉鼎译，第 90 页。

④ ［德］黑格尔：《美学·全书序论》第 1 卷，朱光潜译，第 3 页。

⑤ 与黑格尔"思辨美学"或"艺术哲学"的"理性主义"和"思辨性"截然相对，作为 20 世纪西方美学代表的"人本主义"和"科学主义"是以"非理性主义"和"实证性"为基本特征的。参阅朱立元、张德兴等《西方美学通史（第 6 卷）·二十世纪美学（上）》，上海文艺出版社 1999 年版，第 2—5 页。

始终居于美学研究的核心位置。正如学者们总结的那样，虽然 20 世纪西方美学的研究重心有"从审美客体转向审美主体"的大势，但是——

　　二十世纪西方美学比以往任何时候都更重视对艺术本身的本质、特征、规律和构成的研究。表面看来，这似乎与前述研究重心转向主体相矛盾，其实不然。因为现代美学无论从什么出发，都离不开艺术这个中心。即使偏重于主体，也还是围绕着艺术创造和鉴赏过程来研究的。而这就无法回避艺术本质的问题。①

　　总之，就西方近现代美学史来说，有两个基本结论可以大致确定下来：德国古典美学从康德至黑格尔有一个从"批判美学"向"艺术哲学"的转换；从黑格尔至 20 世纪美学，虽然从观念到方法都发生了翻天覆地的变化，但其研究对象则始终以"艺术"而非"自然"为中心。如果前者是继承中有转折，那么，后者就是转折中有继承。就后者而言，学界几乎一致认同，并有大量中外文献广为涉猎，然而对于前者，学界称其为"美学的艺术哲学化"趋向，也即德国古典美学如何从康德的批判美学转向黑格尔的思辨艺术哲学以及这种转变的主要线索、基本历程和动力细加剖析者，相比而言实在太少，现有的研究也没有达到令人满意的程度。

第二节　当代西方美学的"艺术哲学化"趋势

　　知名学者朱狄先生在《当代西方艺术哲学》（1994）中比较集中而全面地触及了这一课题。朱先生的探讨有三个主要的层次："美学的艺术哲学化"趋向的表现、源头和根源。首先，"作为一种当代倾向，艺术哲学的地位显得愈来愈重要了，和过去相比，艺术哲学与美学的重要性正在被颠倒过来。今天，几乎任何一本西方的美学著作都把艺术问题放在首位，即使美学仍在以美学的名义写书，但所写的往往是一种艺术哲学或近于艺术哲学的东西"，甚至要把美学完全归同于艺术哲学——这一理论大势当

---

　　①　朱立元、张德兴等：《西方美学通史（第 7 卷）·二十世纪美学（下）》，上海文艺出版社 1999 年版，第 945 页。

然亦早被西方学者所注意。① 其次，与西方某些学者一样，朱先生认为："可以称之为'美学的艺术哲学化'这一重大的历史性转折，是从黑格尔开始的。"② 再次，这一转换的根源有如下几点：（1）人们对自然美的兴趣已大为降低，对美的形而上学探讨也失去了往日的热情；（2）自然美缺乏理性，不适合作为美学研究的对象（萨姆森[G. W. Samson]：《艺术批评的要素》、奥斯汀[J. L. Austin]）；（3）"美"无法为"美学"奠定一个坚实的学科基础，它只是个形容词而已；（4）"艺术"才是美学真正问题的纽结之所在（巴默：《美学能否成为一门普遍的科学》、比尔利兹：《美学：批评哲学中的一些问题》）；（5）艺术与美并无必然的学理关联，"艺术和美被认为是同一的这种看法是艺术鉴赏中我们遇到的一切难点的根源"，"无论是过去或现在，艺术通常是件不美的东西"。③

可惜得很，朱狄先生，包括他在著作中征引的那些著名的西方美学家，都只是描述了这个过程，剖析的部分也多是"已然如此"后的描述，而更为要紧的却是：作为西方近现代艺术哲学开端的黑格尔的思辨艺术哲学是从哪里来的、又是如何促成的？

当然，在康德哲学的语境中，根本不可能有所谓的"艺术哲学"或"思辨的艺术理论"，康德美学的立足点只在"趣味"（Geschmack）上，

---

① 参阅朱狄《当代西方艺术哲学·序》（人民出版社1994年版，第1—5页）中所引西方诸学者类似的观点，尤其是巴默（A. J. Bahm）和比尔利兹（M. C. Beardsley）的观点，值得格外重视，二人共同反思了"作为一门普遍科学出现的美学何以可能"的问题，结果他们都发现，美学只有走向艺术哲学才能有此希望。

② 朱狄：《当代西方艺术哲学·序》，第1页。作者引述的是理查德·舒斯特曼在《分析美学的分析》（R. Shusterman, *Analytic Aesthetics*, 1987）中概括的观念：当代的"一种不可挡的倾向就是由艺术对自然美所作出的压倒优势的占领，自从黑格尔以后，我们已很难发现像过去那样，美学家会对自然投入更多的注意。"（转引自上书第1页）当然，舒氏的概括现在看来必须改正了，近十年来，随着环境恶化而带来的日益显著的生态危机使得人们的环保意识不断增强，"环境美学"有逐渐成为一门显学的趋势（参阅美国学者阿诺德·伯林特和我国学者陈望衡主编的"环境美学译丛"系列译著，尤其是伯林特的《环境美学》和《生活在景观中：走向一种环境美学》及[芬]约·瑟帕玛的《环境之美》，以上诸书均由湖南科学技术出版社出版）。

③ [英]里德（Herbert Read）：《艺术的意义》，参阅朱狄《当代西方艺术哲学·序》，第1—5页。

"而不是停留在我们称之为艺术的东西上"①。这从他下面这段说得毅然决然的话中可以见出：

> 没有对于美的科学（Wissenschaft des Schönen），而只有对于美的批判，也没有美的科学（schöne Wissenschaft），而只有美的艺术。因为谈到对美的科学，那就应当在其中科学地、也就是通过证明根据来决定某物是否必须被看作美的；因而关于美的这个判断如果是属于科学的，它就决不会是鉴赏判断。至于第二种情况，那么一种本身应当是美的科学是荒谬的。（《判批》148）

康德认为，对于美的对象或审美对象，我们没有任何科学的理论，比如范畴、标准或原理，借以能像认识判断那样鉴别或评判它的美否，这是康德一贯的立场。作为与鉴赏活动直接相联的自由愉悦的情感，连同鉴赏判断的先天原理"形式的主观合目的性"，都只是主观的，只是主体用于反思自身的，并非对象本身的任何逻辑意义上的属性或特质。康德只是规定过鉴赏判断的主观先验原理，至于对象本身当具有何种样式才能引起我们的审美愉悦，并没有任何明确的界定。因此，要把康德归入一般美学史所界定的"形式派"并痛加指责，实在不妥。"形式合目的性"真正想要表达的不是"形式"而是"形式"与"主体"的和谐关系："主观合目的性"或"无目的的合目的性"。故而，伽达默尔才就此总结道："审美判断力的自我立法（Heautonomie）绝没有建立一种适用于美的客体的自主领域。康德对判断力的某个先天原则的先验反思维护了审美判断的要求，但也从根本上否定了一种在艺术哲学意义的哲学美学（康德自己说：这里的批判与任何一种学说或形而上学都不符合）。"②伽达默尔总结的根据，我们在上文差不多都已涉及：审美判断的先天原则只是主观的，关于它的批判只能依附于哲学的"理论部分"，绝不构成某个独特的形而上

---

① ［德］施莱尔马赫：《美学讲演引言》，载刘小枫选编《德语美学文选》上卷，华东师范大学出版社2006年版，第84页。确如波姆勒（Alfed Baeumler）所言，本质上是一种"判断活动"的"趣味"可以说是18世纪西欧美学的根本观念。参阅［法］舍费尔《现代艺术：18世纪至今艺术的美学和哲学》，生安峰等译，商务印书馆2012年版，第16、36页。

② ［德］伽达默尔：《诠释学Ⅰ·真理与方法》，洪汉鼎译，第85页。

学。在康德，有三大批判，但永远只有两大哲学（理论哲学和实践哲学）和两大形而上学（自然形而上学和道德形而上学）。在第三批判的"导言"中，康德明确说过：反思判断力或鉴赏判断既没有自己的、能加以认识的"基地"（Boden），更没有能借以"立法"的"领地"（Gebiete），有的只是能在其上运行开来的"领域"（Feld）——既可以是自然领域也可以是艺术领域（《判批》8—9）。伽达默尔把康德所"封杀"的这种可能性重加拾掇，从而把"一种适用于美的客体的自主领域"理解为"一种在艺术哲学意义的哲学美学"，也是完全符合后来赋予"艺术哲学"的内涵的，可以接受下来并作为进一步讨论的基础。[1]

然而，康德常常是这样，对于先前已经"封死"的东西往往又会在另一个地方为其打开逃生之门，通常所谓的康德的矛盾处即多由此而生。"上帝"在康德哲学中的遭际[2]，现在轮到"美者的科学"即"艺术哲学"了。只要稍加留意，研读者就会发现康德在第三批判的"导论"——学术界称之为"第二导论"——结尾处给出的那张事关重大的"批判哲学体系表"（参阅本书279页提供的加以扩充的表），就与他在"导论"中的某些论述多有出入。比如，康德非常明确地说过"我们全部认识能力有两个领地，即自然概念领地和自由概念领地；因为认识能力是通过这两者而先天立法的"（《判批》8），但在这个表里，"应用范围"一栏中作为联结"自然"和"自由"之中介并与它们并列的是"艺术"。按第三批判的论证，纯粹鉴赏判断真正的领域是"自然对象"，不论是美的纯粹鉴赏还是崇高的纯粹鉴赏，都是如此。作为反思判断先验原理得以提出的"基础对象"的"自由美"，也主要以自然界里诸如"一朵花"

---

① 关于"美的科学"的问题，实质上就是关于"美的学问"，并非研究者所称的"科学美"问题。因为康德对它的解释是：在美的艺术中，我们确实需要很多像语言学、历史学、文学史等这类历史性科学知识，"它们为美的艺术构成了必要的准备和基础"，"甚至也包括美的艺术作品的知识"（《判批》148）。而当下所谓的"科学美"则可以划归康德所谓的"客观形式的合目的性"，比如几何学或数理科学中的公式等。这里的"Wissenschaft"一词，我们此前已经做过说明，在这里，它们都可以译作"哲学"或"学问"，即一种"依原则而来的系统的知识体系"（《著作》4：476；另请参阅《判批》203）。

② 我们就不再重复海涅那段关于"上帝和老兰培"的著名"俏皮话"了，它来源于〔德〕海涅《论德国宗教和哲学的历史》一书的"第三篇"，海安译，商务印书馆1972年版，第111—112页。

"许多鸟类""海洋贝类"等这些"不以任何有关对象应当是什么的概念为前提"的"自然美"为代表,康德称其为"自由美"即"纯粹美"。即便有些所谓的"艺术作品"如"希腊式的素描""卷叶装饰""无标题幻想曲"和"无词音乐"也被康德划入"自由美"之列,但是,条件是它们都不能表现出通常"艺术作品"一定得表现出来的"应当如何的目的"。(《判批》65)也就是说,"为了把一个自然美评判为自然美,我不需要预先对这对象应当是怎样一个事物拥有一个概念"(《判批》155)。因此,真正被康德作为纯粹鉴赏判断"范本"就只是他所谓的"自然美"①——康德也因而强调了自然美相对于艺术美在"方法"和"内容"上的优越性(《判批》141—142)。一句话,正是"自然美确立了目的论的中心地位"并因而成为第三批判不可或缺的基础②,这与"鉴赏"相对于"天才"在"先验原则"上的优越性是根底相连的。正如康德要在纯粹鉴赏判断与应用鉴赏判断之间作出区分以调解就一个对象而发生鉴赏方面的争执一样,康德亦认为"有必要预先对自然美和艺术美之间的区别作出精确的规定"(《判批》67、155);重要的是,"对前者的评判只要求有鉴赏力",这就是说,对于作为批判哲学体系之有机构成的第三批判而言,"包含审美判断力的部分是本质地属于它的"(《判批》29),而在这个本质性的构成部分里,作为"地基"的又是"纯粹鉴赏判断"及其先验原则"自然的形式合目的性",它的"范本"是纯粹的、自由的"自然美",本质上需要的仅仅是"鉴赏","艺术"连同创造它的"艺术家"都是附加的,即使作为理论补充是非常必要的。因此,正是由于要凸显"鉴赏"那本质性的基础地位,康德才在理论上区分出"自由美"或"纯粹美"与"依存美"、"自然美"③与"艺术美",最根本的区分还是"鉴赏"与"天才"。(《判批》§16、§48)当然,我们也不是说康德的

---

① 正如法国著名美学家舍费尔所言,"对康德而言,美的事物的范型是自然美,而非人造美,也就是艺术",因此,康德美学绝非艺术理论,"不能为我们提供一种关于现代艺术的理论",而只是审美经验的先验分析。参阅[法]舍费尔《现代艺术:18世纪至今艺术的美学和哲学》,生安峰等译,第16、36页。

② [德]伽达默尔:《诠释学Ⅰ·真理与方法》,洪汉鼎译,第84页。

③ 康德的"自然美"理念一直是康德美学研究中的一个不小的难题。值得特别注意的是彭锋在《完美的自然》(北京大学出版社2005年版)一书中,曾就"康德和自然美学"专列一章(第6章)所做的讨论,可参看。

"天才理论"和"文艺理论"既没有理论意义也没有现实意义,恰恰相反,就此二者而言,康德的贡献,尤其前者,不可谓不大,也当然性地引起了国内外学者的广泛关注。①

正如研究者们在"纯粹美"与"依存美"及"美在无目的的合目的性形式"与"美是德性—善的象征"之间发现了所谓的"矛盾"一样,在这里,人们也发现在"自然美"与"艺术美"、"鉴赏"与"天才"之间有类似的"矛盾"。正如我们在前文从康德为第三批判确立的两大重任即"批判的"和"体系的"而破解前一个"矛盾",同样,解除眼下这一"矛盾"的钥匙依然是第三批判这种基本的功能结构。康德之所以对"自然美"委以重任,就是看重了它能承担作为"判断力批判"之本质部分的"纯粹鉴赏判断"及由此生成的"纯粹美"的策源地——反思判断力就是由于自然那相对于人类知性规律显得那么偶然而又难以应付的无限变相而为我们的认识能力所唤起的(《判批》14)。康德之所以又要深及于"艺术美"及创造它的"天才",根源也是显然的:一来这正是那个以"摆渡"和"斡旋"著称的"体系的任务"所必需的,"纯粹美(自然美)→依存美→崇高→艺术美→美的理想"这一次序所体现的正是康德"美是德性—善的象征"和"自然(人)向(道德—文化)人生成"等哲学理念的基本体现;二来,先验哲学,当然也包括这里的先验美学,都是先验观念论与经验实在论的统一,纯粹美必须落实于依存美,自然美必然引向于艺术美,或者说,从"鉴赏"走向"艺术"也是作为共通感之范例的鉴赏判断及能够不借助概念而普遍传达的审美愉快的本然要求——"共通感"也好,"非概念的普遍可传达性"也好,"置身于每一个别人的位置"及"不仅仅为自己,而且也为别人在下判断"(《判批》47)的"普遍立场"(《判批》137)也好,"感性地选择普遍令人愉快的东西"也好,所表达的不过就是:我们一旦获得了"审美愉悦",就会迫不及待地想要传达给别人,与人分享;"艺术"正是这种"传达"和"分享"

---

① 国外的相关研究有:H. E. Allison, *Kant's Theory of Taste: A Reading of the "Critique of Aesthetic Judgment"*, Cambridge: Cambridge University of Press, 2001. Otto Schlapp, *Kant Lehre vom Genie und die Entstehung der Kritik der Urteilskraft*, Göttingen: Vandenhoedta & Ruprecht, 1901. G. Tonelli, *Kant's Early Theory of Genius* (1770—1779), *Journal of the History of Philosophy* 4, 1966, Part Ⅰ, pp. 109—31; part Ⅱ, pp. 209—224.

最主要、最永久、也最具建设性的方式、渠道和结果。然而，即便如此，我们依然看到，在论述艺术的部分，康德仍就念念不忘的是把"艺术"拉向"自然"："美的艺术必须看起来像是自然，虽然人们意识到它是艺术"（《判批》150）；美的艺术就是天才的艺术，"天才就是天生的内心素质，通过它自然给艺术立法"（《判批》151）；"天才是大自然的宠儿"（《判批》163）。看到了吧，正如中国艺人所说"人观佳山水，辄曰如画；人观擅丹青，辄曰逼真"①："如画"那是天然的，不待外铄，非人力所能为，艺术只有像似自然才够得上艺术的美名。18 世纪前后的知识界尤其喜欢拿上帝之于世界的关系比拟于艺术家与其作品的关系——艺术家不应该在作品中露面一如上帝不应该在生活中露面，然而，就如我们在生活中处处能感受到上帝的临在，我们在艺术中也要处处感受到艺术家的存在——这也是一种"（像似）无目的的合目的性"。总之，艺术最终还得归于"鉴赏"，"毕竟在所有的美的艺术中，本质的东西在于对观赏和评判来说是合目的性的那种形式"（《判批》171—172）。

　　正如我们前面说过的，"泛化冲动"既是人类的本性，也是审美活动之要求社会可分享性的根源，更是那寄托了人类无限理想和意趣的"艺术"得以永恒的人性基础。"艺术"连同创造它的"天才"，一旦成为批判哲学关注的对象，我们就有充足的理由指望从康德的批判美学中发展出如伽达默尔所说的"一种在艺术哲学意义的哲学美学"，也就是康德曾极力反对有其可能性的对判断力执行的"学理的探究"（《判批》4）。这既可以说是康德美学的一个"矛盾"甚至是"逻辑漏洞"，更可以说是康德为后世美学探究留的一扇窗，钻过它，就是 20 世纪艺术哲学的康庄大道。这样，我们就可以把康德以降的德国古典美学描述成一个合乎逻辑的历程，即从以"鉴赏"或"趣味"为中心的批判美学走向以"艺术"为中心的艺术哲学，这约略就是美学从康德至黑格尔的实际发展历程。黑格尔美学集中体现了这一点：他很少谈及"鉴赏"（"趣味"）和"美"的概念。就前者的原因是："所谓好的鉴赏力一碰到艺术的较深刻的效果就张皇失措，一遇到真正重要的东西成为问题的关键……就哑口无言了。因为一遇到伟大心灵的深刻的情绪和激动显示出来的时候，我们就无暇计较鉴

---

　　①　（清）王鉴：《染香庵跋画》。

赏力分辨出的细微分别和琐屑细节了；鉴赏力就会觉得天才远远超过了这种范围，在这天才威力面前，自惭形秽"；就后者的原因是："乍看起来，美好像是一个很简单的观念。但是不久我们就会发现：美可以有许多方面，这个人抓住的是这一方面，那个人抓住的是那一方面；纵然都是从一个观点去看，究竟哪一方面是本质的，也还是一个引起争议的问题。"①

这是一段极为微妙的过程，从这一脉络中我们可以看到德国古典美学从为了寻求"确然性"而不得不走进美学的"主体性"领域即"鉴赏"后，又因难乎为继的理论困境②而再走到美学的"客观性"领域即"艺术"这一内在发展理路。这后一转向的内在动机依然是我们此前一再强调的"确然性的寻求"，因为在美学领域，真正担得起"确然性"这一科学重任的依然只有"艺术"一端。伽达默尔把这一过程概括为从"趣味（鉴赏）"到"天才"的转变。种子已经有了，就看谁能有心为之提供合宜的土壤，使之破土而出，并有望于后人的培护下长成参天大树。席勒就是这样的"有心人"，他的位置之所以关键，正因其在美学领域完成了从"鉴赏"到"艺术"这一关键性的转换，因此有了承上启下的"枢纽"作用。③这也是20世纪西方美学何以总会以"艺术哲学"面目出现的根源所在，即使在19世纪中叶，出现了因黑格尔学派独断论的形式主义引起的反感从而导致在"回到康德去"的口号下重新进行批判的要求，美学研究也未能真如口号所宣称的那样，"我们宁可说，艺术现象和天才概念仍构成美学的中心，而自然美问题以及趣味概念继续处于边缘。"④

---

① 参阅［德］黑格尔《美学》第1卷，朱光潜译，商务印书馆1979年版，第43、21页。

② 伽达默尔曾对康德以"鉴赏"为基础建构的美学理论何其地不能令人满意，做过非常精深的理论分析。他从康德先验美学的内部揭示了德国古典美学必然从"主体性""鉴赏""自然美"转向"客观性"、转向"天才"、转向"艺术哲学"的内在可能性，并把康德和他的追随者之间的这一变化归之为"艺术的立足点"。参阅［德］伽达默尔《诠释学Ⅰ·真理与方法》，洪汉鼎译，第85—91页。

③ 正如施莱尔马赫所宣称的那样，美学研究之能完成从康德的"趣味"领域转换到"我们称之为艺术的东西之上"，正是"由于艺术家本身的插手而获得"，其中"特别要提到席勒"及其《审美教育书简》。席勒因此构成了"美学的转折点"。参阅［德］施莱尔马赫《美学讲演引言》，载刘小枫选编《德语美学文选》上卷，第84页。可惜的是，施氏也未能注意到真正能完成这一"转折"的是《论美书简》。

④ ［德］伽达默尔：《诠释学Ⅰ·真理与方法》，洪汉鼎译，第90页。

正如我们前文说过的，三大批判解决的中心议题都是"先天综合判断何以可能"，旨在寻求三类判断即认识判断、道德判断和审美判断得以可能的先天根基和原理①，以使它们具有"科学"所本然要求的"无可置疑的确然性"。康德说："就一般心灵能力而言，只要把它们作为高层能力即包含自律的能力来看待，那么，对于认识能力（对自然的理论认识能力）来说知性就是包含先天构成性原则的能力；对于愉快和不愉快的情感来说，判断力就是这种能力，它不依赖于那些有可能和欲求能力的规定相关并因而有可能是直接实践性的概念和感觉；对于欲求能力来说则是理性，它不借助于任何不论从何而来的愉快而是实践性的，并作为高层的能力给欲求能力规定了终极目的，这目的同时也就带有对客体的纯粹智性的愉悦。"（《判批》32）三类发自人类先天心意机能之先天"构成性"（建构性）原则的判断都有了不同程度的无可置疑的确然性，具体地说，它们都具有了无可置疑的"普遍有效性"和"先天必然性"，虽然鉴赏判断的这种确然性只是"期许的"和"主观的"，但依然是根于人类本性的。如上所述，"统觉的先验统一"之于认识判断、"自由的理念"之于道德判断以及"（情感的）共通感"之于鉴赏判断，都是无可再问的理论解释的最后底线，如同自然科学研究中的"工作预设"或"工作信念"。正如柯林武德所说："形而上学是绝对预设的科学"，"形而上学就是要去发现在这个或那个人，这群或那群人，在这个或那个情况下，在这一或那一思想中所做出的绝对预设"，当然也包括形而上学自身的绝对预设；因此，我们说，对确然性的寻求，最终触及的就是哲学的"绝对预设"。② 作为批判哲学之"绝对预设"的"先验统觉""自由"和"共通感"都被康德打入了人类理性"可思不可知"的"物自身"领域——只是"共通感"的情况稍稍特别一些罢了，学界对它的诸种解

---

① 康德把我们从"内心的每一种基本能力所特有的那些先天原则中发源的判断"称之为"理论的判断、审美的判断和实践的判断"。参阅［德］康德《〈判断力批判〉第一导论》，载《康德三大批判合集》，第560页。

② ［英］柯林武德：《形而上学论》，宫睿译，北京大学出版社2007年版，第32、36页。"绝对预设"对于由之而出的科学（广义的）来说，"都是至关重要的，因为它决定了会产生什么样的问题，以及会有什么样的回答，由此决定了那门科学的整个结构。因此，每一种科学中的每一个细节都取决于它们所各自作出的绝对预设。"参阅上书第41—42页。

释我们前面已经提及了。

因此，就哲学的彻底性来看，康德已做得无可挑剔了，所有科学、哲学，包括形而上学，都必有自己的"绝对预设"，康德自然不能例外。只是"绝对预设"在哲学和数理科学中有个区别必须明确：在后者，绝对预设是先行在前的，科学家循此而展开科学研究工作——比如对于我们正在讨论的这个时段而言，自然是有规律的、可认识的、具有统一性，这些都是自然科学研究甚至是整个康德哲学的"绝对预设"；在前者，则常常是追之不能再追、挖之不能再挖的地方，所以往往是最后得出的。就此而言，自然科学的进步或演进，大概都有一个库恩所谓的"范式"问题，科学革命中如此，哲学变革亦复如是。康德之后的德国思想家所面临的情形就是这样：在认识论领域，矗立着"先验统觉"这块石坝；在道德哲学领域，"自由"成为后来者不能不参详但又无法参透的终极观念；在美学领域，"共通感"即使如我们所说再追溯到作为人类本能的"泛化冲动"，也依然无法满足人们对美学的进一步认识和理论追溯。

在哲学领域，其中只要举出一例即可见出康德批判哲学留给后人的难题是多么紧迫地逼使着人们再行追问下去。在前面，我们曾多次提及那个曾阻碍康德批判哲学顺利前进的"绊脚石"究竟指什么——"思维的主观条件怎么会具有客观的有效性"（A89＝B122）或者"对象依照我们的知识这如何可能"。"主观"和"我们"这些字眼暗自传达出来的，是那曾让康德哲学惶惶不可终日的魑魅魍魉，是那曾让传统形而上学信誉扫地、沦为笑谈的船底蝼蚁，与之相联的就是"主观主义→相对主义→虚无主义"。在康德，"物自身"正是抵御相对主义和虚无主义的最后一道"挡板"。在"对象依照我们的知识"的前提下，我们的知识如何还能"切中"对象？我甚至觉得这是康德自造的、而又在康德哲学语境中所根本不能解决的哲学难题。这也就是为什么"普遍有效性"这个范畴在康德哲学中如此重要的根源所在，作为"真理"公认内涵的"客观性"即"无可置疑的确然性"，在康德那里最终是以"普遍有效性"的面目出现的，他武断地宣称"客观有效性和（对每一个人的）必然的普遍有效性是可以互换的概念"（《导论》§19）。我不知道，为什么对所有人都是有效的就一定能切中对象？"物自身"这块"挡板"对于强大的"虚无主义"来说真是太单薄了，那个一生都在与德国观念论"为敌"的雅可比（Friedrich Heinrich Jacobi，1743—1819）① 就是因勘破这一点才不遗余力地展开他对批判哲学之批判的。他对康德哲学的"绝对预设"、防卫虚无主义的最后一块"挡板"即"物自身"概念说过一句广为征引的名言："如果没有这个假设，我无由进入康德的体系，但在这个假设下，我也无法停留在这个体系里。"② 确实——

> 雅各比的康德批判的核心，是揭露康德体系中深刻的虚无主义危机。作为"虚无主义"这一概念的真正缔造者，远早于尼采，他就已经看到了康德理性哲学体系中埋伏的哲学的空洞与贫困。而"物自身"就是康德抵御虚无主义的最后防线。物自身一方面保障着划界的有效性，另一方面也为我们提供着实在性的基础。然而物自身除了作为理性"我思"设定的相关项之外，其实在性却始终是不可知的。通过雅各比的批评，实在性的问题成为后康德哲学的核心性问题。无论是费希特重新引回"我在"的维度，还是谢林、黑格尔反对康德的主观的主客结构，提出对客观的主客结构的研究的必要性，都是为了回应由雅各比提出的虚无主义问题。事实上，虚无主义不仅是德国观念论的结果，而且也是它一直试图克服的对象。正是通过雅

---

① 这个雅可比，对康德哲学此后的走向和接受，都起到了非常值得重视的作用。他是狄德罗的学生，斯宾诺莎走进德国古典哲学的功臣，也是莱布尼茨—沃尔夫哲学体系的破坏者，与门德尔松的著名论战史称"泛神论论战"。他一生都在与康德、赖因霍尔德、费希特、谢林、黑格尔等几代德国观念论哲学大师们周旋。他是"虚无主义"一词的缔造者。对我们当前的主题来说重要的是，他是康德哲学同时代的第一代批判者，抨击的火力主要集中在康德的"物自身"概念。康德曾利用各种场合进行辩护，比如在 1786 年发表的《关于路德维希·海因里希·雅可布的〈门德尔松的"晨"课〉的检验》一文，基本上就是借题反驳雅可比对物自身概念的反驳（《著作》8：429）。他对康德哲学的批判所起到的重要的后效作用，很早就被人们承认，费希特在康德刚刚去世不到两个月的 1804 年 3 月 31 日，给康德哲学最深刻的批判者雅可比写了一封信，称其对"康德的条文以及对《纯粹理性批判》中最薄弱的方面所开展的抨击是决定性的战胜者"，并称许他的"这个抨击为人们提供的东西并不比康德的三个批判哲学所提供的少"，因为"这三个批判哲学每一个都具有不同的绝对（预设）"。参阅［德］费希特《激情自我：费希特书信选》，洪汉鼎、倪梁康译，经济日报出版社 2001 年版，第 251 页。

② F. H. Jacobi, *Werke*, Ⅱ, Darmstadt, 1976, p. 304；转引自［美］曼·库恩《康德传》，黄添盛译，第 372 页。

各比，它早就认识到了问题的严重性，并且试图从头到脚地对之加以自觉防范。①

　　研究者的如此判断恰与我们对 18 世纪前后西欧知识界思想气候的判断不谋而合，"确然性寻求"骨子里恰恰就是要把侵入到传统形而上学内部的"虚无主义"驱赶出去，这就是学界渐渐重视起来的所谓"康德哲学的形而上学动机"② 这一议题的实质性内涵。先前促使康德展开所谓"哥白尼式的哲学革命"的内在动机和动力——从正面说是"确然性的寻求"，从反面说就是"虚无主义的克服"——本可因康德的卓绝工作而告一段落；然而，现在又因了雅可比的尖锐揭露和批判而再一次成为此后德国观念论哲学家们勠力为之的思想动机和内在动力。"对虚无主义的回应是康德之后（post - Kantian）的欧陆哲学的实质问题"③，也"成了现代德国哲学的基本动力，就像回应启蒙运动是德国古典哲学的基本动力一样"④。费希特（J. G. Fichte，1762—1814）通过极化康德哲学的"建构"（主体建构对象）思想和方法，用"绝对自我"（即康德的"先验统觉"或"一般意识"）吞食了（"设定"）康德的"物自身"⑤，从而达到了以"第一原则"为出发点和学理根基的一以贯之的"知识学"（Wissen-

---

　　① 余玥：《雅各比的洞见：康德体系中隐含虚无主义危机》，《中国社会科学报》2011 年 8 月 16 号（第 214 期）第 9 版。

　　② 参阅［德］海德格尔《康德与形而上学疑难》，王庆节译，上海译文出版社 2011 年版，第 2 页注③；［德］克朗纳《康德的世界观》，载关子尹编译《论康德与黑格尔》，同济大学出版社 2004 年版，第 47—49 页；张汝伦《批判哲学的形而上学动机》，《文史哲》2010 年第 6 期，第 32—40 页。

　　③ Simon Critchley, *Continental Philosophy*：*A Very Short Introduction*，Oxford：Oxford University Press，2001，p. 87.

　　④ 张汝伦：《二十世纪德国哲学·分卷序》，人民出版社 2008 年版，第 8 页。

　　⑤ 费希特认为康德的"自在之物是一种纯粹的虚构，不具有任何实在性。自在之物并不出现在经验里，因为经验的系统不外就是有必然性感觉伴随的思维……诚然，独断论者想保证自在之物具有实在性，即具有把必然性设想为一切经验的根据的实在性，并且如果他能证明，经验凭借自在之物确实可以得到解释，而没有自在之物就不能得到解释时，他就会获得成功；但这恰恰是问题之所在，大家不可把需要证明的东西当作前提。"参阅［德］费希特《知识学新说·第一导论》，载梁志学主编《费希特著作选集》第 2 卷，商务印书馆 1994 年版，第 661 页。康德之后对"物自身"的哲学改造，可参阅［德］文德尔班《哲学史教程》下卷，罗达仁译，第 791—812 页。

schaftslehre）体系①。费希特的"绝对自我"将康德哲学的"主体性原则"和"建构原则"发挥到了极致，这一哲学思致虽然不能让谢林和黑格尔满意，但却给狂飙突进运动（Sturm und Drang）以及随后取代它的"浪漫主义运动"的旗手们提供了最为得心应手的思想武器，因此成就了以弗·施莱格尔（1772—1829）、诺瓦利斯（1772—1801）、荷尔德林（1770—1843）为代表的所谓"德国浪漫哲学"和"德国浪漫美学"②。黑格尔曾在《美学》的"全书序论"③中对之进行过辛辣的理论解剖，称其为"滑稽派"（Ironie），并追溯了它与费希特哲学的亲缘关联：

> 所谓"滑稽"说的各种各样的形式，就是从这种乖戾的倾向，特别是从弗列德里希·施莱格尔的见解和学说发展出来的。就它的许多方面中的一个方面来说，"滑稽"说的更深的根源是费希特的哲学，即费希特哲学中关于艺术的一些原则。

黑格尔认为，正是费希特把"'自我'——当然只是完全抽象的形式的'自我'——看作一切知识、一切理性和一切认识的绝对原则"的观点给了"滑稽派"以哲学支持④，"滑稽派"注定要患上的"一种精神上

---

①　费希特认为，"批判哲学的本质，就在于它建立了一个绝对无条件的和不能由任何更高的东西规定的绝对自我；而如果这种哲学从这条原理出发，始终如一地进行推论，那它就成为知识学了。"参阅［德］费希特《全部知识学的基础》，王玖兴译，商务印书馆1986年版，第37页。

②　关于"浪漫派"的最新研究成果，参阅［俄］加比托娃《德国浪漫哲学》，王念宁译，尤其是第三、八两章，中央编译出版社2007年版。德国哲学曼弗雷德·弗兰克（Manfred Frank）所著 *"Einführung in die frühromantische Äthetik"*（1989）也是浪漫主义哲学研究的必读书之一。参阅《德国早期浪漫主义美学导论》，聂军等译，吉林人民出版社2011年版。

③　以下相关引文参阅［德］黑格尔《美学》第1卷，朱光潜译，第79—83页。黑格尔对浪漫派的批判是始终如一的，在《精神现象学》《法哲学原理》和《哲学史讲演录》中都有集中的讨论。参阅［俄］加比娃在《德国浪漫哲学》中的综合分析，王念宁译，第69—83页。

④　也可以说，正是浪漫派把费希特的绝对自我引申到艺术批判和创作中，并使之极端化。弗·施莱格尔曾把费希特的知识学与法国大革命、歌德的《威廉·麦斯特》相提并论，称它们为那个世纪最伟大的三大成就，并与费希特保持着良好的个人关系，费希特一度还加入了他们的文学社团。当然，把浪漫派的这种极端倾向完全归源于费希特也是不客观的，只能说"浪漫主义者用无目的的创造而又随之毁灭的、无穷无尽的幻想游戏代替了费希特所教导的道德意志的无穷无尽的行为"（［德］文德尔班：《哲学史教程》下卷，罗达仁译，第832—833页）。

的饥渴病……也是从费希特哲学产生出来的"。照费希特哲学，"凡是存在的东西都只有通过'自我'才存在；凡是通过'自我'而存在的东西，'自我'也可以把它消灭掉"，这就导致了"自我"完全可以无端地设置"非我"，当然也就可以毫不费力地取消之。对象的存在与否完全看"自我"的心情如何，对象、连同关于对象的科学理论都成了招之即来挥之即去的最为随便和无所谓的玩意儿。它们本身没有价值，一切都是"自我"的主观显现，"自我"成了一切的主宰，在道德法律领域里，在人和神、世俗与神圣的领域里，没有不是通过"自我"而生又由"自我"取消的，这样一种"神化的自我"，可谓"神通广大"。这就无异于把一切存在都看作只是一种假象、一种随意拨弄的东西。持此理论，我们怎么可能会对世界采取最起码的"严肃"态度呢？而真正严肃的态度都起于敬畏、神圣和坚定的心灵。他们不仅因此而突进了德国观念论哲学家们念兹在兹要驱逐的"虚无主义"，连费希特的绝对观念论也因之显得自相悖谬了，他以作为"第一原则"的"绝对自我"之无可置疑的实在性和确然性证成的号称"真正科学哲学"和"严格科学"①的"知识学"，恰恰成了一种极端"主观性的产品"了。因此，首先是成熟时期的谢林，接着是黑格尔，都因费希特哲学的这种理论上和艺术批评实践上的虚无主义和极端主观化倾向起而矫正之，一如他对康德"物自身"观念的彻底粉碎以成就所谓的"知识学"，结果就是所谓的"非理性主义"和"客观观念论哲学"，前者在叔本华那里、后者在黑格尔那里分别获得了各自的典型形态。这大致就是康德之后德国古典观念论哲学的基本线索和发展简况②，

---

① ［德］费希特：《激情自我：费希特书信选》，洪汉鼎、倪梁康译，经济日报出版社2001年版，第275页。

② 至于康德道德哲学的后世效应，首先在费希特那里得到了强烈的共鸣。在给同学的信件中，费希特难掩激动地写道："自从我读了《实践理性批判》后，我进入了一个崭新的世界。我曾经相信是不可驳倒的原则，现在在我看来是被驳倒了；我曾经相信永远不能证明的事情，例如绝对自由的观念，义务的观念等，现在在我看来是被证明了。我简直成了一个乐天派。这个体系对于人是怎样的尊重，给予我们以何等大的力量，是难以言说的！……这对于一个道德从根底里一开始就被败坏了的、而义务的概念在一切词典里都被删去了的时代，将是何等的幸福。"（［德］费希特：《激情自我：费希特书信选》，洪汉鼎、倪梁康译，第37页）。康德"伦理世界观的严谨和伟大"（［德］文德尔班：《哲学史教程》下卷，罗达仁译，第791页）使得费希特的哲学充满了道德的崇高感和行动的庄严感，或如海涅所说"有一种高傲的独立性，一种对自由的爱，一种大丈夫气概"（［德］海涅：《论德国宗教和哲学的历史》，海安译，商务印书馆1972年版，第118页）。

美学方面的情况与之相仿，但也有自己的独特处。如果说哲学领域是费希特起到了由康德进至黑格尔的中介作用，那么在美学领域，席勒所起的作用恰恰与哲学领域中的费希特相当。

第三节　席勒《论美书简》之于德国古典美学的"舵手"意义

席勒（Friedrich von Schiller，1759—1805），这个名字虽然很少在欧洲哲学史的教材中被重视，然而，就其于近代德国人文学术演进看，他的地位确乎非常关键而重要。对于 18 世纪末至 19 世纪初这段哲学史和思想史上唯有"自苏格拉底到亚里士多德的希腊哲学的巨大发展才堪与匹配"的辉煌时期，哲学史家给予了应有的赞美和关注，而席勒的独特意义也就此得以凸显：

> 在短短的四十年（1780—1820）间德国精神，无论在深度上和广度上都有巨大的发展，出现了哲学世界观的种种体系，枝繁叶茂，五彩缤纷；历史上从未有过在这样短的时期里［人才］如此密集……它们在总体上表现为长期成长的成熟的果实，从这果实中必将迸发出至今仍难猜测的新发展的嫩芽。这种辉煌灿烂的景象究其根源总的在于德国民族的精神活力……而它的战无不胜的力量恰恰存在于哲学同诗歌的结合。康德和歌德诞生于同一时代，两人的思想又融合于席勒一身——这就是当时时代起决定作用的特色。①

席勒由此处在了"汇流"和"导源"的关键位置上。对席勒于德国古典美学史上特殊而关键的学理地位的揭示，将会为此提供一个重要佐证。

文德尔班甚至认为，"席勒的思想，即使在他结识康德以前（正如他的《艺术家》一诗所表现的诸多形象之一），就早已转向人类理性生活的整体关联及其历史发展中的艺术和美的意义的问题了，他凭借康德的概念去解答这个问题，使知识学的理念论得到决定性的转化"即以"审美理念论"取代费希特"知识学"所宣讲的"伦理理念论"和谢林"自然哲学"所陈述的"自然理念论"。取代的方式就从席勒把康德着意分析的

---

① ［德］文德尔班：《哲学史教程》下卷，罗达仁译，第 726—727 页。

"鉴赏"概念转化为隐含其中的"艺术"概念，也即把康德作为"表象方式"的"美"的概念转化为作为活生生的艺术作品的"美"——正如我们上文已经做过的分析——中表现出来。在席勒关于"美是现象中的自由"的界定中，审美理性恰当地表达了理论理性与实践理性的有效综合——这正是康德第三批判梦寐以求的结果。① 对"美"的概念的这一关键性的"转化"，席勒是通过对"美的研究法"的穷举找到的，那是一条通向"美学确然性"即"艺术哲学"的路，这一探求历程集中体现在他的《论美书简》（*Kallias – Briefen*, 1793）② 中，席勒由此承接了德国古典美学发展的转舵大任。③

---

① ［德］文德尔班：《哲学史教程》下卷，罗达仁译，第825—826页。

② 这一通被冠名为"论美"的书简，由席勒于1793年1月25日至2月28日写给友人克尔纳的七封信组成，于1847年首次在《席勒与克尔纳通信集》中发表（但这并不表示席勒关于"美"的思考不会在当时的思想界产生影响，近世欧洲学术交流的主要渠道恰恰就是这类"学术通信"而非现在通行的学术出版，更何况它的理论应用已在席勒著名的《审美教育书简》中得到了出色展现），这一部分原题为"*Kallias – Briefen*"，通常称为"论美书简"。席勒原打算把他关于"美"的思考编入题为"*Kallias oder über die Schönheit*"的伟大论文（eine große Abhandlung）中，但因时日不济未及完成。英文本有：Friedrich Schiller, Christian Gottfried Körner, *Correspondence of Schiller with Körner*, Vol. Ⅱ., trans. L. F. Simpson, London：R. Bentley, 1849. 相应的德文原版可参阅"维基百科"网络版：http：//de. wikipedia. org/wiki/Kallias – Briefe。汉译本参阅张玉能教授编译《席勒美学文集》，人民出版社2011年版，第59—94页；《席勒经典美学文论：注释本》，范大灿等译，三联书店2015年版，第1—94页。本书以下凡引此著，皆只注明"*Kallias*"、序号和其在《席勒美学文集》中的页码，所引汉译均参照上述英文本和德文本校改。

③ 国内著名席勒美学研究和翻译专家张玉能教授曾对此概括说："席勒美学使美学走向客观化和现实化。席勒的《论美书简》主要表现了席勒美学由康德美学的主观性走向客观性的趋向……而席勒的《审美教育书简》则更侧重地表现席勒美学由康德美学的抽象性走向现实化的进程，并且真正使美学走向人性本体论"。参阅张玉能《西方美学通史（第4卷）·德国古典美学·序论》，上海文艺出版社1999年版，第30页。类似的观点也可以在国际著名席勒研究专家维塞尔（Leonard P. Wessell）的著作中读道："我认为，在18世纪美学理论中构成一个关键性转折点的是席勒的美学理论，而不是康德的《判断力批判》（1790）。因为席勒的美学理论比康德的理论更指出了未来的道路。"参阅［美］维塞尔《席勒美学的哲学背景》，毛萍、熊志翔等译，华夏出版社2010年版，第2—3页。维著还提到他之前持此观点的理论家，如克罗纳（R. Knoner）的《从康德到黑格尔》和索默（R. Sommer）的《从沃尔夫—鲍姆嘉通到康德—席勒的德国心理学史和美学史的基本观点》。前书专列一节讨论席勒的"美学书简"，并试图表明，席勒的美学思想影响了德国观念论的发展进程，因为它使美学在哲学进程中成为一个中心角色（R. Knoner, *Von kant bis Hegel*, Volume Ⅱ, Tubingen, 1961, SS. 45—47）。后书从心理学观点出发，提出是席勒而非康德才是18世纪美学的巅峰（Robert Sommer, *Grundzüge einer Geschichte der deutschen Psychologie und Aesthetik von Wolff – Baumgarten bis Kant – Schiller*, Amsterdam, 1966, S. 425）。国内关于此书简的讨论，以张玉能的《席勒美学论稿》最为广泛和深入，参阅其中"第一章：自由与美和艺术——《论美书简》评析"，华中师范大学出版社2009年版。然而，席勒如何完成这一关键性转变并成为一个中心角色的，诸家并未有详切深入的剖析，而这正是本书的意旨。

在《论美书简》中，席勒认为，对"美"的研究，是"美学"的任何部分都不可或缺的，它会把我们引向非常广阔的领域。由此已可看出，席勒切入美学的点，一开始就与康德不同：他不是诉诸我们的鉴赏判断，而是首先要确定"美是什么"的概念问题。之所以选择此一路向，也不是席勒拍拍脑袋就想出来的，那是通过对"美的研究法"加以穷举后所必然得出的。席勒以美的要素要么是感性的要么是理性的、美的性质要么是主观的要么是客观的为经纬，穷举了逻辑上可能有的"美"的四种解释方式（如图，*Kallias* I, 59）：

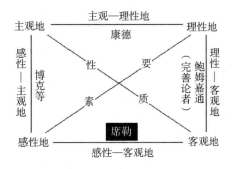

在席勒看来，他之前的三种研究美的方式，即以博克为代表的"感性—主观地"研究美的"经验论美学"、以鲍姆嘉通和门德尔松为代表的"理性—客观地"研究美的"完善论美学"（理性论美学）以及由康德所开创的"主观—理性地"研究美的"先验论美学"（批判美学）。其中的"每一种自身都有经验的部分，显然也包含着真理的部分"，比如当博克的信徒同沃尔夫的信徒相反而强调美的"直接性"和对概念的"独立性"时；但又都是不能令人满意的，比如当博克派反对康德主义者而认为美仅仅在于感性的情绪激动状态时。因此，他们都无法真正解释关于"美"的难题。席勒为之诊断的错误根源在于，它们都"把与该理论相符合的那种美的部分当作了整体的美本身"——我们已经说过，这对于人类的理性本性来说实在是太自然不过了，它不过是我们天生具有的"泛化冲动"的外化而已，席勒后来以"理性冲动"来标明它们之所以如此的人性根源。当然，席勒最关心的还是康德的方式。席勒认为，与完善论美学相比，批判美学的"巨大好处"是"分清了逻辑的东西和美的东西"，也就是康德把"美"——实质上是"美感"或"鉴赏"，不仅理解为情感的、愉悦的，更重要的是强调了它"非关逻辑"（直接性）和"非关概念"（独立性）的自由特征；也就是说，康德把审美对象的"审美特性"与"逻辑本性"分离开来了。然而，在席勒看来，康德过于绝对化了，他在彰显美的独立性及其审美特性时，恰恰忽视了作为美之对立面的、被他隔离出去的对象的"逻辑本性"。的确，"美的最大特性就是征服其对象的逻辑本性，如果没有障碍来给它征服，那它如何做到一点呢？"（*Kallias* I，60）可以看出，"征服"一词显然是"艺术家言"而非"哲学家言"，针对的是"艺术之美"而非"自然之美"，康德与席勒的差异又一次显露出来。

所谓"感性—客观地解释美"的方式，就是"客观地提出美的概念并从理性的本性出发完全先天地（a priori）证明它"（*Kallias* I，59）。正如前文对康德的处理方式一样，理论家头脑里思想的实际发生历程与他对自家思想事后的策略讲述是两回事。席勒也是如此，这里，他是在向克尔纳"讲述"自己关于美的理论。席勒没有采取康德所谓的"分析的"、他自称为"从经验出发"的方式，而是"借助推理"以"综合的"方式展开。席勒的切入点是"我们与自然的关系"："我们或者被动地，或者主动地对待自然（作为现象 [Erscheinung]），或者既被动又主动地对待自然。"与之相应，就有了三种方式与自然现象发生关系，即"感觉自然""认识自然"和"想象自然"（*Kallias* II，63）。席勒接受了康德的建构理论和表象①理论，认为"表象"既可接受理论理性的统摄而成为理论的和认识的，亦可以接受实践理性的规约而成为实践的和意志的。理论理性统摄的表象，既包括"直观"这种直接的表象——由感性提供，故其与理性的形式是否相合是偶然的，也包括"概念"这种间接的表象——由理性自己提供，故其与理性的形式必然相合，且无论如何，范畴和原理在其中都是绝对关键的；实践理性规约的表象，主要就是意志，既包括自律——其与实践理性的形式必然一

---

① 在康德和席勒这里，"表象"（Vorstellung）是一个内涵异常丰富的概念，一般而言，可以说凡是我们心眼里有的都可以如此称谓（A197/B242）。一个"表象"可能是一个直觉、一个直观、一个知觉、或一个概念，甚至是一个"理念"或"观念"。参阅［英］布宁、余纪元编著《西方哲学英汉对照辞典》，"表象"条，人民出版社 2001 年版，第 876 页；［德］文哲《康德美学》，李淳玲译，台北：联经 2011 年版，第 196 页；另请参阅本书 245 页表格。

致，也包括他律——其与实践理性的形式一致是偶然的，且无论如何，自由在其中都是基础性的。

很显然，在理论理性领域内根本不会有美，"因为美是绝对不依赖于概念的"，因此，"我们似乎必将在实践理性里寻找美并且会找到它"（*Kallias* Ⅱ，65）。这里我们又一次看到，席勒与康德思考方向的差异，尽管席勒也谈到康德在第三批判"导言"中所判析的自然的"逻辑判断"和"目的论判断"以及由此得到的"逻辑表象"和"目的表象"，但他闭口不谈在理论理性范围内——如康德曾认定的那样——有所谓的"审美表象"。关键是，席勒把康德曾赋予依然隶属于认识能力的反思判断力的那种能于自然界"看出"其形式合目的性的功能转移到了实践理性身上去了。但我们不能就此说，席勒是从道德中推导出美的①，席勒甚至认为"美几乎同道德是不相容的。道德是运用纯粹理性的规定性，美作为现象的一种属性，是运用纯粹自然的规定性。"（*Kallias* Ⅲ，70）也就是说，席勒认为，像理论理性面对与自己异质的无限直观及其众多变相而把专属的"规律"放入其中（在康德那里，这正是判断力面对的情形）那样，当实践理性面对的不再是出于自身的意志行动，而是同自己异质的自然活动（Naturwirkungen）时，也必会"通过自己的手段把一个目的放入现有的对象之中，并判定它是否合乎这个目的"，但并不是像在道德判断或认识判断中那样是"构成性的"（constitutiv）而是训导性的

---

① 席勒在美的范围内所谈到的"实践理性"仅仅是"纯粹意志的形式"（*Kallias* Ⅱ，67），又被称为"感性的意志"（der Wille der Sinnlichkeit）或"形式意志"（即 the will－to－form，这一概念后来出现在里德的著述中，即"创造一个均衡、整一和图案或块体的欲望"，这种欲望一旦被对象表现得如同从自身涌现出来的一样，那就是席勒的意思了。参阅［英］里德《艺术的真谛》，王柯平译，辽宁教育出版社1987年版，第13、200页）。在对康德道德哲学的理解中，我们基本上把"实践理性""自由意志"和"道德"视作可以互换的概念，细查之，绝非如此。从"自由意志"先推及"善良意志"才能进到"道德"，但为什么"自由意志"就非得是"善良"的不可？这在《实践理性批判》中是隐藏着的，但不等于不存在。更不要说在"实践理性"与"道德"之间还有更长的理论之路要走了。其实我们只要想想，虽然每个正常的人都有"自由意志"，但并非每个人都有真正的"道德"。康德只是说，道德的根据是自由，至于道德的实现，则需要有现实的支援，因为道德的效果必须在现实中才能表现出来，而一旦善良意志现实化就会遇到来自主客两方面的阻碍，这就是为什么"道德规律"在人世间会以"绝对律令"这种"命令式"的方式表现出来的根源。

（Regulatif）①，即"为了使自然活动显示出自律性，实践理性对之可以提出希望（但不是要求）"并把"像似自由"（Freiheitähnlichkeit）"借予"（geliehen）自然存在。这样，"对象与实践理性的形式的这种类似也不是实际上的自由，而只是现象中的自由，现象中的自律"。（*Kallias* Ⅱ，66—67）如此一来，席勒像康德一样得出四类判断方式及与此相应的四类现象②：

席勒的"判断"分类表

判断依据	判断对象	判断类型	判断结果
认识形式	概　念	逻辑的	真　理
	直　观	目的论的	完　善
纯粹意志形　式	自由活动	道德的	道　德
	自然活动	审美的	（最广义的）美

席勒因此给美下了一个这样的定义："美不是别的，而是现象中的自由"，"感性事物的自律"（*Kallias* Ⅱ，67；Ⅲ，72）。席勒把康德整个哲学的精髓概括为两句话——"请你自己来对自己规定"（Bestimme Dich aus Dir selbst）和"知性为自然立法"（A127），并把它们合起来用以探求美的本质："如果某些自然现象本身表现出自我立法这种伟大的思想，我们就可以把它叫作美"，或者"在感性世界中那种仅仅表现为自我规定的形式就是自由的一种表现"。（*Kallias* Ⅲ，70—71）因此，接着前一个界定，席勒就可以说："现象中的自由不是别的，而是在事物中的自我规定（自律）"。一个对象，"一旦我们把它判定为审美的（ästhetisch），那么我们就只关心，对象能否是其所是并因着自身而存在"，就像它自身"直

---

　　①　Constitutiv 和 Regulatif 是康德哲学特有的、具有奠基性的方法论意义上的概念，即建构与训导（范导）。张玉能教授把它们分别译作"本质的"和"有规律的"（*Kallias* Ⅱ，66），显然未能传达出席勒对康德哲学的依凭及席勒思想本身的意蕴。

　　②　在《审美教育书简》中，席勒也谈到"在现象中可能出现的一切事物"和我们可以处在四种关系中：可能与我们的感性状态（比如健康和生存）有关，这是其物质性质；可能与我们的知性有关，这是它的逻辑性质；可能与我们的意志有关，这是它的道德性质；最后，"可能与我们各种力的整体有关，而不是其中任何一种单独力的一种特定的对象，这是它的审美性质"。参阅［德］席勒《审美教育书简》，§20 结尾的"作者原注"，冯至、范大灿译，上海人民出版社 2003 年版，第 162 页。

观"显现的那样被我们单纯地接受,席勒因之把美的对象"对于目的和法则的独立性视为它首要的独特之点",但这不是说美的对象可以反规则,"毋宁说,任何美的产物本身都可以并且必须合乎法则",只是"它应该表现为摆脱了任何法则而自由的"。(Kallias Ⅲ,71)席勒由此确立了美的如下基本原理:"只要我们既不在对象之外寻找也不被迫在其形式之外寻找它的根据……对象就可以在直观中显现为自由的。"(Kallias Ⅲ,72)也就是说,如果一个对象不是借助于概念而仅以自身形式来"宣示"(Erklärung)自己的存在,那它就是美的——这里既排除了严格的合规律性,也排除了严格的合目的性。这样,席勒就表明了"主观原则仍然可能转化为客观原则"(Kallias Ⅲ,72)[①] 的理论意图。

在如此解释"美"之前,席勒就已经表示说:"我在这里更多的是作为康德主义者在讲话,因为我的理论归根到底可能难免于这种责难。"(Kallias Ⅱ,63)席勒的这个表白的后半句似乎有某种"难言之隐"。据我们这里的推测,正是由于其理论有着某种他人不易察觉的与康德学说本有的某种"貌合神离",才使得席勒有如此心不甘情不愿的说辞。两人的"貌合"自不必多说,从用语、思路到整个结构,都有着明显的康德印迹,尤其是二人都在"纯形式的存在"(Kallias Ⅲ,70)领域内立论以及都把"自由"视为"人类的最高本质"(Kallias Ⅳ,75)这两点上,但他俩的"神离"之处似乎还少有人触及。总括先前的论述,可提出如下几点:

(1)两人切入美学的视点不同。席勒不是像康德那样诉诸于我们的"鉴赏"或"情感",而是思量的首先确定"美是什么"这一基础概念问题。康德是从"主体"的角度"先验地"追问"我们如何发现美",席勒的意图是从"客体"的角度"客观地"解释"对象为什么美"。就何者与二人思想之本性更具亲和性而言,"自然美"(它最有资格被视为对

---

① 席勒的这一看法承自康德的道德自律学说,即道德自由与"自律"或"绝对律令"是一致的。这种看法被席勒和歌德的古典主义引入艺术之中:"唯法则堪能赋予我们以自由"是这种古典主义秉持的基础信念。对席勒和歌德而言,"主观性"和"客观性"是首尾相接的,正如歌德所说:"显露于现象中的法则,以最大的自由,并根据它本身的条件,产生出客观的美,而这种美必然切实去寻找相应的主体来把握自己。"参阅〔德〕卡西尔《卢梭·康德·歌德》,刘东译,第110—111页。

康德先验美学尤其根本的"纯粹美")之于康德"第三批判"的亲和性正如同"艺术美"之于席勒的美论。借孟尔康的话说，自然美与艺术美正可分别视为康德和席勒美学理论的"基础文类"①。正如康德所言：对于自然美只要有鉴赏力就好了，然而对艺术美，则要求有天才（《判批》155）。因此，席勒更多不是像康德那样从"鉴赏"而是从"自由"及其"创造冲动"即"艺术"的角度立论的。作为二人美学思想之落脚点的，在康德是"人的美"，在席勒则是"艺术美"——这正是席勒《论美书简》最后一封信（又称"附件"）的标题（*Kallias* Ⅶ，89）。

（2）与康德把鉴赏归于隶属于认识能力的反思判断不同，席勒把"美"归于实践理性（创造理性）②，"美"的原则不再是对象形式的主观合目的性，而是我们通过创造理性在对象那里发现了"像似自由"即"现象中的自由"。"美在对象形式的主观合目的性"这一先验原则同"美是现象中的自由"或"感性事物的自律"或"现象之纯粹的自然规定性"这些界定，完全是两套话语。这里既没有严格的合规律性，也没有严格的合目的性，就连康德极为器重的"道德因素"或"道德情感"都被席勒排斥在艺术美的范围之外——"艺术作品的道德的合目的性或者还有行为的道德的合目的性很少增加它的美，以至合目的性反而应该隐藏起来……美应该成为完全自由和非强迫地来源于事物本身的东西。"（*Kallias* Ⅲ，72）席勒也不是像康德那样为完成第三批判的"体系的任务"始终在思考如何把审美引向道德，而是以美的原则来打量道德的行为："当道德行为的发生好像完全出于自身的自然本性时"，也即"只有在精神的自律与现象的自律相一致的情况下，自由的行为才是美的行为"，"只有在履行义务成为人的本性时，道德美才产生"，它是"人格完善的最高程度"（*Kallias* Ⅳ，75）。

（3）席勒对"美的分析"不再是像康德那样把"鉴赏"归结为审美主体的先天心理结构及由诸认识能力间和谐一致形成的审美心意状态，而

---

① ［美］厄尔·迈纳：《比较诗学》，王宇根等译，中央编译出版社1998年版，第7—8页。

② 席勒眼中的"实践理性"显然并非康德的基于"自由概念"的"道德实践"，但也不完全是康德揭出的另一种基于"自然概念"的"技术实践"（《判批》6），而是介于二者之间的一种实践理性，它更接近于亚里士多德学科分类中的"创造性科学"（参阅《形而上学》第6卷第1章）的内涵，故而可称之为"创造实践"或"创造理性"。

是从实践理性即"创造实践"的角度，在把"自由""供予"对象之时，也就把探讨的触角伸向了对象的形式，而不再关心审美心意状态的问题①。

（4）康德是以一个思辨哲学家的身份在探寻鉴赏的先天原理，哲学的意图当然就是第一位的；而席勒则以一个艺术家的身份借助康德的理论来反思"美"的本质，因而强调的是"美"的创造过程，而非我们对美的"鉴赏"过程。康德的意图更多的是"反思"和"规定"（"批判"），席勒的目的只在于"解释"和"说明"②。

（5）正是由于席勒的"创造"而非"鉴赏"的出发点以及"解释"而非"批判"的题旨，使得他关注的焦点不在我们如何去鉴赏并从中得到情感的无私愉悦，而是重在如何让"美"显现出来，不论是天然的（自然美）还是人为的（艺术美）。这也就是席勒何以那么强调美的创造中一定要有对质料或粗糙形式所造成的"阻碍"的某种"征服"（*Kallias* I，60），而不像康德那样重视鉴赏活动中如何地达到和拥有想象力与知性在一被给予的对象形式上自由游戏的审美心意状态的缘故。或者可以这样说，席勒恰恰是在康德的基础上往前推进了一步，那就是，席勒考虑的是康德所揭示的那种令人神往而纯粹的审美愉悦是如何创造出来的。美的"征服说"的确是一个深知艺术三昧的理论家才能道出的切当理论，这在《论美书简》的最后一封信中有着精彩的体现：席勒以"斗争"一词来表达艺术创造过程的艰辛，在这里，被表现对象的自然（本性）、表现媒介

---

① 只是在《审美教育书简》中，席勒才谈到这种审美状态："心绪从感觉过渡到思想要经过一个中间心境，在这种心境中感性与理性同时活动……心绪既不受物质的也不受道德的强制，但却以这两种方式进行活动，因而，这种心境有理由被特别地称之为自由心境。"与受感性规定的物质状态和受理性规定的逻辑的或道德的状态相比，"这种实在的和主动的可规定性的状态就必须称为审美状态"。很显然，席勒此处所谈，已不是"美论"而只是揭示一种心境，然后告诉我们，能引起此一心境者，就是美的艺术，因此可借着艺术进行所谓的"审美教育"以成就真正的人格。参阅［德］席勒《审美教育书简》，§20 以后，冯至、范大灿译，上海人民出版社 2003 年版，第 159—240 页。

② 正如著名康德专家艾利森在给文哲的《康德美学》拟写的"序"中所言，康德美学大体是针对美感判断及其基础和保证的，康德虽然也处理了艺术本质的问题，"还提出一个十分有影响力的艺术创作论与天才论"，"但就'审美的批判'而言，这些至少在他的心中是次要的"，"总而言之，康德的理论大体是'接受'，而不是一种'美感创造'"。参阅［德］文哲《康德美学》，"艾利森序"，李淳玲译，第 xix—xx 页。

的自然（本性）以及应该使前二者协调的艺术家的自然（本性），彼此之间进行着斗争（*Kallias* Ⅶ, 91）。如果斗争的结果是，"任何东西都不是由于质料而存在，而是一切都由于形式而存在，那么表现就会是自由的"，这种"摆脱了一切主观规定和一切客观的偶然规定的、最高独立性的表现"就是艺术的最高境界，即席勒所谓的"风格"（Stil），它的本质内涵也是艺术的最高原则即"表现的纯粹客观性"。以这一最高理想为标准，就可以区分出由高到低三种不同的艺术表现层次：伟大艺术家向我们"显现对象"，其表现具有纯粹的客观性；平庸的艺术家向我们"显露自己"，其表现具有主观性；拙劣的艺术家向我们"显示质料"，艺术表现被媒介的自然本性和艺术家的局限性所破坏。（*Kallias* Ⅶ, 92）

席勒这最后一方面的理论创见，正是对自己艺术创造体验的理论提炼，它指明了艺术创造的一种方向或方式。也就是说，在艺术创造中，艺术家的作用就是要让塑造出来的艺术对象只以"自己的客观属性来吸引我们，或者更确切地说，迫使我们注意它那不来自外部规定的属性"（*Kallias* Ⅵ, 77）。当然，对象，不论是自然对象还是艺术对象，能具备此种属性者，肯定不是其质料，而只能是它的"形式结构"。因此，艺术家就必须通过对对象之形式的加工和技艺化——"根据法则接收加工的形式就叫做合乎艺术或技艺的形式"（*Kallias* Ⅵ, 78）——使看到它的人们"产生出过问规定根据的要求"，但随后又发现这种形式的规定根据不可能是外加的和他律的，因而就必然是自律的和自由的，这个对象就是一个美的对象或美的艺术品。因此，"只有借助于技艺，自由才能够得到感性的表现，就好像只有借助于因果性和在意志规定的对比中，意志自由才能够被想到一样"，或者"就好像为了引导我们达到意志自由的观念，必须有自然的因果性的观念一样，为了在现象界引导我们达到自由，也必须有技艺的观念。"（*Kallias* Ⅵ, 78）因此，席勒对"美"的界定就有了三个不同的逻辑层次：

（1）美的根据："美不是别的，而是现象中的自由"（*Kallias* Ⅱ, 67）；

（2）自由的实质："现象中的自由不是别的，就是事物中的自我规定（自律）"（*Kallias* Ⅲ, 71）；

（3）自律的显现条件："技艺是我们关于自由的表象的必要条件"（*Kallias* Ⅵ，78）。

席勒把这三个理论层次概括起来就得到他最后给美的界定："美是合乎艺术的自然。"（*Kallias* Ⅵ，78）"自然"表达了如下内涵：美局限于感性事物的领域；自由在感官世界中的范围；自然而然没有人工雕琢的斧痕（技艺），因而有"本性"（独特形式①）和"必然"的意思。因此，席勒这里的"自然"并非专指"大自然"的意思，这个界定的内涵无非是说，"美是本然地合乎艺术的感性对象"②。"合乎艺术"是指对象形式的合法则性，而这种合法则性又完全出于对象的自然本性，即由对象形式而来的技艺完全是对象自愿接受的结果："自由显得好像是自发地从事物中流溢出来的"（*Kallias* Ⅵ，84）。因此，"在物质完全服从于形式（在动物界和植物界）和服从生命力（我把一切有机体的自律放在生命力中）的地方，我们到处感觉到美。"（*Kallias* Ⅵ，80）但是，在这个定义里，"自由"和"技艺"之于"美"的关系又是有主次的：自由是美的直接根据，"技艺对美所做的贡献，仅以它引起自由的观念为限"③，因此只是美的间接条件（*Kallias* Ⅵ，83）。所以，只有"技艺中的自由"才能把"美的事物"同完善的事物、真理和道德根本地区别开来。形式派美学所揭示的"形式的多样统一"（即"完善"）并非美的本质所在，只有"当它的完善表

---

①　必须注意"形式"在西语中不同于汉语的独特内涵，尤其是哲学意义上的"形式"。概括地说，它与"本质"是同义的。在希腊语中称为"eidos"，词根"idein"有"观看"之义，在亚里士多德和柏拉图那里指的是决定事物如其所是的内在结构。在康德和席勒这里，"形式"与"质料"对举，且是赋予后者以可理解的存在的范型，如康德的先天直观、范畴和原理，正是它们"建构"了我们的现象世界。比如，一尊雕塑的本质，并不在于构成它的质料——石头，而在于艺术家赋予它的存在形式，其艺术价值之高低亦取决于艺术家所赋予的这种形式的价值高低。这在中国的书法艺术里，表现尤为显豁。这也是康德和席勒根本在"形式"领域谈论艺术和美学的学理根源所在。

②　席勒以"花瓶"为例说明了这一内涵：作为物体，花瓶要服从重力（法则），但为了使花瓶显得"美"，就必须施以"技艺"，借此使这一法则完全融合于它的形式之中，即重力受到特殊的规定并借助于花瓶的独特形式而必然地表达出来。总之，美的花瓶应当是"形式支配重力"而非相反，如那些大腹便便的花瓶那样，好像重力压扁了它而从长度那里剥夺了什么而给予了宽度，这是"重力支配形式"——"笨拙"或"丑"（*Kallias* Ⅵ，79）。

③　更明白地表达是："技艺的观念的作用仅仅在于，在我们的内心唤起产品不依赖于技艺的性质，并使产品的自由变得更加直观。"（*Kallias* Ⅵ，83）

现为自然时，对象才是美的。① 当完善变得更加复杂而这时自然并不受损失时，美就得到了加强"（*Kallias* Ⅵ，84）——这就是席勒"美在征服"的理论。如果我们不认为康德美学是形式主义的——正如我们前面说过的那样，那么，席勒美学就更不会是形式主义的，他甚至认为，合目的性、秩序、比例和完善这些长期以来被"形式主义美学"② 吹捧为美的本质的东西，"其实与美毫无关系"，虽然"美"肯定不能违背它们。对象之所以显得"丑"，并非是他们的"比例"遭到了破坏，而是对象形式有悖于它自身的自然（本性）而显出"他律"的缘故。比例、秩序、合目的性，甚至是真和完善，所有这些对象所具有的性质，都只是"造成美的质料"，只有其"自由显现"即在形式上表现为自律时才可称为美的。

在把"自由"视为人之最高本质、把"自由""借予"对象、把"美"独立于概念因而独立于理论和认识这些方面，席勒和康德完全一致。但康德就此只说这是主体反思自然而为自己设定的，和自然本身无涉，自然的形式合目的性只是反思判断的主观原则，在对象领域没有任何的建构性作用，只是对人类的情感具有建构功能——总之，康德是把这一先验原则严格限制在主体情感领域的。而席勒却就此岔出去了，他把理性本质上要求的、"借予"对象的"自由"终于转换成了对象本身固有的，否则，我们怎么能够把理性追究出来的"美的原则"运用于其上呢？对象必得有此运用的可能，方才有实际地运用其上的审美判断发生——这一点我们在讨论康德鉴赏判断"个体必然性"时也涉及过，或者说，席勒抓住的就是这个"个体必然性"并把它推及于对象本身的。如果说康德美学的着力点在审美主体应有之条件，比如非功利、无关概念、自由的心态等，那么，席勒美学主要关心的则是对象本身应当如何才有可能成为审

---

① 席勒通过那个古老的命题"波浪线是最美的线"验证了自己的美论：如果按鲍姆嘉通的追随者，他们会把之所以美的原因归根于"多样（线不断改变自己的方向）统一（表现出一种共同的趋向）"这一原则。但这解释不了完全满足如上两个条件的曲折线何以不美（*Kallias* Ⅵ，86—87）。

② 词语的混用是造成理解上混淆的重要根源。"形式主义"中的"形式"已经完全不是当康德说"美在形式合目的性"或席勒说"美是形式征服质料"时所意指的"形式"。分别它们的最好方法是看它们的对应概念：与前者对应的概念是"内容"，而与后者对应的是"质料"。后者的内涵包含并远远大于前者。在席勒，"形式在艺术作品中是纯粹的形象显现（Erscheinung）"，即被表现对象的"外观"（scheint），参阅 *Kallias* Ⅶ，91。

美的对象。当然，这不是说席勒不关心"美感"问题，但他对"美感"
与对象之间的关联，同康德一样，反对在一个不管有没有自由显现出来的
表象上，把它与某种美感先天地联结起来，"而无论从自由的概念，还是
从现象的概念中当然都不可能分析地抽出这样一种感觉"，按康德的术语
说，这里很少有"先天综合"产生（*Kallias* Ⅴ，76），"只有经验才能够
说明"这一点——对这一部分的研究，席勒主张用"归纳法和心理学的
途径证明"。因此，席勒这里谈的也依然是我们在前面论述的康德意义上
的审美的"个体必然性"问题。

　　席勒就此提到一个非常重要的理论判析点："规定一个美的概念和被
这种美的概念所打动，这完全是不同的两码事。"前者需要的是"理性思
考"，后者需要的是"感受观照"①。席勒现在要做的就是要"规定美的
概念"，并补充说："但是，我与康德一致否定，美令人喜爱要依赖于这
种概念。依赖于概念而令人喜爱，必须以心灵中这种概念在快感之前的预
先存在为先决条件"，这只是在完善、真理和道德评判中遇到的（参看前
面所列"席勒的'判断'分类表"），"我们对美的快感产生之前并不预
先存在一个美的概念"。（*Kallias* Ⅲ，69—70）但是，就"理性思考"看，
美，作为"现象中的自由""技艺中的自律"或者"合乎艺术的自由"，
是以对象本身的客观属性为根据的。理由是，面对美的对象，相反的情
形，即对象的美是由他律造成的，是决然不可能的；"我们用美来标记的
事物的那种属性，与现象中的自由是同一的，是相同的东西"，并且也
"势必导致那种对感觉力的作用"（*Kallias* Ⅴ，76）。总之，我们通过"理
性"的"主观运用"而在对象身上发现的"自由"，虽然"仅仅是由理
性在用意志的形式观照客体的时候才放入客体之中的；但是这种概念的否
定方面却不是理性授予客体的，而是理性早已在客体中找到的。因此，被
判定给客体的自由的根据仍然包含在客体自身之中，尽管自由仅仅包含在

---

　　①　这的确是理论上完全不同的两个层次，一个是"感受美"从而获得美感愉悦，一个是
"研究美"从而获得"美"的概念和原理。席勒在他对"美"的界定里，之所以提及"技艺"
或"法则"这类"理论思考"所需要并作为其结果的概念，完全是解说的需要，而在实际的审
美中，它们仅仅具有消极的作用，以阻碍我们"思考"对象并试图加以逻辑归摄。"把事物的形
式当作某种依赖于法则的东西来思考，仅仅是我们理论理性的需要；但是，对于我们的感觉，事
物不由法则而存在却由于自身而存在的那种情况仍然是事实。"（*Kallias* Ⅵ，83）

理性之中。"（*Kallias* Ⅵ，82）席勒以此而把康德在第三批判提出的那个关于"自然与艺术"的著名命题收编在了自己理论的麾下："自然是美的，如果它看上去同时像是艺术；而艺术只有当我们意识到它是艺术而在我们看来它却又像是自然时，才能被称为美的。"（《判批》150）康德的前半句表达了"技艺是自然美的本质要求"、后半句表达了"自律（自由）是艺术美的本质条件"的意思；而艺术美本身已经含有"技艺"的观念，自然美本身也已包含自由的观念，因此，席勒推定"康德自己也会承认，美不是别的，而是技艺中的自然，合乎艺术的自由"。（*Kallias* Ⅵ，82）

这就是席勒借重于康德的思想通过对美的沉思所得来的美学思想，他以此建构起自己的理想王国——"审美的王国"。"在审美的王国里，每一个自然的产物都是自由的公民，他同最高贵的公民拥有相同的权利，而且甚至为了整体也不应该受到强制，而且应该与一切相一致。在这样一个完全不同于最完善的柏拉图理想国的审美世界里，连我穿在身上的衣衫也要求我尊重它的自由，而且像一个腼腆的仆人那样，它请求我不要让任何人觉察出它在为我服务。不过，为此它也互惠地向我保证适度地运用它的自由，从而丝毫也不损害我的自由。"（*Kallias* Ⅵ，85）每一个堪称美的事物，每一片美的风景，每一件美的艺术品，每一首小诗，都是一个"美的世界"，一个"审美的王国"，一个"自由的王国"。在这个王国里，每一个公民都有自己的意志并以此表现出它的自由，但在行使自己的自由时又都不妨碍别个公民的自由，这种"不妨碍"就成了每个公民的自我约束和自我限制，"每个人仿佛都只遵循自己的意愿，但无论如何都不阻挡别人的道路……坚持自己的自由而又维护别人的自由"（*Kallias* Ⅵ，88），整体的和谐因此而产生。艺术家的创造意志和意图必须这样来表达，作品中的每一部分都只遵循自己的内在意志，但又因其他每一部分的自由诉求而不得不自行约束，从而形成了整体的和谐。艺术家要让自然本身自行泄露秘密，即使是知识，如果它不是通过由已知到未知那种几何学方法而是通过苏格拉底式的辩证法得出来的，即不是从理智那里"逼要"或"索取"而是通过"诱导"自行得出来的，那也是美的。总之，"审美趣味的王国是自由的王国——美的感性世界应该是类似于道德世界的最好的象征，在我之外的任何一个美的自然产物，都是幸福的公民，他大声呼吁着：‘像我一样地自由吧！’”（*Kallias* Ⅵ，86—87）席勒对康德的继承决不是解决问题的切入点和思路上的，而在结论上——按费希特要求于想要理解康德的人的话来说就是，席勒“通过自己的方式得出康德的结论”①：席勒不仅得出了康德“美是德性—善的象征”的结论，而且，还从客体的属性（现象中的自由）即客观依据和根源上揭示了“审美的王国”与“道德的王国”的相通性——这可是康德梦寐以求的结果。而且，在某种意义上，我们甚至可以说，席勒对“审美王国”之得以形成的内在规律和原理的揭示，开启了叔本华哲学的精神之门。自然中的每一个对象都是有意志的，并且都有完全遵循自己意志从而是自由的这种本然性的诉求，只要这一诉求得以实现，对象就会显出美来，否则，就会让感受者痛心疾首。自然的本性、艺术的本质、审美王国的最高法则，就是这个“形式意志”——这些恰恰就是叔本华泛意志哲学的精神和精髓——“作为意志和表象的世界”。

　　总之，正是通过这一由“鉴赏”转向“创造”（天才）、由“自然美”转向“艺术美”、由“批判”转向“解释”、由“自由感”转向“征服”，席勒把近代美学思考的切入点和方向、尤其是研究对象，都引到了一个与康德截然不同的面向，虽然方法依然是康德式的根于理性自身的思辨分析——这就是在席勒这里明确后又在谢林②那里得到确立并于黑格尔《美学讲演录》里闪亮登场的所谓“艺术哲学”。如果说康德曾把此前美学关注的焦点“从对象转移成有关对象的判断”③，那么席勒恰好又返回来了——又是一个正、反、合。对此，席勒有着清醒的认识，在1792年12月21日写给克尔纳的信中，他以几乎难掩的兴奋宣告道：“尽管他们已经在美的本性上投下了一些光亮，但我想我的理论仍能征服你。我认为自己已经发现了客观的美的概念，它同样可以作

---

① ［德］费希特：《激情自我：费希特书信选》，洪汉鼎等译，第79页。

② 在《艺术哲学》（1802—1803）的“导言”里，谢林依照康德提出了如下问题：“艺术哲学如何可能？”并为艺术哲学定下了基本的任务：“艺术是实在的东西，客观的东西；哲学是观念的东西，主观的东西。因而，艺术哲学的任务便可以预先这样来规定了，即在理念中把艺术中的实在的东西描述出来。”谢林借鉴了康德哲学的基本概念“构造”（Konstruktion），即“构造一个概念就意味着：把与它相应的直观先验地呈现出来”（A713/B741）。参阅［德］谢林《艺术哲学·导言》，载刘小枫选编《德语美学文选》上卷，第140页。

③ ［德］文哲：《康德美学·导论》，李淳玲译，第2页。

为鉴赏（Geschmack）的客观原则（Grundsatz），而这正是康德深感绝望之处。"① 席勒完成的这一转向，集中体现在如下这点上：虽然席勒的结论即"美是现象中的自由"也是"从理性本身提出论证"，"但是比起一切先天地从理性推论出来的东西，它并不更是主观的"（*Kallias* Ⅲ，69）——这显然是就着康德而说的。也就是说，康德坚决反对的观念，比如"美决不是对象的客观属性或概念"以及"在一个对象和审美愉悦之间先天地建立必然的关联是决不可能的"，在这里都被席勒驳了回去。席勒断言，"美是一种客观的属性"，这种"应当在客体本身中被找到"的属性，就是"事物本身的自我规定性（自律）"，它既可以"使运用美的原则于客体身上成为可能"（*Kallias* Ⅲ，69），又为现象向我们显现为自由的提供了客观根据。正是由于对象具有了这样一种属性，才以形式上好像是自由的面目显现给我们，也就是说，"这种属性的表象无条件地促成在我们心中产生自由的观念并把自由的观念加在客体上"（*Kallias* Ⅵ，77）。借着康德，席勒很清楚，"自由"只是一个"理性的观念（理念），不可能有直观完全与它符合"，因此，"现象中的自由"之所以可能就必须以如下这个条件为逻辑前提，即对象决不可能由"他律"而造成这一点被"必然地表现了出来"。由于"规定"对象者，非"他律"（从外部被规定）就是"自律"（从内部被规定），没有第三种可能，所以，对象不可能是"他律的"这一点如果已是必然的，那么，对象是自律的或者对象显现出自由这一点也就必然地被确定了。对象的自由表现应该是必然的，这正好应了"我们关于美的判断包含着必然性和要求普遍赞同"（*Kallias* Ⅵ，77）的断言。只是这种由康德着重强调的"期许"和"应当"的主观的普遍性和必然性，到席勒这里就转变为"纯粹的客观性"，其最高体现即席勒所谓的"风格"——"完全超越偶然性的东西而向普遍性的东西和必然性的东西升腾"（*Kallias* Ⅶ，92）。

同样地，随着德国观念论美学的这一转向，作为近代学术理想和目标的"客观性"的内涵又从康德苦心经营且善加铸造的"普遍有效性"再

---

① Friedrich Schiller, *Correspondence of Schiller with Körner*, Vol. Ⅱ., trans. L. F. Simpson, London: R. Bentley, 1849, p. 204.

转回到了它原本的内涵即"相关于或从属于对象（客体）"①。正如前文详加论证的，对作为以"数理科学"为代表的"科学"之基本要求——"无可置疑的确然性"的不懈追求②，几乎是当时哲学、形而上学包括美学在内所有人文学术研究追求的理论目标和学术理想，康德之后依然如故。就美学而言，它的学科主题、基本任务包括基本动力和线索都依然还是鲍姆嘉通和康德所设定的，即"作为科学出现的美学何以可能"这一哲学问题。美学的"科学化"追求，在鲍姆嘉通那里已然有了明确的表达，这已是众所周知的史实；在康德，第三批判的"双重任务"之"批判任务"使他实质上为作为"科学"的美学进行了先验奠基；席勒就是在这个"地基"上建构自己美学理论体系的，他完全继承了康德美学的学科主题、研究方法、基本思路和范畴术语，但转换了问题的重心、对象和性质。在《美学讲演录》的"对一些反对美学的言论的批驳"中，黑格尔透露了这一"转换"的理论关捩："哲学思考是完全不能和科学性分开的。因为哲学要按照必然性去研究一个对象，当然不仅是按照主观方面的必然性或是表面的序列和分类等等，而是要按照对象的本质的必然性，去就对象加以阐明和证明。一般说来，只有这样的阐明才能使一种研究具有科学价值……因此，只有揭示艺术内容和表现手段的内在本质的发展，才能见出艺术形象构成的必然性。"③ 总体上可以把这一转换称之为"由

---

① 从词源上看，"客观性"（objectivity）由"object"（"客体"，或译为"对象""客观"）加上后缀构成，"客观的"指"与客体（对象）相关的""属于客体的"等。在康德哲学中，"对象"有两种内涵，要么是"经验的"（一切可能经验对象的集合就是自然），它是由先天直观、范畴等建构起来的，代表着主体的建构功能，不是通常意义上的"独立于思维"的"物质"；要么是"先验的"，即作为"表象"中"感性杂多"之来源的一般对象，亦可称为"本体"，它昭示着一种"统一性"（A109）。照康德，一切知识都是关于对象的，纯粹知识先天地关联于对象，经验知识就是关于一切可能经验对象的知识。但康德的"对象"从来都不是"物自体"，故而"客观性"一词在康德那里从未获得通常理解的那种"独立于主体之外"的意思。照康德，"客观性"就是被知性范畴、原理等思维形式组建的意思，知性范围等思维形式的"先天性"（普遍必然性和绝对有效性）确保了这一"建构"过程及结果的合法性和普遍性。因此，康德的"客观性"与"先天性""确然性""普遍有效性"是根底相通的。

② 正如卡西尔所言，自然科学理论思维的基本特征就是"客观性"，"只有当感官印象能经得起询问和批判的考验时，才能被当作'真实'的世界和客观确定的世界被接受"。参阅 Cassirer, *The Philosophy of Symbolic Forms*, Volume II: *Mythical Thought*, trans. Ralph Manheim, New Haven: Yale University Press, 1955, p.32.

③ ［德］黑格尔：《美学》第1卷，朱光潜译，商务印书馆1979年版，第15—16页。

康德美学的主观性走向客观性的趋势"，美学研究的重心由"鉴赏"转向
"艺术"（天才），终于在 20 世纪形成了本章开头提及的美学的"艺术哲
学化"大潮。

第四节　德国古典美学的内在理路：确然性的寻求

作为"好的风格的本质"即"表现的纯粹客观性"首先被席勒奉为
"艺术的最高原则"（*Kallias* Ⅶ，92），而后就成了在谢林和黑格尔著述中
频繁提及的所谓"真正的客观性"或"真正的确定性"①。但细微的差别
还是有的：席勒的"客观性"所强调的重点不是艺术作品本身的客观性，
而首先是"艺术表现"的客观性（与"主观性"相对）和必然性（与
"偶然性"相对），即"表现的美"，其次是被表现"对象的全部客观
性"——"客体已经理想化即转化为纯形式"（*Kallias* Ⅶ，93，相当于通
常所谓的"腹稿"）即"选择的美"②。作品本身的客观性恰恰是谢林和

---

①　从《精神现象学》《逻辑学》到《美学》皆如此。在第一部作品中，黑格尔曾谈到多
种层次不同的"确定性"即"真理"："感性的确定性""意识自身确定性的真理性""理性的确
定性与真理性""真理即自身的确定性""对其自身具有确定性的精神、道德"；在《小逻辑》伊
始黑格尔就谈到"思想对客观性的三种态度"；在《美学》第 1 卷中也谈到"艺术作品的真正的
客观性"和"艺术表现的客观性"（包括"纯然外在的客观性"和"真正的客观性"）。当然，
"确然性"在其中的具体内涵尚需进一步的辨析。

②　席勒在《论美书简》的最后一封信中谈到了"艺术美"的两种类型："选择的美或者质
料的美——这是对自然美的模仿；表现的美或者形式的美——这是对自然的模仿。没有后者就没
有艺术家。二者结合才产生出伟大的艺术家。"参阅 *Kallias* Ⅶ，89。正如康德所说："一种自然
美是一个美的事物；艺术美则是对一个事物的美的表现。"（《判批》§48）席勒引用了康德这句
名言，但二人之间有着根本的差异：康德的"自然美"是自然本就有的，需要的是鉴赏力；而
席勒所揭示的"选择的美"依然属于艺术美的范围，需要"模仿"——"模仿是质料各异的事
物在形式上的类似"（*Kallias* Ⅶ，90）。因此，严格说来，在席勒那里根本不可能有所谓的"选
择的美或者质料的美"，因为既然属于"模仿"就必须"形式化"，所以，所谓"质料的美"就
只能通过"媒介"展现的对象的自然本性；问题是，如果没有高超的艺术表现能力，就决不
可能完成这种"展现"，而这种"展现"就已经是"表现的美"了。所以，真正说来，就席勒的
美论而言，艺术美只有一种："表现的美"，这正是艺术之为艺术的本质所在。或者说，席勒把
艺术美分成了两个层次，首先是表现的美，然后是在此基础上的选择的美，前者是"艺术之为艺
术"的必要条件，后者是"伟大艺术"的必要条件，这也就是评价艺术的两个层次：首先探查
它"是不是艺术"，然后再行追问其"是不是伟大的艺术"，这是两个不能混淆更不应颠倒的逻
辑层次。参阅本书 76 页注②。

黑格尔所强调的——只有到此时，真正以既成的艺术作品为探讨中心、强调作品本身之客观性的"艺术哲学"才最终得以确立。如果说在康德那里美学纯粹是主体性的，那么在席勒那里就是形象性的（"活的形象美学"①），在谢林和黑格尔就是真正的"艺术哲学"：席勒的过渡性和关键性也由此得以凸显。德国古典时期哲学的基本理念和精神，不论是康德和席勒的"自由"、费希特的"绝对自我"，还是谢林的"理智直观"抑或黑格尔的"绝对精神"，在这些经典作家看来，都既是"美的艺术"真正应当表现的内容和意蕴，又是它们的灵魂和精神实质——对"思想的观念论"（Idealismus der Gesinnung）的"共宗"（Einmütigkeit）正是我们借以把自康德至黑格尔一干德意志思想家归入"德国古典哲学"或"德意志观念论"的理据所在②——哲学思考并论证它们，艺术感受并直观它们。康德用"立法"或"建构"不仅表达了人类科学认识的精髓，同样表达了艺术创造的真谛——"天才为艺术立法"。沿着康德的进路，席勒把前一方面的内在需求和心理动因称为"理性冲动"或"形式冲动"，把后一方面的称作"游戏冲动"，这就通过"冲动"把哲学和艺术沟通一体了。康德的"立法"和席勒的"冲动"，在费希特哲学里变成了建构其"知识学体系"的基本方式和线索，即"设定"；谢林则把它发展成为"客观化"或"对象化"；最后，在黑格尔那里就成了"外化"（Entäusserung）。谢林的"先验观念论体系"以"理智直观"开始，以"审美直观"结局，又回到了自己的出发点，因此"就完成了"。"理智直观"表达了一种"原始统一性"，它的普遍化或客观化就成了"审美直观"，因此，"具有绝对客观性的那个顶端是艺术。我们可以说，如果从艺术中去掉这种客观性，艺术就会不再是艺术，而变成了哲学；如果赋予哲学以这种客观性，哲学就会不再是哲学，而变成了艺术。"③ 在谈到

---

① 席勒谈到三种冲动：感性冲动的对象就是最广义的"生活"，理性冲动的对象就是本义或转义的"形式"，游戏冲动的对象就是"活的形象"（lebendige Gestalt）——席勒用它表示"最广义的美"，也就是在《论美书简》中所谓的"现象中的自由"。参阅［德］席勒《审美教育书简》，§15，冯至、范大灿译，第118页。

② ［德］克朗纳：《〈从康德到黑格尔〉导言》，载关子尹编译《论康德与黑格尔》，同济大学出版社2004年版，第9页。

③ 参阅［德］谢林《先验唯心论体系》，梁志学、石泉译，商务印书馆1976年版，第276、278页。

"是什么需要使得人要创造艺术作品"这一"永恒的话题"时，黑格尔论道：

> 艺术的普遍而绝对的需要是由于人是一种能思考的意识……因为人有一种冲动，要在直接呈现于他面前的外在事物之中实现他自己，而且就在这实践过程中认识他自己。
>
> 艺术表现的普遍需要所以也是理性的需要，人要把内在世界和外在世界作为对象，提升到心灵的意识面前，以便从这些对象中认识他自己……就在这种自我复现中，把存在于自己内心世界里的东西，为自己也为旁人，化成观照和认识的对象时，他就满足了上述那种心灵自由的需要。这就是人的自由理性，它就是艺术以及一切行为和知识的根本和必然的起源。①

　　和谢林一样，黑格尔表达了德国古典哲学家们的共识：哲学的最高精神需要对象化为外在的世界，个人的哲学表达无论何其重要而伟大也只是"主观的"和哲学家"个人化"的，照谢林的话说，它"根本不会出现在通常意识里"②。因此，必须要对之加以"客观化""对象化"，而最能担此大任者，则非"美的艺术"尤其是"诗"莫属。就中，席勒之所以重要，正在他以自身的艺术创造把德国古典时期此前和此后的哲学家在理论上追求的理想和目标变成了现实："在耶拿③，哲学与歌德的居住地、德国的主要文学城市魏玛关系甚密；通过经常性的个人接触，诗与哲学互相激励。在席勒结合了两者的思想之后，两者的相互作用随着运动的迅速发展变得越来越密切，越来越深刻。"④ 黑格尔是最早感受及之并就席勒论

---

① ［德］黑格尔：《美学》第1卷，朱光潜译，商务印书馆1979年版，第38、38—39、40页。

② 参阅［德］谢林《先验观念论体系》，梁志学、石泉译，商务印书馆1976年版，第278页。

③ 耶拿大学在18世纪思想转折前后是德国精神生活的中心：席勒、费希特、谢林、黑格尔、荷尔德林和早期浪漫派主要代表，如施莱格尔兄弟、蒂克、诺瓦利斯，都曾在这儿任教或学习，歌德也经常往返于魏玛和耶拿之间，以使自己不致于离哲学太远。

④ ［德］文德尔班：《哲学史教程》下册，罗达仁译，第777页。

述这一点的①，这也是美学理论何以会在整个德国古典哲学的进程中发挥如此重要作用的根源所在②。

黑格尔在《美学》"全书序论"的开头，对他之前的美学演进理路有个看似随意实则颇为精准的交代，事关者大，全录于下，标序析解：

> 这些演讲是讨论美学的；它的对象就是广大的美的领域，说得更精确一点，它的范围就是艺术，或则毋宁说，就是美的艺术。[1]
>
> 对于这种对象，"伊斯特惕克"（Ästhetik）这个名称实在是不完全恰当的，因为伊斯特惕克的比较精确的意义是研究感觉和情感的科学。[2] 就是取这个意义，美学在沃尔夫学派之中，才开始成为一种新的科学，或则毋宁说，哲学的一个部门；在当时德国，人们通常从艺术作品所应引起的愉快、惊赞、恐惧、哀怜之类情感去看艺术作品。[3] 由于"伊斯特惕克"这个名称不恰当，说得更精确一点，很肤浅，有些人想找出另外的名称，例如"卡力斯惕克"（Kallistik）。[4] 但是这个名称也还不妥，因为所指的科学所讨论的并非一般的美，而只是艺术的美。因此，我们姑且仍用"伊斯特惕克"这个名称，因为名称本身对我们并无关宏旨，而且这个名称既已为一般

---

① 黑格尔对席勒的评价很高："应当承认：有一位心灵深湛而同时又爱作哲学思考的人，早就走在狭义的哲学之前，凭他的艺术感，要求而且阐明了整体与和解的原则……席勒的大功劳就在于克服了康德所了解的思想的主观性与抽象性，敢于设法超越这些界限，在思想上把统一与和解作为真实来了解，并且在艺术里实现这种统一与和解。"黑格尔把评论家加于席勒身上的"爱在诗里作哲学思考"的"罪过"视为"这位具有崇高心灵和深湛情思的诗人的荣誉"。参阅［德］黑格尔《美学》第1卷，朱光潜译，第76—78页。此外，黑格尔还把席勒推尊为自己的同乡和前辈、自己哲学思想的先导。黑格尔最激赏席勒的两首富于哲学意味的长诗：《艺术家》和《大钟歌》。前者是艺术家、诗人精神的写照，也是哲学家精神的写照；后者写出了人的一生，由出生后在教堂受洗的钟声，到幼年、成年、结婚，由从军、宦游至老死的各个阶段，颇似《精神现象学》中精神自身曲折发展的各个阶段的雏形。席勒的《美育书简》，黑格尔曾两次认真阅读，对他写《精神现象学》一书有相当大的启发。参阅贺麟《黑格尔的时代》，载《黑格尔哲学讲演集》，上海人民出版社2011年版，第29页。

② "'美的艺术和美学的科学'问题充满了这个世纪。"参阅［美］维塞尔《席勒美学的哲学背景》，毛萍等译，第2页。更直接的理论表述是著作权至今未定的《德国观念论的最初的体系纲领》一文，史家多认为黑格尔、谢林和荷尔德林三人思想的共同表达，其中有云："最后的理念是把一切协调一致的理念，这就是美的理念……我坚信，理性的最高方式是审美的方式，它涵盖所有的理念。"参阅刘小枫选编《德语美学文选》上卷，第132页。

语言所采用，就无妨保留。我们的这门科学的正当名称却是"艺术哲学"，或则更确切一点，"美的艺术的哲学"。[5]

[1] 这一段交代了黑格尔美学的研究领域和对象，即"美的艺术"，显然与康德美学已有根本的区别，直接承继于席勒和谢林。

[2] 不是这一名称本身"不完全恰当"，只是按照黑格尔上面对"美学"研究范围和对象的理解，它显得不那么恰当。而如果按康德对它的深刻剖析看，是完全切当的——这一点黑格尔当然看到了，下句便是如此，只是如今研究对象、主题已变，才显得不合时宜。

[3] 总之是按照"鉴赏"或"美感"来研究美学的，这不仅是康德美学的主题，尤其是英国经验主义美学如莎夫兹博里、哈奇森、博克、休谟、还有狄德罗等人的研究重点。

[4] 应指席勒，他曾想把自己关于"美"的哲学思考结集为"Kal-lias"①。

[5] 黑格尔之所以要强调"美的艺术"（fine art），只是因为当时"艺术"（Kunst/art）一词在 18 世纪末叶之前仍然处于古希腊以来的语境中，意指一切需要技艺、依照规则而可成的工作，不仅包括"美的艺术"（但唯独不包含"诗"这种后来被认为是最主要的艺术门类），还包括各种手工艺，甚至方法和逻辑也可称作"艺术"。只是在查尔斯·巴托（Charles Batteux，1713—1780）的著名区分之后，才逐渐赢得公认。②

在这里，黑格尔总结了"美学"此前的演变历程：由沃尔夫学派的鲍姆嘉通到他自己，"美学"已由"哲学的一个部门"发成为一门"新的科学"，"美学"由原来的"研究感觉和情感的科学"发展为"美的艺术的哲学"；前者所处的时代，不是不研究艺术，而是"通常从艺术作品所应引起的愉快、惊赞、恐惧、哀怜之类情感去看艺术作品"，不像后者是从"哲学"或"科学"的角度研究艺术。黑格尔从两个方面

---

① Friedrich Schiller, *Correspondence of Schiller with Körner*, Vol. II, trans. L. F. Simpson, London: R. Bentley, 1849, p. 209.

② 参阅［波］塔塔尔凯维奇《西方六大美学观念史》，刘文潭译，上海译文出版社 2006 年版，第 13—26 页。

限定或明确了美学研究的学科定位（性质和对象）：它不是心理学，而应当是哲学；它研究的主要对象，并非一般的美，尤其不是自然美，而主要是艺术之美。"美学的艺术哲学化"格局至此算是基本完成，20世纪蔚为大观的美学艺术哲学化大潮即导源于此。但也不能因此就说康德美学所开辟的从主体心理角度剖析审美体验进而得出一般美学原理的思路已然过时或绝迹，从某种程度上说，可能恰恰相反。如前所述，康德哲学的独特方法和思路，很大程度上是借鉴于自然科学尤其是他所擅长的理论物理学的，自然科学的"分析解剖和综合重建法"以及追求确然客观的精神始终是康德哲学的内在肌理之一，康德美学正是对审美体验和美感心理的哲学分析，只要转换方法，就可以从中找出美学的另一条出路，即后来由费希纳所提倡的"自下而上的美学"或"心理学美学"，因为它们都是从审美主体、审美心理的角度入眼来探讨美学基本原理的。

德意志古典美学由哲学美学转向艺术哲学，在艺术史和艺术原理研究领域亦有清晰呈现。德国艺术史家温克尔曼（J. J. Winckelmann, 1717—1768）在康德而立那年发表了他的名文《关于在绘画和雕刻中模仿希腊作品的一些意见》（1755），提出希腊古典艺术理想是"高贵的单纯和静穆的伟大"，并以《拉奥孔》雕像群为例，执意论证古希腊艺术家之所以在艺术中表现诸如剧痛之类的激烈情感，也不显露其情感之激烈，原因即在于艺术家要表现主人公的"伟大而有节制的心灵"[①]。这种从主体精神、心灵的角度论证古代艺术的思路，在哲学上与康德美学的内在意向是一致的，均欲从主体心理解释艺术及审美的相关难题。康德40岁时，温克尔曼的代表作《古代造型艺术史》（1764）发表，并在欧洲引起了广泛的讨论热情。最大的证据就是德国著名文艺理论家莱辛（1729—1781）于1766年发表、被朱光潜喻为"德国古典美学发展中的一座纪念坊"的"战斗檄文"——《拉奥孔：或称论画与诗的界限——兼论〈古代艺术史〉的若干观点》。莱辛在两个方面与他的前辈发生了根本而深刻的分歧：一个是"诗画关系"这一古老的命题，一

---

① ［德］温克尔曼：《关于在绘画和雕刻中模仿希腊作品的一些意见》，载邵大箴译《希腊人的艺术》，广西师范大学出版社2001年版，第17—19页。

个是 18 世纪艺术理论界热烈讨论的"美与表情"的关系问题。莱辛从形象塑造、媒介符号、接受方式、构思表达、艺术理想等角度厘定了"诗"（即一般意义上的"文学"）与"画"（即"造型艺术"）的诸多根本差异及二者于艺术互渗上的辩证关系；进而提出"（在古希腊人来看）美是造型艺术的最高法律"① 的著名论断。在这些著名的争论中，可以清晰地看出，莱辛立论不再仅仅着眼于艺术家的心理、艺术表现的主体情感状态，而更多关注的是艺术本身的规律，从艺术本身出发来说明先前留下和当前遇到的艺术难题。莱辛的美学理论可以非常准确而鲜明地称为"元艺术学"或"艺术哲学"，可以把莱辛和温克尔曼一同视为德意志古典美学的重要奠基者。②

综上所述，德国古典美学由康德到黑格尔的发展历程，实质是在追求客观普遍性、必然性和确然性的知识观背景下，美学由审美心理的哲学分析进展到审美对象的哲学思辨、由批判美学进展到艺术哲学的历程。康德哲学是主体性哲学，康德美学是以"审美心意状态"为内核的批判美学或先验美学；黑格尔哲学是理性精神之逻辑结构的历史展开，黑格尔美学是艺术哲学，严格说来是以"美的理念"为环中的"美的艺术哲学"；而席勒对"美"的思考恰好构成了德国古典美学得以如其所是的一个中介环节，席勒正是德国古典美学的"舵手"。这一发展历程可图示如下③：

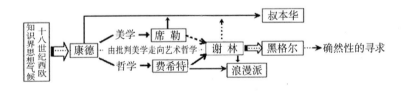

---

① ［德］莱辛：《拉奥孔》，朱光潜译，人民文学出版社 1979 年版，第 14 页。

② 莱辛及其《拉奥孔》对于西方美学的主要贡献，还不在于这些精彩的个别论断，而在于他对整个德意志古典美学发展的内在推动作用。《拉奥孔》甫一出版，立即引来德意志学术界的普遍重视和热烈讨论，尤为重要的是，"狂飙突进"之精神领袖赫尔德、被喻为德国文学庙宇之"主神"的歌德、德意志古典哲学集大成者黑格尔以及浪漫运动的代言人威廉·施莱格尔都对之做出过重要而深刻论析。

③ 参阅张玉能《西方美学通史（第 4 卷）·德国古典美学·序论》，上海文艺出版社 1999 年版，第 27—29 页。

　　细而论之，康德哲学于主体性视域下探求知识（理论理性）、道德（实践理性）和情感（判断力）的先天确然性（实质是普遍有效性）。此路向至费希特而达其极致，"自我"成了能设定一切亦可随意取消之的极端之顶，遂有反动者以出，此"反动"有两个方向：一"转"和一"换"。"转"为谢林"同一哲学"和黑格尔的"思辨哲学"，"换"为叔本华的世界意志哲学①。由主体性角度探求审美确然性的思路被康德自己完成了可能有的理论延展，深谙康德哲学美学之精魂的席勒，在此情形下不得不"转"。席勒通过对"美的研究法"的穷举找到了那条通向"美学确然性"即艺术哲学的路，这一探求过程集中体现在他的《论美书简》（1793）中，席勒由此承接了德国古典美学发展的转舵大任。此外，康德美学"主体化"思路通过费希特的"自我哲学"，在艺术上影响了浪漫主义美学，黑格尔深入分析了这种影响的根源、过程、方式和后果，也终于由"美的理念"之本性所要求的"对象化"（"客观化"）——实质是"确然性寻求"——而走向了艺术哲学，参与了哲学和美学的"客观化"进程。费希特之于德国古典美学的意义在于，从哲学把康德的"主体性"进路推向极端，从而给浪漫主义以哲学支撑，实质上也起到了"物极必反"的重要转换作用。德国古典哲学和美学的基本精神，从康德的"立法"至席勒的"冲动"和费希特的"设定"，最终发展成为谢林和黑格尔哲学的基本原则——"对象化"或"外化"，其间贯通的正是对"确然性"的渴求，主旨即要使康德所开创的"先验观念论"最终成为严格意

---

　　① 就叔本华哲学而言，虽然活动时段和黑格尔大致相当，但叔氏的哲学确是直承康德的，费希特和谢林至多只能作为他构造自家思想的反面背景，他曾把费希特、谢林和黑格尔称为"三个骗子""江湖术士"和"康德之后三个声名远扬的诡辩家"。他真正看重的是"神妙的柏拉图"和"令人惊叹的康德"，他说康德哲学数十年内一直是他研究和沉思的对象，其哲学大多也是在向康德哲学讲话，他并没有取消康德的"物自身"，而是把它替换为自己的"生存意志"，进而把整个世界都视为"表象的世界"，根基上是"意志的世界"。当然，必须提及的是，除了他自己，没有人不被叔本华骂过，包括柏拉图和康德。参阅［德］叔本华《作为意志和表象的世界》，第一、二版序言，石冲白译，商务印书馆1982年版；［苏］贝霍夫斯基《叔本华》，刘金泉译，中国社会科学出版社1987年版，第45、39—40、44—57、173页。但是，从"把世界精神化"这个观察角度看，叔本华哲学同德国古典哲学的基本精神一点也不相悖，只是用以统贯自然世界的精神因素不同罢：在费希特那里是"自我"，在谢林、黑格尔和浪漫主义那里是"精神"。

义上的"科学"（Wissenschaft）。① 这一基本原则后来被新康德主义者恩斯特·卡西尔（E. Cassirer, 1874—1945）发展成"人类文化最基本、最有代表性的特征之一"，卡西尔称其为"客观化过程"："在人类活动的各种不同形式中——在神话和宗教、艺术、语言、科学中，人所追求和达到的就是将他的感情和情感、他的愿望、他的感觉、他的思想观念客观化。"②

　　康德哲学的"主体"理路被费希特推向极处，由"绝对自我"一转而为谢林的涵摄一切"对象"（自然与精神）的"同一哲学"，并推"对象"于其极处而不得不立出"绝对"和"理智直观"以作结。康德美学的"对象"思路被席勒勘破，由之发展出"审美对象美学"即"活的形象美学"，谢林沿路而下，以之成就为"艺术哲学"③，并最终走向了"绝对的客观性"。黑格尔的思辨哲学，于哲学上化解了谢林哲学的"神

---

　　① 1790 年代前后，赖因霍尔德、舒尔策（G. Ernst Schulze, 1761—1833）——他 1792 年匿名发表了批判赖氏"基础原理"的《埃奈西德穆》从而引起了费希特的评论——和费希特关于赖氏就系统化康德哲学所提出的"基本原理"发生了争论，争论各方都坚守哲学应当奠基在"基础原理"上并以之推论出整个思想体系，分歧只在于什么能担此"基础原理"。参阅 ［德］费希特《评〈埃奈西德穆〉》（1794），载梁志学译《费希特选集》第 1 卷，商务印书馆 1990 年版，第 421—423 页；另请参阅陈一鸣《"绝对自我"：寻求哲学的拱顶石——赖因霍尔德与费希特知识学第一原理》，《世界哲学》2009 年第 2 期，第 85—95 页。费希特同时代的人是这样描述他发现"绝对自我"的："他问自己，如果你把这个被假定在人的一切思维和行动之中的、暗含在四分五裂的意见和行动之中的自我认识的第一个活动纯粹单独地抽象出来，并且在它的纯粹结果中考察它，那么在这个生气勃勃的活动和创造的第一活动中，难道不能发现和阐述我们在数学中所拥有的同样的确定性？这个思想攫住了他……一个知识学的雏形和知识学本身就产生了。"参阅程志民《绝对主体的建构：费希特的哲学》，湖南教育出版社 1990 年版，第 25—26 页。也在是在这个意义上，有研究者把康德哲学、尤其是其"自我意识"理论视为与以柏拉图主义或黑格尔主义为典型代表的"综合型"完全相对的"分析型"。前者尤其重视为整个系统的理论前提奠定基础，从内外去对抗对手的反驳；在后者，一般性的前提是不言而喻地被引进的，唯有在系统内部出现不和谐时，对这些前提的论证才被提上日程。参阅 ［西德］加林·格洛伊《康德的自我意识理论》，易悦译，《德国哲学》第 1 辑，北京大学出版社 1986 年版，第 31 页。

　　② ［德］恩斯特·卡西尔：《语言与艺术（二）》，载于晓等译《语言与神话》，三联书店 1988 年版，第 146—175 页，尤其是第 169 页。

　　③ 谢林哲学的研究一直是汉语学界的薄弱环节，对谢林的理解也多处于黑格尔《哲学史教程》的笼罩之下，本章从德国观念论美学史角度着眼，主要涉及谢林"同一哲学时期"（1801—1806）的哲学思想，特此说明。参阅王凤才《德国古典哲学的客观化——谢林》，载刘放桐、俞吾金主编《西方哲学通史丛书·德国古典哲学》，人民出版社 2009 年版，第 389—391 页。

秘""简单"和"盲目",于美学上,统摄了美学的"主体性"与"对象化"于"美的艺术哲学"之中。哲学和美学,在经历了黑格尔所谓的"正"(康德)、"反"(谢林、席勒)后,都"合"于黑格尔,故谓之"集大成"。自此以后,美学研究(主流)就走上了20世纪"艺术哲学"的路子,并影响至今而不息。

余论 对"人文原创何以可能"的反思

在行文中，我们随手拈出了一些虽不便归入议题主干，但对于今日"量化时代"的人文研究可能更为紧要且有趣的理论话题，比如由休谟和康德所体现出来的原创理论与思想家个人的关系问题、人性本然具有的"普遍化冲动"问题，都应当予以切实讨论，以见出本书的理论初衷：恰恰有感于我们时代的人文生态和思想气候。

成就近代科学、尤其是数理科学并因之迫使哲学等人文学科应声奋起并通过效法先进以自救者，正是流贯于 18 世纪前后西欧知识界的"确然性寻求"这一思想气候。数理科学作为这一寻求的理想范本和模板，确乎取得了前所未有的巨大成功，致使"'科学'在某种程度上已成为表示敬意的字眼。所有那些根本不同于物理学和化学的学科都渴望称自己为'科学'。"① ——这一点于今犹然。客观地说，于德国古典哲学无可比拟的辉煌成就，18 世纪的思想气候不可谓居功不伟。但这一史实也逼使我们思考如下问题：自然科学精神驱使下的德国古典学术何以会有如此成就？如果仅仅是思想气候使然，那我们这个时代就应当是最可期望成就伟大学术的了。然而，事实上，就人文学术而言，面对历史，我们的时代可能是最应该为之脸红的。德国古典哲学的学术生态使我们有理由联想到王国维时代的学术，这为我们观察前者提供了一个更加切身的观测点。此刻不想再对这个备受时人抨击的"量化时代"再加讨伐，再讨伐就成了废话，更可行的道路可能是通过对过去学术何以繁盛之原因的追问，探明未来可能的路。这里拟就人文领域中的"原创"问题、结合此前留下的理论话头作一综合探究，这个综合的议题就是：人文原创何以可能？对

---

① ［美］约翰·塞尔：《心、脑与科学》，杨音莱译，上海译文出版社 1991 年版，第 4 页。

"人文原创何以可能"的反思，不仅是本书在行文过程中合理牵及的理论问题之交集，更是有感于此前的探讨之于当下这个"量化的时代"所可能有的警示意义①。

"人类社会的基本争论少之又少，而且还出人意料地一成不变"②——当英国报人兼政治家约翰·莫利（John Morley, 1838—1923）这样说时，他心里想的正是人类的基本价值理念，比如自由、正义、德性、信仰等等，当然也包括时下热议的"原创"观念。这一观念的当下凸显，既有原创匮乏的现实映照，也有不甘雌伏、渴求新变的心理祈求，深层言之则是人类精神的本然诉求与时下风行草偃的"量化主义"之间的极端对立造成的。

"何以可能"的背后都有一个"是否可能"的问题。在自然科学领域，进步、创新、原创自不成问题，故很少有人置疑及此。一旦涉及人文领域，马上就出现正相背反的观念："有原创，否则何谈学术"以及"没原创，一切都是旧有的"。这正好应了我们常挂在嘴边的两句话："太阳底下无新事"以及"太阳每天都是新的"。出现如此截然背反的根源就在于研究对象的本性即人文现象的历史性即总是"老生常谈"上。因此，对人文学科有无原创的问题，直接牵及论者对历史的看法。认为有原创者，背后是进步史观；认为没有原创者，持守着循环史观。两种历史观下

---

① "量化的时代"，正是18世纪思想气候的极端化。从某种意义上说，这种极端化即科学主义或量化主义，依然支配着当前整个国际学术机构甚至是学者本人的大脑。统一科学的理想固然妙绝，但在各自还未能寻找到真正的自己之前，还是让它们各自出发为好。人文学自18世纪至今的命运史，实质上是从内容（帕斯卡尔）、思维（康德）到范畴（狄尔泰）再到方法（文德尔班）和性质（海德格尔）的自我反思和正位的历程。《真理与方法》的一个重要理论动机就是要通过"对抗，即在现代科学范围内抵制对科学方法的普遍要求"以成就"与我们整个诠释学经验相适应的认识和真理的概念"。伽达默尔很清楚："随同19世纪精神科学实际发展而出现的精神科学逻辑上的自我思考完全受自然科学的模式所支配。"参阅〔德〕伽达默尔《诠释学Ⅰ·真理与方法》，洪汉鼎译，第4、5、11页。伽达默尔提及的19世纪的学术生态，在亨利希·迈尔1930年代所作的《五十年来的德国哲学》一文中有详切的论析，他用"自然主义"和"理想主义"来概括1890年代前后德国哲学的主潮和基本特征，后者正是对前者的反叛。迈氏此文载《贺麟全集·现代西方哲学讲演集》，上海人民出版社2012年版，第395—409页。并参阅关子尹《人文科学与历史性》，载香港中文大学现象学与人文科学研究中心编《现象学与人文科学》创刊号，台北：边城出版2004年版，第11—50页。

② 〔美〕斯特龙伯格：《西方现代思想史》，刘北成等译，金城出版社2012年版，第6页。

都出现过不朽的著述，各有理据和市场。一如康德坚守的那样，当两种截然有异的观念争执不下时，真理必伏其"中"：历史既不完全是进步的，也不完全是螺旋的，而是进步中有反复，回环中有发展。因此，那些大谈"原创"的论者们最好事前先反思一下自己对历史的看法，然后才能明白自家和别人是在何种意义上大谈"人文原创"的。

如前所述，近世西欧奉行的是进步史观。那个时代相信，真理乃是唯一和谐的知识系统，所有的问题都可以通过发现客观的答案而得到解决，一切不合理都将为文明的进步所"清洗"，理性是万能的，人类是不断进步的。[①] 虽然如今很少再有人死守这种彻底的进步史观了，但植根于它的诸多观念和范式依然潜行于中国当下的学术界。这是当今知识界大谈"创新""原创"之类观念的思维根源。

对人文现象的历史回环性，历来都有伟大的思想家予以特别强调。"近代哲学之父"笛卡尔在他最著名的《谈谈方法》中说过："我在学生时期就已经知道，我们能够想象得出来的任何一种意见，不管多么离奇古怪，多么难以置信，全都有某个哲学家说过。"[②] 康德在《未来形而上学导论》中也说："人类理智多少世纪以来已经用各种方式思考过了数不尽的东西，而任何一种新东西都几乎没有不和旧的东西相似的。"（《著作》4：257）被誉为"现代形而上学祭酒"的怀特海也说过一句让此前作古的哲学家都泉下难安的话："对构成欧洲哲学传统最可靠的一般描述就是，它是对柏拉图学说的一系列脚注。"[③] 这些话都重复了一个《圣经·旧约·传道书》中就已明确的观念："已有的事，后必再有；已行的事，后必再行。日光之下，并无新事。"

---

① ［英］伯林：《启蒙的时代》，孙尚扬等译，译林出版社 2005 年版，第 17—18 页。在《浪漫主义的根源》中，伯林把启蒙运动连同整个西方传统文化的"主导模式"概括为三个命题：所有真问题都能得到解答，否则就是假问题；所有真问题的答案都是可知的，只要掌握相应的方法和技巧；通过正确方法获取的所有答案必须是兼容的，并进而成为一个理想世界即乌托邦的描述。参阅［英］伯林《浪漫主义的根源》，吕梁等译，第 28—29 页。

② ［法］笛卡尔：《谈谈方法》，王太庆译，商务印书馆 2000 年版，第 14 页。

③ ［英］怀特海：《过程与实在》，李步楼译，商务印书馆 2011 年版，第 63 页。在另一部著述中，怀氏还说："科学史昭示我们，非常接近于真理同真正懂得它的意义是两码事。每一个重要理论都被其发现者的前人说过了。"参阅 A. N. Whitehead, *The Organisation of Thought*: *Educational and Scientific*, Westport: Greenwood Press, 1974, p. 127.

然而，如果把这些理论家的话首先加之于他们自己的工作——正如荷马所说的"你说的话随即就会返回你自身"——我们将得出截然相反的结论：这些伟大的人物，没有一个愧对人们赋予"原创"或"创造"的最高级意义的。人文领域的伟大思想家告诉我们，没有什么是原创的，而他们卓杰的思想成就却又分明昭示着思想的原创和新生。该如何破解这个死结呢？

在上述的引证中，我故意留下另一个伟大的人物——歌德，他更说过一句让此后人文学者因之绝望的话："凡是值得思考的事情，没有不是被人思考过的"。幸好他紧接着又说："我们必须做的只是试图重新加以思考而已！"① 我以为，这后一句中的"重新思考"四字，正可破解上述"死结"。

接着怀特海，我可以大胆地说一句：柏拉图之后的大思想家，所能有的伟大的成就无非是"重新思考"了柏拉图而已。所谓"重新思考"，不外如下三途：新的材料、新的方法和新的观念。就以近现代中国学术为例，"藏经洞"的发现让我们比前人对历史有了更贯通的理解、甲骨文的出土使得我们比许慎更能理清汉字的字源和本义，这当然是一种创新。胡适之"截断众流"以"平等的眼光"成就《中国哲学史》、王国维借叔尼悲观哲学解"红楼"之深蕴，皆开一代风气，已成研究的"范式"，这当然是创新，甚至是前所未有的原创——具有典范性的创新就是原创，创新是事实判断，原创则是价值判断。至于方法上的创新，更是比比皆是：统计学、接受美学之于中国古典文学研究，新历史主义之于文学研究，等等。理论领域如此，创作领域中的原创之路亦不外如此：新材料（包括新题材和新媒介）的引入、新技法的发现和新观念的自觉。然而，创新、原创之功，戛戛乎其难哉，新材料的发现"可遇不可求"，新方法和新观念，必得有人先已创出。因此，上述所谈，只是原创的一种类型，即"应用上的原创"，它得奠基于另一种类型即"理论上的原创"。

不论我们如何界定"理论"和"原创"，德国古典哲学和美学之于"理论原创"都是当之无愧的，可以说，正是它与古希腊哲学共同构成了

---

① ［德］歌德：《歌德的格言和感想集》，程代熙、张惠民译，中国社会科学出版社1982年版，第3页。

"理论原创"的两大典范。这如何可能呢？德国古典文化，不仅仅是哲学和美学，还包括诗歌（柯洛普史托克、莱辛、歌德、席勒、克莱斯特、荷尔德林、诺瓦利斯）和音乐（巴赫、亨德尔、海顿、莫扎特、贝多芬、舒伯特），18 世纪末至 19 世纪初是德意志精神迸发并结出累累硕果的时代，这一成就与我们刚刚提及的"进步史观"——其根源即是"确然性的寻求"，亦可称为"理性万能信念"——有着根底上的关联，现在有人嘲笑它的幼稚和迂腐，这太不公平了。这种源于自然科学的时代精神，确实是一种"崇高的信念"，这种信念使得此一时代的思想家和哲学家的著述中，洋溢着一种高傲而昂扬的语调，首先在康德的"第一批判"里（A856 = B884），接着"响彻了整个德意志观念论之发展……这一种高亢的语调重新表现于费希特、谢林，乃至黑格尔的哲学里"①。这样一种青春而健康的理性精神或哲学精神——当时人们称之为"科学精神"，已被可怜的现代人极端化了，他们已把这个充满生机和创造力的概念狭隘化为一种干巴巴的教条了。这是对"真正"科学精神的阉割和肢解，这从孔德的"实证哲学"就已经势不可挡了，后来就演变为令人发指的"唯科学主义"，今天就是欲罢不能的"量化主义"。孔德对"秩序""规律""统一"的偏爱和渴求，成了他学术的癖好，其著作最大的特点就是对"统一性"和"系统化"的苛求。穆勒曾视这一点为孔德所有晚期思想的"错误根源"，甚至称孔德有一种"管制狂"（frenzy for regulation）。② 我愿把孔德视为人类"确然性诉求"极端甚至有些变态的执行者。当然，一切科学均是"确然性诉求"的执行者和实践家，"确然性"是多元的，是人们自己把路越走越窄，康庄大道终于成了羊肠小道（数量化、抽象化、彻底化、严密化、规律化、秩序化、可测化）。"在真理和谬误中都可以遇到极端的思想"③，而在思想领域，不论真理或谬误，一旦极端起

---

① ［德］克朗纳：《〈从康德到黑格尔〉导言》，载关子尹编译《论康德与黑格尔》，同济大学出版社 2004 年版，第 3—6 页。

② J. S. Mill, *Auguste Comte and Positivism*, 5th ed., London: Kegan Paul, Trench, Trübner, & CO. LTD. 1907, p. 141、p. 196.

③ B. Bosanquet, *The Meeting of Extremes in Contemporary Philosophy*, London: Macmillan and co., limited, 1921, p. 100.

来，必将给思想界带来灾难性的后果。①

在近代，"科学"是个多面体，它包括：（1）成果：体现为知识体系，表现为数据、公式、定理等，是为科学的"肉身"，能较为直接地转化为通常所谓的"实利"；（2）方法：实证的、实验的、求证的、重经验和归纳、中立的、问答逻辑，具有非常广泛的普适性和可行性，是为科学的"血液"；（3）原则：把一切转化为可以计算的"量"，用因果律解释一切，是为科学的"大脑"；（4）精神："爱智"，源于古希腊，即对真理的热爱和追求，一种理性精神、批判精神，寻求普遍的有效性、确然性和客观性，是为科学的"灵魂"。这四个方面缺一即不为真正的"科学"，各种"科学主义"就因孤立其中某一方面而成：只看到（1）成果者，终会成为"功利主义"或"实用主义"，认为"科学"就是为我们带来生活实利的，除此之外都是瞎扯；只顾及（2）方法者，便成了方法至上主义，见木不见林，见肉不见灵，徒得其表；只关注（3）原则者，就是化质为量的机械主义和量化主义，古希腊的毕达哥拉斯学派是其鼻祖，盛行于当下并作为思想主流的就是这一种。被近代以来的人们所极端化的，正是这三个方面共同构成的所谓"科学主义"，遗毒最深者当属"量化主义"及其根源"功利主义"，为其所遗者恰恰是其中最根本的"科学的灵魂"——一个有科学而没有科学精神的时代！这就是根源相同的"确然性寻求"何以会在彼处大放异彩而在此时苦果累累然又无以、无能、不愿摆脱之的根由所在。康德也是从自然科学领域转入纯粹哲学领域的，按当下理解的所谓"科学精神"看，他是最无可能取得伟大成就的人，而事实恰好相反，究其故，就康德而言，不外如下几点：

（1）康德所秉承的"科学"及"科学精神"是源初意义上的——"科学"即"哲学"，德国人古称"世界智慧"（Weltweisheit）——更注重其中的批判精神、彻底精神和理性精神，方法虽然重要，但总归是工具不是目的。正如康德自白的那样："我的主要目的是：传播善良的、建立在基本原则之上的意向，把这种意向巩固在善良的心灵中，并由此为发展禀赋指出唯一合目的的方向。"（《书信》59）康德的学术旨趣使得他独具只眼，锐意开拓，这种"学术雄心"自他处女作就已明白宣布出来，并

———

① ［英］哈耶克：《科学的反革命》，冯克利译，译林出版社 2003 年版，第 241 页。

贯穿于他终生的学术思考之中。补充一句，就"源初的"科学精神而言，根本没有所谓的"人文精神"与"科学精神"之分，二者本为一体，皆为古希腊时代就已彰明的"爱智精神"，其分别只是"科学"经过两次狭化①而为"数理科学"后的无奈之举罢了。

（2）正因为理论物理学家的身份，使得康德对自然科学的长处和弱点都知之甚深，尤其后一方面，比如上文一再论及也被康德反复申说的自然科学对自然界尤其是有机体解释的无能——因果律之于自然的无能之感恰恰是揭起反思判断力和目的论的思想根源——这使得康德在进入哲学领域时，决不致像通常那样因自然科学之辉煌而被震慑于是便拜倒在它的裙裾之下。不论是从因果律角度解释宇宙自然，还是以目的论审视人类文化，康德都保持着应有的警惕和分寸，并在人性的尊严和崇高同人类自身的有限和平凡之间保持了应有的张力，因果论与目的论并行不悖，各得其所的同时也可各尽所能。

（3）不管受到来自英国经验主义多大的刺激和触动，康德骨子里都是一个地道的德国哲学家和思想家，作为批判哲学根基的莱布尼茨—沃尔夫哲学不管有多少独断和神秘之处，先验哲学的基调和底色都是理性主义的。康德只不过把他同族前辈的独断往后推了几步罢了，他的"先验统觉"、他的"自由意志"、他的"审美共通感"，都是无法再进一步追问的"形上前提"或"思想地基"。任何学说和思想都有最后作为根基而不能再行追问的"绝对预设"，若从这个角度看，没有任何一种哲学思想是没有"独断论"因子的。康德的伟大功绩就在这"退一步"的"绝对预设"上建构了主体性哲学的思想大厦，但他所用的方法很大程度上是借重于自然科学的——这受惠于他早年的理论物理学研究，这是康德进行哲学思辨借以展开的基本策略、方式和方法。② 在"教条主义的迷梦"被休

---

① 参阅拙文《"科学"的两次"狭化"及人文学的边缘化》，载《雕塑》2015 年第 5 期，第 36 页。如今正在展开第三次"狭化"，简单说就是：科学→自然科学→量化原则→科技产品。

② 正如伽达默尔所评论的："康德所创建的新美学所包含的彻底主体化倾向确实开创了新纪元，一方面由于它不相信在自然科学的知识之外有任何其他的理论知识，从而逼使精神科学在自我思考中依赖自然科学的方法论；另一方面由于它提供了'艺术要素''情感'和'移情'作为辅助工具，从而减缓了这种对自然科学方法论的依赖。"参阅［德］伽达默尔《诠释学Ⅰ·真理与方法》，洪汉鼎译，第 84 页。

谟"打破"以后,康德在哲学上面临的最大困惑是,他对"主体性"的发现与当时盛行的"科学信念"之间紧张甚至敌对的关系。康德的这个困惑可以合理地概括为"科玄困惑"。康德毕生都在对"科玄困惑"作出自己的解释,他采取的思路其实是异常艰难的,可以说耗尽了他毕生的心血。他既坚守了那个时代固有的"科学的信念",同时又决不能让哲学丧失其固有的本性。他把"科学信念"引入哲学思考,这就使得康德哲学要处理的根本问题就是在"有限理性存在者"的"主体性"中为知识、道德和鉴赏寻求如自然科学般无可置疑的"确然性"。这个号称"哥白尼式的革命"的"主体性转身",使得康德终身都在为一个由这一转向必然带来的难题即如何从主体返回并能切中对象("从形而上学到物理学"①)所困扰。这并不是通常所谓的近代哲学的"主体与客体""存在与意识"的二元论问题,康德所面对和要处理的不是客体问题,而是主体内部的问题,即如何在主体中寻得客观性和确然性再反过来切中现实的先验问题。

17—18 世纪是西方近代科学与哲学相得益彰的时代,哲学在效法前者时不但没有丧失自己的根基反而因科学元素尤其是方法的有效渗入而大放异彩,在德意志精神的支撑下成就了仅有古希腊哲学才可比拟的辉煌成就——德国古典学术,包括哲学、诗歌和音乐。

如果把"哲学研究"与"自然科学研究"分别看作两个世界,那么,18 世纪哲学家们的学术处境及由此造成的学术心态,正恰似清末民初的中国学术和中国学人面对"西学"时的处境和心态:外面热闹非凡且凯歌如潮,自家则混乱无着且难乎为继,又遭人冷眼,故而焦心如焚,且心生艳羡。如前提及,"尊牛顿若帝天,视科学如神圣"在 18 世纪的西欧也是司空见惯之事;同样,面对汹涌而来的"西学",近代中国学人也到了"尊西人若帝天,视西籍如神圣"②的地步。然而,结局截然不同:据

---

① [美]曼·库恩:《康德传》,黄添盛译,第 459—462 页。

② 此话为邓实在《国粹学报》时代(1905—1911)所说,他所谓的"西人"实不外达尔文、赫胥黎、斯宾塞等人,他所谓的"西籍"不出赫胥黎之《天演论》、斯宾塞之《群学肄言》之类,这大致代表了清末民初维新派或革命派知识人的思想心态。"五四"时期,"尊之若帝天"的自然非杜威、罗素、马克思三人莫属。"具体的'西人'和'西籍'都改变了,然上述的心态却更牢固了"。参阅余英时《试论中国人文研究的再出发》,载《史学研究经验谈》,上海文艺出版社 2010 年版,第 128 页。

英国作家沃森（P. Watson）《现代心灵——二十世纪知识思想史》一书交代，在作者采访过的非西方各国专家（印度、中国、日本、南非与中非、阿拉伯世界等本土的文化、历史专家）几乎众口一词地承认：20世纪的"非西方文化"并没有创造出特别引人注目的新东西足以与西方相媲美，无论就哲学、文学、科学或者艺术言，都是如此。作者所采访的各国专家对此的解释是，整个20世纪，这几支非西方文化在学术和思想上的主要努力都在于怎样适应现代世界，怎样应对西方的行动方式和思想方式，尤其是对民主与科学的回应。[①] 沃森的调查和结论肯定令国人难以接受，但这是事实，承认这一点的都是他所采访的那些属于本土文化的重要学者，代表性和权威性是不言而喻的。著名史学家余英时先生曾深入探讨过这一催人深思的课题，在《现代儒学的回顾与展望》（1994）中，余先生以"思想基调"为切入点解释清末到"五四"前夕的中国学人，何以会那么重视西方某些政治理论和社会观念的价值[②]；在《试论中国人文研究的再出发》（2003）中，余先生从"人文生态"与"研究心态"的微妙关系入手，以王国维的学术成就为例，解释了人文原创何以可能的问题。结论是，王国维之能取得举世公认的原创性学术成就，根源不在于他向慕西学的心态，在这方面，作为能"代表当时西学在中国的最高水平"的他，对西学的认同要比别人更深、更切；然而，"一旦进入中国人文研究，他便不能不受当时人文生态的制约，也不能不稍稍调整早年的心态"，"作者如果对西学不具备多方面的融贯的理解，便根本不可能进行那样宏大的构想和周密的分析。他不再依傍任何现成的西方理论，证明他已摆脱了早期那种'格义'式的心态，他的学与思都达到了成熟的境界。"[③] 综合而言，余先生就王国维一例中所究出的根由与我们上文拈出的结论极为相似：首先，也是最根本的就是"学科自觉"或"人文生态"，其次是对外

[①] P. Watson, *The Modern Mind: An Intellectual History of the 20th Century*, Perennial: An Imprint of Harper Collins Publishers, 2001, p. 761. 参阅［英］沃森《20世纪思想史·结束语》，朱进东等译，上海译文出版社2008年版，第881—882页。

[②] 本文载余英时同名文集《现代儒学的回顾与展望》，三联书店2012年版，第140—105页。

[③] 余英时：《试论中国人文研究的再出发》，载《史学研究经验谈》，上海文艺出版社2010年版，第136—146页。

来之观念与方法的融会贯通，最后是开拓和综合创新的意识及学术的内在担当。

美国著名文论家厄尔·迈纳（孟尔康）在《比较诗学》中，提出了一个极富启发性且带原创性的诗学命题即"原创诗学与基础文类"，为我们理解何为"理论上的原创"提供了难得的启迪。迈纳的基本观点是，特定文化语境中的诗学体系之建立（这正是一种理论原创工作），必植根于该文化"最崇高的文类"之中；当一个或几个颇有洞察力的批评家据此来定义文学的本质和地位时，一种原创诗学就发展起来了。西方诗学理论体系是亚里士多德根据戏剧、尤其希腊悲剧、特别是索福克勒斯的《俄狄浦斯王》定义文学而建立的。如果他当时以荷马史诗或希腊抒情诗为基础文类，则《诗学》连同整个西方的文论体系可能就会是另一番景象了。① 同样，中国的诗学体系也诚然是建立在以《诗》《骚》为原型的"诗"这一备受中国人青睐的基础文类上。

迈纳的这一理论创见所富含的广阔学术前景此处暂不予论列，我们关注的是原创理论的产生机制。"原"既有"首次"之义，又含"来源"之义，作为一种价值理念，还有"典范"之义。看来，原创理论均根源于具体文本，因此必然首先是个别的，理论所应具的"普遍性"并非始有的。那么这种"来源于个别的普遍性"之根据何在呢？据初步考察，除了理论本身所具有的"可普遍化"的特性外，更根本的则是人类心意机能中的某种本性，席勒称其为"理性冲动"，可更通俗地叫它"泛化冲动"。原创理论的生成机制正根源于这种泛化冲动："在经验上自行证明其合理的那些思想的发展是通过一个复杂过程实现的，首先要从特殊论题进行概括，然后通过想象将普遍性的概括加以体系化，最后把这个想象性的体系与它应当适用的直接经验重新进行比较。"怀特海这里把理论创生过程得以进行的最重要的中介环节和核心步骤称为"富于想象力的合理化"，即"在融贯和逻辑的要求支配下自由想象的作用"，也即这里所谓

---

① ［美］厄尔·迈纳：《比较诗学》，王宇根等译，中央编译出版社1998年版，第7—8页。必须指出，迈纳所谓"基础文类与原创诗学"，也只是包括诗学在内的人类思想产生的一种方式而已，即使是最主要的一种，可以称之为"自下而上式"，相对地，还有一种"自上而下式"，这一点，征之于思辨哲学和理论物理学会更为显然。后者，请参阅杨振宁《美与物理学》，载翁帆编译《曙光集》，三联书店2008年版，第255—262页。

的泛化冲动。①

人类的这种"泛化冲动"是一种思想本能,从现实生活到学术研究,均有其印迹。从生成角度看,是它催生了众多的理论;从研究看,它可以让我们从发生学角度弄清理论的生成机制,从而更深入地理解和更正当地应用既有理论。就中国古代诗学来说,《诗品》的"基础文类"是"古诗十九首",《典论·论文》的"基础文类"是"建安文学",《文心雕龙》的"基础文类"是"诗骚",《沧浪诗话》的"基础文类"是"李杜诗歌",王国维《人间词话》的"基础文类"是"唐五代词"……如此等等。这常常使得理论家不得不以偏概全,而有压制"不方便的事实"的天性。所以,理论都不免是一张"普洛克路斯忒斯(Procrustes)之床"。自然科学领域也是如此,比如达尔文的"进化论",正如文德尔班所说:"在达尔文的启发之后物种选择学说在许多方面运用到心理学、伦理学、社会学和历史学,而且被许多热忱的拥护者推崇为唯一的科学方法。几乎无人懂得,自然因而被置于历史范畴之下,也无人懂得这一历史范畴经这一运用便遭受到一次本质的改变。因为自然科学的进化论,包括自然选择论在内,尽管能解释变化,但不能解释进步,不能提出理论基础来解释发展的结果是'更高一级的'即更有价值的形式。"②

哲学史也是人类"普遍化冲动"的体现史。正如怀特海所言,"我们作为出发点的材料是包括我们自己在内的现实世界;我们是以直接经验的形式来观察这个展现出来的世界的。阐明直接经验是对任何思想合理性的唯一证明;而思想的出发点是对这种经验的成分进行分析地考察。"因此,哲学作为理性的事业,就有一种希望:"认为在经验中没有任何成分在本质上不能表现为普遍理论的实例。这种希望并不是一个形而上学的前提,它是一种信念,这种信念形成一切科学包括形而上学追求的动力。"③在古典哲学中,寻求形而上学第一对象,也就是实体即终极存在,是哲学的重中之重;而寻求工作所唯一可用、也是唯一值得依赖的手段,就是亚里士多德的"主宾词"逻辑,这就使得这种探求的结果只能是——"永

---

① [英]怀特海:《过程与实在》,李步楼译,商务印书馆 2011 年版,第 29、12 页。

② [德]文德尔班:《哲学史教程》下卷,罗达仁译,第 906 页。

③ [英]怀特海:《过程与实在》,李步楼译,第 11、67—68 页。

恒的不变者"。这种"永恒的不变者"既可以是某种存在物，如水、火、气、风，或者它们的组合，也可以是某种规律、原则或抽象物，如逻各斯、数、一、原子或理性。这些学说虽然找到的"不变者"各异，但寻找的策略和过程都是一样的，都是对日常经验中持久之物的"富于想象的普遍化"所致。具体说，对日常生活"变中有不变"这一事实的反复经验，使那些天生细心且爱好思考的人发现，有某种物质或性质在世界的不断变化中，总是持久且如其本然地保持不变——他们想，这可能就是万物的本质或世界的始基，古代哲学就是这样诞生的，哲学的形上本体实际上正是日常经验中持久之物的富于想象的普遍化。

理论的泛化倾向，不光理论本身有此诉求，更重要的是拥有理论或为理论所化之人亦有此"泛化冲动"。这是理论所无法避免的，更是理论家的宿命。这是一个值得单独研究的课题，它可以帮助我们更深刻地理解理论的特殊性与一般性、普遍性与个别性以及理论的产生和深化、延展和革新的辩证法。原创艺术亦有此泛化诉求，一种艺术原创，若没有一定程度的模仿使之泛开，也断难成为一种艺术典范，而原创性正是典范的基本特征。

最后，更值得思考的一个深层问题是，柏拉图以降的哲学家为何只能做柏拉图的注脚？笛卡尔、康德、歌德、怀特海诸大哲，为何会有如上言论？历史与现在处于何样的关系中？这些也必得有个交代，以使倡言原创者明白，人文原创之举步维艰的根由何在。

历史学家一谈到人类历史，动辄就是几百万年，人类文明几千年，唯恐少说了就对不起自己的祖先和自己的职业。其实，一切人文思考，都立根于"人"的基本生命事实。在有关人类生命的所有事实中，最最基本、最最确定的，无非就是"谁人都不免一死"这个终极境遇。时代虽在前进，但人人都得从头开始。正如米兰·昆德拉在《不能承受的生命之轻》中所言："人只能活一次，我们无法验证决定的对错，因为，在任何情况下，我们只能做一次决定。上天不会赋予我们第二次、第三次、第四次生命以供比较不同的决定。"[①] 可以把人类生存的这一基本事实称为"生命

---

① ［捷克］米兰·昆德拉：《不能承受的生命之轻》，许钧译，上海译文出版社 2003 年版，第 264 页。

的一次性"，而"生命的一次性和由此必然的生命的重复性，使人与人之间具有经历的相似性和心灵的相通性"①。五千年的文明史不过百年人生史的放大，人生百年所能遇到的基本问题将会一再地被后人遭际。中西方哲人于"哲学突破"的轴心期已然对人类的基本问题，做过各具特色的思考，最终塑成不同的文化类型。对最初体验的最初思考，无论就问题本身还就思考者而言，都如此惊心动魄以至后来者再也不可能有这种体会了：这正是人类轴心期的思想如此重要、后来者亦不断返回到它们的原因所在；这也是人类文化之所以能够相通、人与人之间之所以能够相交、历史与现实之所以能够相证的根源所在；同样，这也是笛卡尔、歌德等人如此言说的根据所在。②

著名哲学史家文德尔班说："任何一门科学工作的目标，都是把自己的特殊对象推到一个更广的范围里去，用一些更一般的观点来解决个别的问题。"泛化冲动一方面有其推广之功，确实给一些学科带来了生机和重要进展，但同时也可能带来各种错误和危险："如果说哲学的历史曾经是人类各种错误的历史，其原因就在于它老老实实地从各种特殊科学的理论

---

① 关于生命的事实，这里有三个层面：生命的一次性（普遍事实）、对生命一次性的自觉（个体反思）、对生命一次性的超越（价值超越）。相较而言，第一个层面虽最为基本，但更其要紧的还是第二、第三个层面。这是人之为人、人之安身立命处。与此三个层面分别对应的是："物""人""哲人"。对人而言，一切都是"二元的"：只要我们对人提出一个命题，并且这个命题是实在的，那我们就必须马上想到，这个命题的反命题，也一定是人类必有的；而且，反命题可能是更为重要的东西。"生命的一次性"，马上就必须提出"生命的超越性"或"生命的永恒性"，看来，后者远远重要于前者。可以把第一个层面称之为"生命事实"的"生物向度"，把第二、三两个层面称为它的"价值向度"。拉·梅特里的《人是机器》是仅仅关注"生物向度"而无视或忽略"价值向度"的典型代表，这使他有了如下言论："不要在无限里彷徨吧，我们生就不能对无限有丝毫的认识；对于我们，绝没有可能一直追溯事事物物的根源。"此论后半句，确乎深刻，康德亦曾终生坚守之；但是，它的前半句却无论如何是不合生命实际的，或恰好表明了人"老在无限里彷徨"，因此，也并非如他所说的那样："不管物质是永恒的，还是创造出来的，上帝是存在的，还是不存在的，我们都可以同样地过安静的生活。为了一个不能认识的东西，为了一个即使认识了也不能使我们更幸福的东西而这样自寻苦恼，这是多么愚蠢的事！"尽管此著有许多警言名句，但其思想眼光和理论境界实在不谛。参阅［法］拉·梅特里《人是机器》，顾寿观译，商务印书馆1959年版，第47—48页。

② 参阅陈文忠《生命的真谛与生命的意义——关于"生命的一次性"的若干思考》，《高校辅导员学刊》2012年第6期，第91—96页；《论人文学科的学术提问》，《安徽师范大学学报》2015年第5期，第545—547页。

中把那种至多只能看作尚在生成变化之中的真理的成分当成完备确定的东西加以接受了。"① 然则，"原创"本是人文工作的最基本诉求，为其价值、理想、安立之所系。至于事实上我们竟能有多少真正原创的工作可做——不论是艺术创作还是理论建构，都不应与前者相混，不能用事实之不可能来否证对价值和理想的追求。本章之意图即在提请倡言原创者既要有理论上的自知之明，又要明了问题的关键在于如何理解原创以及原创何以可能，更在于提请人文学者既要有学科的自觉，又要对外来之观念与方法有融贯开来的同情式体认，更需有学术的担当意识和创新祈求。此是理想，虽不能至，亦心向往之。

---

① ［德］文德斑（文德尔班）：《历史与自然科学》，王太庆译，载洪谦主编《西方现代资产阶级哲学论著选辑》，商务印书馆 1964 年版，第 49 页。

参考文献

Allison，H. E.：

Kant's Theory of Taste：A Reading of the "Critique of Aesthetic Judgment"，Cambridge：Cambridge University of Press，2001.

Kant's Transcendental Idealism：An Interpretation and Defense，2nd，New Haven and London：Yale University Press，2004.

"Transcendental Idealism：The Aspect View"，in *New Essays on Kant*，Bernard den Ouden and Marcia Mone（eds.），New York and Bern：Peter Lang，1987，pp. 155—178.

Ameriks，K.：

"Recent Work on Kant's Theoretical Philosophy"，*American Philosophical Quarterly*，19（1982），pp. 1—11.

Beck，L. W.：

Early German Philosophy：Kant and His Predecessors，Cambridge，Mass.：The Belknap Press of Harvard University Press，1969.

Kant's Latin Writings：Translation，Commentaries and Notes，New York：Peter Lang Publishing，1992.

Beiser，F. C.：

German Idealism：The Struggle Against Subjectivism 1781—1801，Cambridge：Harvard University Press，2002.

Bosanquet，B.：

The Meeting of Extremes in Contemporary Philosophy，London：Macmillan and co.，limited，1921.

Brandt, R.:

"The Table of Judgments", trans. Eric Watkins, *North American Kant Society studies in philosophy*, vol. 4, Calif.: Ridgeview Publishing Co., 1995.

Cassirer, E.:

The Logic of the Humanities, New Haven: Yale University Press, 1961.

The Philosophy of Symbolic Forms, Volume II: Mythical Thought, trans. Ralph Manheim, New Haven: Yale University Press, 1955.

Kant's Life and Thought, Trans., James Haden, New Haven and London: Yale University Press, 1981.

Crawford, D. W.:

Kant's Aesthetic Theory, Madison: University of Wisconsin Press, 1974.

Critchley, S.:

Continental Philosophy: A Very Short Introduction, Oxford: Oxford University Press, 2001.

D'Alembert:

Preliminary Discourse to the Encyclopedia of Diderot, Trans. R. N. Schwab, Chicago: The University of Chicago Press, 1995.

Descartes:

The Correspondence, The Philosophical Writings of Descartes, vol. III, trans. John Anthony, Cambridge: Cambridge University Press, 1991.

Gilson, E.:

The Unity of Philosophy Experience, New York: C. Scribner's Sons, 1937.

Glanvill, J.:

The Vanity of Dogmatizing: the three versions, Sussex: The Harvester Press Ltd., 1970.

Green, J. E.:

Kant's Copernican revolution: The Transcendental Horizon, Lanham: University Press of America, Inc., 1997.

Herivel J. W.:

"Aspects of French theoretical physics in the nineteenth century", *The British Journal for the History of Science*, Volume 3, Issue 2, 1966, pp. 109—132.

Hume, David. :

A Treaties of Human Nature (volumes I), ed. by L. A. Selby—Bigge, Oxford: Clarendon Press, 1888.

Kant, I. :

The Cambridge Edition of the Works of Immanuel Kant:

Theoretical Philosophy, 1755—1770 (1992)

Correspondence (1999)

Notes and Fragments (2005)

Opus postumum (1993)

Kritik der reinen Vernunft, Hrsg. von Benno Erdmann, Leipzig: Leopold Voss, 1878.

Kritik der Urteilskraft, Hrsg. von Karl Vorlander, Leipzig: Felix Meiner, 1922.

Knoner, R. :

Von Kant bis Hegel, Volume II, Tubingen: Mohr Siebeck, 1961.

Kant's Weltanschauung, trans. John Smith, Chicago: Chicago University Press, 1956.

Kuehn, M. :

Kant: A Biography, Cambridge: Cambridge University Press, 2001.

Langton, Rae:

Kantian Humility: Our Ignorance of Things in Themselves, Oxford: Oxford University Press, 1998.

Malpas, Jeff (ed.):

From Kant to Davidson: Philosophy and the ideal of the transcendental, London: Routledge, 2003.

Mendelssohn, M. :

Philosophical Writings, trans. and ed. Daniel O. Dahlstrom, New York: Cambridge University Press, 1997.

Mill, J. S. :

Auguste Comte and Positivism, 5th ed. , London: Kegan Paul, Trench,

Trübner, & CO. LTD, 1907.

Munzel, G. F.:

" 'The Beautiful Is the Symbol of the Morally – Good': Kant's Philosophical Basic of Proof for the Idea of the Morally – Good", *Journal of the History of Philosophy*, 33 (1995): 301—329.

Pepper, S. C.:

World hypotheses: a study in evidence, Berkeley/Los Angeles: University of California Press, 1961.

Pope, A.:

The Complete Poetical Works of Alexander Pope, Ed. by Henry W. Boynton, Cambridge: The Cambridge Press, 1903.

Popper, K.:

The Logic of Scientific Discovery, London and New York: Taylor & Francis e – Library, 2005.

Rescher, N.:

The Coherence Theory of Truth, Oxford: Clarendon Press, 1973.

Schiller and Körner:

Correspondence of Schiller with Körner, Vol. II, trans. L. F. Simpson, London: R. Bentley, 1849.

Tonelli, G.:

"Kant's Early Theory of Genius (1770—1779)", *Journal of the History of Philosophy* 4, 1966.

Toulmin, S.:

Cosmopolis: The Hidden Agenda of Modernity, Chicago: University of Chicago Press, 1992.

Walker, H. M.:

Studies in the History of Statistical Method, Baltimore: The Williams & Wilkins Company, 1929.

Whitehead, A. N.:

Science and the Modern World, New York: The New American Library of World Literature, Inc, 1997.

The Organisation of Thought：*Educational and Scientific*，Westport：Green-wood Press，1974.

Wilson，**Edward O.**：

Consilience：*The Unity of Knowledge*，New York：Little，Brown，1998.

Wolff Chr.：

Preliminary Discourse on Philosophy in General，Trans. Richard J. Blackwell，Indianapolis：Bobbs – Merrill，1963.

Zammito，**J. H.**：

The Genesis of Kant's " Critique of Judgment"，Chicago and London：The University of Chicago Press，1992.

阿金：《思想体系的时代》，王国良、李飞跃译，光明日报出版社 1989 年版。

阿利森：《康德的自由理论》，陈虎平译，辽宁教育出版社 2001 年版。

艾耶尔：《二十世纪哲学》，李步楼等译，上海译文出版社 2005 年版。

巴罗：《不论：科学的极限与极限的科学》，李新洲等译，上海科学技术出版社 2005 年版。

柏克莱：《柏克莱哲学对话三篇》，关文运译，商务印书馆 1935 年版。

柏拉图：《理想国》，郭斌和、张竹明译，商务印书馆 1986 年版。

鲍姆嘉滕：《美学》，简明、王旭晓译，文化艺术出版社 1987 年版。

鲍桑葵：《美学史》，张今译，商务印书馆 1985 年版。

北大哲学系美学教研室编：《西方美学家论美和美感》，商务印书馆 1980 年版。

北京大学哲学系外国哲学史教研室编译：《西方古典哲学原著选辑·十八世纪法国哲学》，商务印书馆 1963 年版。

《西方古典哲学原著选辑·十六—十八世纪西欧各国哲学》，商务印书馆 1975 年版。

《西方古典哲学原著选辑·古希腊罗马哲学》，商务印书馆 1961 年版。

贝格瑙：《论德国古典美学》，张玉能译，上海译文出版社 1988 年版。

贝霍夫斯基：《叔本华》，刘金泉译，中国社会科学出版社 1987 年版。

贝克：《我们从康德那里学到了什么?》，郑涌译，《哲学译丛》1982 年第

4 期。

《新康德主义》，孟庆时译，《哲学译丛》1979 年第 5 期。

贝克莱：《人类知识原理》，关文运译，商务印书馆 2010 年版。

《视觉新论》，关文运译，商务印书馆 1957 年版。

贝克尔：《启蒙时代哲学家的天城》，何兆武译，江苏教育出版社 2005 年版。

宾克莱：《理想的冲突——西方社会中变化着的价值观念》，马元德等译，商务印书馆 1983 年版。

伯恩斯坦：《超越客观主义与相对主义》，郭小平等译，光明日报出版社 1992 年版。

博尔诺：《卡西尔和海德格尔在瑞士达沃斯的辩论》，赵卫国译，《世界哲学》2007 年第 3 期。

伯林：《浪漫主义的根源》，吕梁等译，译林出版社 2011 年版。

《扭曲的人性之材》，岳秀坤译，译林出版社 2009 年版。

《启蒙的时代：十八世纪哲学家》，孙尚扬等译，译林出版社 2005 年版。

《现实感：观念及其历史研究》，潘荣荣等译，译林出版社 2011 年版。

《自由及其背叛》，赵国新译，译林出版社 2011 年版。

伯特：《近代物理科学的形而上学基础》，徐向东译，北京大学出版社 2003 年版。

布莱克：《布莱克诗选》，张炽恒译，上海三联书店 1999 年版。

《天真与经验之歌》，杨苡译，译林出版社 2002 年版。

布朗：《科学的智慧：它与文化和宗教的关联》，李醒民译，辽宁教育出版社 1998 年版。

布宁、余纪元编著：《西方哲学英汉对照辞典》，人民出版社 2001 年版。

蔡艳山：《康德先验美学中的纯粹美与依存美》，《浙江学刊》2000 年第 3 期。

曹俊峰：《〈判断力批判〉研究四题》，《湛江师范学院学报》2004 年第 1 期。

《康德美学引论》（第二版），天津教育出版社 2012 年版。

车尔尼雪夫斯基：《车尔尼雪夫斯基论文学》（中卷），辛未艾译，上海译文出版社 1979 年版。

陈方正：《继承与叛逆：现代科学为何出现于西方》，三联书店 2009 年版。

陈嘉明：《建构与范导——康德哲学的方法论》，社会科学文献出版社 1992 年版。

陈嘉明等：《西方哲学史（学术版）·第 6 卷·德国古典哲学》，江苏人民出版社 2005 年版。

陈文忠：《艺术与人生》，安徽人民出版社 2005 年版。

《论人文学科的学术提问》，《安徽师范大学学报》2015 年第 5 期。

《生命的真谛与生命的意义——关于"生命的一次性"的若干思考》，《高校辅导员学刊》2012 年第 6 期。

陈修斋主编：《欧洲哲学史上的经验主义和理性主义》，人民出版社 1986 年版。

陈元晖：《康德的时空观》，中国社会科学出版社 1982 年版。

陈一鸣：《"绝对自我"：寻求哲学的拱顶石——赖因霍尔德与费希特知识学第一原理》，《世界哲学》2009 年第 2 期。

程志民：《绝对主体的建构：费希特的哲学》，湖南教育出版社 1990 年版。

戴茂堂：《超越自然主义——康德美学方法论研究》，武汉大学出版社 1998 年版。

丹皮尔：《科学史》，李珩译、张今校，广西师范大学出版社 2001 年版。

德勒兹：《康德与柏格森解读》，张宇凌、关群德译，社会科学文献出版社 2002 年版。

邓晓芒、易中天：《黄与蓝的交响——中西美学比较论》，人民文学出版社 1999 年版。

邓晓芒：《康德〈纯粹理性批判〉句读》，人民出版社 2010 年版。

《康德〈判断力批判〉释义》，三联书店 2008 年版。

《康德的"先验"与"超验"之辨》，《同济大学学报》2005 年第 5 期。

《康德哲学诸问题》，三联书店 2006 年版。

《冥河的摆渡者：康德的〈判断力批判〉》，武汉大学出版社 2007 年版。

《思辨的张力——黑格尔辩证法新探》，湖南教育出版社 1992 年版。

狄德罗主编：《丹尼·狄德罗的〈百科全书〉》，梁从诫译，辽宁人民出版社 1992 年版。

狄尔泰：《精神科学引论（第 1 卷）》，童奇志、王海鸥译，中国城市出版社 2002 年版。

《精神科学中历史世界的建构》，安延明译，中国人民大学出版社 2010 年版。

笛卡尔：《第一哲学沉思集》，庞景仁译，商务印书馆 1986 年版。

《谈谈方法》，王太庆译，商务印书馆 2000 年版。

《探索真理的指导原则》，管震湖译，商务印书馆 1991 年版。

《哲学原理》，关文运译，商务印书馆 1958 年版。

丁东红：《百年康德哲学研究在中国》，《世界哲学》2009 年第 4 期。

丁建弘：《德国通史》，上海社会科学院出版社 2012 年版。

杜威：《确定性的寻求：关于知行关系的研究》，傅统先译，上海人民出版社 2005 年版。

范明生：《柏拉图哲学述评》，上海人民出版社 1984 年版。

费希特：《费希特著作选集》（第 1—5 卷），梁志学主编，商务印书馆 1990—2006 年版。

《激情自我：费希特书信选》，洪汉鼎、倪梁康译，光明日报出版社 2001 年版。

《全部知识学的基础》，王玖兴译，商务印书馆 1986 年版。

冯俊：《开启理性之门：笛卡尔哲学研究》，广西师范大学出版社 2005 年版。

福尔伦德：《康德生平》，商章孙、罗章龙译，商务印书馆 1986 年版。

弗兰克：《德国早期浪漫主义美学导论》，聂军等译，吉林人民出版社 2011 年版。

傅伟勋：《从西方哲学到禅佛教》，生活·读书·新知三联书店 1989 年版。

盖尔：《康德的世界》，黄文前、张红山译，中央编译出版社 2012 年版。

歌德：《浮士德》，郭沫若译，人民出版社 1959 年版。

《歌德的格言和感想集》，程代熙、张惠民译，中国社会科学出版社
　　1982 年版。

《歌德文集》，人民文学出版社 1999 年版。

贡布里希：《艺术发展史》，范景中译，天津人民美术出版社 2006 年版。

古留加：《德国古典哲学新论》，沈真、侯鸿勋译，中国社科科学出版社
　　1993 年版。

《康德传》，贾泽林等译，商务印书馆 1981 年版。

顾沛：《数学文化》，高等教育出版社 2008 年版。

哈贝马斯：《认识与兴趣》，郭官义、李黎译，学林出版社 1999 年版。

哈奇森：《论美与德性观念的根源》，黄文红译，浙江大学出版社 2009 年
　　版。

哈耶克：《科学的反革命》，冯克利译，译林出版社 2003 年版。

海德格尔：《康德与形而上学疑难》，王庆节译，上海译文出版社 2011 年
　　版。

《物的追问——康德关于先验原理的学说》，赵卫国译，上海译文出
　　版社 2010 年版。

《林中路》，孙周兴译，上海译文出版社 2004 年版。

《存在与时间》，陈嘉映、王庆节译，商务印书馆 2015 年版。

海姆伦：《西方认识论简史》，夏甄陶等译，中国人民大学出版社 1987 年
　　版。

海涅：《论德国宗教和哲学的历史》，海安译，商务印出馆 1972 年版。

韩水法：《康德传》，河北人民出版社 1997 年版。

《批判的形而上学》，北京大学出版社 2009 年版。

韩震：《西方维柯研究简介》，《哲学动态》1991 年第 1 期。

汉姆普西耳：《理性的时代：十七世纪哲学家》，陈嘉明译，光明日报出
　　版社 1989 年版。

赫费：《康德：生平、著作与影响》，郑伊倩译，人民出版社 2007 年版。

《康德的〈纯粹理性批判〉——现代哲学的基石》，郭大为译，人民
　　出版社 2008 年版。

贺麟：《黑格尔哲学讲演集》，上海人民出版社 2011 年版。

《近代唯心论简释》，上海人民出版社 2009 年版。

　　　　《现代西方哲学讲演集》，上海人民出版社 2012 年版。

黑格尔：《逻辑学》，杨一之译，商务印书馆 1966 年版。

　　　　《美学》（第 1—3 卷），朱光潜译，商务印书馆 1979 年版。

　　　　《小逻辑》，贺麟译，商务印书馆 1980 年版。

　　　　《哲学全书·第一部分·逻辑学》，梁志学译，人民出版社 2002 年
　　　　　版。

　　　　《哲学史讲演录》（第 1—4 卷），贺麟、王太庆译，商务印书馆 1978
　　　　　年版。

洪谦主编：《西方现代资产阶级哲学论著选辑》，商务印书馆 1964 年版。

侯宏堂：《"新宋学"之建构：从陈寅恪、钱穆到余英时》，安徽教育出版
　　　　社 2009 年版。

怀特海：《观念的冒险》，周邦宪译，人民出版社 2011 年版。

　　　　《过程与实在》，李步楼译，商务印书馆 2011 年版。

　　　　《科学与近代世界》，何钦译，商务印书馆 1959 年版。

黄克剑：《康德哲学辨正——兼论哲学的价值课题》，《哲学研究》1994
　　　　年第 4 期。

　　　　《美：眺望虚灵之真际：一种对德国古典美学的读解》，福建教育出
　　　　　版社 2004 年版。

霍布斯：《论公民》，应星、冯克利译，贵州人民出版社 2003 年版。

霍克海默、阿道尔诺：《启蒙辩证法：哲学断片》，渠敬东、曹卫东译，
　　　　上海人民出版社 2003 年版。

吉尔伯特、库恩：《美学史》，夏乾丰译，上海译文出版社 1989 年版。

吉尔松：《中世纪哲学精神》，沈清松译，上海人民出版社 2008 年版。

加比托娃：《德国浪漫哲学》，王念宁译，中央编译出版社 2007 年版。

伽达默尔：《哲学生涯——我的回顾》，陈春文译，商务印书馆 2003 年
　　　　版。

　　　　《真理与方法》，洪汉鼎译，商务印书馆 2010 年版。

伽利略：《关于托勒密和哥白尼两大世界体系的对话》，周煦良等译，北
　　　　京大学出版社 2006 年版。

蒋孔阳、朱立元主编：《西方美学通史》（第 1—7 卷），上海文艺出版社
　　　　1999 年版。

贾汉贝格鲁：《伯林谈话录》，杨祯钦译，译林出版社 2011 年版。

金岳霖：《知识论》，商务印书馆 1983 年版。

卡勒尔：《德意志人》，黄正柏等译，商务印书馆 1999 年版。

卡西尔：《语言与神话》，于晓等译，三联书店 1988 年版。

《康德与形而上学问题：评海德格尔对康德的解释》，张继选译，《世界哲学》2007 年第 3 期。

《卢梭·康德·歌德》，刘东译，三联书店 2002 年版。

《启蒙哲学》，顾伟铭等译，山东人民出版社 2007 年版。

《人论》，甘阳译，上海译文出版社 2003 年版。

康德：《康德著作全集》，第 1—9 卷，李秋零主编，中国人民大学出版社 2003—2010 年版。

《康德美学文集》，曹俊峰编译，北京师范大学出版社 2003 年版。

《康德三大批判合集》，邓晓芒译、杨祖陶校，人民出版社 2009 年版。

《纯粹理性批判》（注释本），李秋零译注，中国人民大学出版社 2011 年版。

《纯粹理性批判》，邓晓芒译、杨祖陶校，人民出版社 2004 年版。

《纯粹理性批判》，韦卓民译，华中师范大学出版社 2000 年版。

《实践理性批判》（注释本），李秋零译注，中国人民大学出版社 2011 年版。

《判断力批判》（注释本），李秋零译注，中国人民大学出版社 2011 年版。

《判断力批判》，邓晓芒译、杨祖陶校，人民出版社 2002 年版。

《未来形上学导论》，庞景仁译，商务印书馆 1978 年版。

《未来形上学之序论》，李明辉译，台北：联经 2008 年版。

《道德形而上学基础》，苗力田译，上海人民出版社 2002 年版。

《历史理性批判文集》，何兆武译，商务印书馆 2005 年版。

《逻辑学讲义》，许景行译、杨一之校，商务印书馆 2010 年版。

《实用人类学》，邓晓芒译，上海人民出版社 2002 年版。

《通灵者之梦》，李明辉译，台北：联经 1989 年版。

《宇宙发展史概论》，全增嘏译，上海译文出版社 2001 年版。

《自然科学形而上学基础》，邓晓芒译，上海人民出版社 2003 年版。

科恩：《科学中的革命》，鲁旭东等译，商务印书馆 1998 年版。

柯林武德：《柯林武德自传》，陈静译，北京大学出版社 2005 年版。

《历史的观念》（增补版本），何兆武等译，北京大学出版社 2010 年版。

《形而上学论》，宫睿译，北京大学出版社 2007 年版。

《艺术原理》，王至元、陈华中译，中国社会科学出版社 1985 年版。

柯瓦雷：《从封闭宇宙到无限世界》，张卜天译，北京大学出版社 2008 年版。

克莱因：《古今数学思想》，上海科学技术出版社 2002 年版。

克朗纳：《论康德与黑格尔》，关子尹编译，同济大学出版社 2004 年版。

克罗齐：《美学或艺术和语言哲学》，黄文捷编译，百花文艺出版社 2009 年版。

《作为表现的科学和一般语言学的美学的历史》，王天清译，中国社会科学出版社 1984 年版。

亨利希：《康德与黑格尔之间：德国观念论讲演》，彭文本译，台北：商周出版 2006 年版。

《在康德与黑格尔之间：德国观念论讲座》，乐小军译，商务印书馆 2013 年版。

孔德：《论实证精神》，黄建华译，商务印书馆 1996 年版。

孔多塞：《人类精神进步史表纲要》，何兆武、何冰译，三联书店 1998 年版。

库恩(Kuhn)：《必要的张力》，范岱年等译，北京大学出版社 2004 年版。

《哥白尼革命》，吴国盛等译，北京大学出版社 2003 年版。

库恩(Kuehn)：《康德传》，上海人民出版社 2008 年版。

昆顿：《培根》，徐忠实、刘青译，王波校，中国社会科学出版社 1992 年版。

拉尔修：《名哲言行录》，马永翔等译，吉林人民出版社 2011 年版。

拉·梅特里：《人是机器》，顾寿观译，商务印书馆 1959 年版。

莱布尼茨：《人类理智新论》，陈修斋译，商务印书馆 1982 年版。

《神义论》，朱雁冰译，三联书店 2007 年版。

《新系统及其说明》，陈修斋译，商务印书馆 1999 年版。

莱辛：《拉奥孔》，朱光潜译，人民文学出版社 1979 年版。

赖欣巴哈：《科学哲学的兴起》，伯尼译，商务印书馆 2011 年版。

劳承万等：《康德美学论》，中国社会科学出版社 2001 年版。

里德：《艺术的真谛》，王柯平译，辽宁教育出版社 1987 年版。

李明辉：《略论牟宗三先生的康德学》，《中国文哲研究通讯》（台湾）
　　1995 年第 5 卷第 2 期。

李秋零编译：《康德书信百封》，上海人民出版社 2006 年版。

李斯托威尔：《近代美学史评述》，蒋孔阳译，上海译文出版社 1980 年
　　版。

李伟：《康德论鉴赏与天才》，《湛江师范学院学报》2007 年第 5 期。

　　《"诗言志"诠辨》，《原创》第 2 辑，黑龙江人民出版社 2008 年版。

　　《试论康德美学的"判断在先"原则》，《安徽师范大学学报》2003
　　　年第 4 期。

　　《康德哲学的二向度思维与康德美学的二重结构》，《德国哲学》
　　　2009 年卷，中国社会科学出版社 2010 年版。

　　《由通向批判哲学的"绊脚石"新解康德批判哲学形成的"12
　　　年"》，《哲学评论》第 14 辑，中国社会科学出版社 2014 年
　　　版。

　　《"科学"的两次"狭化"及人文学的边缘化》，《雕塑》2015 年第
　　　5 期。

李泽厚：《美学论集》，上海文艺出版社 1980 年版。

　　《批判哲学的批判：康德述评》，天津社会科学出版社 2003 年版。

利希滕贝格：《格言集》，范一译，辽宁教育出版社 1998 年版。

刘梦溪主编：《中国现代学术经典·章太炎卷》，河北教育出版社 1996 年
　　版。

刘士林：《先验批判：20 世纪中国学术批判导论》，上海三联书店 2001 年
　　版。

刘小枫选编：《德语美学文选》上、下卷，华东师范大学出版社 2006 年
　　版。

卢梭：《爱弥儿》，李平沤译，商务印书馆 1978 年版。

《社会契约论》，何兆武译，商务印书馆 1980 年版。

《新爱洛伊丝》，伊信译，商务印书馆 1994 年版。

鲁一士：《近代哲学的精神》，樊南星译，台湾商务印书馆 1966 年版。

罗蒂：《哲学和自然之镜》，李幼蒸译，三联书店 1987 年版。

《后哲学文化》，黄勇编译，上海译文出版社 2004 年版。

罗克莫尔：《康德与观念论》，徐向东译，上海译文出版社 2011 年版。

《黑格尔：之前和之后》，柯小刚译，北京大学出版社 2005 年版。

《在康德的唤醒下：20 世纪西方哲学》，徐向东译，北京大学出版社
　　2010 年版。

罗斯：《斯宾诺莎》，谭鑫田、傅有德译，山东人民出版社 1992 年版。

罗素：《对莱布尼茨哲学的批评性解释》，段德智等译，商务印书馆 2010
　　年版。

洛克：《人类理解论》，关文运译，商务印书馆 1959 年版。

马尔霍尔：《海德格尔与〈存在与时间〉》，亓校盛译，广西师范大学出版
　　社 2007 年版。

马克思、恩格斯：《马克思恩格斯全集》第 3 卷，人民出版社 2002 年版。

《马克思恩格斯选集》第 4 卷，人民出版社 1995 年版。

迈纳（孟尔康）：《比较诗学》，王宇根等译，中央编译出版社 1998 年版。

米德：《十九世纪的思想运动》，陈虎平、刘芳念译，中国城市出版社
　　2003 年版。

米兰·昆德拉：《不能承受的生命之轻》，许钧译，上海译文出版社 2003
　　年版。

苗力田主编：《亚里士多德全集》第 1 卷，中国人民大学出版社 1990 年
　　版。

莫里亚克：《帕斯卡尔（文选）》，尘若、何怀宏译，三联书店 1991 年版。

牟宗三：《理则学》（修订版），江苏教育出版社 2006 年版。

《现象与物自体》，吉林出版集团有限责任公司 2010 年版。

木尔兹：《十九世纪欧洲思想史》，伍光建译，台湾商务印书馆 1965 年
　　版。

倪梁康：《Transzendental：含义与中译》，《南京大学学报》2004 年第 3
　　期。

《现象学及其效应：胡塞尔与当代德国哲学》，三联书店 1994 年版。

牛顿：《自然哲学之数学原理》，王克迪译，北京大学出版社 2006 年版。

帕斯卡尔：《思想录：宗教和其他主题的思想》，何兆武译，商务印书馆 1985 年版。

帕乌斯托夫斯基：《金蔷薇》，戴骢译，上海译文出版社 2007 年版。

培根：《新工具》，许宝骙译，商务印书馆 1984 年版。

彭锋：《完美的自然》，北京大学出版社 2005 年版。

彭文本：《阿利森对康德"自由理论"的诠释》，《"国立"台湾大学哲学评论》2010 年第 39 期。

波普尔：《猜想与反驳——科学知识的增长》，傅季重等译，中国美术学院出版社 2003 年版。

《开放社会及其敌人》，郑一明等译，中国社会科学出版社 1999 年版。

《科学知识进化论：波普尔科学哲学选集》，纪树立编译，三联书店 1987 年版。

《通过知识获得解放》，范景中等译，中国美术学院出版社 1996 年版。

齐良骥：《康德的知识学》，商务印书馆 2000 年版。

钱锺书：《谈艺录》，商务印书馆 2011 年版。

汝信、夏森：《西方美学史论丛》，上海人民出版社 1963 年版。

萨拜因：《政治学说史》，盛葵阳、崔妙因译，商务印书馆 1986 年版。

塞尔：《心、脑与科学》，杨音莱译，上海译文出版社 1991 年版。

桑木严翼：《康德与现代哲学》，余又荪译，台湾商务印书馆 1991 年版。

舍费尔：《现代艺术：18 世纪至今艺术的美学和哲学》，生安峰等译，商务印书馆 2012 年版。

施太格缪勒：《当代哲学主流》上卷，王炳文等译，商务印书馆 1986 年版。

施特劳斯：《门德尔松与莱辛》，卢白羽译，华夏出版社 2012 年版。

叔本华：《作为意志和表象的世界》，石冲白译，商务印书馆 1982 年版。

斯宾诺莎：《笛卡尔哲学原理》，王荫庭、洪汉鼎译，商务印书馆 1980 年版。

《伦理学》，贺麟译，商务印书馆 1983 年版。

《政治论》，冯炳昆译，商务印书馆 1999 年版。

《知性改进论》，贺麟译，商务印书馆 1960 年版。

斯克拉顿：《康德》，周文彰译，中国社会科学出版社 1989 年版。

《康德》，刘华文译，译林出版社 2011 年版。

斯密：《〈纯粹理性批判〉解义》，韦卓民译，华中师范大学出版社 2000 年版。

斯诺：《两种文化》，陈克艰、秦小虎译，上海科学技术出版社 2003 年版。

《两种文化》，纪树立译，三联书店 1994 年版。

斯特龙伯格：《西方现代思想史》，刘北成、赵国新译，金城出版社 2012 年版。

苏德超：《再论"逻辑在先"》，《江苏社会科学》2011 年第 4 期。

孙周兴：《超越·先验·超验——海德格尔与形而上学问题》，《江苏社会科学》2003 年第 5 期。

索雷尔：《笛卡尔》，李永毅译，译林出版社 2010 年版。

塔塔尔凯维奇：《西方六大美学观念史》，刘文潭译，上海译文出版社 2006 年版。

汤姆森：《康德》，赵成文等译，中华书局 2002 年版。

唐有伯：《评"康德哥白尼式革命"的神话》，《湛江师范学院学报》2004 年第 1 期。

梯利：《西方哲学史》（增补修订版），葛力译，商务印书馆 1995 年版。

田中裕：《怀特海：有机哲学》，包国光译，河北教育出版社 2001 年版。

童世骏：《批判与实践：论哈贝马斯的批判理论》，三联书店 2007 年版。

涂尔干：《社会学与哲学》，梁栋译，上海人民出版社 2002 年版。

汪堂家：《自我的觉悟：论笛卡尔与胡塞尔的自我学说》，复旦大学出版社 1995 年版。

汪堂家等：《十七世纪形而上学》，人民出版社 2005 年版。

汪裕雄：《审美意象学》，辽宁教育出版社 1993 年版。

汪子嵩、王太庆编：《陈康：论希腊哲学》，商务印书馆 2011 年版。

王树人、李凤鸣编：《西方著名哲学家评传》，山东人民出版社 1984 年版。

韦伯：《学术与政治：韦伯的两篇演说》，冯克利译，三联书店 1998 年版。

维柯：《维柯著作选》，陆晓禾译，商务印书馆 1997 年版。

韦勒克、沃伦：《文学理论》（修订版），刘象愚等译，江苏教育出版社 2005 年版。

维塞尔：《启蒙运动的内在问题：莱辛思想再释》，贺志刚译，华夏出版社 2007 年版。

　《席勒美学的哲学背景》，毛萍等译，华夏出版社 2010 年版。

温纯如：《认知·逻辑·价值——康德〈纯粹理性批判〉新探》，中国社会科学出版社 2002 年版。

温克尔曼：《希腊人的艺术》，邵大箴译，广西师范大学出版社 2001 年版。

文德尔班：《哲学史教程》上、下卷，罗达仁译，商务印书馆 1993 年版。

文哲：《康德美学》，李淳玲译，台北：联经 2011 年版。

沃尔夫：《十八世纪科学、技术和哲学史》上、下册，周昌忠等译，商务印书馆 1991 年版。

　《十六、十七世纪科学、技术和哲学史》上、下册，周昌忠等译，商务印书馆 1984 年版。

沃尔什：《历史哲学导论》，何兆武、张文杰译，北京大学出版社 2008 年版。

沃勒斯坦：《知识的不确定性》，王昺等译，山东大学出版社 2006 年版。

沃森：《20 世纪思想史》，朱进东等译，上海译文出版社 2008 年版。

习传进、蒋峦：《康德依存美价值新探》，《外国文学研究》1998 年第 3 期。

席勒：《审美教育书简》，冯至、范大灿译，上海人民出版社 2003 年版。

　《席勒美学文集》，张玉能编译，人民出版社 2011 年版。

　《席勒经典美学文论》（注释本），范大灿译注，三联书店 2015 年版。

夏佩尔：《理由与求知——科学哲学研究文集》，褚平、周文彰译，上海译文出版社 1990 年版。

谢林：《先验唯心论体系》，梁志学、石泉译，商务印书馆 1976 年版。

《艺术哲学》，魏庆征译，中国社会出版社 2005 年版。

谢遐龄：《康德对本体论的扬弃：从宇宙本体论到理性本体论的转折》，
湖南教育出版社 1987 年版。

　　《砍去自然神论头颅的大刀：康德的〈纯粹理性批判〉》，云南人民
出版社 1989 年版。

熊伟：《在的澄明：熊伟文选》，商务印书馆 2011 年版。

休谟：《人类理解研究》，关文运译，商务印书馆 1957 年版。

　　《人类理智研究》，吕大吉译，商务印书馆 1999 年版。

　　《人性论》上、下册，关文运译，商务印书馆 1980 年版。

许良英等编译：《爱因斯坦文集：增补本》，商务印书馆 2009 年版。

雅斯贝尔斯：《大哲学家》（修订版上、下），李雪涛等译，社会科学文献
出版社 2012 年版。

亚里士多德：《尼各马科伦理学》（修订本），苗力田译，中国社会科学出
版社 1999 年版。

　　《形而上学》，李真译，上海人民出版社 2005 年版。

杨寿堪：《论"逻辑在先"》，《学术研究》2004 年第 4 期。

杨振宁：《曙光集》，翁帆编译，三联书店 2008 年版。

杨祖陶、邓晓芒：《康德〈纯粹理性批判〉指要》，人民出版社 2001 年
版。

杨祖陶：《德国古典哲学逻辑进程》（修订版），武汉大学出版社 2003 年
版。

叶秀山：《〈康德判断力批判〉的主要思想及其历史意义》，《浙江学刊》
2003 年第 3 期。

易晓波：《论康德的知性与理性》，湖南教育出版社 2009 年版。

俞吾金：《关于德国古典哲学研究的新思考》，《江淮论坛》2009 年第 6
期。

　　《康德批判哲学的研究起点和形成过程》，《东南学术》2002 年第 2
期。

　　《哲学何谓？——俞吾金教授在北京师范大学的讲演》，《文汇报》
2012 年 3 月 19 日。

俞吾金等：《西方哲学通史·德国古典哲学》，人民出版社 2009 年版。

余英时：《论戴震与章学诚：清代中期学术思想史研究》，三联书店 2012 年版。

《史学研究经验谈》，上海文艺出版社 2010 年版。

《文史传统与文化重建》，三联书店 2012 年版。

《现代儒学的回顾与展望》，三联书店 2012 年版。

余玥：《雅各比的洞见：康德体系中隐含虚无主义危机》，《中国社会科学报》2011 年 8 月 16 日（第 214 期）第 9 版。

袁建新：《康德的〈遗著〉研究》，人民出版社 2015 年版。

张德兴主编：《西方美学思想史（17—19 世纪）》中，上海人民出版社 2009 年版。

张汝伦：《批判哲学的形而上学动机》，《文史哲》2010 年第 6 期。

《含章集》，复旦大学出版社 2011 年版。

《张汝伦集》，黑龙江教育出版社 1989 年版。

《西方哲学通史·二十世纪德国哲学》，人民出版社 2008 年版。

张世英主编：《德国哲学》，第 1—9 辑，北京大学出版社 1986—1991 年版。

张世英：《黑格尔哲学概论》，吉林哲学学会编 1983 年版。

《康德的〈纯粹理性批判〉》，北京大学出版社 1987 年版。

《黑格尔〈小逻辑〉绎注》，吉林人民出版社 1982 年版。

张雪珠：《康德的"人性之美感与尊严感"的思想》，《哲学与文化》（台湾）第 30 卷第 7 期（2003 年 7 月）。

张玉能：《席勒美学论稿》，华中师范大学出版社 2009 年版。

赵敦华：《基督教哲学 1500 年》，人民出版社 2007 年版。

《西方哲学简史》，北京大学出版社 2001 年版。

赵汀阳：《康德美学思想的本质和意义》，《学术月刊》1986 年第 10 期。

赵宪章等：《西方形式美学》，上海人民出版社 1996 年版。

郑昕：《康德学述》，商务印书馆 2011 年版。

钟宇人、余丽嫦主编：《西方著名哲学家评传》第 4 卷，山东人民出版社 1984 年版。

周宪：《20 世纪西方美学》，高等教育出版社 2004 年版。

周晓亮：《休谟哲学研究》，商务印书馆 1999 年版。

朱狄:《当代西方美学》,人民出版社 1984 年版。

《当代西方艺术哲学》,人民出版社 1994 年版。

朱光潜:《朱光潜全集》(新编增订本),第 1—10 卷,商务印书馆 2012 年版。

朱光潜编译:《柏拉图文艺对话集》,人民文学出版社 1963 年版。

朱立元:《康德美学研究的新突破——曹俊峰〈康德美学引论〉新版读后》,《文汇读书周报》2012 年 9 月 28 日第 9 版。

朱彦明:《尼采的视角主义》,复旦大学出版社 2013 年版。

后　记

　　本书是在 2013 年 5 月提交的博士学位论文的基础上增删、修订和完善而成的。

　　如果从 2002 年 10 月跟随今已仙逝的汪师裕雄教授研习康德美学算起，我在康德的思想世界里"摸爬滚打"已有 14 个年头。然而，这个时间对研习康德哲学来说，实在是太短了。十几年间，我每每重读康德，每每有这样的感觉：促我重读康德的疑惑，固然在阅读过程中获得了令我欣喜不已的"解决"，然而，这"解决"马上就会带来新一轮的"疑惑"。一直到现在，这个有点"坏坏的"循环每每降临于我，且可以预见，她将始终伴随于我。这是我研习康德哲学的"烦恼"，也是最大的"快乐"。2005 年 5 月，我以《试论康德哲学的二向度思维与康德美学的二重结构》一文获了硕士学位，那是在我的两位导师——陈师文忠先生和汪师裕雄先生——的指引下完成的；2013 年 7 月，我在杨文虎教授的指导下，以《确然性的寻求及其效应》一文获博士学位；此前的 4 月，课题获教育部青年基金项目资助。眼下这部书稿，就是对我此前关于康德及德国古典哲学和美学研究的初步总结，奉于学界，谨听方家教诲（我的邮箱 shanjun9988@126.com）。

　　在 2002—2005 年准备硕士学位论文的过程中，通过对德国古典美学文献的初步阅读，我发现：德国古典美学正如德国古典哲学一样，确有一条"合乎逻辑"的线索，正是这条线索贯通了被学者们总结的 20 世纪西方美学的"艺术哲学化"这一大势，而把这条线索贯穿起来的理论家正是席勒。然而，在席勒的所有著述中，实际担起德国古典美学历史进程之"转舵"大任的，并非中西学界异常重视且研究甚深的《审美教育书简》，而恰恰是此前鲜为大家注意的《论美》。

它也是一通书简，由席勒于 1793 年 1 月 25 日至 1793 年 2 月 28 日写给友人克尔纳的七封信组成，于 1847 年以 "*Kallias – Briefen*" 为题面世（但这并不意味着要到这个时候它才能发生本书所谓的理论效应，众所周知，18 世纪前后西欧知识界的思想交流主要是通过学术通信而非学术出版展开的）。德国观念论美学，也即通常所谓的德国古典美学的内在理路和逻辑关捩就隐含在这几通书简中。自那以后，我就决意把这个脉络弄清楚，并不断搜集材料，反复思考，直到 2010 年 9 月，我被素有"长者之风"的杨师文虎教授收入门下，才得以有机会集中思考这个令我着迷的哲学难题并诉之于文字。在论文的开题报告会和预答辩会上，又得到了范景中教授、陈伟教授和李平教授的亲切指点和鼓励，尤其在与刘旭光教授的网络交流中，也从另一个角度得到了促发，使我认识到所要探讨问题的紧要性和必要性，并加重了对问题"来龙去脉"的论析。可以说，这给我带来了另一番新天地，也更加坚定了先前确立的解读策略——从整体走向部分、从外史进入内史。如今修订这部书稿，得以对先前的研究理路作出学理上的反思和自觉，原来我始终在坚持一种"过程化"的策略展开对中西经典著述的历史研究，在这"过程化"策略背后，是对思想家"理论动机"和"内在理路"（余英时）的深切关注。我认为，这一研究思路对人文学术有着紧要的借鉴意义。①

　　上海师大的三年，是这部书稿主体部分完成的时间。回想起来，不免让人愈加念起与师友们那些令人感念且受益无穷的交往。我的导师杨文虎先生，堪称师者典范，学识自不必说了，对我们这些学生更是关爱备至，包容有加，处处提点。杨师不仅以学识提升我们，更以人格魅力感染着我们。对老师的敬佩和感激，在这里也只能老套地说声"谢谢您"啦！现在，我还每每忆起周三同宏勇一起、周五独自一人乘地铁再转公交去复旦听课的欢悦情境。张汝伦老师那激情与思辨俱胜、学识与襟怀皆大的讲课风格令我陶然其中，汪堂家老师娓娓道来的亲切分析令我如沐春风——如今汪先生斯人已去，此纪以示感念。多年前的一次关于西方文化的高级研

---

　　① 参拙文《康德美学研究的方法论反思——思想领域"过程化"研究的必要性》，待刊。

讨班上，与著名康德专家邓晓芒教授的简短交流就已使我决意在康德美学领域从"文艺学"那种研究路数转为"纯粹哲学"，这也是我铭感于心的。因此本书对康德和德国古典美学的探讨不再仅是通常那种"体系式"的，而毋宁是柯林武德意义上的"历史性"的。

　　我还要感谢我的硕导陈文忠教授，先生是我的人生导师。陈师与杨师有着诸多的相似之处，以致我经常想：上天何其眷顾，竟让我在学术生涯的关节点上总有如此难得的导师来教诲、指点和相伴。这是我一生都将感念不已的，也是我学术生活的动力和源泉。感谢黑龙江社科院的曹俊峰研究员、厦门大学的陈嘉明教授、上海交通大学的刘士林教授、北京大学的胡军教授、安徽师范大学已故的王明居教授和文秉模教授给予我的无私帮助、关爱、提携和指点。感谢安徽师大文学院的现任诸位领导、文艺学教研室诸位老师多年来的理解、支持和关照。知名美学专家陈育德教授曾仔细审读过这篇不算短、读来也不算轻松的文字，提出过非常恰当的建议，连同育德教授平时对我的关爱，这些都令我非常感念。正文的某些章节曾在《文艺理论研究》《外国哲学》《哲学评论》《德国哲学》《河北学刊》《安徽师范大学学报》《雕塑》《湛江师范学院学报》等刊物上揭载，这里也对编辑专家致以深深的谢忱。拙稿今蒙中国社会科学出版社哲社出版中心主任冯春凤编审不弃，惠予出版，深感鼓励，亦是感念不已。

　　这里要特别感谢在康德哲学和知识论领域卓然大家的陈嘉明教授。陈先生在院务、业务、课务和杂务皆极为繁忙之下，也不愿断然推辞我这个非哲学专业出身且所出文字是否值得花如许时间和精力去读的后学贸然求序的恳求。12年前，我主动投书于先生，求教康德哲学难题，此后虽没有时时问学于先生，但凡到研究的关键处，我总能从先生处获致方向性的指导和极大的鼓励。然至今未曾与先生谋面，只是时时默念先生初次赐教于我时手书的"读康德自可变换气质"的警语，定当暗自用心悉力于学，不忘初心如斯为报。

　　虽然对论题有着不算太短的准备和思考时间，也有不算太少的前期积累，但是，写作起来依然困难重重，焦虑、不安、困惑、力不从心和时不时的欣喜交错出现于"生产"的过程中。感谢家人、尤其是泰水大人的任劳任怨和内子傻文婷的理解、支持和照顾。我之所以还能够安心读点书，端赖于此。

　　学术体大，学人难为；量化之世，惟心是从！

李伟

2015 年 7 月初稿
2016 年 7 月 25 日修订于安徽师大文津苑